高等学校计算机基础教育规划教材

多媒体技术及应用
（第2版）

付先平 宋梅萍 编著

清华大学出版社

北京

内 容 简 介

本书从多媒体系统的研究、开发和应用角度出发,采用理论和实践操作相结合的方法,讲述了多媒体技术的基本概念和理论、数字图像处理技术、音频处理技术、视频处理技术、动画制作技术、多媒体程序设计、网络多媒体技术和典型的多媒体应用系统。每章配有丰富的练习题,便于读者理解重点内容和准备考试。本书配有电子讲稿和实验教学课件,通过生动直观的实例详细介绍了 Photoshop、GoldWave、Windows Movie Maker、Flash 及 3DS MAX 等软件的使用方法,以及使用 Matlab 和 Simulink 处理数字图像和视频的方法。

本书可作为普通高等院校本科生计算机专业及相关专业"多媒体技术"课程的教材,也可作为大专院校及从事多媒体技术研究、开发及应用人员的参考书。

图书在版编目(CIP)数据

多媒体技术及应用 / 付先平等编著. —2 版. —北京:清华大学出版社,2012.9
(高等学校计算机基础教育规划教材)
ISBN 978-7-302-26650-1

Ⅰ. ①多… Ⅱ. ①付… Ⅲ. ①多媒体技术—高等学校—教材 Ⅳ. ①TP37

中国版本图书馆 CIP 数据核字(2011)第 179124 号

责任编辑:袁勤勇　薛　阳
封面设计:常学影
责任校对:时翠兰
责任印制:沈　露

出版发行:清华大学出版社
　　　　网　　　址:http://www.tup.com.cn,http://www.wqbook.com
　　　　地　　　址:北京清华大学学研大厦 A 座　　　　邮　　编:100084
　　　　社 总 机:010-62770175　　　　　　　　　　　　邮　　购:010-62786544
　　　　投稿与读者服务:010-62776969,c-service@tup.tsinghua.edu.cn
　　　　质量反馈:010-62772015,zhiliang@tup.tsinghua.edu.cn
　　　　课件下载:http://www.tup.com.cn,010-62795954
印　刷　者:北京富博印刷有限公司
装　订　者:北京市密云县京文制本装订厂
经　　销:全国新华书店
开　　本:185mm×260mm　　印　张:26.75　　　　　　字　　数:614 千字
　　　　　附光盘 1 张
版　　次:2010 年 3 月第 1 版　2012 年 9 月第 2 版　　印　　次:2012 年 9 月第 1 次印刷
印　　数:1～3000
定　　价:39.50 元

产品编号:039227-01

前言

近几年多媒体技术发生了很大的变化,例如移动多媒体技术得到了普及、三网融合开始实施、视频监控系统的应用更加广泛,几乎深入了公共生活区域的各个角落。多媒体技术及其产品成为当今计算机产业发展的一个重要领域,以应用作为驱动力的多媒体技术受到了前所未有的重视,特别是以图像识别为基础的智能系统成为了目前的研究热点。多媒体课程一直作为计算机科学和计算机工程学科的必修课程之一,内容也随着技术的发展不断地更新。本书从多媒体系统的研究、开发和应用的角度出发,力求全面、细致、全方位地引导读者进入多媒体技术的应用领域。

本书共分 8 章,第 1 章是多媒体技术基础,介绍了多媒体的基本概念、多媒体项目的创作、颜色基础、美学基础及计算机多媒体外设的基本原理;第 2 章介绍了数字图像的基本概念、压缩方法与标准;第 3 章、第 4 章和第 5 章分别介绍了音频、视频和动画处理技术的原理和方法,并详细介绍了多媒体数据压缩编码技术及现行编码的国际标准;第 6 章讲述了 HTML、XML 和 VB. NET 的特点和使用方法;第 7 章介绍了网络多媒体技术的相关知识,包括网络的基础知识、流媒体技术及网上直播技术等;第 8 章介绍了几种常见的多媒体应用系统,包括视频会议、数字电视、3G 网络、数字水印和智能监控技术等。

第 2 版修改了如下的内容:在第 1 章中加入了多点触摸的内容;第 2 章中重新编写了第 7 节图像文件格式,更新了第 8 节用 Photoshop 处理数字图像,加入了第 9 节用 Matlab 实现图像处理技术;第 3 章中更新了第 3 节使用 Goldwave 编辑声音,加入了第 4 节语音识别;第 4 章中加入了第 4 节使用 Simulink 处理视频,4.3.2 中加入了"半像素运动估计与全像素运动估计的比较"的内容;更新了第 5 章中的第 3 节用 Flash 制作网页动画和第 4 节使用 3DS MAX 制作三维动画;重新编写了第 6 章和第 7 章的内容;第 8 章中加入了三网融合和智能视频监控的内容,并更新了 3G 网络部分。

在第 2 版中本书更加重视培养掌握基础知识、提高分析问题的能力,而且在实践与实用性方面,加强实验和实用性教学,注重培养学生解决实际问题的能力。前 7 章中的每一章都介绍了与理论知识相关的工具软件的使用方法,并对典型实例进行了详解,特别是运用 Matlab 程序设计和 Simulink 仿真的方法直观地讲解了图像处理的方法。为了方便教师授课和学生自学,每一种工具软件的使用方法和实例完成过程都使用 Flash 制作成了互动式的多媒体教学课件,教师可以直接通过该课件讲解实验过程,学生也可以使用该课件进行自学。

每章后配有丰富的练习题,便于读者理解知识内容、掌握操作方法和适应考试要求。随书配有工具软件教程、源代码和 PPT 电子讲稿,希望对广大读者掌握多媒体技术的应用有所帮助。

参加本书的编写和电子课件制作工作的还有门玉刚、罗松和李旭等。其中宋梅萍更新了第 2 章第 8 节、第 3 章第 3 节和第 5 章第 3、4 节中的部分内容,修改了第 1 章到第 7 章中的部分习题;罗松和李旭编写了第 2 章第 9 节、第 3 章第 4 节、第 4 章第 4 节的内容,并修改了第 6 章第 1 节和第 2 节中的部分内容;门玉刚修改了第 7 章第 3 节的内容和第 7 章中的部分习题;其余部分由付先平编写。

作者长期从事计算机多媒体领域的教学和研究工作,根据自己的教学和使用多媒体软件的经验编写本书。但限于作者水平,书中难免有不足和错误之处,恳请读者给予指正。

本书编写过程中得到了作者所在单位研究室成员的大力支持,在此表示衷心感谢。

付先平

2012 年 1 月

目录

第1章

多媒体技术基础

近年来,随着计算机软、硬件技术及通信技术的飞速发展,计算机的数据处理能力越来越强,网络通信带宽逐步提高,这些在很大程度上促进了多媒体技术的发展和应用。多媒体技术几乎深入到人们生活的方方面面,在办公、生活、教育、影视、医疗及工业应用等方面发挥了重要作用。本章主要介绍多媒体技术的基础知识,首先简要介绍多媒体技术的基本概念、组成和特征、研究内容及应用领域,然后介绍多媒体技术的颜色基础、美学基础及多媒体设备等内容。

1.1 多媒体介绍

1.1.1 什么是多媒体

多媒体是人类通信媒体技术,特别是通信、电视和计算机技术发展的必然结果。因为不同领域的人们对多媒体的理解不同,所以"多媒体"一词到目前为止还没有很准确和具体的定义。例如,计算机的销售商认为多媒体就是由具有声音处理能力、DVD 驱动器以及包含多媒体指令的 CPU 组成的计算机;而娱乐节目提供商认为多媒体就是有几百个数字频道的、具有交互功能的有线电视,或者是通过高速互联网传输的、具有交互电视功能的服务。

计算机领域的学生对多媒体的理解一般是从应用的角度来考虑的,即认为多媒体是同时利用文本、图形、图像、声音、动画、视频等多种形式来传输信息的方式。从字面上理解,"多媒体"一词译自英文 Multimedia,而该词又是由 Multiple 和 Media 复合而成的,核心词是媒体。媒体(Medium)在计算机领域有两种含义:一是指存储信息的实体,如磁盘、光盘、硬盘、磁带、半导体存储器等,中文常译为媒质;二是指传递信息的载体,如数字、文字、声音、图形和图像等,中文译为媒介。人们常说的多媒体技术中的媒体是指后者。人类在信息交流中要使用各种信息载体,多媒体就是指多种信息载体的表现形式和传递方式,但是,这样来理解"媒体"是一种比较片面的方法,它没有说明"多媒体"的真正含义。

媒体不仅包含人们经常使用的文字、图形、图像、声音、动画、视频等信息载体,其定义的范围是相当广泛的。媒体一般分为下列 5 大类。

1. 感觉媒体（Perception Medium）

感觉媒体指的是能直接作用于人们的感觉器官，从而能使人产生直接感觉的媒体。如语言、音乐、自然界中的各种声音、各种图像、动画、文本等。感觉媒体帮助人类通过感觉器官，如视觉、听觉、触觉、嗅觉、味觉等来感知环境。目前，人类主要靠视觉和听觉来感知环境的信息，触觉作为一种感知方式也慢慢被引入到计算机中。

2. 表示媒体（Representation Medium）

表示媒体指的是为了传送感觉媒体而人为研究出来的定义信息特性的数据类型，用信息的计算机内部编码表示。借助这种媒体，能更有效地存储感觉媒体或将感觉媒体从一个地方传送到另一个地方。诸如语言编码、电报码、条形码、文本 ASCII 编码和乐谱等。

3. 显示媒体（Presentation Medium）

显示媒体指的是用于通信中，使表示媒体和感觉媒体之间进行转换而使用的媒体，是人们再现信息的物理工具和设备（输出设备），或者获取信息的工具和设备（输入设备），如显示器、扬声器、打印机等输出类显示媒体，键盘、鼠标、扫描器等输入类显示媒体。

4. 存储媒体（Storage Medium）

存储媒体指的是用于存放表示媒体的媒体，如纸张、磁带、磁盘、光盘等。

5. 传输媒体（Transmission Medium）

传输媒体指的是用于传输表示媒体的媒体，如双绞线、同轴电缆、光缆、无线电链路等。

"多媒体"是指能够同时获取、处理、存储和展示两个以上不同类型信息媒体的技术，这些信息媒体包括：文字、声音、图形、图像、动画、视频等。从这种意义上看，"多媒体"最终被归结为一种"技术"，即多媒体技术。事实上，也正是由于计算机技术和数字信息处理技术的实质性进展，才使我们今天拥有了处理多媒体信息的能力，才使"多媒体"能够实现。所以，我们现在所说的"多媒体"，常常不是指多种媒体本身，而主要是指处理和应用它的一整套技术。另外还应注意，现在人们谈论的多媒体技术往往与计算机联系起来，这是由于计算机的数字化及交互式处理能力，极大地推动了多媒体技术的发展。通常可以把多媒体看做是先进的计算机技术与视频、音频和通信等技术融为一体而形成的新技术或新产品。

多媒体技术是一种覆盖面很宽的技术，是多种技术，特别是通信、广播电视和计算机技术发展、融合和渗透的结果。因此多媒体技术实质上已经延伸到通信技术和电视技术领域。多媒体技术又是世界上发展最快的技术之一，是多项技术的融合和多项业务的集合。因此，图形图像处理、可视化技术、人机交互、计算机视觉、数据压缩、图论、网络及数据库系统都与多媒体有着密切的联系。

1.1.2 多媒体的特征和组成

多媒体技术所涉及的对象是媒体,而媒体又是承载信息的载体,因而多媒体的基本特性,实际上就是指信息载体的多样性、交互性和集成性3个方面。

1. 信息载体的多样性

信息载体的多样性就是指文本、声音、图形、图像、动画、影像和视频等信息媒体的多种形式。信息载体主要应用在计算机的信息输入和输出上,多样化信息载体的运用使计算机具有拟人化的特征,使其更容易操作和控制,更具有亲和力。

2. 信息载体的交互性

交互性是指用户与计算机之间进行数据交换、媒体交换和控制权交换的一种特性,多媒体信息交互具有不同层次。

简单的低层次信息交互的对象主要是数据流,由于数据具有单一性,因此交互过程较为简单。

较复杂的高层次信息交互的对象是多样化信息,其中包括作为视觉信息的文字、图形、图像、动画、视频信号,以及作为听觉信息的语音、音乐等。多样化信息的交互模式比较复杂,可在同一属性的信息之间进行交互动作,也可在不同属性之间交叉进行交互动作。

多媒体处理过程的交互性使得人们具有更强的主动性和可控制性,与计算机的交流也更加亲切友好。

3. 信息载体的集成性

信息载体的集成性,一方面是媒体信息即文字、图形、图像、声音、动画、视频等的集成;另一方面是显示或表现媒体设备的集成,即多媒体系统一般不仅包括了计算机本身而且还包括电视、音响、录像机、激光唱机等设备。所以集成性是指处理多种信息载体集合的能力。

根据多媒体的特征,多媒体的组成实际就是多媒体系统的组成,凡是由文本、图形、图像、声音、动画和视频等形式的两种或两种以上组合而成的应用系统都可以称为多媒体系统,具体可分为如下几种:

- 音频/视频数据的实时处理系统,包括视频会议、视频点播、可视电话、网络音/视频聊天、网络电话等;
- 远程教育,包括远程教学、电视教学、计算机辅助教学(Computer Assisted Instruction,CAI)、计算机辅助学习(Computer Assisted Learning,CAL)等;
- 远程医疗,包括远程手术、病理信息交换、远程诊断等;
- 协同工作环境,包括几个人编辑一个共享的文档或玩同一个游戏的工作环境等;
- 基于内容检索,包括在大型视频和图像数据库中搜索可视化对象等;

- 虚拟现实及场景重建,包括将计算机制作的图形或视频对象放入场景或计算机构建场景等;
- 基于语音识别的系统,包括语音输入、基于语音的计算机交互系统等。

多媒体技术不仅覆盖了传统的计算机科学领域,而且在网络、操作系统、实时系统、视觉系统、信息检索等领域有了进一步的扩展。

目前,多媒体技术包含了计算机领域内较新的硬件技术和软件技术,并将不同性质的设备和媒体处理软件集成为一体,以计算机为中心综合处理各种信息。

1.1.3 多媒体技术的研究内容和应用领域

1. 多媒体技术的研究内容

在计算机应用技术领域,多媒体技术包含如下一些研究内容。

(1) 多媒体处理和编解码技术:包括多媒体内容分析,基于内容的多媒体检索,多媒体安全、声音处理、图像处理、视频处理等。

(2) 多媒体支持环境与网络:包括数据存储、硬件及软件平台、网络技术、质量服务及数据库等。

(3) 多媒体工具及应用系统:包括超媒体系统、用户界面、基于内容的检索、创作系统、多媒体教育、计算机支持的协同学习和设计、虚拟环境的应用等。

(4) 多媒体通信与分布式多媒体系统:如可视电话、电视会议、视频点播、远程会诊及报纸共编等。

多媒体研究也影响计算机领域的其他方向,例如,数据挖掘是当前计算机领域重要的研究方向,而包含多媒体数据对象的大型数据库处理就是进行数据挖掘很好的例子,是数据挖掘的一个应用方面。在远程医疗方面,远程病人的"面诊"是对网络负载具有很大影响的多媒体系统,也是网络方向研究的内容之一。

2. 多媒体技术的应用

随着计算机的普及,多媒体技术在工业、农业、商业、金融、教育、娱乐、旅游、房地产开发等各行各业及各个领域,尤其在信息查询、产品展示、广告宣传等方面得到了越来越广泛的应用,几乎遍布了人们生活的各个角落。多媒体技术具有直观、信息量大、易于接受和传播迅速等显著特点,因此多媒体技术的应用领域拓展十分迅速。近年来,随着国际互联网应用的普及,多媒体技术也渗透到互联网上,并随着网络的发展和延伸,不断地成熟和进步。

目前,多媒体技术的应用领域可以归为多媒体制作、多媒体数据库和多媒体通信3 类。

1) 多媒体制作

多媒体制作是指使用计算机制作和播放多媒体数据的业务,该应用领域可以概括为以下 6 个方面。

（1）电子商务：通过网络，顾客能够浏览商家在网上展示的各种产品，并获得价格表、产品说明书等信息，可以订购自己喜爱的商品。电子商务能够大大缩短销售周期，提高销售人员的工作效率，改善客户服务，降低上市、销售、管理和发货的费用，电子商务正成为信息社会一种重要的商品营销手段。

（2）多媒体课件：因为多媒体技术能够产生图文并茂、丰富多彩的人机交互界面，而且可以立即反馈信息，所以被广泛应用在教学中。采用这种交互方式，学习者可以按照自己的学习基础、兴趣来选择自己所要学习的内容。此外，以互联网为基础的远程教学，使得异地的学生、教师和科研人员可以突破时空的限制，及时地交流信息、共享资源。

（3）多媒体游戏娱乐：计算机网络游戏由于具有多媒体感官刺激，并使游戏者通过与计算机的交互而身临其境、进入角色，达到娱乐的效果，因而较受欢迎。此外，数码照相机、数码摄像机和 DVD 光碟的投放市场，以及数字电视的出现，为人们提供了全新的娱乐方式。

（4）影视创作：计算机特技和虚拟现实是一项与多媒体技术密切相关的技术，它被广泛应用在影视制作方面。利用多媒体系统能够生成拥有逼真的视觉、听觉、触觉及嗅觉的模拟真实环境，观众可以用人的自然技能在这一虚拟的现实中进行交互体验，犹如在现实中体验一样。

（5）家居设计与装潢、商业广告：主要是利用平面动画、三维动画进行广告宣传及效果图的设计，用来吸引用户的注意，达到用户满意的效果。

（6）电子出版：电子出版是多媒体传播应用的一个重要方面。利用多媒体技术制作的光盘出版物，在音像娱乐、电子图书、游戏及产品广告等数字出版物市场上，呈现出迅速发展的销售趋势。电子出版物的产生和发展，不仅改变了传统图书的发行、阅读、收藏、管理等方式，也对人类传统文化产生了巨大的影响。

2）多媒体数据库业务

多媒体数据库在数据模型上采用面向对象的方法来描述和建立多媒体数据模型，在数据检索上采用基于内容的检索方法，并能提供高速信息查询、多媒体调用和对声音、图形、图像及视频的各种编辑及转换功能。与多媒体数据库相关的业务包括不同的方面，如：

（1）多媒体信息检索和查询；

（2）商用电话系统；

（3）旅游业信息管理。

3）多媒体通信业务

多媒体通信是多媒体技术与网络技术相结合，通过网络以多媒体的方式为用户提供信息服务。与多媒体通信相关的业务可以概括为以下 6 个方面：

（1）远程教育；

（2）多媒体会议与协同工作；

（3）点播电视；

（4）多媒体信件；

（5）远程医疗诊断；

(6) 远程图书馆。

1.2 多媒体项目创作简介

1.2.1 数字音频处理

音频处理主要是编辑声音、存储声音以及不同格式的声音文件之间的转换。计算机音频处理技术主要包括声音的采集、数字化、压缩/解压缩以及声音的播放。

对数字音频的处理主要包括如下一些操作：

(1) 录制声音文件；

(2) 声音剪辑；

(3) 增加特殊效果；

(4) 声音文件的操作。

数字音频处理的详细内容将在本书第 3 章介绍。

目前常用的声音编辑软件有 Cool Edit、GoldWave、Sound Forge、Pro Tools 等。

1.2.2 图形和图像编辑

图形(Graphic)和图像(Image)是两种不同的媒体形式，在计算机领域一般分别称为矢量图形和位图图像。

矢量图形，是由称作矢量的数学对象所定义的直线和曲线组成，经过计算机运算而形成的抽象化结果，因此也称为矢量图(Vector Graphic)。图形一般分为二维图形和三维图形两大类，并具有如下特征：

(1) 图形是根据矢量的几何特性对其进行描述，所以矢量图形与分辨率无关；

(2) 图形是对图像进行抽象的结果，抽象的过程称为矢量化；

(3) 图形占用较小的存储空间；

(4) 图形的矢量化使对图中的各个部分分别进行控制成为可能；

(5) 矢量图形的产生需要计算时间。

位图图像，也称作栅格图像，是直接量化的自然界图像的原始信号。位图图像是用矩阵，即方形网格(栅格)表示的。图像由矩阵结点上的像素组成，每个像素都被分配一个特定位置和颜色值。位图图像与分辨率有关，包含固定数量的像素，代表图像数据。

图形与图像的区别及相互关系如下：

(1) 矢量图形的基本元素是图元，也就是图形指令，而点阵图像的基本元素是像素。

(2) 图形的显示过程是按照图元的顺序进行的，而图像的显示过程是按照点阵图像中所安排的像素顺序进行的，与内容无关。

(3) 图形缩放变换后不会发生变形失真，而图像变换则会发生失真。

(4) 图形能以图元为单位单独进行修改、编辑等操作，且局部处理不影响其他部分。

而图像只能以像素为单位进行修改,与图像内容无关。

(5) 图形实际上是对图像的抽象,而这种抽象可能会丢失原始图像的一些信息,所以图像的显示要更加逼真一些。

(6) 图形的数据量相对较小。

在图形和图像处理技术方面,图形技术的关键是图形的制作和再现,计算机图形学比较成熟,已成为一门独立的学科,而图像处理的关键技术,如图像的扫描、编辑、无失真压缩、快速解压和色彩一致性再现等,仍处在发展时期。

图像处理任务一般包括如下 4 种:

(1) 通过扫描仪、数码照相机、绘图软件等方式获取图像;

(2) 利用图像处理软件或程序设计对图像进行编辑、处理;

(3) 进行图像文件格式转换;

(4) 保存和管理图像文件。

本书将在第 2 章详细介绍数字图像处理内容。

目前较流行的图形和图像处理软件有 Adobe Photoshop、Adobe Illustrator、Macromedia Fireworks、Macromedia Freehand 等。

1.2.3　视频编辑

目前数字视频信号的采集主要有两种方式:一种是将录像机、VCD 及摄像机中模拟信号源的影像转换为数字信号,这种情况一般需要在计算机中安装视频采集卡,将标准的彩色全电视信号转换为计算机能识别的数字信号;另一种是直接使用数字视频设备,如数码摄像机、数码照相机及数码摄像头等进行采集,这些设备可以直接将采集到的数字视频信号通过 USB 或 1394 接口传输到计算机中。

直接对采集到的视频文件进行编辑是比较困难的,主要原因是未经过压缩的视频文件的体积非常大,例如,从数码摄像机(Digital Video,DV)中采集的 PAL 格式未压缩的 AVI 视频文件(比特率:30Mbps,分辨率:720×576,纵横比:4∶3,每秒 25 帧),每分钟占用的磁盘容量是 232.5MB。如果编辑 10 分钟这样的视频文件,对计算机的内存和硬盘的要求都是比较高的。

为了解决上述问题,一般采用压缩的方法,视频图像的压缩算法的详细内容将在本书第 4 章进行介绍。

视频编辑的内容包括:

(1) 添加片头、片尾;

(2) 声音处理;

(3) 影片片段编辑及过渡处理;

(4) 特殊效果处理;

(5) 视频文件格式及压缩方法转换;

(6) 保存和管理视频文件。

常用的视频编辑软件有 Windows Movie Maker、Adobe Premiere、Adobe After

Effects、Final Cut Pro 等。

1.2.4　动画编辑

计算机动画是借助计算机生成一系列连续图形的技术。先进的计算机技术不仅能逼真地模拟手工动画,而且可表现出手工动画难以表现的效果,从而产生了《猫和老鼠》、《玩具总动员》这样精彩的影视作品。

计算机动画按制作方法可分为 3 类:帧动画、矢量动画和调色板动画。帧动画是模拟传统动画,由一幅幅位图组成的连续画面,就像电影胶片或视频画面一样,制作时要分别设计每帧显示的画面,工作量比较大;矢量动画是通过计算机计算生成的动画,即对每一个运动的物体(称为动元)分别进行设计,赋予每个动元一些特征,如大小、形状、颜色等,然后用这些动元构成完整的帧画面;调色板动画是采用处理调色板颜色的特殊方式生成的动画。

若按照动画表现方式,动画分为二维动画、三维动画和变形动画三种类型。二维动画(又称平面动画)的特点是在平面上构成动画的基本动作;三维动画(又称空间动画)的特点则是经过计算得到三维造型构成动画的主体,表现三维的动画主体和背景;而变形动画的特点是通过计算,把一种物体变成另一种物体,形成令人感到意外的变形效果。

因为实现动画的工作量比较大,创作动画的软件工具也较复杂、庞大,高级的动画制作软件除具有一般绘画软件的基本功能外,还提供了丰富的画笔处理功能和多种实用的绘画方式,如平滑、虚边、打高光、涂抹、扩散、模版屏蔽及背景固定等,尤其调色板可支持丰富的色彩,美工人员所需要的特性应有尽有。

常用的动画制作软件工具有:影视专业制作软件 Macromedia Director、Maya、Softimage XSI、Render Man 等;二维动画创作软件 Animator Studio、Animator Pro、Flash、GIF Animation 等;三维动画创作软件 3D Studio MAX、Poser 等;另外还有编辑动画的多媒体 API(Application Program Interface,应用程序接口)工具包,如 Java 3D、DirectX、OpenGL 等。

1.2.5　多媒体项目创作过程简介

多媒体项目创作一般分为:选题、创意设计、素材制作、程序设计和测试等阶段。

1. 选题

多媒体项目的选题要准确、清晰。应尽量选择能够体现多媒体特色的题目,例如多媒体教学的题目应具有下面的一种或几种特征:

(1) 表现物体内部结构特征,如发动机内部工作情况、变速箱的工作原理等;

(2) 体现物体的微观特性,如细胞的结构、病毒的活动规律等;

(3) 展现宏观物体的特征,如天体的运动、大气的组成及活动等;

（4）采用传统教学方式较难理解的内容。

选题确定后,应提交选题报告计划书,供主管人员决策。选题报告计划书中应包括用户分析报告、设施分析报告、成本效益分析报告和系统内容分析报告等。

2．创意设计

创意设计是多媒体活泼性的重要来源,精彩的创意不仅让人耳目一新,为多媒体系统注入生命与色彩,更可使原本呆板的剧本变得生动活泼,大大提高系统的可用性和可视性。通常创意设计应遵循以下原则:

（1）创意要在媒体"呈现"和"交互"上做文章,在屏幕设计和人机交互界面上下工夫。丰富多彩的表现形式和直观灵活的交互功能会使系统颇具吸引力。

（2）创意设计应包括各种媒体信息在时间和空间上的同步表现,即对计算机屏幕进行空间划分,在空间与时间轴上进行立体构思,组织完成和谐的设计蓝图。

（3）要充分考虑到该应用系统设计所采用的编程环境或创作工具的功能与特点,特别是计算机资源,以免创意太脱离实际的应用设计水平。

（4）在创意阶段所有的设计人员,包括脚本、设计、美工、配乐等人员都应互相沟通,充分发挥各自的想象力和创造力,设计全部场景、画面、音乐效果以及动作或动画的细节。

3．素材制作

素材制作是多媒体项目制作的关键步骤,因为精彩的创意需要依靠媒体素材来体现。多媒体的素材制作是利用各种素材制作软件来完成的。素材制作软件一般分为文字编辑软件、图形图像处理软件、动画制作软件、音频处理软件、视频处理软件等。由于素材制作软件各自的局限性,因此在制作和处理稍微复杂一些的素材时,往往要使用几个软件来完成。

4．程序设计

多媒体项目的程序设计一般都不太复杂,因为多媒体制作工具可以设计内容丰富的多媒体应用程序,但由于这些工具是为媒体数据传输特别设计的,往往不如程序设计语言灵活高效。有编辑经验的多媒体项目开发者往往采用可视化编程环境,如 Visual C++ 、Visual Basic。它们是目前广泛应用于多媒体系统创作的高级语言。

多媒体程序设计可以利用操作系统的功能,例如,用 Visual C++ 、Visual Basic 开发的多媒体应用程序,实际上是利用了 Windows 操作系统的多媒体服务功能。Windows操作系统提供的多媒体服务向用户提供了控制不同多媒体设备的接口,包括 MCI（Media Control Interface,媒体控制接口）控件、MCI 指令字符串和 API 函数调用等。

5．测试

多媒体项目制作完成后,要进行认真的测试,测试的目的是发现程序运行中的错误并加以改正。

根据面向对象的程序设计思想，测试工作应该从项目的一开始就进行：在原型中进行集成性和交互性测试，对每个数据文件检测其可用性；项目中的每个功能模块都应该经过测试，以检查它们的可用性；此外，还要检查每一幅画面，检查其风格是否一致，画面是否美观，音量是否恰当等。然后根据测试的结果，进一步修改完善。

1.3 颜色基础

1.3.1 颜色表示方法

颜色与物体的纹理、形状和光滑度一样，也是物体的一种属性。物体由于内部结构的不同，受光线照射后，产生光的分解现象，一部分光线被物体吸收，其余的经过物体的反射或透射，成为物体的颜色。所以颜色是通过光被感知的，光就是电磁波，当电磁波的波长在380～780nm时，可以被人的眼睛感知到，称为可见光，如图1-1所示。

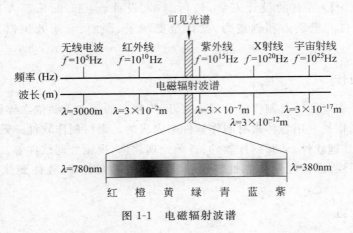

图 1-1 电磁辐射波谱

视觉系统对颜色和亮度的响应情况是不同的，人眼对亮度更加敏感。图1-2表示了人类视觉系统对颜色和亮度的响应特性。

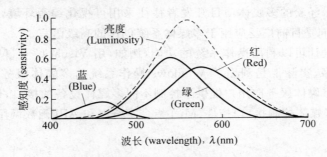

图 1-2 视觉系统对颜色和亮度的响应特性

将光谱中不能再分解的可见光称为单色光,由单色光混合而成的光称为混合光。而红、绿、蓝三色可以混合成自然界中的任何一种颜色,因此称红、绿、蓝为三基色,产生波长不同的光需要不同的三基色值,如图1-3所示。

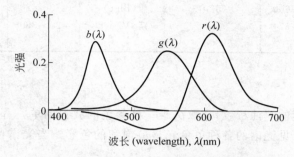

图1-3　产生波长不同的光所需要的三基色值

视觉所感知的色彩现象千变万化,各不相同,但任何色彩都有亮度、色相、纯度(饱和度)三个方面的性质,又称色彩的三要素。而且当色彩间发生作用时,除以上三要素外,各种色彩彼此间形成色调和色性,并显现出自己的特性。色相、亮度、纯度、色调及色性这5项构成了色彩的要素。画面总是由具有某种内在联系的各种色彩组成一个完整统一的整体,形成画面色彩总的趋向,称为色调。色性是指色彩的冷暖倾向。下面详细介绍色彩的三要素。

1. 亮度

亮度即颜色明亮的程度,是光作用于人眼时引起的明亮程度的感觉。亮度最高的是白色,最低的是黑色。一个彩色物体表面的光反射率越大,对视觉的刺激的程度越大,看上去就越亮,那么这一颜色的亮度就越高。在可见光谱中,黄色是亮度最高的颜色,紫色是亮度最低的颜色。

亮度在三要素中具有较强的独立性,它可以不带任何色调的特征而只通过黑白灰的关系单独显现出来。色调与饱和度则必须依赖一定的亮度才能显现,色彩一旦显现,明暗关系就会同时出现。颜色的亮度如图1-4所示。

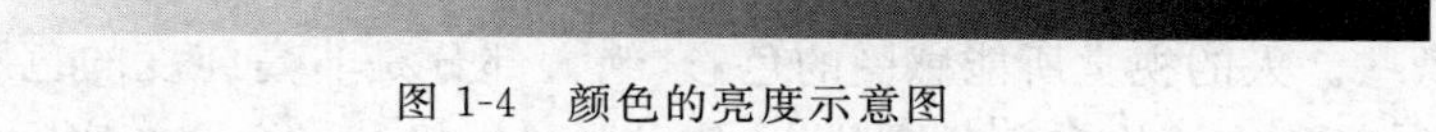

图1-4　颜色的亮度示意图

2. 色相

色相指的是色彩的相貌,反映颜色的种类,是彩色光的基本特性。光谱中各色相由可见光光谱中各分量成分的波长来决定,它们构成了色彩体系中的基本色调。在可见光谱中,红、橙、黄、绿、青、蓝、紫每一种颜色都有自己的波长,如表1-1所示。人们给这些可以相互区别的颜色赋予名称,当称呼其中某一种颜色的名称时,就会有一个特定的色彩印象,这就是色相的概念。

表 1-1　色相与波长的关系

光色	波长λ /nm	代表波长/nm	光色	波长λ /nm	代表波长/nm
红(Red)	780～630	700	青(Cyan)	500～470	500
橙(Orange)	630～600	620	蓝(Blue)	470～420	470
黄(Yellow)	600～570	580	紫(Violet)	420～380	420
绿(Green)	570～500	550			

3. 饱和度

饱和度是指色彩的鲜浊程度,它取决于一种颜色的波长的单一程度。饱和度体现了色彩的饱和程度。可见光谱的各种单色光是最饱和的色彩。当光谱色加入白光成分时,就变得不饱和了。

物体颜色的饱和度取决于该物体表面选择性反射光的能力。物体对光谱某一较窄波段的反射率高,而对其他波长的反射率很低或没有反射,则表明它有很高的选择性反射的能力,这一颜色的饱和度就高。如图 1-5 所示,反射率曲线 A 和 B 都反射绿色,但曲线 A 比曲线 B 显示的颜色饱和度高。

原色是纯度最高的色彩。颜色混合的次数越多,纯度越低,反之,纯度越高。原色中混入补色,纯度会立即降低、变灰,如图 1-6 所示。

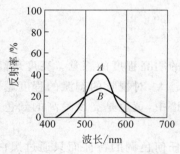

图 1-5　饱和度与反射率的关系

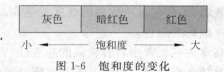

图 1-6　饱和度的变化

物体本身的色彩,也有纯度高低之分,同一色调的颜色,其饱和度越高,颜色就越纯;而饱和度越低,颜色就越浅,或纯度越低。例如,西红柿与苹果相比,西红柿的纯度高些,苹果的纯度低些。人的视觉所能感受的色彩,绝大部分是非高纯度的色彩,也就是说,大量都是含灰的色彩,有了饱和度的变化,才使色彩显得极其丰富。在实际的设计工作及日常生活中,对色彩饱和度的选择往往是决定颜色的关键,只有对色彩饱和度的控制到达精微的程度,才可以算是一个严格的、经验丰富的色彩设计家。

亮度、色相和饱和度的例子如图 1-7 所示。

4. 互补色与邻近色

颜色之间的互补关系(对比关系)与邻近关系是学习色彩的又一重要问题。色彩学上称间色与三原色之间的关系为互补关系。意思是指某一间色与另一原色之间互相补足三

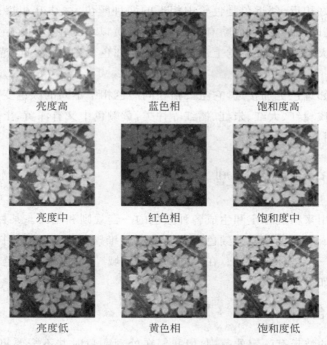

亮度高	蓝色相	饱和度高
亮度中	红色相	饱和度中
亮度低	黄色相	饱和度低

图 1-7　亮度、色相和饱和度的对比图例

原色成分，即任何两种色光相加后如能产生白光，这两种色光就互称为补色光。红、绿、蓝三原色光的补色光分别为青、品红、黄光。红光与青光、绿光与品红光、蓝光与黄光互为补色光。

图 1-8 又称为六星图，图中表明：每一种色光都是由同它相邻的两种色光组成的，如红光由黄光和品红光组成，黄光由红光和绿光组成，绿光由黄光和青光组成，青光由绿光和蓝光组成，蓝光由青光和品红光组成，品红光由蓝光和红光组成。

由此可见，每种原色光是由两种补色光组成的，每种补色光则由两种原色光组成。如果将互补色并列在一起，则互补的两种颜色对比最强烈、最醒目、最鲜明。红与绿、橙与蓝、黄与紫是三对最基本的互补色。在色轮中相对应的颜色是互补色，它们之间的色彩对比最强烈，如图 1-9 所示。

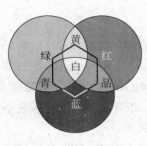

图 1-8　六星图

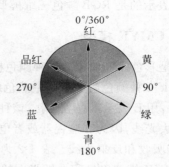

图 1-9　色轮

邻近色则正好相反,邻近色是色轮中相近的两种颜色,往往互相掺杂在一起。比如:朱红与橘黄,朱红以红为主,里面略有少量黄色;橘黄以黄为主,里面有少许红色,虽然它们在色相上有很大差别,但在视觉上却比较接近。在色轮中,凡在60°范围之内的颜色都属邻近色的范围。

同类色则比邻近色更加接近,它主要指在同一色相中不同的颜色变化。例如,红颜色中有紫红、深红、玫瑰红、大红、朱红、橘红等种类,黄颜色中又有深黄、土黄、中黄、橘黄、淡黄、柠檬黄等区别。

1.3.2 图像中的颜色模型

颜色模型是用来精确标定和生成各种颜色的一套规则和定义。某种颜色模型所标定的所有颜色就构成了颜色空间。颜色模型通常用三维模型表示,空间中的色彩通常使用代表三个参数的三维坐标来指定。在不同的应用领域,人们采用的颜色模型往往不同,常用的颜色模型有如下几种。

1. RGB 颜色模型

虽然可见光的波长有一定的范围,但我们在处理颜色时并不需要将每一种波长的颜色都单独表示。因为自然界中所有的颜色都可以用红(Red)、绿(Green)、蓝(Blue)这三种颜色的不同强度组合而得,这就是人们常说的三原色原理。因此,这三种光常被人们称为三基色或三原色。这三种基色称为加色(Additive Colors),这是因为当把不同波长的光加到一起的时候,得到的将会是更加明亮的颜色。在颜色重叠的位置,产生青色、品红和黄色,如图 1-8 所示。RGB 颜色合成产生白色,即将所有颜色加在一起产生白色,相当于所有光被反射回眼睛。加色用于光照、视频和显示器。例如,显示器通过红、绿和蓝荧光粉发射光线产生色彩。图 1-10 表示的是 RGB 颜色三维模型。

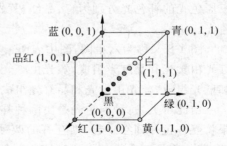

图 1-10　RGB 颜色三维模型

2. CMYK 模型

这是彩色印刷使用的一种颜色模式。它由青(Cyan)、洋红(Magenta)、黄(Yellow)和黑(Black)4 种颜色组成。其中黑色之所以用 K 来表示,是为避免和 RGB 三基色中的蓝色(Blue,用 B 表示)发生混淆。该种模式的创建基础和 RGB 不同,它不是靠增加光线,而是靠减去光线,因为和监视器或者电视机不同的是,打印纸不能创建光源,它不能发射光线,只能吸收和反射光线。表 1-2 为相加色与相减色的关系。

CMYK 模型以打印在纸张上的油墨的光线吸收特性为基础,白光照射到半透明油墨上时,部分光线被吸收,部分被反射。理论上,青色、品红和黄色能合成吸收所有光线的黑

表 1-2   相加色与相减色的关系

相加混色（RGB）	相减混色（CMY）	生成的颜色	相加混色（RGB）	相减混色（CMY）	生成的颜色
000	111	黑	100	011	红
001	110	蓝	101	010	品红
010	101	绿	110	001	黄
011	100	青	111	000	白

色,如图 1-11 所示。但是,因为所有打印油墨都包含一些杂质,这三种油墨混合后,实际上产生一种土灰色,必须与黑色(K)油墨混合才能产生真正的黑色。所以,将这些油墨混合产生的颜色称作 4 色印刷。RGB 彩色空间和 CMY 彩色空间的对比如图 1-12 所示。

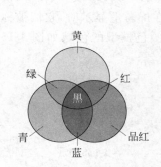

图 1-11   CMYK 颜色模型

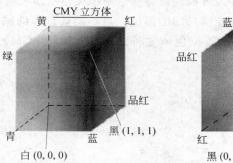

图 1-12   RGB 彩色空间和 CMY 彩色空间的对比

3. Lab 颜色模型

Lab 颜色模型由亮度分量(L)和两个色度分量组成;两个色度分量即 a 分量(从绿到红)和 b 分量(从蓝到黄)。Lab 颜色是由 RGB 三基色转换而来的,它是由 RGB 模式转换为 HSB 模式和 CMYK 模式的桥梁。Lab 颜色模型由颜色轴所构成的平面上的环状线来表示颜色的变化,其中径向表示色饱和度的变化,自内向外,饱和度逐渐增高;圆周方向表示色调的变化,每个圆周形成一个色环;而不同的发光率表示不同的亮度并对应不同的环形颜色变化线,如图 1-13 所示。Lab 颜色模型的主要特点是与设备无关,不管使用什么设备(如显示器、打印机、计算机或扫描仪)创建或输出图像,这种颜色模型产生的颜色都保持一致。

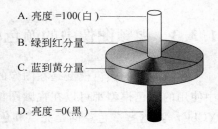

A. 亮度 =100(白)

B. 绿到红分量

C. 蓝到黄分量

D. 亮度 =0(黑)

图 1-13   Lab 颜色模型的表示

4. HSB 颜色模型

从心理学的角度来看,颜色有三个要素:色调(Hue)、饱和度(Saturation)和亮度(Brightness)。HSB 颜色模式便是基于人对颜色的心理感受的一种颜色模式。它是由 RGB 三基色转换为 Lab 模式,再在 Lab 模式的基础上考虑了人对颜色的心理感受这一因素而转换成的。因此这种颜色模式比较符合人的视觉感受，让人觉得更加直观一些。它可由底与底对接的两个圆锥体立体模型来表示，其中轴向表示亮度，自上而下由白变黑；径向表示色饱和度，自内向外逐渐变高；而圆周方向，则表示色调的变化，形成色环，如图1-14所示。

5. 颜色模型的色域

色域是一个色系能够显示或打印的颜色范围。人眼看到的色谱比任何颜色模型中的色域都宽。在颜色模型中，Lab具有最宽的色域，它包括RGB和CMYK色域中的所有颜色。通常RGB色域包含所有能在计算机显示器或电视屏幕（发出红、绿和蓝光）上显示的颜色。但是一些诸如纯青或纯黄等颜色不能在显示器上精确显示。CMYK色域较窄，仅包含使用印刷色油墨能够打印的颜色。当不能被打印的颜色在屏幕上显示时，它们被称为溢色——即超出CMYK色域之外。Lab、RGB和CMYK颜色模型的色域如图1-15所示。

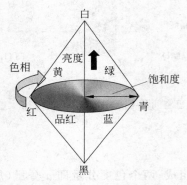

图1-14　HSB颜色模型的表示

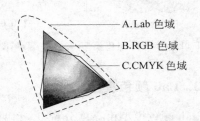

图1-15　各种颜色模型的色域范围

1.3.3　视频图像中的颜色模型

视频图像的颜色模型是在图像的颜色模型的基础上发展而来的，所以几乎所有图像中使用的颜色模型都可以在视频图像中使用。电视系统开发的颜色空间有YUV、YIQ、YCbCr等，这些颜色空间是亮度和色度分离的电视信号传输所使用的颜色空间。下面介绍在视频图像中常用的一些颜色模式。

1. YUV 颜色模型

YUV颜色模型应用于PAL制彩色电视，德国、英国等一些西欧国家，以及中国、朝鲜等国家采用这种制式。其中Y表示明亮度（Luminance或Luma），也就是灰阶值；而U和V表示的则是色度（Chrominance或Chroma），作用是描述影像色彩及饱和度，用于指定像素的颜色。

如图1-2所示，人眼对于亮度的敏感程度大于对于色度的敏感程度，所以完全可以让相邻的像素使用同一个色度值,而人眼的感觉不会起太大的变化,通过损失色度信息来达到节省存储空间的目的,这就是 YUV 的基本思想。

在 PAL 制式彩色电视系统中,通常采用彩色 3CCD 摄像机,把摄像得到的彩色图像信号经分色棱镜分成 RGB 三个分量的信号,再经过矩阵变换电路得到亮度信号 Y、色差信号 $R-Y$ 和 $B-Y$(即基色信号中的两个分量信号 R、B 与亮度信号之差),最后发送端将 Y、$R-Y$ 和 $B-Y$ 三个信号进行编码,用同一信道发送出去。这就是 YUV 颜色空间。其中亮度 Y 的方程表达式为

$$Y = 0.299R + 0.587G + 0.114B$$

而

$$U = 0.493(B-Y)$$
$$V = 0.877(R-Y)$$

采用 YUV 颜色空间的好处如下:

(1) 亮度信号 Y 解决了彩色电视机与黑白电视机的兼容问题;

(2) 大量实验证明,人眼对彩色图像细节的分辨本领比对黑白图像低得多,因此对色度信号 U、V 可以采用"大面积着色原理",即用亮度信号 Y 传送细节,用色差信号 U、V 进行大面积涂色。因此彩色图像的清晰度由亮度信号的带宽保证,而把色度信号的带宽变窄,这样一来,降低了彩色分量的分辨率,压缩了数据,而不明显影响图像的质量。

2. YIQ 颜色模型

YIQ 颜色模型应用于 NTSC 制彩色电视,是美国、加拿大等大部分西半球国家,以及日本、韩国、菲律宾等国家和中国台湾采用的制式。其中的 Y 表示亮度,I、Q 是两个彩色分量,YIQ 格式与 YUV 格式类似,但在色度矢量图中的位置不同,IQ 为互相正交的坐标轴,与 UV 正交轴之间有 33° 夹角,如图 1-16 所示。

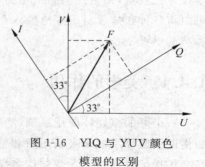

图 1-16　YIQ 与 YUV 颜色模型的区别

由图 1-16 可以推出,IQ 分量与 UV 分量之间的换算关系为:

$$I = V\cos33° - U\sin33°$$
$$Q = V\sin33° + U\cos33°$$

即

$$\begin{bmatrix} Q' \\ I' \end{bmatrix} = \begin{bmatrix} \cos33° & \sin33° \\ -\sin33° & \cos33° \end{bmatrix} \begin{bmatrix} U' \\ V' \end{bmatrix}$$

YIQ 与 RGB 颜色空间变换方程为:

$$\begin{bmatrix} Y' \\ I' \\ Q' \end{bmatrix} = \begin{bmatrix} 0.299 & 0.587 & 0.114 \\ 0.596 & -0.274 & -0.322 \\ 0.212 & -0.523 & 0.311 \end{bmatrix} \begin{bmatrix} R' \\ G' \\ B' \end{bmatrix}$$

3. YCbCr 颜色模型

YCbCr 颜色模型是由 YUV 颜色模型派生出来的一种颜色模型,主要用于数字电视系统中,也适用于计算机用的显示器,其中 Cb 与 U 分量对应,而 Cr 与 V 分量对应。

YCbCr 彩色空间是以演播室质量标准为目标的 CCIR601 编码方案中采用的彩色表示的模型。在该编码方案中,亮度信号 Y 与色度信号 Cb、Cr 的采样比率为 4：2：2,这是因为人眼对色度信号的变化没有对亮度信号的变化敏感。

从 RGB 到 YCbCr 的转换中,输入、输出都是 8 位二进制格式,即用 8 位二进制数表示 YCbCr 和 RGB,而 RGB 颜色空间使用相同数值范围(0～219)的分量信号,RGB 和 YCbCr 两个彩色空间之间的转换关系用下式表示：

$$Y = 0.299R + 0.587G + 0.114B + 16$$
$$Cr = (0.5114R - 0.4282G - 0.0832B) + 128$$
$$Cb = (-0.1726R - 0.3388G + 0.5114B) + 128$$

其中 Y 的取值范围有 220 级(16～235),Cr 和 Cb 的取值范围有 225 级(128±112)即(16～240)。

1.4 美 学 基 础

美学是哲学的一个分支,论述美和美的事物,尤指对审美鉴赏力的判断。多媒体领域的美学是通过绘画、色彩和版面展现自然美感的学科。其中,绘画、色彩和版面被称为美学设计三要素,而自然美感则是美学运用的最终目的。多媒体技术采用美学的设计思想,可以将各种媒体素材很好地融入到一个完整的计算机应用系统中,给用户带来艺术效果和美的感觉。

1.4.1 美学的作用

一个好的多媒体应用系统,绝非只是多媒体素材的罗列和事实的陈述,更重要的是,要借助多媒体手段来吸引用户和感动用户,通过饱含激情的文字、生动的图形和悦耳的声音来传送信息和知识。在制作多媒体产品时引入美学的观念,其作用有：

(1) 产生更好的视觉效果,增加用户的知觉和注意力。

(2) 将复杂和抽象的内容进行形象化表达。

(3) 提高产品的价值。在用户的眼中,即使是同样的产品,具有精美包装的要比包装简陋的具有更高的价值。所以多媒体应用系统可以通过色彩运用、画面布局和绘画渲染来提高产品的价值。

(4) 提高产品的亲和力。美的东西总是让人感觉到亲切和喜欢。

1.4.2 平面构图

构图是增加多媒体美感的快速有效的手段。构图是安排场景结构、色彩、光影等内容,从而使画面更加吸引观众注意力,更好地抒发作者的情感。构图首先要考虑场景自身的构图平衡,也就是首先要确定一个视觉中心、重点,然后达到视觉的平衡,使画面的内容、大小和位置合理、美观。构图的方法很多,下面介绍几种最基本的方法。

1. 分割构图

分割构图是将画面进行不同比例的水平或垂直的分割,这是影视画面构图最常用的方法之一。不同的分割比例,所产生的艺术效果是完全不同的,例如,用黄金分割的方法分割天与地,观众的视觉中心正好在地平线上,地平线上的人就成为了主体,画面强调人;若换成低视点构图,地少天多,强调的是天的高远;若换成高视点构图,地多天少,强调的是地的博大,总之都是在赞美自然的伟大,人在其中变得很渺小。图1-17为分割构图的例子。

2. 轴线构图

轴线构图是以画面中心的轴线形成等分的构图形式,能使画面达到均衡和对称的美感。与中轴平行的是一系列垂直面,这些垂直面的重复会有力地形成一种节奏感,从而将目光引导向上方。图1-18为轴线构图的例子。

图1-17 分割构图

图1-18 轴线构图

3. 对角线构图

对角线构图是构造景物空间的最基本的构图方法之一。对角线可以有效地引导目光,从画面的四周向视觉中心聚拢。这就可以让观察者很容易产生一种径直通过场景空间的感觉。对角线也可以用假想的线条,借助植物丛或建筑体加以强化。图1-19为对角线构图的例子。

4. 三角形构图

三角形构图是以一个中心轴为基础形成稳定的三角形结构的构图方法。它拥有的两条边向一个角汇聚,所以方向性更强。因三角形的方向不同,所以视线会被引导向上或向下。三角形构图象征着稳定和崇高。图1-20为三角形构图的例子。

图 1-19　对角线构图　　　　　　　　　　　　图 1-20　三角形构图

5．环形构图

　　环形构图与三角形构图一样,也显示出一种稳定感。环形构图是一种封闭的构图形式,可以有方形、圆形等几种,都会将视线引导向封闭的中心。图 1-21 为环形构图的例子。

6．重复构图

　　在平面设计中,一个完整、独立的形象被称为单形,单形若同时出现两次以上,就是重复。重复能够加深形象的印象,形成节奏感、统一感。大多数物体的形状都是由许多相似、相同的形象所组成的整体。自然界里重复的例子很多,如动物的肢体、花的叶瓣、机械化生产出的器物等都是重复的。图 1-22 为重复构图的例子。

图 1-21　环形构图　　　　　　　　　　　　图 1-22　重复构图

1.4.3　色彩美学

　　人类长期生活在色彩环境中,逐步对色彩发生兴趣,并产生了对色彩的审美意识。色彩既是一种感受,又是一种信息。在我们生活的这个多姿多彩的世界里,所有的物体都具有自己的色彩,尤其是枫木和花草,它们的色彩随四季变化。因此,春秋的更换及寒暑的不同,除皮肤可以感觉外,自然界还会用美丽的色彩来告诉人们。

　　在视觉艺术中,色彩作为给人的第一视觉印象,它的艺术魅力更为深远,常常具有先声夺人的力量。人们观察物体时,视觉神经对色彩反应最快,其次是形状,最后才是表面的质感和细节,所以在实用美术中常有"远看色彩近看花、先看颜色后看花、七分颜色三分花"的说法,生动地说明了色彩在艺术设计中的重要意义。随着时代的进步,人们越来越追求色彩的美感,色彩美已成为人们物质和精神上的一种享受。

1. 色彩的作用

色彩具有冷暖感,这是从人们的生活经验中产生的。如太阳、火焰的温度很高,它们所散发的红橙色光使人感觉到温暖,而冰雪、海洋温度很低,它们反射的蓝色有寒冷的感觉。这些生活中的经验积累,使人一看到红色就感到温暖,一看到蓝色就感到寒冷。在色环中,可以简单地将所有颜色分为冷色和暖色两大类,如图1-23所示。

每一种颜色也能给人不同的感觉,使人联想到不同的东西。下面介绍几种颜色。

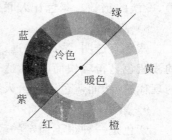

图1-23 色环上的冷色和暖色

1)白色

白色是阳光的颜色,给人以光明的感觉,又是冰雪、云雾的颜色,使人感到寒冷、单薄、轻盈。白色在心理上能造成明亮、干净、纯洁,还有扩张的感觉。在中国传统中,白色被当作哀悼的颜色,表示对死者的尊重、缅怀。在西方,白色是新娘礼服的颜色,象征爱情的纯洁与坚贞。

2)黑色

黑色在心理上容易使人联想到黑暗、悲哀,给人一种沉静、肃穆的感觉。黑色在视觉上收缩、消极,让人联想到死亡或不祥,在感情上有种忧郁的意味。黑色的亮度最低,也最有分量、最稳重,黑色可以衬托任何颜色,可以使其他颜色更加鲜艳,而又具有稳重感、节奏感。

3)灰色

灰色居于黑白之间,是中性的颜色,缺少独立的色彩特征,是一种被动的颜色。会使人产生平稳、乏味、朴素、寂寞、无趣的感觉。作为背景色是最理想的,因为它不会影响任何一种颜色。

在彩色中加入灰色,能给人以高雅、精致、含蓄的印象,它的应用相当普遍,是达到色彩和谐的最佳"调和剂"。

4)红色

红色首先使人联想到血液、火焰,使人感到兴奋、炎热、活泼、热情、充实、饱满、挑战,表现积极向上的情绪,象征革命。还可以作为欢乐、庆典、胜利时的装饰色,也可以表现战争、危险,交通禁止、警报信号都用红色。

5)橙色

橙色给人以温暖、成熟、饱满、华丽、辉煌的感觉,最能够诱发人的食欲。橙色的刺激作用没有红色强,但它的注目性很强,既有红色的热情又有黄色的明亮,是人们普遍喜欢的颜色,具有极强的亲和力。

6) 黄色

黄色给人轻快、明朗、透明、耀眼、自信、高贵、警惕、充满希望的色彩印象。在中国古代是帝王的象征,在古罗马时期也是高贵的色彩。在日本黄色作为思念和期待的象征。但在基督教中,由于黄是犹大衣服的颜色,所以在欧洲被视为庸俗、低劣、下等。黄色偏向蓝绿就会呈现出病态的感觉。

7) 绿色

绿色是大自然的颜色,浅绿、草绿象征着春天、萌芽、新鲜、纯真、活力、生命和希望,中绿、翠绿象征着盛夏、浓郁、兴旺,孔雀绿象征着华丽、清新,深绿象征着稳重,蓝绿给人平静、冷淡的感觉。绿色让人联想到和平、平静、安全。

8) 蓝色

蓝色有透明、清凉、遥远、流动、深远、理智、永恒的感觉,是色彩中最冷的颜色。明亮的浅蓝色显得轻快而明澈,适合表现大的空间。深蓝色代表着沉静、稳定。蓝色给人强烈的现代感,然而蓝色还会给人寒冷、恐惧、悲伤的感觉。

9) 紫色

紫色是一种很不稳定的颜色,很难找到一种不偏红或不偏蓝的紫色。在自然界中,紫色的物体很少,所以也比较珍贵,它代表着高贵、庄重、奢华。紫色还造成一种神秘感。纯度高的紫色带有恐怖感,灰暗的紫色有痛苦、哀伤感。但将紫色的亮度淡化、纯度降低,就会变得高雅、温馨、浪漫,如淡紫色、藕荷色、玫瑰紫等,表现出性情温和、柔美又不失活泼、娇艳的感觉,是女性色彩的代表。

2. 颜色的对比

色彩的对比主要包括色调的对比、亮度的对比、饱和度的对比及并存的对比等。

1) 色调的对比

色调的对比即不同颜色的对比,主要包括类似色对比、三原色对比和互补色对比。

(1) 类似色对比:是指按照光谱排列顺序,用相邻的颜色做对比。这种对比色彩过渡自然,没有跳跃感,有助于强化平衡、和谐、悦目、统一的感觉。

(2) 三原色对比:即红、绿、蓝三原色对比,这种对比色彩鲜艳、醒目,颜色跳动感强。

(3) 互补色对比:"红与青"、"蓝与黄"、"绿与品"等,都属于互补色对比。这种对比在视觉效果上能产生很大的冲击力。一种颜色在与它的互补色对比时,其颜色会更艳丽、更鲜明、更强烈、更醒目。

2) 亮度的对比

不同的颜色有不同的亮度,同一颜色因受光强弱不同也会产生不同的亮度。亮度对比大,给人以强烈的感觉;亮度对比小,给人以柔和的感觉。

3) 饱和度的对比

颜色的亮度直接影响颜色的饱和度。对同一颜色来说,亮度适中时,饱和度最大,亮度或大或小都会相应减小饱和度。饱和度高的色彩比饱和度低的色彩更容易吸引人的视觉注意,因此,背景色彩的饱和度要低一些,这样有利于突出主体。

4）并存的对比

明亮的色彩在黑色的衬托下最引人注目,深暗色的色彩在白色的衬托下最引人注目。深暗的色彩,衬托在明亮的色彩上比衬托在深暗的色彩上,看上去显得更暗。明亮的色彩,衬托在深暗的色彩上比衬托在明亮的色彩上,看上去显得更亮。每一种颜色都会给它的邻近色增添一些自己的补色。两种互补色并列在一起,每种颜色都将比它本身更强烈。衬托在非互补色的深暗色比衬托在互补色上的深暗色,看上去显得更弱。衬托在非互补色上的明亮色比衬托在互补色上的明亮色,看上去显得更弱。

色彩在对比时,在交界处更为明显,这种现象又称为边缘对比。

3. 颜色搭配

颜色搭配在多媒体设计中非常重要,也是初学者感到困惑和容易犯错误的地方,常犯的错误是该醒目的地方不醒目,该柔和的地方不柔和,达不到满意的整体视觉效果。颜色搭配的主要原则如下:

（1）用尽量少的颜色来突出要点;

（2）要有一种主色调,装饰色也尽量不要超过三种;

（3）主色调尽量采用相近色进行搭配;

（4）占用图像画面面积较小的内容,如前景文字,可以用亮度较高的白色、黄色等颜色;占用图像画面面积较大的内容,如背景,尽量使用亮度低的蓝色、黑色等颜色。

1.5　多媒体设备

多媒体计算机（Multimedia Personal Computer,MPC）实际上是对具有多媒体处理能力的计算机系统的统称,目前的个人计算机一般都具备多媒体数据处理能力,具备如下基本硬件:中央处理器（CPU）、内存储器、硬盘、显示适配器、显示器、声音适配器、键盘、鼠标和支持各种接口的配置。除此之外的配置,一般称为多媒体扩展设备,本书主要介绍激光存储器、触摸屏、图像扫描仪、数据照相机、彩色投影机与数码摄像机等设备。

1.5.1　激光存储器

1. 光驱类型

目前,光驱可分为 CD-ROM 驱动器、DVD 光驱（DVD-ROM）、康宝（COMBO）和刻录光驱等。

1）CD-ROM 光驱

CD-ROM（Compact Disc-Read Only Memory）是只读存储器,其读取的激光盘片简称为"光盘"。它是在用于音频的 CD-DA（Digital Audio）格式上发展起来的。光盘中的信息采用专用设备一次性写入,随后在多媒体计算机上无数次地读取信息。长久以来,

CD-ROM驱动器一直都被认为是大多数 PC 的标准设备。

2）DVD 光驱

DVD 光驱是一种可以读取 DVD 碟片的光驱,除了兼容 DVD-ROM、DVD-VIDEO、DVD-R、CD-ROM 等常见的格式外,对于 CD-R/RW、CD-I、VIDEO-CD、CD-G 等都能很好的支持。

3）康宝光驱

康宝光驱是人们对 COMBO 光驱的俗称。简单地说,COMBO 就是集 CD-ROM、DVD-ROM、CD-RW 三位一体的一种光存储设备,由于具有三种功能,所以迅速在高端的笔记本电脑里普及开来。

4）刻录光驱

刻录光驱包括 CD-R、CD-RW 和 DVD 刻录机等。刻录机的外观和普通光驱相似,只是在前置面板上通常都清楚地标识着写入、复写和读取三种速度。

2. 安装方式

光驱的安装分为外置和内置两种,内置式就是安装在计算机主机内部,外置式则是通过外部接口连接在主机上。内置式一般会采用 IDE 接口或 SCSI 接口,外置式一般则会采用 SCSI 接口、USB 或并口。内置式是目前市场中最为普遍的光驱安装方式,几乎所有的光驱厂商都生产了内置式的 ATA/ATAPI 接口的产品。内置式光驱如图 1-24 所示。

外置式光驱主要是针对需要移动工作的用户,更多的是强调移动性,在性能方面要逊色于内置式光驱。其数据传输率要受到外部接口的限制。而基于便携性的需求,外置式存储产品的体积、重量都受到制约,因此,在家用市场的外置式光驱性能要远低于内置式;而在专业市场性能又基本与内置式相当,但便携性又大打折扣,而且价格要远远高于内置式。外置式光驱如图 1-25 所示。

图 1-24　内置式光驱　　　　　　　　　图 1-25　外置式光驱

3. 光盘

CD-ROM 光盘是一种只读光存储介质,能在直径 120mm(4.72 英寸)、厚度为 1.2mm (0.047 英寸)的单面盘上保存 74～80min 的高保真音频,或保存 682MB(74min)、737MB (80min)的数据信息。CD-ROM 光盘与普通常见的 CD 光盘外形相同,但 CD-ROM 光盘存储的是数据而不是音频。计算机里的 CD-ROM 驱动器读取数据和 CD 播放器方式相似,主要区别在于 CD-ROM 驱动器电路中引进了检查纠错机制,保障读取数据时不发生错误。

CD-R 和 CD-RW 是指在 CD-ROM 基础上发展起来的两种 CD 存储技术。CD-R 是 CD-Recordable 的英文简写,指的是一种允许对 CD 进行一次性刻写的特殊存储技术;而 CD-RW 是 CD-ReWritable 的英文简写,它指的是允许对 CD 进行多次重复擦写的特殊存储技术。这两种技术借以实现的存储介质分别被称为 CD-R 盘片和 CD-RW 盘片。每张 CD-R 或 CD-RW 光盘保存的信息既可以是文件数据,如文字处理文档、照片、声音或视频的数字化信息,甚至是程序数据,如应用软件或操作系统等,也可以是 CD 唱片或 VCD 视盘等。光盘容量比软盘大 450 倍,而且不论是光盘刻录机还是可擦写刻录机都采用了随机存取技术,因而它比任何软盘或磁带驱动器更快。CD-R 或 CD-RW 光盘都有卓越的耐用性,盘片上的数据,一般能保存 30 年以上。

CD-ROM 光盘由碳酸脂做成,中心带有直径 15mm 的孔洞。在盘基上浇铸了一个螺旋状的物理磁道,从光盘的内部一直螺旋到最外圈,磁道内部排列着一个个蚀刻的"凹陷",由这些"凹坑"和"平地"构成了存储的数据信息。由于读光盘的激光会穿过塑料层,因此需要在其上面覆盖一层金属反射层(通常为铝合金)使它可以反射光,然后再在铝合金层上覆盖一层丙烯酸的保护层。CD-ROM 光盘的结构如图 1-26 所示。在读取数据的时候 CD-ROM、CD-R、CD-RW 驱动器都是通过对激光束的反射来识别数据的。但是由于采用了不同的设计和生产工艺,CD-ROM、CD-R 和 CD-RW 盘片对激光的反射率有所不同。CD-ROM、CD-R 对激光的反射率分别为 70%、65%,而 CD-RW 盘片的反射率是 15%~25%。需要注意的是 CD-ROM 光盘的表面变脏和划伤时都会降低其可读性。尽管光盘是从下方读取的,尽量避免使用圆珠笔之类的硬笔在光盘正面写字,容易划伤保护层下的数据层。

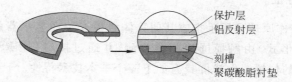

保护层
铝反射层
刻槽
聚碳酸脂衬垫

图 1-26　CD-ROM 光盘的结构

VCD(Video CD)是视频图像数据压缩标准,该标准使用 MPEG-1 数据压缩技术,把 74min 的视频和声音数据同时记录在轨道上。VCD 标准有 1.0 版本和 2.0 版本。VCD 2.0 版本在技术上没有大的突破,只是增加了简单的交互功能:静止画面可放大显示,并可通过简单的菜单选择播放次序。

DVD 是 Digital Video Disc 的缩写,译成中文就是数字视频光盘。这种 DVD 也可以称为 DVD-Video(简称 DVD),是一种只读型 DVD 视频光盘,必须由专用的播放机播放。随着技术的不断发展,DVD 目前又有了更为广泛的内涵,不只局限于 Digital Video Disc 这个范畴,而演变成为 Digital Versatile Disc(数字万用光盘)。DVD 是以 MPEG-2 为标准,每张光盘可储存容量达到 4.7~17GB(大约可存储 133~488min 高压缩比的视频节目,还包括 6 个数字化杜比声音轨道),其容量不仅是 CD-ROM(650MB)光盘的 7 倍左右,更以超群出众的播放质量使 CD-ROM 相形见绌。DVD 光盘的大容量、高性能,无论是对影视、计算机游戏领域,还是对数据存储方面都产生了巨大的影响。

1.5.2　触摸屏

触摸屏目前是一种已经被广泛使用的输入设备,它是最简单、方便、自然的一种人机交互方式。它赋予了多媒体崭新的面貌,是极富吸引力的全新多媒体交互设备。运用这种技术使用者只要用手指轻轻地接触计算机显示屏上的图符或文字就能实现对主机的操作,这样就摆脱了键盘和鼠标的操作,使人机交互更为直截了当。

触摸屏在我国的应用范围非常广阔,主要用于公共信息的查询,如电信局、税务局、银行、电力等部门的业务查询,城市街头的信息查询,此外还应用于领导办公、工业控制、军事指挥、电子游戏、点歌点菜、多媒体教学、房地产预售等。几种常见的触摸屏查询一体机如图 1-27 所示。

图 1-27　触摸屏查询一体机

1. 触摸屏的特征

触摸屏的基本工作原理是用手指或其他物体触摸安装在显示器前端的触摸屏时,所触摸的位置(以坐标形式)由触摸屏控制器检测,并通过接口(如 RS-232 或 USB)送到CPU,从而确定输入的位置。触摸屏具有如下三个基本技术特性。

1) 透明性

触摸屏由多层的复合薄膜构成,透明性能的好坏直接影响到触摸屏的视觉效果。衡量触摸屏透明性不仅要从它的视觉效果来衡量,还应该包括透明度、色彩失真度、反光性和清晰度这 4 个特性。

2) 采用绝对坐标系统

传统的鼠标是一种相对定位系统,只和前一次鼠标的位置坐标有关。而触摸屏则是一种绝对坐标系统,要选哪就直接点哪,与相对定位系统有着本质的区别。绝对坐标系统的特点是每一次定位坐标与上一次定位坐标没有关系,每次触摸的数据通过校准转为屏幕上的坐标,不管在什么情况下,触摸屏这套坐标在同一点的输出数据是稳定的。不过由于技术原因,并不能保证在同一点多次触摸可以采到相同的数据,即不能保证绝对坐标定位,有时会出现"点不准"的现象,该现象被称为触摸屏的漂移问题。对于性能好的触摸屏来说,漂移情况并不是很严重。

3) 利用传感器

各种触摸屏技术的检测与定位都是依靠传感器来工作的,有的触摸屏本身就是一套传感器。各自的定位原理和各自所用的传感器决定了触摸屏的反应速度、可靠性、稳定性和寿命。

2. 安装方式

从安装方式来分,触摸屏可以分为:外挂式、内置式和整体式。外挂式触摸屏就是将触摸屏系统的触摸检测装置直接安装在显示设备的前面,这种触摸屏安装简便,非常适合临时使用。内置式触摸屏是把触摸检测装置安装在显示设备的外壳内,显像管的前面。整体式触摸屏是在制造显示设备时,将触摸检测装置制作在显示设备上,使显示设备直接具有触摸功能。

3. 触摸屏的类型

从技术原理来分,触摸屏可分为 5 个基本种类:电阻技术触摸屏、电容技术触摸屏、红外线技术触摸屏、表面声波技术触摸屏及多点触摸屏。

1) 电阻触摸屏

电阻触摸屏的主要部分是一块与显示器表面非常匹配的电阻薄膜屏,这是一种多层的复合薄膜,它以一层玻璃或硬塑料平板作为基层,表面涂有一层透明氧化金属 ITO(透明的导电电阻),上面再盖有一层外表面经过硬化处理的、光滑防擦的塑料层。塑料层的内表面也涂有一层 ITO 涂层,中间有许多细小的(小于 1/1000 英寸)透明隔离点把两层导电层隔开绝缘。图 1-28 是一个电阻式触摸屏的横截面及工作原理图,包括两层透明的电阻性导电涂层(ITO)、两层导电层之间的隔离层(隔离玻璃珠)以及塑料保护层和玻璃。

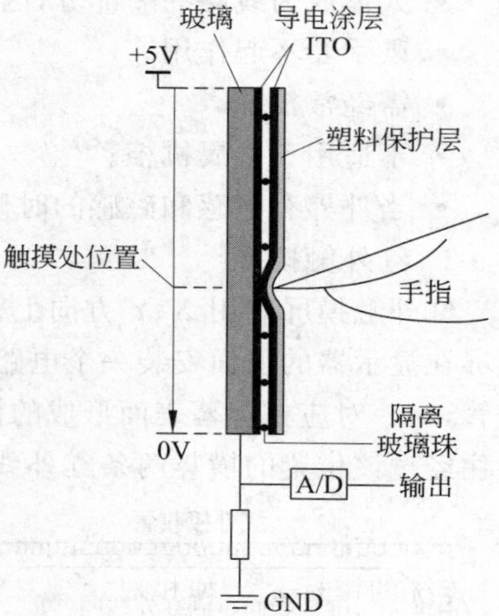

当手指触摸屏幕时,两层导电层在触摸点位置连接,电阻发生变化,在 X 和 Y 两个方向上产生信号,传送到触摸屏控制器。控制器侦测到这一接触点并计算出其位置坐标 (X, Y),然后进行相应的鼠标操作。这就是电阻技术触摸屏的基本原理(图 1-28)。

电阻触摸屏是一种对外界完全隔离的工作环境,不怕灰尘和水汽,它可以用任何物体来触摸,也可以用来写字画画,比较适合工业控制领域和办公室等场合使用。

图 1-28 电阻式触摸屏的横截面及工作原理

2) 电容技术触摸屏

电容技术触摸屏是利用人体的电流感应进行工作的。电容式触摸屏是一块 4 层复合玻璃屏,玻璃屏的内表面和夹层各涂有一层透明导电涂层材料,最外层是一薄层矽土玻璃保护层,夹层导电涂层作为工作面,4 个角上引出 4 个电极,内层导电涂层为屏蔽层以保证良好的工作环境。电容触摸屏的横截面如图 1-29 所示。

　　当手指触摸到导电涂层上时,由于人体电场和触控屏表面形成一个耦合电容,对于高频电流来说,电容是直接导体,于是手指从接触点吸走一个很小的电流。这个电流被触控屏的 4 角上的电极感应到,并且流经这 4 个电极的电流与手指到 4 个角的距离成正比,控制器通过对这 4 个电流比例的精确计算,得出触摸点的位置。电容触摸屏的工作原理如图 1-30 所示。

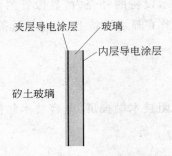

图 1-29　电容触摸屏的横截面

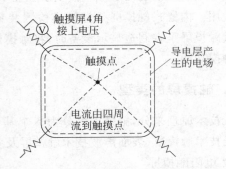

图 1-30　电容触摸屏的工作原理

电容触摸屏的特点如下:

- 对大多数的环境污染物有抵抗力。
- 人体成为线路的一部分,因而漂移现象比较严重。
- 戴手套不起作用。
- 需经常校准。
- 不适用于金属机柜。
- 当外界有电感和磁感的时候,会使触摸屏失灵。

3) 红外触摸屏

　　红外触摸屏利用 X、Y 方向上密布的红外线矩阵来检测并定位用户的触摸。红外触摸屏在显示器的前面安装一个电路板外框,电路板在屏幕四边排布红外发射管和红外接收管,一一对应在屏幕表面形成的横竖交叉的红外线矩阵。用户在触摸屏幕时,手指就会挡住经过该位置的横竖两条红外线,因而可以判断出触摸点在屏幕的位置,如图 1-31 所示。任何触摸物体都可改变触点上的红外线而实现触摸屏操作。红外触摸屏不受电流、电压和静电的干扰,适宜恶劣的环境条件。红外触摸屏技术的分辨率取决于红外对管数目、扫描频率以及差值算法,目前可以达到 1000×720,并且较好地克服了抗光干扰这个弱点。

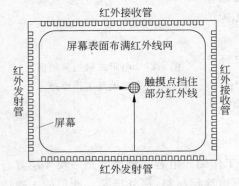

图 1-31　红外触摸屏工作原理

4) 表面声波触摸屏

　　表面声波是超声波的一种,是在介质(例如玻璃或金属等刚性材料)表面浅层传播的机械能量波。表面声波触摸屏由基板、声波发生器、反射器和声波接受器组成,其中基板部分可以是一块平面、球面或是柱面的玻璃平板,安装在 CRT、LED、LCD 或是等离子显示器屏幕的前面。这块玻璃平板只是一块纯粹的强化玻璃,和其他触摸屏技术的区别是没有任何贴膜和覆盖层。玻璃屏的左上角和右下角各固定了竖直和水平方向的超声波发射换能器,右上角则固定了两个相应的超声波接收换能器。声波发生器能发送高频声波跨越屏幕表面,当手指或软性物体触摸屏幕时,部分声波能量被吸收,于是改变了接收信号,经过控制器处理可以得到触摸点的 X、Y 坐标。表面声波式触摸屏工作原理如图 1-32 所示。

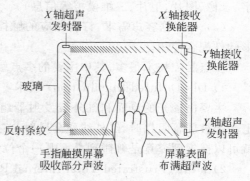

图 1-32　表面声波式触摸屏工作原理

表面声波触摸屏的特点如下:

- 清晰度较高,透光率好。
- 高度耐久,抗刮伤性良好(相对于电阻、电容等有表面镀膜的触摸屏)。
- 反应灵敏。
- 不受温度、湿度等环境因素影响,分辨率高,寿命长。
- 透光率高(92%),能保持清晰透亮的图像质量。
- 没有漂移,只需安装时校正一次。
- 有第三轴(即压力轴)响应,目前在公共场所使用较多。

但是,表面声波触摸屏需要经常维护,因为灰尘、油污和饮料等污垢在屏的表面,都会阻塞触摸屏表面的导波槽,使声波不能正常发射,或使波形改变而控制器无法正常识别,从而影响触摸屏的正常使用,所以需要严格注意环境卫生。

5)多点触摸屏

多点触摸(又称为多重触控或多重触摸,英文称为 Multi-Touch),是采用人机交互技术与硬件设备共同实现的技术,其特点是触摸屏能够同时接受来自屏幕上多个点的输入信息,如图 1-33 所示。

图 1-33　多点触摸示意图

多点触控技术可以追溯到 1982 年,多伦多大学开发出第一个手指压力多媒体触摸显示屏。在 1984 年贝尔实验室设计的触控式屏幕,可以用两只手操控图像。同年,微软开始研究该领域,1991 年此项技术取得重大突破,研制出一种名为数码桌面的触屏技术,容许使用者同时以多个指头触控及拉动触屏内的影像。1999 年,Fingerworks 的纽瓦克公司生产的多点触控产品包括 iGesture 板和多点触控键盘,该公司于 2005 年被苹果电脑收购。2007 年,苹果及微软公司分别发表了应用多点触控技术的产品及计划——iPhone 及表面电脑(Surface Computing),令这项技术开始进入主流的应用。

多点触控系统的特点如下。

(1)多点触控是在同一显示界面上的多点或多用户的交互操作模式。

（2）用户可通过双手进行单点触摸，也可以以单击、双击、平移、按压、滚动以及旋转等不同手势触摸屏幕，实现随心所欲的操控，从而更好、更全面地了解对象的相关特征（文字、录像、图片、卫片、三维模拟等信息）。

（3）可根据客户需求，订制相应的触控板、触摸软件以及多媒体系统；可以与专业图形软件配合使用。

多点触控技术很多，其中主要的多点触控技术有 DI 和 FTIR 技术。

1）DI（Diffused Illumination）技术

主要由透光的桌面和红外线发射器组成。运用红外激光设备把红外线投影到屏幕上。当被屏幕阻挡时，红外线便会反射，在触控屏幕上安装的红外接收器（红外线摄影机）就可以捕捉到究竟是触碰到桌面哪一个位置，再经系统分析，便可作出反应。

2）FTIR（Frustrated Total Internal Reflection）技术

即受抑内全反射技术。如图 1-34 所示，由 LED（发光二极管）发出的光束从触摸屏截面照向屏幕的表面后，将产生反射。如果屏幕表层是空气，当入射光的角度满足一定条件时，光就会在屏幕表面完全反射。但是如果有个折射率比较高的物质（例如手指）压住丙烯酸材料面板，屏幕表面全反射的条件就会被打破，部分光束透过表面，投射到手指表面。凹凸不平的手指表面导致光束产生散射（漫反射），散射光透过触摸屏后到达光电传感器，光电传感器将光信号转变为电信号，系统由此获得相应的触摸信息。多点触摸屏工作原理如图 1-34 所示。

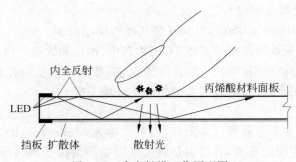

图 1-34　多点触摸工作原理图

1.5.3　数码相机

数码相机（Digital Camera，DC）是集光学、机械、电子一体化的产品。它集成了影像信息的转换、存储和传输等部件，具有数字化存取模式、与计算机交互处理和实时拍摄等特点。

1. 数码相机的工作原理

数码相机的工作原理如图 1-35 所示。数码相机的关键部件有：光学镜头、感光器、译码器、存储器、数据接口和电源等。其中感光器负责把可见光转换成电信号，译码器负责把感光器感应到的电信号转换成数字信号,然后保存到存储器中。

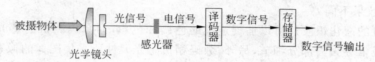

图 1-35　数码相机的工作原理

感光器是数码相机的核心,因为数码相机成像部件的主要部分就是感光器。目前数码相机的感光器有两种:一种是广泛使用的电荷耦合器件(Charge Coupled Device, CCD);另一种是互补性氧化金属半导体(Complementary Metal Oxide Semiconductor, CMOS)器件。感光器能把光线转变成电荷,通过模数转换器芯片转换成数字信号,数字信号经过压缩以后由相机内部的存储器保存,因而可以轻而易举地把数据传输给计算机,并借助计算机的处理手段,根据需要修改图像。

CCD 图像传感器使用一种高感光度的半导体材料制成,主要是由一个类似马赛克的网格、聚光镜片以及垫在最底下的电子线路矩阵所组成,CCD 外形如图 1-36 所示。CCD 感光器由许多感光单位组成,通常以百万像素为单位,当表面受到光线照射时,每个感光单位会将电荷反映在组件上,把所有的感光单位产生的信号加在一起,就构成了一幅完整的画面。

CMOS 和 CCD 一样可以记录光线变化。CMOS 的制造技术和一般计算机芯片没什么差别,主要是利用硅和锗这两种元素所做成的半导体,使其在 CMOS 上共存着 N(带负电)级和 P(带正电)级,这两个互补效应所产生的电流即可被处理芯片记录和解读成影像。CMOS 的外形如图 1-37 所示。

图 1-36　CCD 外形

图 1-37　CMOS 外形

在相同分辨率下,CMOS 价格比 CCD 便宜,但是 CMOS 器件产生的图像质量相比 CCD 来说要差一些。到目前为止,市面上大多数的数码相机都使用 CCD 作为感应器。

2. 与传统相机的区别

数码相机与传统相机相比有以下几个不同点。

1) 成像方式不同

传统相机使用胶卷(银盐感光材料)作为载体,拍摄后的胶卷要经过冲洗才能得到照片,无法立即知道照片拍摄效果的好坏,而且不能对拍摄不好的照片进行删除。数码相机不使用胶卷,而是使用感光元件,将光信号转变为电信号,记录于存储卡上,存储卡可以反复使用。拍摄后的照片可以回放观看效果,对不满意的照片可以删除。拍摄的数码照片可以传输到计算机中进行各种图像处理,这是数码相机与传统相机的主要区别。

2) 拍摄效果不同

传统相机的卤化银胶片可以捕捉连续的色调和色彩,而数码相机的感光元件在较暗或较亮的光线下会丢失部分细节,另外,数码相机感光元件所采集图像的像素远远小于传统相机所拍摄图像的像素。一般而言,传统 35mm 胶片解析度为每英寸 2500 线,相当于 1800 万像素,甚至更高,而目前数码相机使用的最好的感光元件所能达到的像素也仅有 1000 万左右。

3) 拍摄速度不同

在按下快门之前,数码相机要进行调整光圈、改变快门速度、检查自动聚焦、打开闪光灯等操作,当拍完照片后,数码相机要对拍摄的照片进行图像压缩处理并存储起来,这些都需要等待几秒,故数码相机的拍摄速度,特别是连拍速度要比传统相机慢。

4) 存储介质不同

数码相机的图像以数字方式存储在磁介质上,而传统相机的影像是以化学方法记录在卤化银胶片上。目前的数码相机存储介质主要有 SM 卡、CF 卡、XD 卡、SD 卡、MMC 卡、SONY 记忆棒和 IBM 小硬盘,如图 1-38 所示。存储容量分 32MB、64MB、128MB、256MB、512MB、1GB 或者更高。64MB 存储卡当分辨率在 1280×960 的情况下大概能存储 80 多张图片,如果在低分辨率情况下可以存储几百张图片。

XD 卡　MMC 卡　记忆棒　　SM 卡　　SD 卡　　CF 卡　　Microdevice

图 1-38　数码相机存储介质

5) 输入输出方式不同

数码相机的影像可以直接输入计算机,经处理后可以打印输出或直接用来制作网页。数码相机的影像也可以通过 VIDEO OUT 接口在电视上显示。传统相机的影像必须在暗房里冲洗,要想进行处理必须通过扫描仪扫描进计算机,而扫描后图像的质量必然会受到扫描仪精度的影响。

3. 数码相机的拍摄技巧

1) 掌握好闪光灯进行拍摄

最好使用自动闪光灯模式,让相机自动检测环境,以达到最佳拍摄状况。如果在室内外拍照都使用闪光灯的话,部分数码相机的表现会有明显的改善。例如,在室内或白天遇到逆光的情形,比如夕阳西下、背景是光线强烈的霓虹灯景观等,仍旧可以使用闪光灯来补光,将光线打在主题部位上,以免拍出来的图像前景太暗。同时也要确定数码相机的闪光灯指数,也就是闪光灯的有效范围,一般来说在 0.5~3m,不同的数码相机有着不同的有效范围。拍摄时超出这个范围,会使闪光灯无效。如果是近距离拍摄,比如在 15~20cm,应该选择强制不闪光,否则容易曝光过度。

2）避免对着光源拍摄

避免对着从玻璃、金属或水面等平滑表面反射出来的光源拍摄，以确保图像清晰。因为用数码相机拍摄一个固定的反光体，比如在打开闪光灯的情况下拍摄 CRT 显示器时，数码相机会得到一个聚光的亮光点。这样拍摄的图像在计算机中是无法使用图像软件进行还原处理的。因此拍摄时应该避开这种光源，改变拍摄的位置，或者关闭闪光灯，如果光源不足，可以用其他光源补充。

3）调大光圈拍摄焰火

在晚上拍摄焰火礼花时，由于光线明显不足，所以可先将光圈调大或调到最大，快门调到 1/15～1/30s。

4）调小光圈拍摄冰雪

由于雪地会折射阳光，产生强光，常常会照出背景明亮，人脸发暗的效果。所以在照相时，光圈要缩小一点。也可使用闪光灯，直接对在目标人脸上，这样人物与背景的光亮度才会相同，使得目标物更加清楚，并减低强光的折射。

5）避免拍摄大面积同色块景色

由于受到像素与取样的影响，目前的数码相机无法将色块区分得很细。比如，一件黑色的衣服，在光线与阴影的作用下，其黑色色块就可以分为成百上千种黑色，数码相机却只能将这种黑色分为 24 种或 36 种，所以会与真实景像有所差距。因此，为了能拍出好的照片，主题最好既有平顺也要有明显的轮廓，比如人像、车子、建筑物等。也就是说，要将前景与背景明显区隔开，使图像更加生动。

6）注意构图

构图的详细内容在 1.4 节已经做了介绍，这里介绍一种简易的构图方法，即三分法原则。该原则是传统的构图原则，主张主体不要放在画面的中央，可以把一张相片分成上下和左右各三等分，然后把摄影的主体放在其中的某个交叉点上，如图 1-39 所示。例如，当要拍摄某个特写时，可以把最要表现的那部分，如人物的眼睛、花朵的花蕊等，放在某个交叉点上。如果是范围较大的风景照，根据想要表现的主题，可以把地平线或海平面置于上 1/3 或下 1/3 的位置。

图 1-39　三分法构图原则

但是,如果照片的空白部分太多或者是背景天空(海洋)的颜色不理想时,可以减少背景,增加前景。一般而言,前景的表现总是比较清晰的,尤其在拍摄建筑物时,通常使用比较清晰的前景。例如,在表现一些花朵、叶子和昆虫等自然体的微距效果时,可以通过虚化背景来表现。

1.5.4 数码摄像机

目前,数码摄像机已经成为视频素材采集的主要设备,数码摄像机的成像原理与数码照相机几乎相同,也是将光线集中到 CCD 或者 CMOS 感光器件上。数码摄像机能以每秒 25～30 帧的速率将运动的影像转化成电信号并记录在存储介质上。

1. 数码摄像机的感光器件

数码摄像机采用了 CCD、CMOS 或 3CCD 作为感光器件。

许多专业和半专业的摄像机使用三个 CCD 芯片而不是一个 CCD 芯片,这样可以生成更加清晰的、色彩丰富的、细节突出的视频图像。3CCD 优于单 CCD 的原因是:单 CCD 采用马赛克分色原理,容易引起伪色和摩尔纹干扰,影响成像质量;3CCD 则对 RGB 三种光线分别进行处理,用三个 CCD 芯片分别处理三原色,即为三原色提供附加色光谱,从而解决了单 CCD 的伪色问题。使用 3CCD 的数码摄像机在光线射到芯片之前,先通过棱镜,把光线按 RGB 颜色分开,得到清脆、干净、明快的颜色。数码摄像机中 3CCD 的结构如图 1-40 所示。

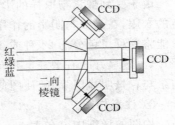

图 1-40　3CCD 结构

2. 数码摄像机的性能指标

1) 像素

单 CCD 感光器的像素就是其感光器件的像素。3CCD 的像素是单个 CCD 的像素乘以 3,最后得出的就是 3CCD 数码摄像机的总像素。一般的 3CCD 数码摄像机,每个 CCD 的像素在 34 万～45 万之间,总像素在 102 万～135 万之间。CCD 的像素越多,创造精细图像的能力就越好。因为电视机荧屏限制了摄像机的分辨率,而数字静态图片却没有这样的局限性,所以摄像机 CCD 比数码相机 CCD 的像素少。

数码照相机有分辨率达几百万至上千万像素的 CCD。一般的数码照相机也能拍摄出 3M 像素(2048×1536)或更多像素的图片。相比之下,数码摄像机只要求生成最大 720×480 分辨率的(不到 1M 像素)视频图像。因此包含数码相机功能的数码摄像机不能在照相质量方面与数码相机竞争,因为数码摄像机的像素不够。

CCD 越大,拥有的像素也越多,分辨率也就越高。所以 CCD 尺寸不同,其在低光或暗光环境下的拍摄效果也不同。常见的 CCD 尺寸主要在 1/3～1/6 英寸。

2) 画面特技效果

数码摄像机一般提供多种画面特技效果,包括镶拼图案、负感作用、黑白或棕褐模式,以及增加趣味性的色调效应。有的数码摄像机具备拉长或扩阔模式，以改变景物的纵横比例。

3）录音系统

录音系统即数码摄像机录取音频的系统。大部分的数码摄像机的录音系统为 PCM 立体数码录音系统，可选择 12 比特（采样频率为 32kHz，双声道）和 16 比特（采样频率为 48kHz，双声道）两种不同模式进行录音。16 比特的清晰度要高于 12 比特，而且 16 比特的录音效果和高音质的 CD 相似。在数码摄像机进行录音的时候，PCM 录音系统可以用 5 倍的压缩率，把采集到的声音以数字形式存储在 DV 带上。

数码摄像机既可以用内置麦克风录音，也可以使用 MIC 插孔连接外置麦克风进行录音。

4）SP 和 LP 模式

摄像机通常有两种模式：标准播放 SP（Standard Play）和长时间播放 LP（Long Play）。在 LP 模式下，可延长拍摄和播放时间。延长倍数一般为 1.5 倍和 2 倍，就 1.5 倍来说，使用 LP 模式可在 80min 的录影带上摄录 120min 的影像。

LP 模式的工作原理是使用较少的录影带存储相同数量的影像。摄像机的存储速度是一定的。比如在 SP 模式下，录影带数据以 3/4 英寸每秒的速度存储进来。在 LP 模式下，数据存储速度为每秒 1/2 英寸。同样的数据就会占用更小的空间。LP 模式是以降低影像质量为代价的，特别是当使用旧录影带时，在 LP 模式下噪声会明显增大。

5）数字变焦

数字变焦也称为数码变焦（Digital Zoom），数码变焦通过数码相机或摄像机内的处理器，把图片内的每个像素面积增大，从而达到放大目的。这种方法与用图像处理软件把图片的面积放大相似，将 CCD 感光器上的一部分像素使用"插值"算法放大，将图片放大到整个画面。

与光学变焦不同，数码变焦通过在感光器件垂直方向上的变化，给人以变焦效果。由于焦距没有变化，拍摄的景物放大了，而清晰度会有一定程度的下降，所以，通过数码变焦，图像质量相对于正常情况较差。

6）水平清晰度

因为数码摄像机以数字磁带记录信号，电视的画面清晰度以水平清晰度作为单位，所以用摄像机拍摄的视频信号在电视上播放时，需要换算成以水平清晰度为单位的信号。通俗地说，可以把电视上的画面以水平方向分割成很多"条"，分得越细，这些画面就越清楚，这就是"电视行（TV Line）"，也称线。

一般数码摄像机的水平清晰度普遍等于或者高于 500 行线数。线数越大，占用的带宽也越多，所以限制线数的主要因素还有带宽。经验表明可用 80 线/MHz 来计算电视行（线数）。如 6MHz 带宽可通过水平分解为 6×80＝480 线的图像质量。

数码摄像机记录信号的彩色带宽为 1.5MHz，是模拟记录方式的 3 倍。它采用 1∶5 压缩比的数字视频编码来记录视频信号，水平清晰度可达到 500 线以上，与 DVD 的影像质量相当，而 VCD 的水平清晰度是 230 线，两者相差一倍还要多。

7）夜间拍摄功能

数码摄像机在黑暗或者光线不足的情况下，可以通过设置，补偿画质的损失，这种功能被称为夜摄功能。目前用于数码摄像机上的夜摄功能主要有：红外夜摄和彩色夜摄。

① 红外夜摄

具有红外线夜摄功能的数码摄像机能发出人们肉眼看不到的红外光线去照亮被拍摄的物体，因为数码摄像机用 CCD 感应所有光线（可见光、红外线和紫外线等），这就造成所拍摄影像和人们肉眼只看到的可见光所产生的影像不同。正常拍摄时，数码摄像机在镜头和 CCD 之间加装了一个红外滤光镜，其作用就是阻挡红外线进入 CCD，让 CCD 只能感应到可见光，这样就使数码摄像机拍摄到的影像和人们肉眼看到的影像一致。同样原理，不加红外滤光镜而发出红外光线可以进行夜摄，这种夜摄功能的主要缺点是双色拍摄，或者黑白，或者偏绿，拍出来的图像噪点很大。

② 彩色夜摄

彩色夜视摄像机不发出任何光线，而是采用延长 CCD 的曝光时间的方法，使得光线在 CCD 上产生的电荷进行逐渐的增量积累，同时运用数码摄像机的电路进行高增益运算而完成"夜视"功能。它的特点是拍摄至少应该有 1Lux 的光线（Lux，照度单位，1Lux 相当于一支蜡烛的亮度），因为不是红外线拍摄，所以拍摄出的画面是彩色的。但是由于 CCD 的曝光时间延长，拍摄的画面是不连续的，而且会产生画面拖尾的现象。

3. 数码摄像机的特点

数码摄像机具有如下特点。

（1）数码摄像机的图像分辨率较高，一般为 500 线以上，而传统的 VHS 摄像机为 200 线，SVHS 摄像机为 280～300 线，8mm 摄像机为 380 线左右。

（2）数码摄像机的色彩及亮度频率带宽比普通摄像机高 6 倍，图像色彩较为纯正，可以达到专业级标准。

（3）数码摄像机磁带上的数据理论上可进行无限次翻录，影像无损失。

（4）数码摄像机的 IEEE 1394 数码输出端子，可方便地将视频图像传输到计算机。只用一根电缆便可将视频、音频、控制等所有信号进行数据传输。

（5）数码摄像机普遍采用了微处理机作为中心处理元件，实现控制、调整、运算的功能，并且采用了多种专用的大规模集成电路，使得摄像机的处理能力，自动化功能获得极大的增强。

（6）数码摄像机具有菜单和按键，可以进行简单的视频图像处理，也可以将视频图像输入到计算机中，利用计算机进行数字视频处理，如剪辑、添加字幕、增加特效等。

1.5.5 图像扫描仪

扫描仪是一种被广泛应用的图像输入设备，主要用于输入黑白或彩色图片资料、图像方式的文字资料等平面素材。配合适当的 OCR（Optical Character Recognition）应用软件之后，扫描仪还可以进行中英文字的智能识别输入。

1．扫描仪的组成结构

扫描仪主要由顶盖、玻璃稿台、扫描头（光学成像部分）、光电转换部分、机械传动部分组成。图 1-41 为典型的平板式扫描仪的内部结构。

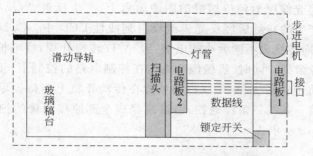

图 1-41　平板式扫描仪的内部结构

1）顶盖

顶盖主要是将要扫描的原稿压紧，以防止扫描灯光线泄露。

2）玻璃稿台

玻璃稿台主要是用来放置扫描原稿的地方，其四周设有标尺线以方便原稿放置，并能及时确定原稿扫描尺寸。

3）扫描头

扫描头是扫描仪的光学成像部分，即图像信息读取部分，它是扫描仪的核心部件，其精度直接影响扫描图像的还原逼真程度。包括以下主要部件：灯管、反光镜、镜头以及电荷耦合器件（CCD）。

4）机械传动装置

机械传动部分主要包括步进电机、驱动皮带、滑动导轨和齿轮组。

（1）步进电机：它是机械传动部分的核心，是驱动扫描装置的动力源。

（2）驱动皮带：扫描过程中，步进电机通过直接驱动皮带实现驱动扫描头，对图像进行扫描。

（3）滑动导轨：扫描装置经驱动皮带的驱动，通过在滑动导轨上的滑动实现线性扫描的过程。

（4）齿轮组：是保证机械设备正常工作的中间衔接设备。

2．扫描仪的工作原理

按照工作原理，可以将扫描仪分为三类：CCD 扫描仪、接触式图像传感器扫描仪和光电倍增管扫描仪。

1）CCD 扫描仪的工作原理

多数平板式扫描仪使用光电耦合器（CCD）作为光电转换元件，其形状像小型化的复印机，扫描时，将扫描原稿朝下放置到稿台玻璃上，然后将上盖盖好，接收到计算机的扫描指令后，对图像原稿进行扫描，实现对图像信息的输入。

虽然数码相机和 CCD 扫描仪都使用 CCD 作为图像传感器,但数字相机使用的是二维平面传感器,成像时将光图像转换成电信号,而 CCD 扫描仪的 CCD 是一种线性 CCD,即一维图像传感器。

CCD 扫描仪对图像进行扫描时,线性 CCD 将扫描图像分割成线状,每条线的宽度大约为 $10\mu m$。光源将光线照射到待扫描的图像原稿上,产生反射光(反射稿所产生的)或透射光(透射稿所产生的),然后经反光镜组反射到线性 CCD 中。CCD 图像传感器根据反射光线强弱的不同转换成不同大小的电流,经 A/D 转换处理,将电信号转换成数字信号,即产生一行图像数据。同时,机械传动机构在控制电路的控制下,步进电机旋转带动驱动皮带,从而驱动光学系统和 CCD 扫描装置在传动导轨上与待扫原稿做相对平行移动,将待扫图像原稿一条线一条线地扫入,最终完成全部原稿图像的扫描。CCD 扫描仪的工作原理如图 1-42 所示。

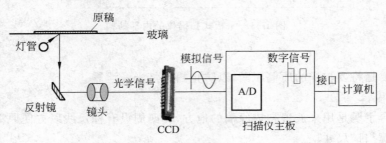

图 1-42　CCD 扫描仪的工作原理

2）接触式图像传感器扫描仪的工作原理

接触式图像传感器 CIS(或 LIDE)是手持式扫描仪采用的技术。CIS 感光器件一般使用制造光敏电阻的硫化镉作感光材料,硫化镉光敏电阻本身漏电大,各感光单元之间干扰大,严重影响清晰度,所以该类产品扫描精度不高。它使用 LED 发光二极管阵列作为光源,在颜色和光线的均匀度方面都比较差,导致扫描仪的色彩还原能力较低。因为该类扫描仪不使用镜头成像,只能依靠贴近目标来识别,没有景深,不能扫描实物,只适用于扫描文稿。图 1-43 为采用接触式图像传感器的手持式扫描仪。

3）光电倍增管扫描仪的工作原理

光电倍增管(Photo Multiplier Tube,PMT)实际是一种电子管,其感光材料主要是由金属铯的氧化物及其他一些活性金属(一般是镧系金属)的氧化物共同构成的。这些感光材料在光线的照射下能够发射电子,经栅极加速后冲击阳电极,最后形成电流,再经过扫描仪的控制芯片进行转换,生成物体的图像。

在所有的扫描技术中,光电倍增管是性能最为优秀的一种,其灵敏度、噪声系数、动态密度范围等关键指标远远超过了 CCD 及 CIS 等感光器件。这种感光材料几乎不受温度的影响,可以在任何环境中工作。但是这种扫描仪的成本极高,一般只用在专业的滚筒式扫描仪上。

采用光电倍增管的滚筒式扫描仪比采用 CCD 的平板式扫描仪复杂许多,它的主要组成部件有旋转电机、透明滚筒、机械传动机构、控制电路和成像装置等,图 1-44 为采用光电倍增管的滚筒式扫描仪。

图 1-43　手持式扫描仪

图 1-44　滚筒式扫描仪

1.5.6　彩色投影机

投影仪是目前广泛使用在多媒体教室、展览中心及会议室等场所,用来放大显示图像的装置。随着多媒体教室的建设,投影仪已经成为了教学中不可缺少的工具。

从投影仪产品的构成来看,它包括核心投影成像部件、光学引擎和电气控制三大主要部分。其中的核心投影成像部件是投影仪产品的核心,其地位类似于计算机中的 CPU。投影仪技术的发展到目前为止主要经过了三个阶段,即 CRT 投影技术、LCD 投影技术和 DLP 投影技术。

1. CRT 投影仪

CRT 投影仪也称为三枪投影仪,采用三个 CRT(Cathode Ray Tube,阴极射线管)作为成像器件。CRT 投影仪的发光和成像均是通过 CRT 实现的,将输入信号源分解在 R、G、B 三个 CRT 管的荧光屏上,荧光粉在高压作用下发光、放大、会聚,并在大屏幕上显示出彩色图像。

CRT 投影仪分辨率高、对比度好、色彩饱和度佳、对信号的兼容性强,且技术十分成熟。在亮度方面,CRT 投影仪要低得多,到目前为止,其亮度值始终徘徊在 300 流明以下,同时,CRT 投影仪操作复杂,特别是聚焦调整繁琐,机身体积大,只适合安装在环境光较弱、相对固定的场所,不宜搬动。因此,虽然曾在投影仪市场发展的早期繁荣一时,但目前 CRT 投影仪应用已经很少,基本退出了投影仪的市场。

2. LCD 投影仪

液晶(Liquid Crystal Display,LCD)分为活性液晶体和非活性液晶体。非活性液晶体反射光,一般用于笔记本电脑、胶片投影仪上。而活性液晶体具有透光性,可以做成 LCD 液晶板,用在 LCD 投影仪上。LCD 投影仪分为液晶板和液晶光阀两种,常见的投影仪多为液晶板投影仪。

1) 液晶板投影仪

液晶板投影仪利用了液晶的电光效应,通过电路控制液晶单元的透射率及反射率,从而产生不同灰度层次及多达 16.70M 色彩的靓丽图像。液晶板投影仪的光源是专用大功率灯泡,发光能量远远高于利用荧光发光的 CRT 投影仪,所以液晶板投影仪的亮度和色彩饱和度都高于 CRT 投影仪。LCD 液晶板的面积大小决定着投影仪的结构和整体体积的大小,LCD 液晶板面积越小,则投影仪的光学系统就能做得越小,从而使投影仪越小。液晶板投影仪的结构如图 1-45 所示。

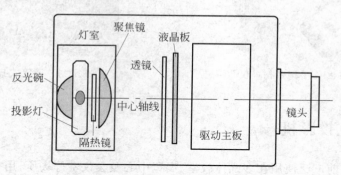

图 1-45　液晶板投影仪的结构

　　液晶板投影仪可分为单片式和三片式两种,现代液晶板投影仪大都采用三片式 LCD板。因为三片式液晶板投影仪用红、绿、蓝三块液晶板分别作为红、绿、蓝三色光的控制层,所以三片式液晶板投影仪比单片式液晶板投影仪具有更好的图像质量和更高的亮度。

　　LCD 投影仪的优点是色彩表现出色,亮度比较高,缺点是由于采用投射方式,光效率受到一定影响,同时在投影图像中有像素化现象。

　　液晶板投影仪体积较小、重量较轻、制造工艺较简单、亮度和对比度较高、分辨率适中,是目前市场上占有率最高、应用最广泛的投影仪。

　　2) 液晶光阀投影仪

　　液晶光阀投影仪采用 CRT 管和液晶光阀作为成像器件,是 CRT 投影仪与液晶光阀相结合的产物。它是目前为止亮度、分辨率最高的投影仪,亮度可达 6000ANSI 流明,分辨率为 2500×2000,适用于环境光较强,观众较多的场合,如超大规模的指挥中心、会议中心及大型娱乐场所,但其价格高、体积大、光阀不易维修。

3. DLP 数码投影仪

　　DLP(Digital Light Processor,数字光处理)投影仪采用反射光的原理,将 DMD(Digital Micromirror Device,数字微镜装置)粘贴在 SRAM 上,通过电极控制每片镜子的倾斜角度,以切换光的反射方向。DLP 所使用的核心芯片 DMD,由数十万片面积 $16×16\mu m^2$,比头发的断面还小的微镜片所组成。如果要提高分辨率,只需要增加 DMD内微镜片的数量即可,不需改变微镜片的大小,微镜片数量越多,组件面积就越大,反射的光就随之增加。因此 DMD 是亮度与分辨率可以同时兼顾的组件。DLP 投影仪的结构如图 1-46 所示。

　　DLP 投影仪分为单片机和三片机 DLP 投影仪。单片 DLP 投影仪的优势是光效率高、对比度高、图像清晰,在黑白图像和文本方面表现尤为出色,同时单片 DLP 投影仪体

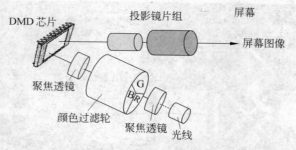

图 1-46 DLP 投影仪的结构

积可以做到小巧轻薄,缺点是色彩表现不够真实自然。使用三片 DMD 芯片制造的 DLP 投影仪可以实现更高的亮度和更丰富的色彩,在图像对比度、灰度等级、色彩、图像噪声比、画面质量等方面都非常出色,产生的图像非常明亮,清晰度高。DLP 投影仪的亮度可以达到 10000ANSI 流明以上,大都应用于数字影院等特殊场合。

4. LCOS 投影仪

LCOS 投影技术又称硅基液晶、硅晶光技术(Liquid Crystal on Silicon,LCOS),是一种结合半导体工艺和液晶显示器(LCD)的新兴技术。该技术最早出现在 20 世纪 90 年代末期。其首批成型产品是由 Aurora Systems 公司于 2000 年开发出的。该产品具有高分辨率、低价格、反射式成像的特点。

LCOS 技术是现行三种投影技术中的后起之秀,它是"硅基液晶"(Liquid Crystal on Silicon)技术的缩写,属于新型的反射式 micro LCD 投影技术,其结构是在矽晶圆上长电晶体,利用半导体制程制作驱动面板(又称为 CMOS-LCD),然后在电晶体上通过研磨技术磨平,并镀上铝当作反射镜,形成 CMOS 基板,然后将 CMOS 基板与含有透明电极的玻璃基板贴合,再注入液晶,进行封装测试。

简单来说,LCOS 是直接与映像管(CRT)投影技术、高温多晶矽液晶(Ploy-Si LCD)穿透式投影技术、DMD(Digital Micromirror Device)数位光学处理(Digital Light Projector,DLP)反射式技术相关。这三项技术已发展成熟,LCOS 则成为了投影显示技术的新主流。

LCOS 投影技术分为单片式和三片式两种。单片式采用了与 DLP 投影技术类似的时序成像方式;三片式是指使用红、绿、蓝三原色通过棱镜分离再汇聚的成像方式,这种方式的成像质量更高。目前的主流产品普遍采用了这种成像方式。

三片式的 LCOS 成像系统,首先将投影机灯泡发出的白色光线,通过分光系统分成红、绿、蓝三原色的光线,然后,每一个原色光线照射到一块反射式的 LCOS 芯片上,系统通过控制 LCOS 面板上液晶分子的状态来改变该块芯片每个像素点反射光线的强弱,最后经过 LCOS 反射的光线通过必要的光学折射汇聚成一束光线,经过投影机镜头照射到屏幕上,形成彩色的图像。LCOS 投影仪的工作原理如图 1-47 所示。图 1-48 为 Canon 公司的一款 LCOS 投影仪机(分辨率:1400×1050,亮度:3500cd/m²)。

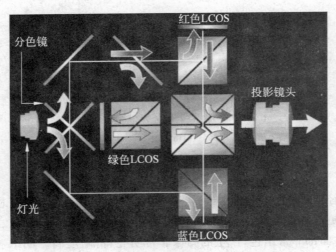

图 1-47　LCOS 投影仪的工作原理

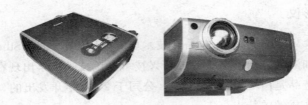

图 1-48　LCOS 投影仪

5. 投影机关键技术指标

1）亮度

亮度是投影机最重要的指标之一,通常亮度的单位是坎德拉每平方米(cd/m^2)。投影机亮度的测量方法如下:在测试屏幕上均匀分布 9 个测量点,分别测量 9 个点的坎德拉每平方米(cd/m^2)值,然后取其平均值作为投影机的流明值,这种测量方法比较客观地反映了投影机的投影亮度。目前市场上主流便携型投影机的亮度大多在 1500～3500 坎德拉每平方米(cd/m^2)之间。

2）输出分辨率

输出分辨率是用于表示投影机投影精度的一个重要指标,由投影机中成像元件的精度决定,其单位是像素。例如,LCD 液晶板投影机的液晶板的精度决定了投影图像的分辨率,而 DLP 投影机的分辨率则由微镜面的数量决定。目前市场上的主流投影机的输出分辨率有 800×600、1024×768 和 1280×1024 三种。

3）水平扫描频率

水平扫描频率又叫"行频",单位为 Hz。投影机的水平扫描频率都有一个范围,一般投影机的行频低于 20kHz,中档投影机的行频在 50～100kHz 之间,高档投影机的行频一般在 100kHz 以上。如果来自计算机的输入信号的水平扫描频率超出此范围,则投影机将无法正常投影。

4）垂直扫描频率

垂直扫描频率叫做"场频"，又叫"刷新频率"，单位为 Hz。如果来自计算机的输入信号的垂直扫描频率超出投影机所规定的场频范围，投影机将无法正常投影。而在投影机允许范围之内，计算机输出的垂直扫描频率设定值越高则投影效果就越好，闪烁感越小。

5）灯泡寿命

投影机灯泡是投影机的外光源，其寿命直接关系到投影机的使用成本。目前主流商用投影机的灯泡寿命为 2000～6000 小时，所以投影机的使用成本也较高，平均为 1.5～2 元/小时。

6）对比度

投影机的对比度是指图像中最亮区域与最暗区域的亮度比值，即白与黑的比值，也就是从黑到白的渐变层次。对比度能够影响投影机产品的灰度层次表现和色彩层次表现，一般来说，对比度越高，投影机产品能够表现的灰度层次和色彩层次越丰富。投影机中的成像部件、光学系统都将影响投影机的对比度。

1.6 习　　题

一、选择题

1. 下列选项不属于感觉媒体的是_____。
   A. 音乐　　　　　　B. 香味　　　　　　C. 鸟鸣　　　　　　D. 乐谱
2. 下列选项属于表示媒体的是_____。
   A. 照片　　　　　　B. 显示器　　　　　C. 纸张　　　　　　D. 条形码
3. 下列选项属于显示媒体的是_____。
   A. 图片　　　　　　B. 扬声器　　　　　C. 声音　　　　　　D. 语言编码
4. 下列选项属于存储媒体的是_____。
   A. 磁带　　　　　　B. 照片　　　　　　C. 扬声器　　　　　D. 打印机
5. 下列选项属于传输媒体的是_____。
   A. 光盘　　　　　　B. 照片　　　　　　C. 光缆　　　　　　D. 键盘
6. 能直接作用于人们的感觉器官，从而能使人产生直接感觉的媒体是_____。
   A. 感觉媒体　　　　B. 表示媒体　　　　C. 显示媒体　　　　D. 传输媒体
7. 为了传送感觉媒体而人为研究出来的媒体称为_____。
   A. 感觉媒体　　　　B. 表示媒体　　　　C. 显示媒体　　　　D. 传输媒体
8. 语言编码、电报码、条形码和乐谱等属于_____。
   A. 感觉媒体　　　　B. 表示媒体　　　　C. 显示媒体　　　　D. 传输媒体
9. 下列不属于多媒体的基本特性的是_____。
   A. 多样性　　　　　B. 交互性　　　　　C. 集成性　　　　　D. 主动性

10. 下列不属于多媒体技术的研究内容的是_____。
    A. 图像处理　　　　　B. 质量服务　　　　　C. 用户界面　　　　　D. 软件工程

11. 人类视觉系统反应最敏感的是_____。
    A. 亮度　　　　　　　B. 红色　　　　　　　C. 绿色　　　　　　　D. 蓝色

12. 色彩的三要素不包括_____。
    A. 亮度　　　　　　　B. 色相　　　　　　　C. 色性　　　　　　　D. 纯度

13. _____代表色彩的冷暖倾向。
    A. 亮度　　　　　　　B. 色相　　　　　　　C. 色性　　　　　　　D. 色调

14. 在可见光谱中,亮度最高的颜色是_____。
    A. 白色　　　　　　　B. 黑色　　　　　　　C. 紫色　　　　　　　D. 黄色

15. 在可见光谱中,亮度最低的颜色是_____。
    A. 白色　　　　　　　B. 黑色　　　　　　　C. 紫色　　　　　　　D. 黄色

16. 物体颜色的_____取决于该物体表面选择性反射光辐射能力。
    A. 亮度　　　　　　　B. 色相　　　　　　　C. 色性　　　　　　　D. 饱和度

17. 下列颜色模型,属于相加色的是_____。
    A. RGB 颜色模型　　　　　　　　　B. CMYK 颜色模型
    C. Lab 颜色模型　　　　　　　　　D. HSB 颜色模型

18. 下列颜色模型,属于相减色的是_____。
    A. RGB 颜色模型　　　　　　　　　B. CMYK 颜色模型
    C. Lab 颜色模型　　　　　　　　　D. HSB 颜色模型

19. CMYK 颜色模型中的"K"代表_____。
    A. 紫色　　　　　　　B. 蓝色　　　　　　　C. 黑色　　　　　　　D. 青色

20. 一个色系能够显示或打印的颜色范围称为_____。
    A. 颜色深度　　　　　B. 显示深度　　　　　C. 颜色区域　　　　　D. 色域

21. 下列颜色模型中,具有最宽色域的是_____。
    A. RGB　　　　　　　B. CMYK　　　　　　C. Lab　　　　　　　D. HSB

22. 下列颜色模型中,具有最窄色域的是_____。
    A. RGB　　　　　　　B. CMYK　　　　　　C. Lab　　　　　　　D. HSB

23. 下列颜色模型中,属于视频图像的颜色模型是_____。
    A. YUV　　　　　　　B. CMYK　　　　　　C. Lab　　　　　　　D. HSB

24. YUV 颜色模型应用于_____制彩色电视。
    A. PAL　　　　　　　B. NTSC　　　　　　C. SECAM　　　　　D. PAL 和 NTSC

25. YIQ 颜色模型应用于_____制彩色电视。
    A. PAL　　　　　　　B. NTSC　　　　　　C. SECAM　　　　　D. PAL 和 NTSC

26. 下列颜色模型中,不属于视频图像的颜色模型的是_____。
    A. YUV　　　　　　　B. YIQ　　　　　　　C. Lab　　　　　　　D. YCbCr

27. 下列光盘中,可以进行写入操作的是_____。

A. CD-R　　　　　B. CD-RW　　　　C. CD-ROM　　　　D. VCD

28. 数码相机的核心部件是_____。
　　A. 感光器　　　　B. 译码器　　　　C. 存储器　　　　D. 数据接口
29. 根据三分法构图原则,画面中的主体就放在_____。
　　A. 画面的中央　　B. 交叉点上　　　C. 网格中心　　　D. 画面的四周
30. 在使用 CCD 作图像传感器的扫描仪中,采用的 CCD 为_____。
　　A. 线性 CCD　　　　　　　　　　　B. 二维平面传感器
　　C. 3CCD　　　　　　　　　　　　　D. CMOS
31. DLP 数码投影仪所使用的核心芯片是_____。
　　A. CMOS　　　　　B. DMD　　　　　C. 活性液晶体　　　D. 非活性液晶体
32. 采用"硅液晶"投影技术的数码投影仪是_____。
　　A. 液晶板投影仪　　　　　　　　　　B. 液晶光阀投影仪
　　C. DLP 数码投影仪　　　　　　　　　D. LCOS 投影仪

二、填空题

1. "媒体"一般分为下列 5 大类:_____、_____、_____、_____、_____。

2. 多媒体信息交互是指_____与_____之间进行数据交换、媒体交换和控制权交换的一种特性。

3. 多媒体技术的应用领域可以归为_____、_____和_____三类。

4. 音频处理主要是_____、_____以及不同格式的声音文件之间的转换。

5. 计算机音频处理技术主要包括声音的_____、_____、_____以及声音的播放。

6. 图形是对图像进行抽象的结果,抽象的过程称为_____。

7. 图像由像素组成,每个像素都被分配特定_____和_____。

8. 多媒体项目创作一般分为:_____、_____、_____、程序设计和_____等阶段。

9. _____指的是色彩的相貌,反映颜色的种类,是彩色光的基本特性。

10. _____是指色彩的鲜浊程度,它取决于一种颜色的波长单一程度。

11. 在色轮中,凡在_____度范围之内的颜色都属邻近色的范围。

12. _____是用来精确标定和生成各种颜色的一套规则和定义。

13. 多媒体领域的美学是通过_____、_____和_____展现自然美感的学科。

14. _____是将画面进行不同比例的水平或垂直的分割,这是影视画面构图最常用的方法之一。

15. _____以画面中心的轴线形成等分的构图形式,使画面达到均衡和对称的美感。

16. 在平面设计中,一个完整、独立的形象被称为单形,单形若同时出现两次以上,这就是_____。

17. 根据色彩的冷暖感,在色环中,可以简单地将所有颜色分为_____和_____两大类。

18. 色彩的对比主要包括_____的对比、_____的对比、_____的对比及并存的对比等。

19. 光驱可分为_____、_____、康宝(COMBO)和_____等。

20. COMBO 光驱是集_____、_____、_____三位一体的一种光存储设备。

21. 光驱的安装分为_____和_____两种,_____就是安装在计算机主机内部,_____则是通过外部接口连接在主机上。

22. 触摸屏的三个基本技术特性为_____、_____和_____。

23. 从安装方式来分,触摸屏可以分为:_____、_____和_____。

24. 从技术原理上,触摸屏可分为 4 个基本种类:_____、_____、_____和_____。

25. 数码相机成像部件的主要部分是_____。目前数码相机的核心成像部件有两种:一种是_____;另一种是_____。

26. 数码摄像机采用了_____、_____或_____作为感光器件。

27. 扫描仪扫描图像的方式有三种,即:以_____为光电转换元件的扫描、以_____为光电转换元件的扫描和以_____为光电转换元件的扫描。

28. 投影仪的发展到目前为止主要经过了三个发展阶段,分别通过三种典型的显示技术来加以实现,即_____、_____以及_____。

29. 亮度是投影机最重要的指标之一,通常亮度的单位是_____。

三、问答题

1. 什么是多媒体及多媒体技术?
2. 多媒体的基本特性是什么?
3. 多媒体技术的研究内容和应用领域?
4. 图形与图像的区别及相互关系是什么?
5. 数字视频信号的采集方式是什么?
6. 多媒体教学的题目应具有哪些特征?
7. CMYK 颜色模型中为什么要引入黑色?
8. Lab 颜色模型的主要特点是什么?
9. 采用 YUV 颜色空间的好处是什么?
10. 在制作多媒体产品时引入美学的观念的作用是什么?
11. 颜色搭配的主要原则是什么?
12. 触摸屏的基本工作原理是什么?
13. 什么是触摸屏的漂移问题?
14. 电阻技术触摸屏的工作原理是什么?
15. 数码相机与传统相机的区别是什么?
16. 数码摄像机的特点是什么?

四、计算题

1. 将 RGB 色彩模型下的像素点(155,100,56)转换为 YUV 模型下的各分量值。

2. 如果假设 Y 分量作为像素点的灰度值,试将上面所求得的 256 级灰度值转换为二值,转换阈值为 200,黑色为 0,白色为 1。

第 **2** 章

图像处理技术

人们对数字图像处理感兴趣,不仅是因为人类获取的信息大约有 70% 来源于视觉,还因为数字图像有两个主要的应用领域:第一是改变图像的信息表示方式、改善可视化效果以利于人们理解;第二是对图像进行处理以便于存储、传输和计算机识别。本章针对上述两个应用领域,介绍数字图像处理的基本概念和方法、图像数据压缩的相关知识以及常用图像处理软件的使用方法。

2.1　图像的数据表示

人眼能识别的自然景象或图像是一种模拟信号,为了使计算机能够记录和处理图像,必须首先将其数字化。数字化后的图像称为数字图像。数字图像可以定义为一个二维函数 $f(x,y)$,其中 x 和 y 是空间坐标,在 (x,y) 坐标处的幅度值 f 称为图像在该点坐标的强度或灰度,该值的大小由图像本身决定。在数字图像中,x、y 和 f 都是有限的离散数值。因此数字图像可以看成是由有限的元素组成的二维网格阵列,其中每一个元素有一个特定的位置和数值,这些元素称为像素。一个 M 行和 N 列的数字图像可以由图 2-1 表示。

2.1.1　数字图像的基本参数

1. 分辨率

图像分辨率是组成一幅图像的像素密度的度量方法,用每英寸多少个像素点(Dot Per Inch,DPI)表示,它确定了组成一幅图像的像素密度。采样是决定图像分辨率的主要因素,从根本上讲,图像分辨率决定了图像上可识别的最小的细节。同样大小的一幅图像,如果数字化时图像分辨率越高,则组成该图的像素点数目越多,看起来就越逼真。图 2-2 是一幅

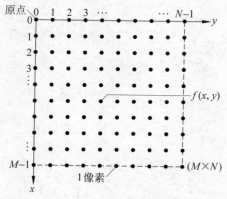

图 2-1　数字图像的表示

1024×1024 的图像进行下采样的结果,也就是适当地删除原图中的一些行和列的结果。例如,515×512 分辨率的图像是由 1024×1204 分辨率的图像删除隔行和列后形成的。分辨率为 256×256 的图像是由 512×512 分辨率的图像删除隔行和列后形成的。这些图像因为不同的采样密度具有不同的空间分辨率,但因为它们的尺寸不同,不太容易看出减少采样数量对图像质量的影响。最简单的方法是在相同的分辨率(如 1024×1024)下比较这些图像的质量,如图 2-3 所示。从图中可以看出,分辨率低了,图像的质量有了明显的下降。

图 2-2 图像的下采样结果

图 2-3 相同分辨率的下采样图像

在计算机显示器等设备上观看图像时,观看的效果与屏幕的显示分辨率有关系。如果图像的像素数大于显示分辨率的像素数,则该图像在显示器上只能显示出图像的一部分。只有当图像大小与显示分辨率相同时,一幅图像才能充满整个屏幕。

2. 图像深度与颜色类型

图像深度是指位图中记录每个像素点所需的二进制位数,它决定了彩色图像中可出现的最多颜色数,或者灰度图像中的最大灰度等级数。图像的颜色使用颜色空间来表示,如 RGB 颜色空间,因为颜色空间的表示方法不是唯一的,所以每个像素点的图像深度的分配还与图像所用的颜色空间有关。以最常用的 RGB 颜色空间为例,图像深度与颜色的映射关系主要有真彩色、伪彩色和直接色三种。

1) 真彩色

真彩色是指图像中的每个像素值都分成 R、G、B 三个基色分量,每个基色分量直接决定其基色的强度,这样产生的颜色称为真彩色。例如,图像深度为 24,用 $R:G:B=8:8:8$ 来表示颜色,则 R、G、B 各用 8 位来表示各自基色分量的强度,每个基色分量的强度等级为 $2^8=256$ 种。图像可容纳 $2^8 \times 2^8 \times 2^8 = 2^{24} = 16M$ 种颜色。这样得到的颜色可以反映原图的真实颜色,故称为真彩色。

2) 伪彩色

伪彩色图像的每个像素值实际上是一个索引值或代码,该代码值作为颜色查找表(Color Look Up Table,CLUT)中某一项的入口地址,根据该地址可查找出包含实际 R、G、B 的强度值。这种用查找映射的方法产生的颜色称为伪彩色。用这种方式产生的颜色本身是真实的,不过它不一定反映原图的颜色。在 VGA 显示系统中,调色板就相当于颜色查找表。从 16 色标准 VGA 调色板的定义可以看出这种伪彩色的工作方式(表 2-1)。调色板的代码对应 RGB 颜色的入口地址,颜色即调色板中 RGB 混合后对应的颜色。

表 2-1 16 色标准 VGA 调色板

代码	R	G	B	颜色名称	代码	R	G	B	颜色名称
0	0	0	0	黑(Black)	8	128	128	128	深灰(Dark gray)
1	0	0	128	深蓝(Navy)	9	0	0	255	蓝(Blue)
2	0	128	0	深绿(Dark Green)	10	0	255	0	绿(Green)
3	0	128	128	深青(Dark Cyan)	11	0	255	255	青(Cyan)
4	128	0	0	深红(Maroon)	12	255	0	0	红(Red)
5	128	0	128	紫(Purple)	13	255	0	255	品红(Magenta)
6	128	128	0	橄榄绿(Olive)	14	255	255	0	黄(Yellow)
7	192	192	192	灰白(Light gray)	15	255	255	255	白(White)

伪彩色一般用于 65K 色以下的显示方式中。标准的调色板是在 256K 色谱中按色调均匀地选取 16 种或 256 种颜色。一般应用中,有的图像往往偏向于某一种或几种色调,此时如果采用标准调色板,则颜色失真较多。因此,同一幅图像,采用不同的调色板显示可能会出现不同的颜色效果。

3) 直接色

直接色是通过每个像素点的 R、G、B 分量分别作为单独的索引值进行变换,经相应的颜色变换表找出各自的基色强度,用变换后的 R、G、B 强度值产生的颜色。

直接色与伪彩色相比,相同之处是都采用查找表,不同之处是前者对 R、G、B 分量分别进行查找变换,后者是把整个像素当作查找的索引进行查找变换。因此,直接色的效果一般比伪彩色好。

直接色与真彩色相比,相同之处是都采用 R、G、B 分量来决定基色强度,不同之处是前者的基色强度是由 R、G、B 分量经变换后得到的,而后者是直接由 R、G、B 分量决定的。在 VGA 显示系统中,虽然直接色的颜色数受调色板的限制只有 256 种,但使用直接色可以得到相当逼真的彩色图像。

3. 显示深度

显示深度表示显示缓存中记录屏幕上一个点的二进制位数(bit),即显示器可以显示的颜色数。因此,在显示器上显示一幅图像时,屏幕上呈现的颜色效果与图像文件所提供的颜色信息,即图像深度有关;同时也与显示器当前可容纳的颜色容量,即显示深度有关。显示深度与图像深度的关系如下。

1) 显示深度大于图像深度

在这种情况下屏幕上的颜色能较真实地反映图像文件的颜色效果。如当显示深度为 24 位,图像深度为 8 位时,屏幕上可以显示按该图像的调色板选取的 256 种颜色;图像深度为 4 位时可显示 16 种颜色。这种情况下,显示的颜色完全取决于图像的颜色定义。

2) 显示深度等于图像深度

在这种情况下,如果用真彩色显示模式来显示真彩色图像,或者显示调色板与图像调色板一致时,屏幕上的颜色能较真实地反映图像文件的颜色效果。反之,如果显示调色板与图像调色板不一致,则显示颜色会出现失真。

3) 显示深度小于图像深度

此时显示的颜色会出现失真。例如,若显示深度为 8 位,需要显示一幅真彩色的图像时显然达不到应有的颜色效果。在这种情况下不同的图像软件有不同的处理方法。

根据以上分析,可以很容易理解为什么有时用真彩色记录的图像,在 VGA 显示器上显示的颜色却不是原图像的颜色。因此,在多媒体应用中,图像深度的选取要从应用环境出发综合考虑。

4. 图像数据的容量

在生成一幅数字图像时,实际上就是按一定的图像分辨率和一定的图像深度对模拟图片或照片进行采样,从而生成一幅数字化的图像。图像的分辨率越高、图像深度越大,则数字化后的图像效果越逼真、图像数据量也就越大。图像数据大小可用下面的公式来估算。

$$图像数据量＝图像的总像素×图像深度/8(Byte)$$

例如,一幅分辨率为 $640×480$ 的真彩色图像,其文件大小约为:

$$640×480×24/8≈1MB$$

通过以上分析可知,如果要确定一幅图像的参数,不仅要考虑图像输出的效果,而且要考虑图像的容量。在多媒体应用中,更应考虑图像容量与效果的关系。由于图像数据量很大,因此,数据的压缩就成为图像处理的重要内容之一。

2.1.2　图像数据冗余的基本概念

数据是用来记录和传送信息的,或者说数据是信息的载体。当人们利用计算机进行数据处理时,真正有用的不是数据本身,而是数据所携带的信息。图像数据的数据量是相当大的,但这些数据量并不完全等于它们所携带的信息量。在信息论中,这些多余的数据就称为冗余。冗余是指信息存在各种性质的多余度。信息量与数据量的关系可以表示为:

$$I = D - R_e$$

其中 I、D、R_e 分别为信息量、数据量与冗余量。

图像数据中存在的冗余主要有以下几种类型。

1．空间冗余

空间冗余是静态图像中存在的最主要的一种数据冗余。一幅图像中记录景物的采样点的颜色之间,往往存在着空间连贯性,但是像素采样没有利用景物表面颜色的这种空间连贯性,从而产生了空间冗余。例如,在静态图像中有一块表面颜色均匀的区域,在此区域中所有点的光强和色彩以及饱和度都是相同的,因此该部分数据有很大的空间冗余。

2．信息熵冗余(编码冗余)

信息熵冗余是指数据所携带的信息量少于数据本身而反映出来的数据冗余。

3．结构冗余

有些数字化图像(例如方格状的地板、草席图案等)表面纹理存在着非常强的纹理结构,图像的像素值存在着明显的分布模式,称之为结构冗余。已知纹理的分布模式,可以通过某一迭代过程生成图像。

4．知识冗余

由于对图像的理解与某些基础知识有相当大的相关性,例如人脸的图像有固定的结构,可由先验知识和背景知识得到,此类冗余为知识冗余。

5．视觉冗余

人类的视觉系统由于受生理特性的限制,对于图像的变化并不是都能感知的。实验发现,视觉系统对亮度的敏感度远远高于对色彩的敏感度;对灰度值发生剧烈变化的边缘区域和平滑区域敏感度相差很大。因为损失部分信息没有被视觉所察觉,所以人类视觉仍认为图像是完好的或足够好的。这样的冗余称为视觉冗余。

正是因为有了各种各样的冗余,人们才能通过各种有效的算法对图像进行压缩。针对不同类型的冗余,人们已经提出了许多方法用于图像数据的压缩。随着对人类视觉系统和图像模型的进一步研究,人们可能会发现更多的冗余,使图像数据压缩编码的可能性越来越大,从而推动图像压缩技术的进一步发展。

2.2　多媒体数据压缩的必要性

在介绍图像的压缩算法之前,先考虑一个问题:为什么要压缩?其实这个问题比较容易回答,只要计算一下文本、图像、音频、视频等不同类型的信息在没有进行压缩之前的数据量就可以了。

1. 文本

设屏幕的显示分辨率为 1024×768,字符大小为 8×8 点阵,每个字符占用两个字节,则满屏字符的数据存储量为:(1024/8)×(768/8)×2Byte＝24576Byte＝24KB。

2. 图像

以一幅 1024×768 分辨率的真彩色图像为例,其数据存储量为:1024×768×8×3bit＝18 874 368bit＝2.25MB。

3. 音频

数字音频的数据量由采样频率、采样精度、声道数三个因素决定。对于高质量的音频(如 CD 音质),采样频率为 44.1kHz,量化为 16bit,双声道立体声,则 1min 这样的声音数据的数据量为:44.1k×2Byte(16bit 采样精度)×2(双声道)×60(s)≈10.34MB,在650MB 的标准光盘中也仅能存放 1h 左右的声音数据。

4. 视频

以一般彩色电视信号为例。设 YIQ 颜色空间中各分量的带宽分别为 4.2MHz、1.5MHz 和 0.5MHz。按采样定理的要求,仅当采样频率大于或等于 2 倍原始信号的频率时,才能保证采样后信号无失真地恢复为原始信号。再假设各分量的采样值按 8bit 量化,那么 1s 的电视信号的数据量为(4.2＋1.5＋0.5)M×2×8bit＝12.4MB,在 650MB 的标准光盘中也仅能存放 1min 左右的视频数据。如果是高分辨率电视信号(HDTV)其数据量更为庞大。如果在现有的网络中传输这样的电视信号,其占用的信道带宽是无法容忍的。

通过以上计算可以看出,多媒体信息的数据量是非常庞大的,如果不对这些数据进行压缩处理,其数据存储容量和传输带宽是难以令人接受的,因此必须对多媒体数据进行压缩,数字压缩编码技术是使数字信号走向实用化的关键技术之一。表 2-2 列出了视频图像在各种应用中压缩前后的码率。

表 2-2 视频图像各种应用的码率

应 用 种 类	像素/行	行数/帧	帧数/秒	亮色比	比特/秒 (压缩前)	比特/秒 (压缩后)
HDTV	1920	1080	30	4:1:1	1.18Gbps	20～25Mbps
普通电视 CCIR601	720	480	30	4:1:1	167Mbps	4～8Mbps
会议电视 CIF	352	288	30	4:1:1	36.5Mbps	1.5～2Mbps
桌上电视 QCIF	176	144	30	4:1:1	9.1Mbps	128kbps
电视电话	128	112	30	4:1:1	5.2Mbps	56kbps

2.3 数据压缩的技术基础

数据压缩起源于 20 世纪 40 年代由 Claude Shannon 首创的信息论。数据压缩的基本原理即信息究竟能被压缩到多小,至今依然遵循信息论中的数据压缩的理论极限定理。这条定理借用了热力学中的名词"熵(Entropy)"来表示一条信息中真正需要编码的信息量。对于任何一种无损数据压缩,最终的数据量一定大于信息熵,数据量越接近于熵值,说明其压缩效果越好。

下面来看一下信息熵是如何计算的,信息熵是通过信息量计算出来的。信息量是指从 N 个相等可能事件中选出一个事件所需的信息度量或含量,也就是在辨识 N 个事件中特定的一个事件的过程中所需提问"是或否"的最少次数。设从 N 个相等可能事件中选出一个事件 x 的概率为 $p(x)$,则 $p(x)=1/N$,若按折半方法选取,所需提问"是或否"的次数最少,即所需的信息量为:

$$I(x) = \log_2 N = -\log_2 \frac{1}{N} = -\log_2 p(x)$$

因此,可定义信息函数为:

$$I(x_i) = -\log_2 p(x_i) \quad (i = 1, 2, \cdots, n)$$

其中: $p(x_i)(i=1,2,\cdots,n)$ 表示随机消息集合 $X:\{x_1,x_2,\cdots,x_n\}$ 中消息 $x_i(i=1,2,\cdots,n)$ 的先验概率。它可以度量 $x_i(i=1,2,\cdots,n)$ 所含的信息量。$I(x_i)(i=1,2,\cdots,n)$ 在 X 先验概率空间 $P:\{p(x_1),p(x_2),\cdots,p(x_n)\}$ 中的统计平均值为信源 X 的熵:

$$H(x) = H(p(x_1), p(x_2), \cdots, p(x_n)) = -\sum_{i=1}^{n} p(x_i) \times \log_2 p(x_i)$$

信息源 X 的熵用来度量 X 中的每一种消息中所包含的平均信息量。使用熵来描述信息量已被人们广泛接受,它主要表示信息系统的有序程度,而不是热力学中的系统的无序程度。

2.4 常用的无损压缩方法

多媒体数据压缩编码方法可分为两大类:一类是无损压缩法,另一类是有损压缩法。本节研究几种流行的无损压缩技术。图 2-4 描述了一个通常的数据压缩过程,其中数据压缩由编码器完成,而解压缩由解码器完成。

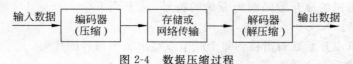

图 2-4　数据压缩过程

我们称编码器的输出是编码或码字。传输媒介可以是存储介质、通信网络或计算机网络。如果压缩或解压缩过程没有引起任何的信息损失,也就是压缩后的数据经过解压缩处理后可以完全恢复原始数据,即压缩过程是可逆的,则该压缩方法就是无损的,否则,就是有损压缩。

多媒体数据的压缩编码方法的分类如图 2-5 所示。其中因为变换编码方法通常对变换后的系数进行量化,子带编码和模型编码通常对部分信息进行量化或忽略处理,所以在此归入了有损压缩的类别。

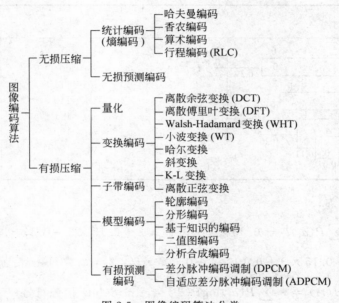

图 2-5　图像编码算法分类

2.4.1　哈夫曼编码

哈夫曼(Huffman)编码是哈夫曼在 1952 年提出的一种编码方法,这种编码方法吸引人们进行了大量研究,并被传真机、JPEG、MPEG 等采用。哈夫曼编码的基本思想是按照字符出现概率的大小编码,概率大的字符分配短码,概率小的字符则分配长码,来构造最短的平均码长。算法步骤如下:

(1) 初始化,根据符号概率的大小按由大到小顺序对符号进行排序。

(2) 把概率最小的两个符号组成一个新符号(节点),即新符号的概率等于这两个符号概率之和。

（3）重复第（2）步，直到形成一个符号为止（根），其概率等于 1。

（4）从编码树的根开始回溯到原始的符号，从上到下标上 0 或 1。通常左分支标为 0，右分支标为 1。

（5）从根节点开始顺着树枝到每个叶节点写出每个符号的代码。

下面举例说明哈夫曼编码过程。

设信源 A 的信源空间符号及其概率 $P(A)$ 如表 2-3 所示。

表 2-3　信源 A 的符号及其概率

A	a_1	a_2	a_3	a_4	a_5	a_6	a_7	a_8
$P(A)$	0.20	0.19	0.18	0.17	0.15	0.10	0.005	0.005

用哈夫曼编码方法，对信源 A 进行编码。其编码过程如表 2-4 所示。

表 2-4　哈夫曼编码过程

信源符号	出现概率		码字 w_i	码长 l_i
a_1	0.20		$w_1=01$	2
a_2	0.19		$w_2=00$	2
a_3	0.18		$w_3=111$	3
a_4	0.17		$w_4=110$	3
a_5	0.15		$w_5=101$	3
a_6	0.10		$w_6=1001$	4
a_7	0.005		$w_7=10001$	5
a_8	0.005		$w_8=10000$	5

其平均码长为：

$$L = \sum_{i=1}^{8} P(a_i)l_i = 0.20 \times 2 + 0.19 \times 2 + 0.18 \times 3 + 0.17 \times 3$$

$$+ 0.15 \times 3 + 0.10 \times 4 + 0.005 \times 5 \times 2 = 2.73(\text{bit/ 信源符号})$$

其熵 $H(A) = -\sum_{i=1}^{8} P(a_i)\log P(a_i) = 2.618(\text{bit/ 信源符号})$

表 2-4 中的编码过程可用图 2-6 所示的编码树表示。

如果表 2-4 中，首次对缩减信源最后两个概率最小的符号用码符号标记为 0、1 时，也可反过来标记为 1、0，则可得到另一组哈夫曼码：

$w'_1 = 10,\quad w'_2 = 11,\quad w'_3 = 000,\quad w'_4 = 001,$

$w'_5 = 010,\quad w'_6 = 0110,\quad w'_7 = 01110,\quad w'_8 = 01111$

Huffman 编码的特点如下：

（1）形成的编码不是唯一的，但它们的平均码长是相同的，不存在本质上的区别。

（2）对不同信源的编码效率不同。

• 当信源概率为 2 的负幂时，如 2^{-1}、2^{-2}，效率最高。

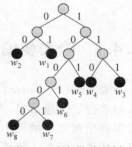

图 2-6　哈夫曼编码树

- 当信源概率相等时,效率最低。

（3）编码后,形成一个 Huffman 编码表,解码时必须参照该表,该表在存储和传输时都会占用一定的空间和信道。

2.4.2 算术编码

通常情况下,哈夫曼编码指定给每个符号一个整数位的编码。如前所述,$lb\frac{1}{Pi}$ 表示信息源 Si 中的信息量,对应于表示该字符所需的位数。但是,当一个特定的符号 Si 出现概率很大时(接近于 1.0),$lb\frac{1}{Pi}$ 则接近 0,这时指定一位来表示该符号是非常浪费的。

算术编码将整条待编码信息当作一个整体。算术编码的基本原理是将要编码的消息表示成实数 0 和 1 之间的一个间隔,取间隔中的一个数来表示消息,消息越长,编码表示它的间隔就越小,表示这一间隔所需的二进制位就越多。

算术编码用到两个基本的参数:符号的概率和它的编码间隔。信源符号的概率决定压缩编码的效率,也决定编码过程中信源符号的间隔,而这些间隔包含在 0 到 1 之间。编码过程中的间隔决定了符号压缩后的输出。

对给定信源符号序列进行算术编码的步骤如下:

（1）编码器在开始时将“当前间隔”设置为[0,1]。

（2）根据信源符号的概率,将“当前间隔”分为子间隔,每个符号一个子间隔,子间隔大小为信源符号的概率。

（3）根据信源符号序列,编码器选择对应于下一个符号的子间隔,并使它成为新的“当前间隔”,编码器将这个新的“当前间隔”分为子间隔,子间隔的大小与下一个符号的概率成比例。

（4）重复步骤(3),直到符号序列的最后一位,消息的编码输出可以是最后一个间隔中的任意数。

假设信源符号为{A,B,C,D},这些符号的概率分别为{0.1,0.4,0.2,0.3},根据这些概率可把间隔[0,1]分成 4 个子间隔:[0,0.1]、[0.1,0.5]、[0.5,0.7]、[0.7,1],上面的信息列在表 2-5 中。

表 2-5　信源符号的概率及初始编码间隔

信源符号	A	B	C	D
概率	0.1	0.4	0.2	0.3
初始编码间隔	[0,0.1)	[0.1,0.5)	[0.5,0.7)	[0.7,1]

如果输入的信源符号序列为:CADACDB,那么编码时首先输入的符号是 C,找到它的编码范围是[0.5,0.7)。由于消息中第二个符号 A 的编码范围是[0,0.1),因此它的间隔就取[0.5,0.7)中的第一个十分之一作为新间隔[0.5,0.52]。以此类推,编码第 3 个符号 D 时取新间隔为[0.514,0.52],编码第 4 个符号 A 时,取新间隔为[0.514,0.5146],……。消息的编码输出可以是最后一个间隔中的任意数。整个编码过程如图 2-7 所示。

图 2-7　算术编码过程举例

这个例子的编码和解码的全过程分别表示在表 2-6 和表 2-7 中。

表 2-6　字符串 CADACDB 算术编码的编码过程

步骤	输入符号	编　码　间　隔	编　码　说　明
1	C	[0.5,0.7]	符号的间隔范围[0.5,0.7]
2	A	[0.5,0.52]	[0.5,0.7]间隔的第 1 个 1/10
3	D	[0.514,0.52]	[0.5,0.52]间隔的最后 3 个 1/10
4	A	[0.514,0.5146]	[0.514,0.52]间隔的第 1 个 1/10
5	C	[0.5143,0.51442]	[0.514,0.5146]间隔从第 5 个 1/10 开始的 2 个 1/10
6	D	[0.514384,0.51442]	[0.5143,0.51442]间隔的最后 3 个 1/10
7	B	[0.5143876,0.514402]	[0.514384,0.51442]间隔从第 1 个 1/10 开始的 4 个 1/10
8	从[0.5143876,0.514402]中选择一个数作为输出：0.5143876		

表 2-7　字符串 CADACDB 算术编码的解码过程

步骤	间　隔	译码符号	解　码　说　明
1	[0.5,0.7]	C	0.5143876 在间隔 [0.5,0.7)
2	[0.5,0.52]	A	0.5143876 在间隔 [0.5,0.7)的第 1 个 1/10
3	[0.514,0.52]	D	0.5143876 在间隔 [0.5,0.52)的第 8 个 1/10
4	[0.514,0.5146]	A	0.5143876 在间隔 [0.514,0.52]的第 1 个 1/10
5	[0.5143,0.51442]	C	0.5143876 在间隔 [0.514,0.5146]的第 7 个 1/10
6	[0.514384,0.51442]	D	0.5143876 在间隔 [0.5143,0.51442]的第 8 个 1/10
7	[0.5143876,0.514402]	B	0.5143876 在间隔 [0.514384,0.51442]的第 2 个 1/10
8	译码的消息：C A D A C D B		

在上面的例子中,我们假定编码器和译码器都知道消息的长度,因此译码器的译码过程不会无限制地运行下去。实际上在译码器中需要添加一个专门的终止符,当译码器看到终止符时就停止译码。

算术编码的特点如下。

（1）算术编码有基于概率统计的固定模式，也有相对灵活的自适应模式。所谓的自适应模式的工作方式是：为各个符号设定相同的概率初始值，然后根据出现的符号做相应的改变。自适应模式适用于不进行概率统计的场合。

（2）当信源符号的出现概率接近时，算术编码的效率高于哈夫曼编码。

（3）算术编码的实现过程比哈夫曼编码复杂，但在图像测试中表明，算术编码效率比哈夫曼编码效率高 5% 左右。

2.4.3 行程编码

行程编码（Run Length Coding，RLC）又称为"运行长度编码"或"游程编码"，是一种非常简单的统计编码，该编码属于无损压缩编码。

有些图像，尤其是计算机生成的图形往往有许多颜色相同的区域。在这些区域中，许多连续的扫描行都具有同一种颜色，或者同一扫描行上有许多连续的像素都具有相同的颜色值。在这些情况下就不需要存储每一个像素的颜色值，而仅仅存储一个像素值以及具有相同颜色的像素数目。这种编码称为行程编码，其基本原理是：用一个符号值或串代替具有相同值的连续符号，使符号长度少于原始数据的长度。

设图像中的某一行或某一区域像素经采样或经某种方法变换后的系数为 $(x_1, x_2, \cdots, x_M)$。某一行或某一块内像素值 x_i 可分为 k 段长度为 l_i 的连续串，每个串具有相同的值，如图 2-8 所示，那么，该图像的某一行或某一区域可由下面的偶对 (g_i, l_i)，$1 \leqslant i \leqslant k$ 来表示：

$$(x_1, x_2, \cdots, x_M) \rightarrow (g_1, l_1), (g_2, l_2), \cdots, (g_k, l_k)$$

其中 g_i 为每个串内的代表值；l_i 为串的长度。串长 l_i 就是行程长度（Run-Length），简写为 RL，即由字符、采样值或灰度值构成的数据流中各个字符重复出现而形成的字符串的长度。如果给出了形成串的字符、串的长度及串的位置，就能很容易地恢复出原来的数据流。图 2-8(b) 所示的图像块可编码为：(4,8)，(5,6)，(6,10)，(7,4)，(8,4)，(9,6)，(A,10)，(B,5)，(C,3)。RL 的基本结构如图 2-9 所示。

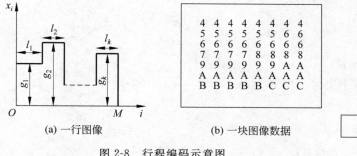

(a) 一行图像　　(b) 一块图像数据

图 2-8　行程编码示意图

图 2-9　RL 的基本结构

行程编码可以分为定长和变长行程编码两种方式。定长行程编码是指编码的行程所使用的位数是固定的,即 RL 位数是固定的。若灰度值连续相同的个数超过了固定位数所能表示的最大值,则超过部分进行下一轮行程编码。变长行程编码是指对不同范围的行程用不同位数的编码,即表示 RL 的位数是不固定的。

行程编码一般不直接用于多灰度图像(彩色图形)中,比较适用于二值图像的编码,如传真图像的编码。因为在二值序列中,只有 0 和 1 两种符号;这些符号的连续出现,就形成了 0 行程: $L(0)$,1 行程: $L(1)$。0 行程和 1 行程总是交替出现的。倘若规定二值序列是从 0 开始的,第一个行程是 0 行程,第二个必为 1 行程,第三个行程又是 0 行程……各行程长度 $[L(0),L(1)]$ 是随机的,其取值为 $1,2,3,\cdots,\infty$。

定义了行程和行程长度之后,就可以把任何二值序列变换成行程长度的序列,简称行程序列。这一变换是可逆的,是一一对应的。

例如,一个二值信源符号序列为:

$$00001100111110001110000011\cdots$$

则可以将其编码为如下行程序列:

$$42253352\cdots$$

若已知二值序列是从 0 开始,则很容易恢复成信源符号序列。

2.4.4　词典编码

词典编码,又称 LZW 压缩算法,是一种新颖的压缩方法,由 Lemple,Ziv,Welch 三人共同创造,是用他们的名字命名的。基本原理就是首先建立一个字典(字符串表),把每一个第一次出现的字符串放入字典中,并用一个数字来表示,该数字与此字符串在字典中的位置有关。如果这个字符串再次出现时,即可用表示它的数字代替该字符串,并将这个数字写入编码结果中。如"abc"字符串,如果在压缩时用 3 表示,只要再次出现,均用 3 表示,并将"abc"字符串存入字典中,在图像解码时遇到数字 3,即可从词典中查出 3 所代表的字符串"abc",在解压缩时,字典可以根据压缩数据重新生成。

LZW 编码算法的具体执行过程如下:

```
BEGIN
    s=下一个要输入字符;
    while not EOF
    {
        c=下一个要输入字符;
        If   s+c 存在于字典中;
            s=s+c;
        Else
            {
                输出对于 s 的编码;
                添加字符串 s+c 到字典中,并用新的编码符号标记;
                s=c;
```

```
            }
        }
    输出对于 s 的编码;
END
```

下面看一个简单的例子,说明 LZW 算法。假设初始字典中包含 3 个字符,其对应编码符号如表 2-8 所示。

现在假设输入字符串为 ABABBABCABABBA,则 LZW 压缩算法按表 2-9 进行编码。

表 2-8 编码符号表

编码	字符
1	A
2	B
3	C

表 2-9 LZW 压缩算法编码过程

当前字符	下一个字符	输出编码	字典中数字	字典中字符串	当前字符	下一个字符	输出编码	字典中数字	字典中字符串
			1	A	B	C	2	8	BC
			2	B	C	A	3	9	CA
			3	C	A	B			
A	B	1	4	AB	AB	A	4	10	ABA
B	A	2	5	BA	A				
A	B				AB	B			
AB	B	4	6	ABB	ABB	A	6	11	ABBA
B					A	EOF	1		
BA	B	5	7	BAB					

最后的输出编码是 124523461。相对于原来的 14 个字符,经过压缩编码后只需要 9 个字符就可以存储原来的信息,压缩率是 14/9=1.56。

LZW 的简单解码算法如下:

```
BEGIN
    s=NIL;
    while not EOF
        {
            k=下一输入编码;
            entry=字典中对应于 k 的条目;
            输出 entry;
            if (s!=NIL)
                添加 s+entry[0]到字典中,并用新的编码标记;
            s=entry;
        }
END
```

下面对刚刚进行压缩编码的字符串 ABABBABCABABBA 进行解码。输入到解码器的编码为 124523461。LZW 解压缩算法按照表 2-10 所示方法进行解码,在解码过程中,可以根据解码的字符重新生成字典。

很显然,输出字符串是 ABABBABCABABBA,是一个无损压缩结果。

表 2-10　LZW 压缩算法解码部分

前一个解码串	输入	解码结果	字典中数字	字典中字符串	前一个解码串	输入	解码结果	字典中数字	字典中字符串
			1	A	BA	2	B	7	BAB
			2	B	B	3	C	8	BC
			3	C	C	4	AB	9	CA
NIL	1	A			AB	6	ABB	10	ABA
A	2	B	4	AB	ABB	1	A	11	ABBA
B	4	AB	5	BA	A	EOF			
AB	5	BA	6	ABB					

2.4.5　无损预测编码

预测编码的基本思想是通过仅对每个像素的真实值与预测值的差值进行编码来消除像素间的冗余。因为图像的相邻像素间有相关性,所以才使预测编码成为可能,如图 2-10 所示。预测编码可分为无损预测和有损预测两类,本小节仅介绍无损预测编码,有损预测编码在第 2.5 节中介绍。

图 2-11 是一个无损预测编码系统的基本组成部分。该系统包含一个编码器和一个解码器,编码器和解码器具有一个相同的预测器。输入图像的每一个连续像素标记为 f_n,经过编码器时,预测器会根据该像素之前输入的像素信息产生预测值。预测器输出值标记为 $\hat{f}_n$,然后形成预测误差:

$$e_n = f_n - \hat{f}_n$$

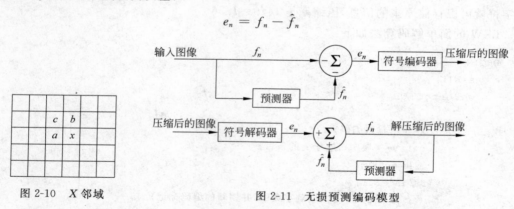

图 2-10　X 邻域　　　　图 2-11　无损预测编码模型

预测误差通过符号编码器进行编码产生压缩图像数据流。解码器可根据接收到的数据流重建预测误差 e_n,利用下面的公式得到输入图像的像素值,实现解码。

$$f_n = e_n + \hat{f}_n$$

可以看出,借助预测器可将对原始图像序列的编码转换成对预测误差的编码。由于相邻像素的相关性,在预测比较准确时,预测误差的动态范围会远小于原始图像序列的动态范围,所以对预测误差的编码所需的比特数会大大减少,这是预测编码进行数据压缩的基本原理。

下面我们以无损 JPEG 中的预测器为例,根据如图 2-10 所示的邻域结构,简单介绍预测器的类型,如表 2-11 所示。

表 2-11　无损 JPEG 预测器类型

预测类型	预测值($\bar{X}$)	预测类型	预测值($\bar{X}$)	预测类型	预测值($\bar{X}$)
0	非预测	3	c	6	$b+(a-c)/2$
1	a	4	$a+b-c$	7	$(a+b)/2$
2	b	5	$a+(b-c)/2$		

无损 JPEG 预测采用三邻域采样值法,由 a、b、c 预测 X,以 $\bar{X}$ 表示 X 的预测值,从 X 中减去 $\bar{X}$ 得到一个差值,再对差值进行无失真的熵编码(算术编码或 Huffman 编码)。表 2-11 中 1,2,3 为一维编码,4,5,6,7 为二维编码。下面对无损预测编码进行举例说明。

假设表 2-11 中的 $a=10$,$b=10$,$c=12$,$x=10$,利用第 5 种预测方案,得到 X 的预测值 $\bar{X}=10+(10-12)/2=9$,则误差 $e_n=X-\bar{X}=10-9=1$。由于编码 $e_n(=1)$ 比编码 $x(=10)$ 所需要的编码位数要少,从而实现了压缩。

再看一下是怎么样实现无损解压缩的。在解码 x 时,a、b、c 的值是已知的,由于解码器中的预测器与编码器中的相同,故可求出 $\bar{X}=10+(10-12)/2=9$,从而得到 $x=\bar{X}+e_n=9+1=10$,因此这种压缩方法是无损的。

2.5　常用的有损压缩方法

虽然人们总是期望无损压缩,但无损压缩的压缩率比较小,对于冗余度很少的信息用无损压缩技术并不能得到令人满意的结果。而有损压缩方法虽然会造成一些信息的损失,但对于音频、图像和视频等数据解压缩后的结果并不要求与原始数据完全一致,所以有损压缩在多媒体领域得到了更广泛的应用。本节介绍几种常用的有损压缩方法。

2.5.1　量化

量化在一定程度上是任何有损压缩算法的核心。如果没有量化,许多有损压缩算法几乎不会有任何信息的损失。但人们所感兴趣的压缩信息源可能包括大量的不同输出值,为了高效地表示这些信息源,必须通过量化来减少不同输出值的数量。

量化方法有多种。最简单的是只应用于数值,称为标量量化,另一种是矢量(又称为向量)量化。标量量化可分为两类:一类称为均匀量化,另一类称为非均匀量化。理论上,标量量化也是矢量量化的一种特殊形式。采用的量化方法不同,量化后的数据量也就不同。因此,量化是一种压缩数据的方法。

1. 均匀标量量化

如果采用相等的量化间隔处理采样得到的信号值,那么这种量化称为均匀量化。均

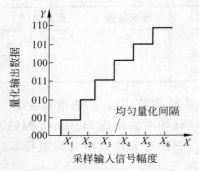

图 2-12 均匀量化的基本结构

匀量化就是采用相同的"等分尺"来度量采样得到的幅度,也称为线性量化,如图 2-12 所示。量化后的样本值 Y 和原始值 X 的差 $E=Y-X$ 称为量化误差或量化噪声。

均匀标量量化器有两种类型:Midrise 和 Midtread,如图 2-13 所示。Midrise 量化器包含一个 0 值的分割间隔,而 Midtread 量化器把 0 作为一个输出值。Midrise 量化器有偶数个输出等级,而 Midtread 量化器有奇数个输出等级。

当信息源数据包含从较小正数到较小负数波动之间的 0 值时,Midtread 量化器是一个很好的应用。在这种情况下运用 Midtread 量化器,可以准确稳定地表示 0 值。

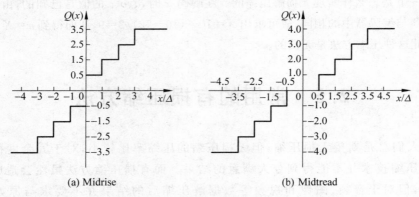

(a) Midrise   (b) Midtread

图 2-13 两种均匀标量量化器

2. 非均匀标量量化

如果输入的数据不是均匀分布的,则均匀量化器的效率可能会降低。因为用均匀量化方法量化输入信号时,无论对大的输入信号还是小的输入信号一律都采用相同的量化间隔。为了适应幅度大的输入信号,同时又要满足精度要求,在信息源分布密度高的区域增加量化等级的数量,可以有效地降低失真。而且,对于有些信号(例如话音信号),大信号出现的机会并不多,如果采用均匀量化,则增加的量化等级就没有得到充分利用。为了克服均匀量化的不足,就出现了非均匀量化的方法,这种方法也叫做非线性量化。

非均匀量化的基本想法是:对输入信号进行量化时,变化比较小的输入信号采用大

的量化间隔,变化比较大的输入信号采用小的量化间隔,如图 2-14 所示,这样就可以在满足精度要求的情况下用较少的位数来表示。量化数据还原时,采用相同的规则。

3. 矢量量化

在矢量量化编码中,把输入数据几个一组地分成许多组,成组地量化编码,即将这些输入数据看成一个 k 维矢量,然后以矢量为单位逐个对矢量进行量化。矢量量化是一种限失真编码,其原

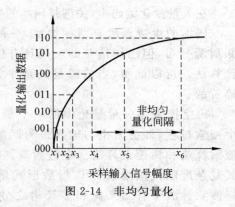

图 2-14 非均匀量化

理仍可用信息论中的率失真函数理论来分析。而率失真理论指出,即使对无记忆信源,矢量量化编码也总是优于标量量化的。图 2-15 显示出了矢量量化编码的原理框图。

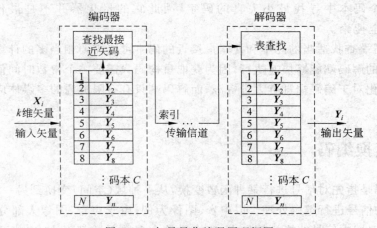

图 2-15 矢量量化编码原理框图

图 2-15 中输入信号 X 是一个 k 维矢量,该矢量原则上既可以是原始图像,也可以是图像的预测误差或变换矩阵系数的分块(或称分组)。码本 C 是一个 k 维矢量的集合,即 $C=\{Y_i\}$,$i=1,2,\cdots,N$,它实际上是一个长度为 N 的表,表的每个分量是一个 k 维矢量,称为码字。矢量编码的过程就是在码本 C 中搜索一个与输入矢量最接近的码字。衡量两个矢量之间接近程度 $d(X,Y_i)$ 的度量标准可以用均方误差准则:

$$d(X,Y_i) = \sum_{j=1}^{k} (x_j - y_{ij})^2$$

也可以用其他准则,如:

$$d(X,Y_i) = \sum_{j=1}^{k} |x_j - y_{ij}|$$

传输时,只需传输码字 Y_i 的下标 i。在接收端解码器中,有一个与发送端相同的码本 C,根据下标 i 可简单地用查表法找到 Y_i 作为对应 X 的近似。

当码本长度为 N 时,为传输矢量下标所需的比特数为 $\log_2 N$,平均传输每个像素所需的比特数为 $(1/k)\log_2 N$。若 $k=16$,$N=256$,则比特率为 $0.5\mathrm{bit/pixel}$。

在矢量量化编码中,关键是码本的生成算法和码字的搜索算法。

码本的生成算法有两种类型,一种是已知信源分布特性的设计算法;另一种是未知信源分布,但已知信源的一列具有代表性且足够长的样点集合(即训练序列)的设计算法。可以证明,当信源是矢量平衡且遍历时,若训练序列充分长则两种算法是等价的。

码字搜索是矢量量化中的一个最基本的问题,矢量量化过程本身实际上就是一个搜索过程,即搜索出与输入最为匹配的码字。矢量量化中最常用的搜索方法是全搜索算法和树搜索算法。全搜索算法与码本生成算法是基本相同的,在给定速率下其复杂度随矢量维数 K 以指数形式增长,全搜索矢量量化器性能好但设备较复杂。树搜索算法又有二叉树和多叉树之分,它们的原理是相同的,但后者的计算量和存储量都比前者大,性能比前者好。树搜索的过程是逐步求近似的过程,中间的码字起指引路线的作用,其复杂度比全搜索算法显著减少,搜索速度较快。由于树搜索并不是从整个码本中寻找最小失真的码字,因此它的量化器并不是最佳的,其量化信噪比低于全搜索。

在编码器端查找适当的码本和搜索最接近的码字可能需要相当多的计算机资源。但是,矢量量化的解码端能够快速执行,因为获取重构码只需要一个常数时间值。由于这种特性,矢量量化对于编码端具有大量资源,而解码端只有有限资源的多媒体应用系统是有吸引力的。

2.5.2 变换编码

变换编码是指先对信号进行某种函数变换,从一种域(空间)变换到另一种域(空间),再对变换后的信号进行编码处理。以声音、图像为例,由于声音、图像大部分信号都是低频信号,在频率域中信号的能量较集中,变换后的大多数系数都很小,这些系数可较粗地量化或完全忽略掉而只产生很少的失真,故将空间域信号变换到频率域,再对其进行采样、编码,便可以达到压缩数据的目的。

图 2-16 给出了一个典型的变换编码系统框图。编码部分由下面 4 个操作模块构成:

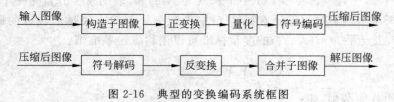

图 2-16 典型的变换编码系统框图

(1)构造子图像。构造子图像是将一幅分辨率为 $N \times N$ 的图像分解成 $(N/n)^2$ 个分辨率为 $n \times n$ 的子图像。

(2)变换。对子图像应用某种函数进行变换,对子图像进行变换的目的是解除每个图像内部像素之间的相关性或将尽可能多的信息集中到较少的变换系数上。

(3)量化。量化步骤有选择地消除或较粗糙地量化携带信息最少的系数,因为这些系对重建子图像质量的影响最小。

（4）符号编码。一般使用熵编码方法对量化后的系数进行编码。

解码部分是编码部分的逆过程。因为量化过程是不可逆的，所以解码部分可以没有与其对应的模块。

需要注意的是，变换编码中对图像数据的压缩并不是在变换步骤取得的，而是在量化变换后的系数时取得的。对一个给定的编码应用，如何选择变换取决于可容许的重建误差和计算量要求。其中均方重建误差与所用变换本身具有的将图像能量或信息集中于某些系数的能力直接相关，一个能把最多的信息集中到最少的系数上去的变换所产生的重建误差将最小。

下面以离散余弦变换（Discrete Cosine Transform，DCT）为例，介绍变换编码。

基于 DCT 的编码是一种被广泛应用的变换编码技术。DCT 能够以数据独立的方式完成输入信号的去相关性，也正因为如此，它才受到了极大的欢迎。

二维 DCT 的定义：给定函数 $f(i,j)$，i 和 j 是两个整型参数，二维 DCT 把它变换成一个新的函数 $F(u,v)$，u 和 v 的取值范围与 i 和 j 相对应。该变换的一般定义如下。

$$F(u,v) = \frac{2C(u)C(v)}{\sqrt{MN}} \sum_{i=0}^{M-1} \sum_{j=0}^{N-1} \cos\frac{(2i+1)\mu\pi}{2M} \cos\frac{(2j+1)v\pi}{2N} f(i,j)$$

其中 $i,u = 0,1,\cdots,M-1, j,v = 0,1,\cdots,N-1$，常数 $C(u)$ 和 $C(v)$ 由下式决定：

$$C(\xi) = \begin{cases} \frac{\sqrt{2}}{2} & \text{当 } \xi = 0 \text{ 时} \\ 1 & \text{其他} \end{cases}$$

离散余弦变换是先将整个图像分成 $M \times N$ 个像素的图像块，然后对 $M \times N$ 图像块逐一进行 DCT 变换。由于大多数图像的高频分量较小，相应于图像高频成分的系数经常为零，加上人眼对高频成分的失真不太敏感，所以可用更粗的量化，因此传送变换系数所用的码率要远远小于传送图像像素所用的码率。在解码端通过反离散余弦变换重构 $M \times N$ 图像块，虽然会有一定的失真，但对于人眼是可以接受的。

在 JPEG 图像压缩标准中，一个图像块被定义为维数 $M=N=8$。8×8 的二维数据块经 DCT 变换成 64 个变换系数，这些系数都有明确的物理意义：U 代表水平像素号，V 代表垂直像素号。如当 $U=0$、$V=0$ 时，$F(0,0)$ 是原 64 个样值的平均，相当于直流分量（DC），其他系数称为交流分量（AC）。随着 U、V 值的增加，相应系数分别代表逐步增加的水平空间频率分量和垂直空间频率分量的大小。因此，8×8 图像块的二维 DCT 及其逆函数（IDCT）定义如下。

二维离散余弦变换：

$$F(u,v) = \frac{C(u)C(v)}{4} \sum_{i=0}^{7} \sum_{j=0}^{7} \cos\frac{(2i+1)\mu\pi}{16} \cos\frac{(2j+1)v\pi}{16} f(i,j)$$

二维逆向离散余弦变换：

$$\widetilde{f}(i,j) = \sum_{u=0}^{7} \sum_{v=0}^{7} \frac{C(u)C(v)}{4} \cos\frac{(2i+1)\mu\pi}{16} \cos\frac{(2j+1)v\pi}{16} F(u,v)$$

严格地说,DCT 本身并不能进行码率压缩,因为 64 个输入像素经变换后仍然得到 64 个系数,如图 2-17 所示。但是在经过量化后,特别是按人眼的生理特征对低频分量和高频分量进行不同程度的量化,会使大多数高频分量的系数变为零。然后对量化后的变换系数进行 Z 形扫描,以便按大小递减的顺序进行排序,图 2-18 中显示了 Z 形扫描的方向。对扫描后的系数进行算术编码或行程编码等熵编码后进行传输,这样就较好地实现了图像数据压缩。

$$
\begin{bmatrix}
16 & 11 & 10 & 16 & 24 & 40 & 51 & 61 \\
12 & 12 & 14 & 19 & 26 & 58 & 60 & 55 \\
14 & 13 & 16 & 24 & 40 & 57 & 69 & 56 \\
14 & 17 & 22 & 29 & 51 & 87 & 80 & 62 \\
18 & 22 & 37 & 56 & 68 & 109 & 103 & 77 \\
24 & 35 & 55 & 64 & 81 & 104 & 113 & 92 \\
49 & 64 & 78 & 87 & 103 & 121 & 120 & 101 \\
72 & 92 & 95 & 98 & 112 & 100 & 103 & 99
\end{bmatrix}
\xrightarrow[\text{变换}]{\text{DCT}}
\begin{bmatrix}
20 & 5 & -3 & 1 & 3 & -2 & 1 & 0 \\
-3 & -2 & 1 & 2 & 1 & 0 & 0 & 0 \\
-1 & -1 & 1 & 1 & 1 & 0 & 0 & 0 \\
-1 & 0 & 0 & 1 & 0 & 0 & 0 & 0 \\
0 & 0 & 0 & 0 & 0 & 0 & 0 & 0 \\
0 & 0 & 0 & 0 & 0 & 0 & 0 & 0 \\
0 & 0 & 0 & 0 & 0 & 0 & 0 & 0 \\
0 & 0 & 0 & 0 & 0 & 0 & 0 & 0
\end{bmatrix}
$$

图 2-17　DCT 变换系数的变化

2.5.3　有损预测编码

有损预测编码系统与前面讲过的无损预测编码系统相比,主要是增加了量化器,对预测值与真实值的差值进行了量化,如图 2-19 所示。有损预测编码的作用是将预测误差量化到有限个输出 e'_n 中,e'_n 决定了有损预测编码中的压缩量和失真量。

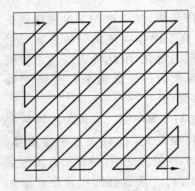

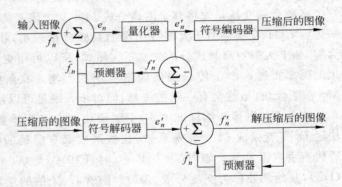

图 2-18　Z 形扫描示意图　　　　　　图 2-19　有损预测编码系统

图 2-19 中,f_n 是采样的原始数据,$\hat{f}_n$ 是 f_n 的预测值,$e_n = f_n - \hat{f}_n$ 是原始值与预测值的差值,e'_n 是 e_n 的量化值,f'_n 是引入了量化误差的 f_n。

恢复的数据 $f'_n = e'_n + \hat{f}_n$,量化器误差 $q_n = e_n - e'_n$。

则整个系统的误差 $f_n - f'_n = f_n - (e'_n + \hat{f}_n) = (f_n - \hat{f}_n) - e'_n = e_n - e'_n = q_n$。

由此可见整个系统的误差来源于输入端量化器产生的误差。

2.6 图像压缩标准

为了保证图像的基本质量,进一步提高数字图像的压缩比,人们进行了长期的研究。1986 年,国际电报电话咨询委员会(CCITT)和国际标准化组织(ISO)共同成立了 JPEG 专家组(Joint Photographic Experts Group)。该联合专家组于 1991 年提出了"多灰度静止图像的数字压缩编码标准"的建议草案,即后来的"JPEG 高质量静止图像压缩编码标准",简称 JPEG 标准。

2.6.1 JPEG 标准

JPEG 是适用于连续色调(包括灰度和彩色)静止图像压缩算法的国际标准。JPEG 标准中采用了 DCT 变换编码方法,这主要是由于下面几个原因造成的。

(1) 整个图像中相邻区域图像内容变化相对缓慢,也就是说,在很小的邻域内(8×8 的图像块)图像强度值变化不大。

(2) 实验表明,人类更有可能注意到图像低频部分的损失,而不是高频部分。因此 DCT 变换的低频系数是最重要的,频率越高,DCT 系数就显得越不重要。甚至可以把其设置为 0,而不会损失太多可察觉的图像信息。

(3) 人眼对亮度比对颜色信息更敏感,也就是说人们对图像的灰度信息比颜色信息更敏感。因此人们不太容易发现相邻颜色作背景时颜色的变化,比如在漫画书上的滴状斑点就不太醒目。这是因为人眼对黑色线条最敏感,而大脑可以在这些线条上想象颜色。电视广播正是利用这一现象,传输的灰度信息比彩色信息多很多。

JPEG 算法共有 4 种运行模式,其中一种是基于空间预测(DPCM)的无损压缩算法,另外三种是基于 DCT 的有损压缩算法。这 4 种模式为:

(1) 无损压缩算法,可以保证无失真地重建原始图像;

(2) 基于 DCT 的顺序模式,按从上到下,从左到右的顺序对图像进行编码,称为基本系统;

(3) 基于 DCT 的递进模式,指对一幅图像按照分辨率由粗到细进行编码;

(4) 分层模式,以各种分辨率对图像进行编码,可以根据不同的要求,获得不同分辨率的图像。

这些模式中的基本系统(顺序模式)是各个 JPEG 系统都必须支持的模式,它提供了适合大多数应用场合的简单高效的图像编码方案。增强系统(递进模式、分层模式)是基本系统的扩充或增强,在增强系统中必须包括基本系统。

JPEG 适用于彩色和灰度图像。灰度图像中只有一个亮度分量,而彩色图像有一个亮度分量和两个色度分量,对于彩色图像,比如 YIQ 或 YUV,编码时可以按照对灰度图像的编码方法对每一个分量进行编码。如果源图像是不同的图像格式,编码器会完成色彩空间的转换,把其转换到 YIQ 或 YUV。

图 2-20 描述了 JPEG 的编码和解码过程。对原始图像的每一个分量,首先分割成不重叠的 8×8 的像素块,然后作 8×8 的二维 DCT 变换。得到 64 个系数,代表了该图像块的频率成分。在 8×8 的系数矩阵中,左上角的一个为直流(DC)系数,其余 63 个为交流(AC)系数。从左到右,水平频率增高;从上到下,垂直频率增高。接着,对 DCT 系数量化,再用 Z 形(Zigzag)扫描将系数矩阵变成一维数列,各项系数按频率由低到高顺序排列。最后对排好的系数进行熵编码。

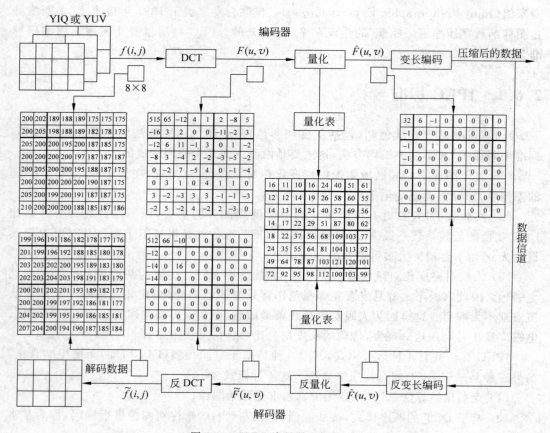

图 2-20　JPEG 编码器和解码器

JPEG 采用的是定长和变长相结合的编码方法。对于 DC 系数,由于图像中相邻两个图像块的 DC 分量一般非常接近,所以对量化后的 DC 系数采用差值编码,即对相邻块的 DC 系数之差进行编码。由于亮度和色度分量的 DC 差值统计特性差别较大,JPEG 分别为两者推荐了不同的哈夫曼码表。

对于 AC 系数,由于经过量化后 AC 系数中出现了较多的零,所以先对零系数采取行程(Run Length)编码,然后再采用熵编码,连续零的个数越多,编码效率越高。因为高频的 AC 系数多数是零,所以采用哈夫曼编码能有效压缩数据量。与 DC 系数的编码类似,JPEG 也分别推荐了亮度和色度分量的哈夫曼码表。

JPEG 标准的解码过程与编码过程相反,所以 JPEG 也称为对称型算法。JPEG 对图

像的压缩有很大的伸缩性,图像质量与比特率的关系如下:

（1）1.5～2.0 比特/像素：与原始图像基本没有区别（Transparent Quality）。

（2）0.75～1.5 比特/像素：极好（Excellent Quality），满足大多数应用。

（3）0.5～0.75 比特/像素：好至很好（Good to Very Good Quality），满足多数应用。

（4）0.25～0.5 比特/像素：中至好（Moderate to Good Quality），满足某些应用。

实际上,某个给定比特率的图像质量与该图像具体内容有关。

2.6.2 JPEG 2000 标准

虽然 JPEG 标准凭借高压缩比和较好的图像质量得到了广泛的应用,取得了较大的成功,但为了满足下一代图像应用的需求,JPEG 委员会提出了一个新的图像压缩标准：JPEG 2000。与传统 JPEG 标准最大的不同,在于 JPEG 2000 放弃了 JPEG 所采用的以 DCT 变换为主的分块编码方式,而改用以小波变换（Wavelet Transform）为主的多分辨率编码方法。小波变换的主要特点是可以将图像不同分辨率的频率成分抽取出来。

JPEG 2000 标准具有的优点和特点如下。

（1）JPEG 2000 能实现无损压缩。在实际应用中,有一些重要的图像,如卫星遥感图像、医学图像、文物照片等,通常需要进行无损压缩。对图像进行无损编码的经典方法——预测法已经成熟,并作为一个标准写入了 JPEG 2000 中。

（2）JPEG 2000 的误码鲁棒性好。因此使用 JPEG 2000 的系统稳定性好、运行平稳、抗干扰性好、易于操作。

（3）JPEG 2000 能实现渐进传输,这是 JPEG 2000 的一个极其重要的特征。它可以先传输图像的轮廓,然后逐步传输数据,不断提高图像质量,以满足用户的需要,这在网络传输中具有非常重大的意义。使用 JPEG 2000 下载一个图片时,用户可先看到这个图片的轮廓或缩影,然后再决定是否下载它。而且,下载时可以根据用户的需要和带宽来决定下载图像的质量,从而控制数据量的大小。

（4）JPEG 2000 具有感兴趣区（Region Of Interest,ROI）特性。用户在处理的图像中可以指定感兴趣区,对这些区域进行压缩时可以指定特定的压缩质量,或在恢复时指定解压缩要求,这给人们带来了极大的方便。在某些情况下,图像中只有一小块区域对用户是有用的,对这些区域采用低压缩比,而感兴趣之外的区域采用高压缩比。在保证不丢失重要信息的同时,又能有效地压缩数据量,这就是基于感兴趣区域的编码方案所采取的压缩策略。基于感兴趣区的压缩方法的优点,在于它结合了接收方对压缩的主观要求,实现了交互式压缩。

（5）JPEG 2000 标准还充分考虑了人眼视觉特性,增加了视觉权重和掩膜,这样在不影响视觉效果的情况下,可以大大提高压缩效率。

2.6.3 JPEG-LS 标准

通常,我们可能在非常重要的图像中应用无损压缩。例如,医疗中使用的人脑部图像、不易获得或者非常昂贵的图像等。与 JPEG 2000 提供的无损压缩模式相竞争的专门用于无损压缩的方案就是 JPEG-LS 标准。JPEG-LS 较 JPEG 2000 的主要优势在于 JPEG-LS 是基于低复杂性算法的。JPEG-LS 的目标是为了更好地对医疗图像进行压缩。

JPEG-LS 的正式名称是"信息技术——连续色调静止图像无损/接近无损压缩标准"，JPEG-LS 是 ISO/ITU-T 批准的图像无损压缩标准，它提供了接近无损的压缩功能。JPEG-LS 的核心算法是由惠普公司提出的低复杂度无损图像压缩算法（LOw COmplexity LOssless COmpression for Images，LOCO-I）。该算法是基于这样的原则：算法复杂度的降低总体上比采用更复杂压缩算法来提高的较小压缩率更重要。

JPEG-LS 算法的复杂度低，却能提供高无损压缩率。然而，它不提供支持扩缩、误差恢复等功能。图 2-21 给出了简化的 JPEG-LS 无损编码器框图。

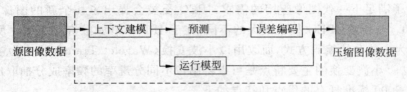

图 2-21　简化的 JPEG-LS 无损编码器框图

JPEG-LS 的编码过程：源图像以预先指定的扫描顺序输入编码器，无损图像压缩设计是一个归纳推理问题。编码当前像素时，先扫描过去的数据，以前面接收的像素为条件，通过分配当前像素的条件概率 P，推理出当前像素值。对近无损编码，则用先前像素的重建值代替原始值作为条件数据。解码器只依赖已经解码的数据，因此能重建用来解码当前像素的条件概率。上下文建模是 JPEG-LS 编码的基础，使用的建模方法是基于对上下文的认识。建立上下文模型时，一个像素值的编码要以它周围的几个像素为条件。根据 a、b、c、d 处像素的重建值，上下文首先决定对 x 处像素是按常规方式预测编码还是采用行程编码。对于行程编码，又分为无损和有损（或近无损）两种情况。

2.7　常用的图像文件格式

在数字图像的编辑过程中，会遇到多种不同格式的图像文件，每种格式的图像文件都具有特殊的存储格式和处理方法。

文件格式指的是数据的排列及其在磁盘上的存储方式。可以根据文件的扩展名得到文件的格式，比如 .bmp 是图片文件的格式，.txt 是文本文件的格式，但扩展名只是文件格式的一种标识。不同格式的文件，其存储和读取的方式不同，因此文件的组织方式也不同，每种文件都有特别的组织方式，也有特定的文件头和扩展名，只有这样，一些软件才会识别特定的文件。图像文件的数据排列方式是按照其采用的压缩方法来实现的，不同的压缩方法，数据排列的方式也不相同。

在某一种特定的应用场合下创建或选择一种特定的文件格式通常要考虑到相互独立的几个方面，包括：图像质量要求、计算复杂度、存储和传输的效率以及现有程序对它的支持情况。下面对文件格式的决定因素做出说明。

(1) 质量：为了获得高质量的图像，就需要高的图像分辨率、高的图像深度(每个像素所占的存储的位数)。

(2) 计算复杂度：图像的压缩算法决定了其计算复杂度，是它适应各种变化的容易程度或可靠程度，包括在不同的操作系统平台上使用，在不同的图形显示设备上显示或在其他输出媒体使用，或者在不同的放大尺度或外观比率的情况下使用等方面。

(3) 存储和传输的效率：格式的效率与该格式文件所使用的压缩算法、存储或发送设备有关。一种文件格式的效率与所用数据的类型和质量相关。例如，如果要考虑存储效率问题，图像就可以采用最小的颜色深度。此外，对于矢量数据，用二进制表示的效率比用 ASCII 码表示的效率要高。

(4) 现有程序的支持：绝大多数学生所关心的问题是"现有的图像文件格式有哪些，现有的程序支持哪些文件格式"，对此问题的回答是不断改变的，因为不断地研发出新的格式和淘汰旧的格式，所以难以在此阐述清楚，本书只能就部分常用的图像文件格式做出一般的说明。各类程序所能支持的图像文件格式已越来越多，它们或者通过菜单选项直接支持，或者通过转换程序间接支持。

(5) 应用：不同的应用场合决定了文件格式的选择，如医学图像要求高的质量、数码相机要求快的计算和存储速度，从而会采用不同的文件格式。

根据图像文件的编码原理，每种图像文件内除了图像数据之外，还要存储一些标识信息，一个完整的图像文件通常包括标识信息和图像数据。标识信息用以定义图像的各项参数，如图像的宽度和高度、颜色种类、调色板数据等；图像数据，即图像内容经常是一批庞大的数据，若不经过压缩处理就直接存入文件，很容易耗尽磁盘的存储空间。所以，图像文件一般都采用某种压缩算法，减少存储图像所需的数据量，以达到节省存储空间的效果。

在图像文件编码过程中，图像数据和标识信息是必不可少的两个部分，目前图像文件之所以会有各种不同的格式，主要在于文件的编码过程中定义了不同的标识信息和压缩方法。

图像处理软件一般可以识别和使用这些图像文件，并可以在这些图像文件格式之间进行转换。所以，了解常见图像文件的格式非常重要，是正确使用图像文件的基础。下面介绍一些经常使用的图像文件格式。

2.7.1　PCX 格式

PCX 是一种在 MS-DOS 环境中十分常见的图像文件格式，几乎所有的图像编辑软件都支持这种格式。PCX 是由 Zsoft 公司开发的，著名的 Paintbrush 绘图软件也使用这种格式来存储图像数据。

PCX 图像格式使用行程编码的方法进行压缩，该压缩算法可将一连串重复的图像数据缩减，只存储一个重复的次数和被重复的数据，虽然在显示到屏幕上或是存储成磁盘文件时，都需要花费额外的时间来做压缩编码或解码的工作，但是可节省 30% 左右的空间，这对于只有少量磁盘空间，但希望能显示漂亮彩色图案的系统是十分适用的。文件结构如图 2-22 所示。

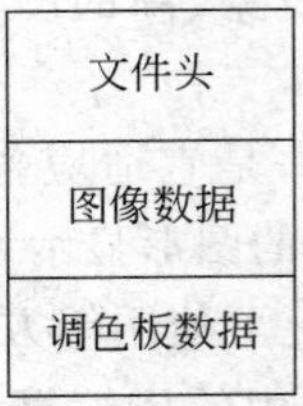

| 文件头 |
| 图像数据 |
| 调色板数据 |

图 2-22　PCX 文件格式的结构

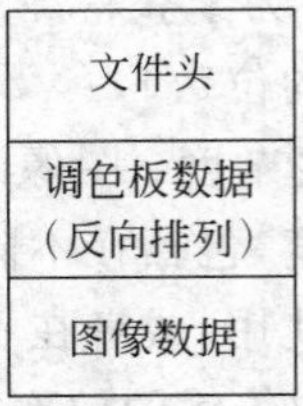

| 文件头 |
| 调色板数据
（反向排列） |
| 图像数据 |

图 2-23　BMP 文件格式的结构

2.7.2　BMP(DIB)格式

BMP 是 Bit Mapped 的缩写,是 Microsoft 公司为 Windows 自行开发的一种位图图像文件格式,因为在 Windows 环境中,画面的滚动、窗口的打开或恢复,均是在绘图模式下运作的,因此选择的图像文件格式必须能应付高速度的操作要求,不能有太多的计算过程。为了真实地将屏幕内容存储在文件内,避免解压缩时浪费时间,所以有了 BMP 格式文件的诞生。

BMP 格式是与设备无关的,故又称为 DIB(Device-Independent Bitmap)。这种格式的图像文件可以是 2 色、16 色、256 色或 16 777 216 色的。每个图像文件都有两部分,第一部分是记录图像相关数据的文件头,第二部分才是图像数据。文件格式结构如图 2-23 所示。

2.7.3　TIFF 格式

TIFF(Tagged Image File Format)是一种包容性十分强大的位图图像文件格式,它可以包含许多种不同类型的图像,甚至可以在一个图像文件内放置一个以上的图像,所以 TIFF 文件头被设计为有"弹性"的,文件头是由不同的标记所组成的,而且包含了固定的和可变动部分的图像。

TIFF 格式支持的色彩数最高可达 16M 种。其特点是:存储的图像质量高,但占用的存储空间也非常大,其大小是相应.gif 图像的 3 倍、.jpeg 图像的 10 倍;细微层次的信息较多,有利于原稿的阶调与色彩的复制。该格式有压缩和非压缩两种形式,其中压缩形式使用的是 LZW 无损压缩方案。在 Photoshop 中,.tiff 格式能够支持 24 个通道,它是除 Photoshop 自身格式(即.psd 和.pdd)外唯一能够存储多个 4 通道的文件格式。唯一的不足之处是:由于.tiff 独特的可变结构,所以对.tiff 文件解压缩非常困难。另外,在 3DS 中也可以生成.tiff格式的文件。.tiff 文件被用来存储一些色彩绚丽的贴图文件,它将3DS、Macintosh、Photoshop 有机地结合在一起。

由于 TIFF 格式独立于操作平台和软件,因此在 PC 和苹果机之间交换图像通常都采用这种格式。文件格式结构如图 2-24 所示。

| 文件头 |
| 标识信息区 |
| 图像数据 |

图 2-24　TIFF 文件格式的结构

2.7.4　GIF 格式

GIF 是 Graphics Interchange Format 的缩写,是点阵式位图图像文件格式,采用 LZW 压缩算法,可以有效降低文件大小的同时又保持了图像的色彩信息。许多图像处理软件都具有处理 GIF 文件的能力,这种文件格式支持 65 535×65 535 分辨率和 256 色的图像。

一个 GIF 文件包含 6 个字节的文件标记,其中前面 3 个字节为字符串“GIF”,后面 3 个字节则是 GIF 的版本。目前常见的有 1987 年 5 月指定的“87a”和 1989 年 7 月所指定的“89a”两种。GIF 文件原来最大的缺点是最多只能处理 256 种色彩,故不能用于存储真彩色的图像文件,但目前已有所改善。另外,因为 GIF89a 格式能够存储成背景透明的形式,并且可以将数张图存成一个文件,从而形成动画效果,所以被广泛应用在网页制作中。文件格式结构如图 2-25 所示。

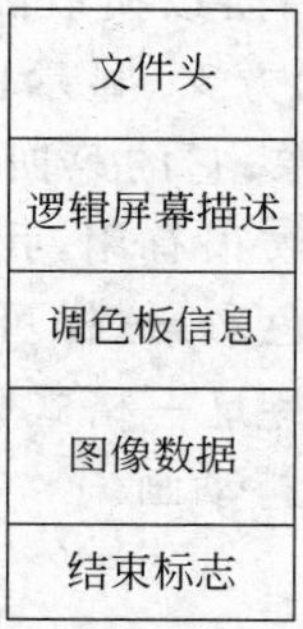

图 2-25　GIF 文件格式的结构

图 2-26　JPEG 文件格式的结构

2.7.5　JPEG 格式

JPEG(Joint Photographics Experts Group,联合图像专家组)是利用基于 DCT 变换压缩技术来存储静态图像的文件格式。JPEG 是将每个图像分割为许多 8×8 像素大小的方块,再针对每个小方块做压缩的操作,经过复杂的 DCT 压缩过程,所产生出来的图像文件可以达到 30∶1 的压缩比,但是付出的代价却是一定程度的失真,属于有损压缩。JPEG 格式图像是目前所有格式中压缩率最高的一种,被广泛应用于网络图像的传输上。

JPEG 文件格式可以支持全彩(24 位、16 777 216 色)图像,图像大小可以达到 65 535×65 535 像素。此外,各图像处理公司也开发出不同形式,可以支持动态图像的 JPEG 图像格式。文件格式结构如图 2-26 所示。

2.7.6　TGA 格式

TGA(Tagged Graphics)是由美国 Truevision 公司为其显示卡开发的一种图像文件

格式,已被国际上的图形、图像应用领域所接受。TGA 的结构比较简单,属于一种图形、图像数据的通用格式,在多媒体领域有着很大的影响,是计算机生成图像向电视图像转换的一种首选格式。文件格式结构如图 2-27 所示。

文件头
调色板信息
图像数据
数据补充区

图 2-27　TGA 文件格式的结构

2.7.7　PNG 格式

　　PNG(Portable Network Graphics)是一种新兴的免费的采用无损压缩算法的图像格式。PNG 图像可以是灰阶的(16 位)或彩色的(48 位),也可以是 8 位的索引色。PNG 汲取了 GIF 和 JPG 二者的优点,存储形式丰富,兼有 GIF 和 JPG 的色彩模式;它的另一个特点是能把图像文件压缩到极限以利于网络传输,但又能保留所有与图像品质有关的信息,因为 PNG 采用无损压缩方式来减少文件的大小,这一点与牺牲图像品质以换取高压缩率的 JPG 有所不同;它的第三个特点是 PNG 使用的是高速交替显示方案,显示速度很快,只需要下载 1/64 的图像信息就可以显示出低分辨率的预览图像;它的第四个特点是 PNG 同样支持透明图像的制作,透明图像在制作网页图像的时候很有用,我们可以把图像背景设为透明,用网页本身的颜色信息来代替设为透明的色彩,这样可让图像和网页背景很和谐地融合在一起。目前,越来越多的软件开始支持这一格式,目前在互联网上比较流行这种格式的图像。PNG 图像格式的缺点是不支持动画。

1. PNG 的文件结构

　　对于一个 PNG 文件来说,其文件头总是由位固定的字节来描述的。

十进制数	137	80	78	71	13	10	26	10
十六进制数	89	50	4E	47	0D	0A	1A	0A

　　因此,一个标准的 PNG 文件结构应该如下:

PNG 文件标志	PNG 数据块	……	PNG 数据块

2. PNG 数据块(Chunk)

　　PNG 定义了两种类型的数据块,一种称为关键数据块(Critical Chunk),这是标准的数据块,另一种叫做辅助数据块(Ancillary Chunks),这是可选的数据块。关键数据块定义了 4 个标准数据块,每个 PNG 文件都必须包含它们,PNG 读写软件也都必须要支持这些数据块。虽然 PNG 文件规范没有要求 PNG 编译码器对可选数据块进行编码和译码,但规范提倡支持可选数据块。

　　下面介绍数据块的结构。

　　PNG 文件中,每个数据块由 4 个部分组成,如下:

名　　称	字节数	说　　明
Length(长度)	4 字节	指定数据块中数据域的长度,其长度不超过$(2^{31}-1)$字节
Chunk Type Code(数据块类型码)	4 字节	数据块类型码由 ASCII 字母(A～Z 和 a～z)组成
Chunk Data(数据块数据)	可变长度	存储按照 Chunk Type Code 指定的数据
CRC(循环冗余检测)	4 字节	存储用来检测是否有错误的循环冗余码

2.7.8　PSD 格式

PSD 格式是 Adobe 公司的图像处理软件 Photoshop 的专用格式 Photoshop Document (PSD)。PSD 其实是 Photoshop 进行平面设计的一张"草稿图",它里面包含有各种图层、通道、遮罩等多种设计的样稿,以便于下次打开文件时可以修改上一次的设计。在 Photoshop 所支持的各种图像格式中,PSD 的存取速度比其他格式快很多,功能也强大很多。

2.7.9　SWF 格式

SWF 是利用 Flash 制作出的一种动画文件(Shock Wave Format),这种格式的动画图像能够用比较小的体积来表现丰富的多媒体形式。在图像的传输方面,不必等到文件全部下载才能观看,而是可以边下载边观看,因此特别适合网络传输,在传输速率不高的情况下,也能取得较好的效果。此外,SWF 动画是基于矢量技术制作的,因此将画面放大后,画面不会产生失真。因此,SWF 格式作品以其高清晰度的画质和小巧的体积,受到了越来越多网页设计者的青睐,也逐渐成为网页动画和网页图片设计制作的主流,目前 SWF 已被大量应用于 Web 网页进行多媒体演示与交互性设计。

2.7.10　SVG 格式

SVG 的英文全称为 Scalable Vector Graphics,意思为可缩放的矢量图形。它是基于 XML(Extensible Markup Language),由 World Wide Web Consortium(W3C)联盟进行开发的。严格来说应该是一种开放标准的矢量图形语言,可设计高分辨率的 Web 图形页面。用户可以直接用代码来描绘图像,通过改变部分代码来使图像具有交互功能,并可以随时插入到 HTML 中,通过浏览器来观看。SVG 文件格式的结构如图 2-28 所示。

SVG 提供了目前网络流行的 GIF 和 JPEG 格式无法具备的优势:可以任意放大图形显示,但绝不会以牺牲图像质量为代价;文字在 SVG 图像中保留可编辑和可搜寻的状态;一般来讲,SVG 文件比 JPEG 和 GIF 格式的文件要

图 2-28　SVG 文件格式的结构

小很多,因而下载也很快。可以预见,SVG 的开发将会为 Web 提供新的图像标准。

图像文件格式还有很多,在此不能全部列举出来。随着多媒体技术的发展,相信会有越来越多的图像文件格式出现。

2.8　用 Photoshop 处理数字图像

Photoshop 是 Adobe 公司开发的平面图像处理软件,它集图像的采集、编辑和特效处理于一身,是多媒体图像素材准备过程中重要的处理工具之一。自 Photoshop 7.0 之后,新版本的软件被命名为 Adobe Photoshop CS。现在最新版本是 Photoshop CS4。Photoshop CS4 引入了强大和精确的新标准,提供数字化的图像创作和控制体验。

本节将以 Adobe Photoshop CS4 为例,介绍 Photoshop 软件的基本操作。

2.8.1　Photoshop 主界面

在 Windows"开始"菜单的 Adobe 组中单击"Adobe Photoshop CS4"命令,启动 Photoshop 程序,屏幕显示 Photoshop 主界面,如图 2-29 所示。界面中包括菜单栏、工具选项栏、工具箱、控制面板、工作区和状态栏等几部分。

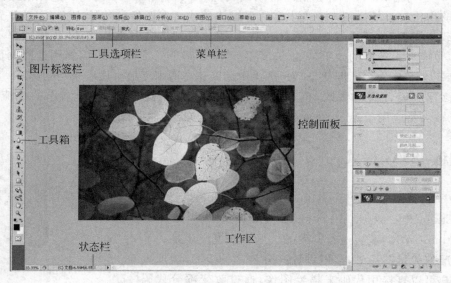

图 2-29　Photoshop CS4 操作主界面

2.8.2　菜单栏

Photoshop CS4 的菜单栏由"文件"、"编辑"、"图像"、"图层"、"选择"、"滤镜"、"分析"、"3D"、"视图"、"窗口"和"帮助"11 个菜单项组成,菜单栏提供了图像处理过程中使用的大部分操作命令,如图 2-30 所示。

图 2-30　Photoshop CS4 菜单栏

"文件"菜单:主要用于创建、打开、保存和输出文件。

"编辑"菜单:主要用于完成一些常规操作,如图像的复制、粘贴、剪切等。此外,还可以完成图像大小的变换、为选区填充颜色或描边等操作。

"图像"菜单:在该菜单中可以完成图像文件模式转换、图像调整、画布与图像大小的变化等操作。

"图层"菜单:该菜单主要以图层为操作对象。如图层的建立、复制和删除,图层样式的设置,图层蒙版的添加以及拼合图层等。

"选择"菜单:该菜单主要用于设置选区,可以对选区进行多种变换。

"滤镜"菜单:该菜单中包含了多种滤镜效果,在图像编辑过程中可以应用一种或多种滤镜效果。

"分析"菜单:该菜单主要用于设置测量比例、选择数据点以及设置标尺工具和计数工具等。

"3D"菜单:该菜单主要用于 3D 图层的建立、合并、导出以及对 3D 模型渲染上色等。此外,还可以通过参数设置控制、添加、修改场景以及灯光和材质等。

"视图"菜单:该菜单主要用于对文件的视图进行切换,并且可以显示网格、参考线等,进行图像的精确定位。

"窗口"菜单:该菜单主要用于设置窗口的显示内容,隐藏/显示某些控制面板、工具、选项。

"帮助"菜单:该菜单主要用于提供 Photoshop CS4 的帮助信息。

2.8.3　工具选项栏

在默认情况下,当用户启动 Photoshop 时,Photoshop 在屏幕的顶端显示一个"选项"栏。这个"选项"栏与 Photoshop 早期版本中的"选项"面板类似,但是现在变得更方便,因为它定位起来更容易。当用户选择了一个工具后,该工具的选项就在"选项"栏里显示出来,而且用户可以决定该工具的行为特征。图 2-31 给出了选择"画笔"工具时的"选项"栏。工具的作用会随着选项的不同而有相当大的变化,因此在将工具应用于图像之前先检查它的设置是个良好的习惯。

图 2-31　选择了"画笔"工具时的"选项"栏

在工具箱中选中某个工具后,相应的选项将显示在工具选项栏中,工具选项栏与上下文相关,并随所选工具的不同而变化。

2.8.4 工具箱

工具箱中包含了 Photoshop 中所有的画图和编辑工具,如图 2-32 和图 2-33 所示。把鼠标放在工具图标上停留片刻,就会自动显示出该工具的名称和对应的快捷键。工具箱中一些工具的选项显示在上下文相关的工具选项栏中。

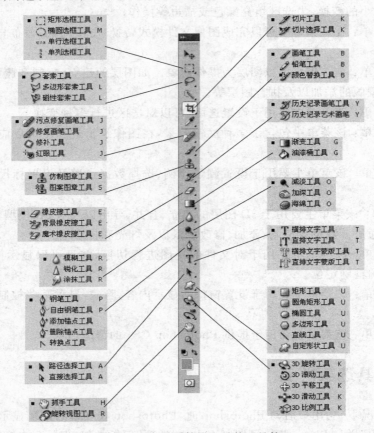

图 2-32　显示了扩展工具的工具箱

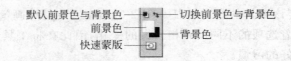

图 2-33　工具箱的下半部

若某个工具图标的右下角带有一小三角形标记,则表示它是一个工具组,隐含有同类的其他几个工具。按住或右击该工具按钮,可展开该工具组;按住 Alt 键并单击该按钮,可依次调出隐含的工具。

工具箱主要工具详解:

工具包含了"矩形"、"椭圆"、"单行"、"单列"选取工具。

"矩形"选取工具：利用该工具可以选择矩形或正方形区域。选择"矩形"选取工具，在图像上按住鼠标左键不放，进行拖动，就会形成矩形选区。如果在进行拖动的时候，同时按下 Shift 键，就会得到正方形选区。

"椭圆"选取工具：使用该工具，在图像上拖动可确定椭圆形选区，如果在拖动的同时按下 Shift 键可将选区设定为圆形。

"单行"选取工具：选取该工具后在图像上的任一地方单击鼠标，可确定单行像素的选取区域。

"单列"选取工具：选取该工具后在图像上的任一地方单击鼠标，可确定单列像素的选取区域。

工具可以移动选区、图层、参考线等。在移动图层时，按住 Alt 键可以对移动的图层进行复制。

按钮包含"自由套索"、"多边形套索"和"磁性套索"3 种工具。

"自由套索"工具：该工具用来绘制形状不规则的选择区域。单击待选区域的边界，拖动鼠标以便使用选框围住该区域。把光标放置在开始点上可闭合选框，或者松开鼠标可以用一条直线来闭合选框。

"多边形套索"工具：该工具用来创建直边的选框。单击并松开鼠标。然后，把鼠标定位到该多边形的下一个角，再次单击并松开鼠标。重复这一过程，直至返回到起始点，或者双击鼠标以便从最近刚建立的点处闭合该选择区域。通过按住 Shift 键，用户可以把线段约束成水平状、垂直状或 45°斜角。

"磁性套索"工具：该工具基于像素的对比度值"自觉地"建立选择区域。当用户单击并拖动鼠标时，"磁性套索"工具画出一条路径，并且这条路径被吸引到两个反差区域的边界上。当用户松开鼠标时，这条路径就变成一个选择区域。"磁性套索"工具很少能建立完美的选择区域，但是，如果把它和其他选择工具组合起来使用，它则是一个能节省时间的工具。

工具基于像素亮度的相似性建立"自动的"选择区域。若要想使用"魔棒"工具，把光标放置在要选择的区域上，并单击鼠标。相似颜色的相邻像素将被包含到该选择区域中。

工具用于在原来图像上裁切所需要的图像，同时画布的大小也会随之进行调整。

按钮包含"切片"和"切片选取"两种方式，主要用于创建和选取切片。

按钮包含"污点修复画笔"、"修复画笔"、"修补"和"红眼"工具。

"污点修复画笔"工具：这个新增的"污点修复画笔"工具可以快速地消除照片中的污点和其他疵点。用户可以通过单击一个污点，也可以单击并拖动来消除一个区域内的疵点。"污点修复画笔"工具不同于"修复画笔"工具，因为它最适用于照片上的较小区域，而且不需要先取样图像。相反，"修复画笔"工具最适用于修正含有疵点的较大区域。

"修复画笔"工具：在工作方式上类似于"仿制图章"工具，因为它允许用户通过按住

Alt 键并单击所需要的区域来取样图像的一个选择区域,然后把样本画到另一个区域内。使用"修复画笔"工具的差别在于,当取样来的区域被画到新的区域内时,从表面上看,它似乎吸收了周围像素的纹理、光照和阴影,进而创建一个实际无缝的混合。这种功能使得该工具成为了一个适用于照片修饰等任务的宝贵工具。

"修补"工具:在工作方式上与"修复画笔"工具差不多,所不同的是它允许用户使用一个取样区域,而不是使用一个画笔去修复一个选定区域。另外,"修补"工具不能在全部图层或透明区域上进行复原。这在用户有一个需要修复的大片区域时会派上用场。用户可以在激活"修补"工具时建立初始选择区域;也可以先用其他任意一个选择工具建立该选择区域,再切换到"修补"工具。然后,按照如下两种方式之一使用"修补"工具。

(1) 选择要修复的区域,从"选项"栏中选择"源"单选按钮,然后在要取样的区域上拖动这个选框。"修补"工具的一个重要特性是,用户能够在拖动选框时预览源选框中的像素。要想使用这个特性,单击"选项"栏中的"源"单选按钮。

(2) 选取要取样的区域,从"选项"栏中选择"目标"单选按钮,然后在希望修复的区域上拖动选框。

"红眼"工具:该工具是一个允许用户快速纠正照片中的常见红眼问题的画笔。要想使用这个工具,调整"选项"栏中的"瞳孔大小"和"变暗量"设置,并在照片中的红眼周围拖出一个类似于正方形的小选区。

✐ 按钮包含"画笔"、"铅笔"和"颜色替换"工具。

"画笔"工具:用户使用"画笔"工具并通过单击和拖动鼠标给图像应用颜色。在默认情况下,笔画是一种均匀颜色。

"铅笔"工具:该工具是能够产生消锯齿的笔画,或者说是硬边笔画的唯一工具。"铅笔"工具可用来绘制垂直或水平的脆边线条或锯齿状对角线。

"颜色替换"工具:选择该工具,按住 Alt 键取得样本颜色,然后在需要进行颜色替换的图像上进行涂抹,即可实现颜色替换。

⚒ 按钮包含"仿制图章"和"图案图章"两种工具。

"仿制图章"工具:用户使用"仿制图章"工具来复制图像的一个区域,并使用一个画笔把它画到别处。"仿制图章"工具适用于从图像的一个小区域中把纹理克隆到另一个区域。

"图案图章"工具:该工具利用从"选项"栏上的"图案"列表中所选取的一个重复图案来画一个区域。

✐ 按钮包含"历史记录画笔"和"历史记录艺术画笔"两种工具。

"历史记录画笔"工具:该工具把图像的一部分恢复到以前的一个状态,或者说图像历史上的某一时刻。

"历史记录艺术画笔"工具:该工具非常适合快速创建印象派效果。它的行为非常疯狂,类似于"涂抹"、"画笔"和"模糊"工具的一种强力组合。它使用色彩上不断变化的画笔簇进行作画,作画的方法视用户正在上面作画的区域所具有的颜色而定。当用户使用"历史记录艺术画笔"工具作画时,颜色朝几个方向迅速沉积下来。

🖊.按钮包含"橡皮擦"、"背景橡皮擦"和"魔术橡皮擦"工具。

"橡皮擦"工具："橡皮擦"工具的行为方式是变化的,视用户在背景上还是在图层上工作而定。当在背景上工作时,"橡皮擦"工具使用"工具"调板中的背景色替换目标区域。当在图层上工作时,它使用透明区域替换图层内容。如果图层上的透明区域选项已被锁定住,它就使用背景色来替换图层内容。

"背景橡皮擦"工具：该工具在功能上类似于"魔棒"工具和 Delete 键盘命令的一种组合,因为它允许用户取样并设置一个容差来指定待擦除颜色的范围。用户还可以确定剩余边缘的清晰度。"背景橡皮擦"工具用来擦除图层上的透明区域,或者被应用于背景图像自动转换成一个图层。

"魔术橡皮擦"工具：在用户单击自己需要擦除的那种颜色时,"魔术橡皮擦"工具擦除在容差范围内并且具有相似颜色的所有像素。该工具允许用户把擦除操作限定到指定颜色上。

▣按钮包含"渐变"和"油漆桶"工具。

"渐变"工具：首先选择要渐变的颜色内容,在图像内单击想让渐变开始的地方,然后朝着预期的方向拖动鼠标。在想让渐变结束的地方松开鼠标。这个操作将填充一个选择区域(如果有一个选择区域是活动的),或者填充整个背景图像或一个图层(如果无任何选择区域是活动的)。渐变的分布取决于它的色彩内容和各停止点的位置,但光标的放置和用户在图像上拖动的长度与方向也同样重要。

"油漆桶"工具：在功能上类似于"魔棒"工具和"填充"命令的一种组合,因为它将基于目标像素的容差(或者说颜色范围)给一个区域填充颜色。

💧按钮包含"模糊"、"锐化"和"涂抹"工具。

"模糊"工具：该工具通过降低相邻像素的相对对比度来柔化它所作用的区域。该工具可以用来混合颜色和柔化边缘,也可以用来降低一个背景图案的焦距。加大"选项"栏的"强度"设置将增强柔化效果。

"锐化"工具：该工具可以增强相邻像素的相对对比度。当用户在一个区域上拖动鼠标时,那些像素随机地改变颜色。用户拖动越多,相邻像素的颜色差别就越大。加大"选项"栏中的"强度"设置将增强该效果的强度。

"涂抹"工具：该工具用来模仿素描或蜡笔效果。当用户使用"涂抹"工具拖动时,会把一个颜色区域转移到另一个颜色区域中,同时混合和调配那些颜色。

🔍.按钮包含"减淡"、"加深"和"海绵"工具。

"减淡"工具：柔焦是摄像师在暗室中用来过渡曝光或变亮特定图像区域的一种技巧。在 Photoshop 中,当用户使用"减淡"工具图画时,该工具通过加大像素的亮度值来执行一种与柔焦相似的功能。

"加深"工具：摄影师通过在暗室中烧焦图像来降低曝光量或变暗图像的某些区域。在 Photoshop 中,当用户使用"加深"工具在图像上移动时,该工具通过降低像素的亮度值来变暗图像的指定区域。

"海绵"工具：该工具在触及像素时修改一种颜色的强度。

▶.按钮包含"路径选择"和"直接选择"工具。

"路径选择"工具：该工具用来选择一条路径的全部锚点和线段。然后,通过使用这个工具拖动这条路径,用户可以把它重新定位到图像上的任何一个地方。

　　"直接选择"工具：该工具用来选取或修改一条路径上的一条线段,或者说一个锚点的位置。它是用户在绘制完路径之后用来修正和重新定形一条路径的基本工具。

　　T.按钮包含"横排文字"、"直排文字"、"横排文字蒙版"和"直排文字蒙版"工具。

　　"横排文字"和"直排文字"工具：要想生成文本,选择"文字"工具,在图像中单击希望文本出现的地方,然后从键盘上输入文本。在输入文本之前,通过在"选项"栏中或者在"字符"或"段落"调板中输入值,可以调整文字大小。

　　"横排文字蒙版"和"直排文字蒙版"工具：它不生成文字图层,而是用指定字符的形状建立一个选框。当用户使用这两个工具输入文本时,文本在用户提交之前一直显示为一个红色蒙版。它们可以用来在现有的图层上生成文字,也可以用来把视觉元素粘贴到文字中,以产生有趣的文字/图像组合。

　　∅.按钮包含"钢笔"、"自由钢笔"、"添加锚点"、"删除锚点"和"转化点"工具。

　　"钢笔"工具：该工具允许用户绘制直线和具有较高控制与精度的平滑曲线。它通过单击和拖动来绘制路径。

　　"自由钢笔"工具：使用该工具绘图与使用"套索"工具绘图十分相似。如果用户把光标放置在图像上,单击并拖动鼠标,那么"自由钢笔"工具的身后将跟有一条尾迹,这条尾迹在用户松开鼠标时将产生一条路径。"自由钢笔"工具提供了一种快速绘制曲线的方法,但它没有提供和"钢笔"工具相同的控制度和精确度。用户无法控制锚点的数量或放置位置。由"自由钢笔"工具所创建的路径通常要用户在路径绘制完后编辑或删除多余的锚点。

　　"添加锚点"工具：要想增加一个锚点,选择"添加锚点"工具,并单击路径。

　　"删除锚点"工具：要想删除一个锚点,选择"删除锚点"工具,并单击一个锚点。

　　"转化点"工具：有两种类型的锚点。平滑锚点连接相互"汇合"的曲线或直线线段。拐角锚点连接突然改变方向的线段。通过"转换点"工具单击锚点,用户可以把拐角锚点转换到平滑锚点或者把平滑锚点转化到拐角锚点。

　　▣.按钮中包含"矩形"、"圆角矩形"、"椭圆"、"多边形"、"直线"和"自定义形状"6种工具。该工具的使用十分简单,只需从自定义形状列表中选择自定义形状,便可以进行路径的创建。

　　✐.按钮包含"吸管"、"颜色取样器"和"度量"工具。

　　"吸管"工具：选择"吸管"工具,在图像任意色彩处单击,可使前景色变成此色彩,按Alt键的同时,单击色彩,可使背景色变成此色彩。

　　"颜色取样器"工具：用于在图像上提取取样颜色。

　　"度量"工具：用于测量距离、位置和角度。

　　"注释"工具：用于创建可附在图像上的文字注释。

　　✋工具可用来查看未显示完全的画面,双击可让视图适合屏幕,在画面放大后可移动画面,用其他工具时,按空格键可变为抓手工具。

　　🔍工具,双击可让视图以屏幕分辨率来显示当前图像的分辨率,并起到放大画面的功能,按 Alt 键缩小画面。

2.8.5 控制面板

Photoshop 提供了 17 种控制面板,分别为导航器、动画、信息、颜色、色板、样式、工具预设、画笔、字符、段落、图层、直方图、图层预设、路径、通道、历史记录和动作。在工作区中打开一幅图片后,与该图片有关的信息便会显示在各控制面板中,利用控制面板可以监控或修改图像。

控制面板是一种浮动面板,可以放置在屏幕上的任意位置。默认情况下,控制面板以组的方式层叠在一起。通过"窗口"菜单中的相应命令,或者直接单击控制面板的标题栏,可以显示或隐藏该控制面板。

2.8.6 图像编辑

Photoshop 的图像编辑操作包括选取图像区域、擦除、移动、编辑和裁切图像等。

1. 选取图像区域

在 Photoshop 中,可以使用不同工具来选取所需要的图像区域。前面在介绍工具箱中的工具时,已经介绍过通过"选框工具"、"套索工具"、"魔棒工具"进行选取操作的方法,在这里主要介绍利用"选择"菜单进行选取操作。

利用菜单中的相关命令,可以修改选定区域。相关命令如下。

(1) 反选:将选择区域与非选择区域进行互换。对于要选择区域形状很不规则,颜色也很杂乱,但其周围的图像色彩却比较单一的图像,这个功能非常有用。此时,可以先用魔棒选择对象周围的区域,然后再反选,就能很方便地得到所需要的区域。

(2) 色彩范围:与魔棒的作用类似。

(3) 羽化:用于在选择区域的边缘产生模糊效果,给人一种虚光的效果。

(4) 修改:主要用于修改需选择区域的边缘设置,有扩边、平滑、扩展和收缩 4 种方式。

(5) 扩大选区:将连续的、色彩相近的像素点一起扩充到所选择区域内。

(6) 选取相似:将画面中相互不连续但色彩相近的像素点一起扩充到选区内。该工具与魔棒一起使用时非常有用。

(7) 变换选区:任意调整选择区域的大小。执行该命令后,选区边框上出现 8 个调节块,当鼠标移到调节块上,指针形状改变时,拖动鼠标可以改变选区的大小;鼠标移到选区外,指针形状改变时,拖动鼠标可使选区在任意方向上旋转;鼠标移到选区内,指针形状改变时,拖动鼠标可将选定区域拖到画面的任意位置。调整完毕,按回车键即可;或者单击任意一个工具按钮,在"确认"对话框中选择"应用"命令。

(8) 载入选区:从通道中调出选择区域。

(9) 存储选区:将当前选区存到一个区域,然后才能使用。

以上多数命令都必须先在当前图像中选定一个区域,然后才能使用。

2. 擦除图像

使用橡皮擦工具可直接擦除不需要的图像区域。也可以在选定擦除区域后,用与该区域背景色相同的前景色填充。

3. 移动图像

使用移动工具,可以将一个图层上的整个图像或选定区域中的部分图像移动到画布的任意位置。

4. 编辑图像

使用"编辑"菜单中的命令可以对选区内的图像执行复制、剪切、粘贴、填充、描边、自由变换和变换等操作。图像的"自由变换"操作与"选择"菜单中的变换选区操作类似。

5. 裁切图像

裁切图像就是将图像选区以外的部分切除。具体方法是:用裁切工具画出选区(选框上出现 8 个调节块,可以改变裁切区域的大小和倾斜角度),然后按回车键或双击选区,选区外的部分就被自动裁切掉。也可以用选框工具选定区域后,在"图像"菜单中单击"裁切"命令。裁切图像可以减小图像文件的大小。

6. 改变图像大小

打开一个图像文件后,在"图像"菜单中单击"图像大小"命令,会出现"图像大小"对话框,在"像素大小"栏中重新设置图像的宽度和高度值,或者调整分辨率,都可改变图像大小。选中对话框中的"约束比例"选项,可锁定图像的长宽比例,当修改其中一项时,另一项会按比例自动更新,这样能保证图像不会变形。

7. 改变画布大小

在"图像"菜单中单击"画布大小"命令,将出现"画布大小"对话框。在"新建大小"栏中修改画布的宽度值和高度值,若新画布尺寸大于原来的画布,则可在原图像的周围增加工作空间;若新画布尺寸小于原来的画布,则小于原画布的图像部分将自动被裁剪掉。在"定位"框中确定原画布在新画布中的位置。

改变画布的大小也会改变图像的大小。

8. 改变图像的显示比例

为改变图像的显示比例,可选择以下方法。

(1) 使用缩放工具:在工具箱中选择缩放工具,然后单击图像窗口,可放大显示图像;按住 Alt 键,再单击图像窗口,可缩小显示图像。

（2）使用导航控制面板：在导航控制面板中左右拖动滑块，或直接在文本框中输入百分比，可调整显示比例。

9. 撤销操作

在编辑图像的过程中，单击"编辑"菜单中的"还原"或"重做"命令，可以取消或重做前一步操作；若想撤销或还原前几步操作，可以使用"历史记录"控制面板。

打开一个图像文件后，每当对图像进行了一次编辑操作，该操作及其图像的新状态就被添加到"历史记录"控制面板中（系统默认能够保存20次历史记录状态），当对后面的操作不满意时，就可以通过"历史记录"控制面板恢复到前面的操作状态。关闭或重新打开图像文件，则上一工作阶段的所有状态都将从历史记录控制面板中清除。

2.8.7　图层

图层（Layer）是 Photoshop 中的一个非常重要的图像编辑手段。图层就好比是一叠透明的纸，每张纸代表一层，可以在任何一层上单独进行绘图或编辑操作，而不会影响到其他图层上的内容，将所有的层叠加起来，并通过控制图像的色彩融合、透明度以及图层叠放顺序等，可以实现丰富的创意设计。

1. 图层控制面板

打开 Photoshop 自带的图像文件"样本\鱼.psd"，图层控制面板中即显示与该图像有关的各项信息，如图 2-34 所示。

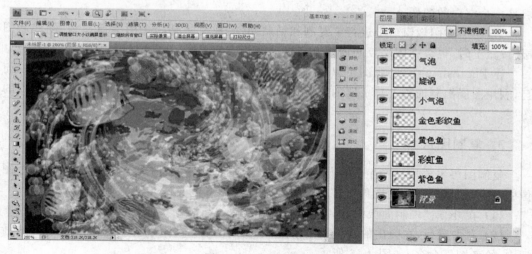

图 2-34　图层控制面板

各个图层自下而上地排列，最下面的一层为背景层，最后建立的图层在最上面。

（1）隐藏/显示图层：图层最左边的眼睛图标用来控制每一层的图像在图像窗口中是否可以看见。出现眼睛图标时，表示该层可见（称为可见图层）；单击图标，眼睛消失，表

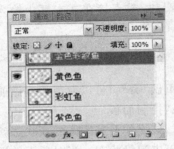

图 2-35　显示和隐藏图层

示该层不可见(称为隐藏图层),如图 2-35 所示。

(2) 当前层:图层左边显示的画笔图标,表示是当前正在编辑的图层,称为当前层,所有的编辑操作都是针对当前层进行的。单击某一层或图层左边的选择框,框内出现画笔图标,同时该层高亮显示,该层即成为当前层。

(3) 图层组:图层左边显示的三角按钮,表示这是一个图层组,其中包含若干个图层;单击该按钮,可展开图层组。

(4) 缩览图:图层名称的左边显示有该层图像的缩览图。按住 Ctrl 键,同时单击该图标,可选中这层上的所有图像。

(5) 锁定图层:选中某一图层,然后单击控制面板上方的锁定选择框,该图层右边出现一个小锁图标,表示该层被锁定,不能编辑这一层上的图像,也不能删除这一层。

2. 新建图层

新建图层有以下几种方法。

(1) 使用"创建新图层"按钮:单击图层控制面板下方的"创建新图层"按钮,可在当前层的上面建立一个新图层。新图层默认的名称为"图层 1"、"图层 2"……也可以重新命名。方法是:右击图层,从快捷键菜单中选择"图层属性"命令,在"名称"框中输入新的图层名称。

(2) 在"图层"菜单中单击"新建"中的"图层"命令。

(3) 单击图层控制面板右上角的三角按钮,从快捷菜单中选择"新图层"命令。新图层是一个空白的图层。

另外,当在图像窗口中进行了复制和粘贴操作,或者将某一个图层拖拽到"创建新图层"按钮上时,也会在图层控制面板上产生一个相应的图层,其内容就是所复制的图像。

在 Photoshop 中,一张图可以建立多个图层,这样就可以制作出各种特殊效果。而且,利用图层控制面板上每一层的缩览图,可以很容易地在众多的图层中找到需要操作的图层。

3. 复制图层

复制图层主要用于产生一个与原图层完全相同的副本。图层的复制可以在同一个图像中进行,也可以在不同图像中进行。其具体操作如下:

(1) 在"图层"控制面板中,选择需要复制的图层。

(2) 右击鼠标,在弹出的快捷菜单中选择"复制图层"命令,在弹出的"复制图层"对话框中,给新图层命名,如图 2-36 所示。

4. 删除图层

选定图层后,在"图层"菜单中单击"删除图层"命令,或者直接用鼠标将其拖到控制面板右下角的"删除图层"按钮上,就可以删除该图层。

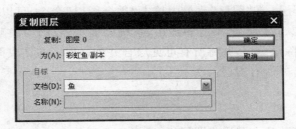

图 2-36 "复制图层"对话框

5．调整图层顺序

图层与图层之间彼此覆盖，上面的图层会遮挡住下面图层的内容。在图层控制面板中上下拖动图层，可以调整图层的叠放顺序。但背景层的位置一般是不能移动的。

6．调整图层的融合效果

调整图层融合效果的操作包括设置透明度和融合模式。

1）设置透明度

在图层中，没有图像的区域是透明的，可以看到其下层的图像。每个图层中的图像都可以通过调整图层的透明度来控制其遮挡下一层图像的程度。

调整透明度的方法是：在该层控制面板的"不透明度"框中输入一个百分比，值越大，不透明度越大，该值为 100％时表示完全不透明。也可以单击"不透明度"框右边的三角按钮，拖动滑块来调整透明度。

2）设置融合模式

调整图层的融合模式可以控制两层图像之间的色彩融合效果，控制面板中的"设置融合模式"列表中给出了系统提供的 23 种融合选择。

7．合并图层

当某些图层中的内容不需要再修改时，可以将它们合并为一层；另一方面，图像分层存储时也会增加文件的大小。因此，在分层处理完成后，一般要将多层图像拼合成一个背景图层，这样既可以减小文件大小，又可将其存储为不支持图层的其他图像格式。合并图层有如下几种方法。

（1）合并相邻的两个图层：在"图层"菜单中单击"向下合并"命令，把当前图层和它下面的一个图层合并起来。

（2）合并不相邻的图层：先选择一个图层作为当前层，然后在另一个要合并图层的眼睛图标右边的方框中单击，出现一个链接图标，它表示该图层与当前层具有链接关系；可以同时在多个图层间建立链接（此时，对多个相链接的图层可以进行某些相同的操作，如同时在图像窗口中移动某个链接层上的图像等）。然后，在"图层"菜单中单击"合并链接图层"命令，相链接的几个图层就会合并为一个图层。

（3）合并可见层：在"图层"菜单中单击"合并可见图层"命令，可以将所有可见图层（显示眼睛图标）合并为一个图层。用这种方式可以同时合并几个相邻的或不相邻的图层。

（4）合并所有图层：在"图层"菜单中单击"拼合图层"命令，可以将当前图像的所有图层合并为一个图层。这时，如果有隐藏层，系统会提示"要扔掉隐藏的图层吗？"，选择"是"，系统会自动删除隐藏层，并将所有可见层合并为一层。在结束图像编辑操作后，保存图像之前最好先合并所有图层。

8. 图层蒙版

图层蒙版可以遮蔽整个图层或图层组，或者只遮蔽其中的所选部分。图层蒙版是灰度图像，因此用黑色绘制的内容将会隐藏，用白色绘制的内容将会显示，而用灰色色调绘制的内容将以各级透明度显示，如图 2-37 所示。

在图层调板中，选择要添加蒙版的图层或图层组。

选择图像中的区域，在图层控制面板中单击"添加图层蒙版"按钮，创建显示选区的蒙版。

图 2-37　图层蒙版应用效果

9. 设置图层样式

Photoshop CS4 提供了许多图层的样式效果（投影、发光、斜面、叠加和描边等），利用这些效果，可以迅速改变图层内容的外观。例如，如果对文本图层应用投影效果，在编辑文本时投影将会自动更改。当图层具有样式时，图层控制面板中该图层名称的右边会出现图标 ƒ。单击该图标，用户可以在图层控制面板中展开样式，查看组成样式的所有效果和编辑效果以更改样式。

应用图层样式的方法非常简单，在选中需要应用样式的图层后，单击"图层"菜单"图层样式"命令，弹出"图层样式"对话框，如图 2-38 所示。在该对话框中进行图层样式的选择和设置。

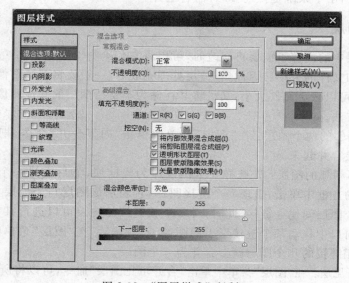

图 2-38　"图层样式"对话框

2.8.8 路径

路径是由一些点、线段或曲线构成的矢量对象,它提供的是一种精确勾勒或绘制图像的方法,从而完成那些不能由绘图工具完成的工作。

1. 创建路径

创建路径的方法通常有两种,一种是通过建立新工作路径;另一种是通过绘制形状图层。

工作路径是"路径"控制面板中的临时路径,用于定义形状的轮廓。创建新的工作径十分简单,选择"自由形状"工具或"钢笔"工具,然后单击工具选项栏中的"路径"按钮,进行路径的"添加到路径区域"或"从路径区域减去"等操作即可。

2. 选择路径

选择路径能将所有锚点包括全部的方向线和方向点都显示出来。方向点显示为实心圆,选中的锚点显示为实心方形,而未选中的锚点显示为空心方形。如果要选择路径组件(包括形状图层中的形状),选择"路径选择"工具,并单击路径组件中的任何地方。如果路径由几个路径组件组成,则只有指针所指的路径组件被选中;如果要选择路径段,请选择"直接路径选择"工具,并单击路径上的某个锚点,或在路径上拖动选框。

3. 存储工作路径

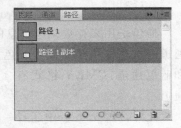

存储工作路径只需将鼠标放置在该工作路径名称上,将其拖动到路径控制面板底部的"创建新路径"按钮上,如图 2-39 所示。

图 2-39　存储工作路径

4. 删除路径

在"路径"控制面板中选择要删除的路径名称后,将路径拖动到路径跳板底部的"删除当前路径"按钮上。

5. 将路径转化为选区

任何闭合路径都可以定义为选区边框。与所选区域重叠的闭合路径可以添加到当前选区、从当前选区中减去或与当前选区组合。

将路径转化为选区的具体操作如下:
(1) 在"路径"控制面板中选择要转化的路径。
(2) 单击"路径"控制面板底部的"将路径作为选区载入"按钮,如图 2-40 所示。

6. 将选区转化为路径

建立选区,然后单击"路径"调板底部的"从选区生成工作路径"按钮,如图 2-41 所示。

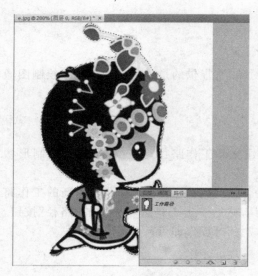

图 2-40 将路径转化为选区   图 2-41 将选区转化为路径

2.8.9 通道

通道是用来存放颜色信息的。打开新图像时,系统会自动创建颜色信息通道。颜色通道的数量取决于图像的颜色模式,如 RGB 格式有 3 个默认通道:红色通道、绿色通道和蓝色通道;CMKY 格式有 4 个默认通道:青色通道、品红色通道、黄色通道和黑色通道。

此外,Photoshop 中还有一种特殊的通道——Alpha 通道。在进行图像编辑时,单独创建的新通道都称为 Alpha 通道。Alpha 通道中存储的并不是图像的色彩,而是用于存储和修改所选定的区域,可以将选区存储为 8 位灰度图像。利用 Alpha 通道可以做出许多独特的效果。

一个图像最多可以包含 24 个通道,其中包括所有的颜色通道和 Alpha 通道。

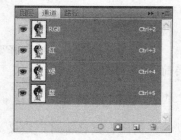

通道控制面板专门用来创建和管理通道,该面板中显示了当前打开的图像中的所有通道,从上往下依次是复合通道(对于 RGB 和 CMYK 和 Lab 模式的图像来说)、单个颜色通道、专色通道和 Alpha 通道,如图 2-42 所示。

图 2-42 "通道"控制面板

2.8.10 滤镜

滤镜是 Photoshop 中功能最丰富、效果最奇特的工具之一。利用滤镜功能,可以对图像进行特殊效果的处理。Photoshop 的滤镜分为内置滤镜和外挂滤镜两种,前者是

Photoshop 自带的,后者则是由第三方开发的(使用前必须先进行安装,然后重新启动 Photoshop),它们都出现在"滤镜"菜单下,使用方法也基本相同。

使用滤镜的方法如下:

(1) 打开图像文件,选择需要添加滤镜效果的区域。如果是某层上的画面,则在图层控制面板中指定该层为当前层;如果是某层上的部分区域,则先指定该层为当前层,然后用选取工具选出该区域;如果对象是整幅图像,则应先合并图层。

(2) 从"滤镜"菜单中选择某种滤镜,并在相应的对话框中根据需要调整好参数,确定后效果就立即产生。

(3) 在一幅图上可以同时使用多种滤镜效果,这些效果将叠加在一起,产生千姿百态的神奇效果。

2.8.11 图像素材制作实例

【例2-1】 利用 Photoshop 可以制作精美实用的网页 LOGO,下面我们就以制作网页 LOGO 为例,讲解 Photoshop 的综合运用。最终效果如图 2-43 所示。

图 2-43　LOGO 制作最终效果图

(1) 从"开始"菜单中选择"所有程序"→ Photoshop CS4,来启动 Photoshop CS4。选择"文件"→"新建"命令,新建一个 778×69 的文件,如图 2-44 所示。

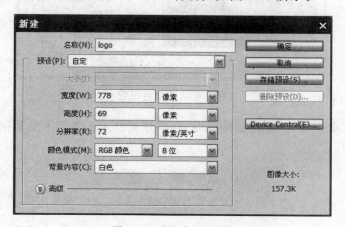

图 2-44　"新建"对话框

(2) 为了填充从前景色到背景色的渐变背景,必须分别设置前景色和背景色,在工具箱中分别双击"设置前景色"和"设置背景色"图标,弹出"拾色器"面板,如图 2-45 和图 2-46 所示。这里采用拾色器设置颜色,当然也可以用吸管工具和调色板来设置颜色。另外读者也可以根据需要设置自己喜欢的颜色。

(3) 在工具箱中选择渐变工具,在"工具选项栏"中设置从前景到背景的线性渐变方

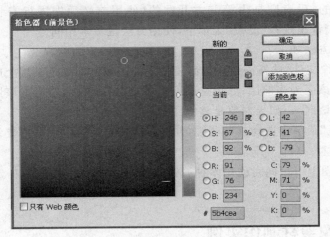

图 2-45　前景色设置

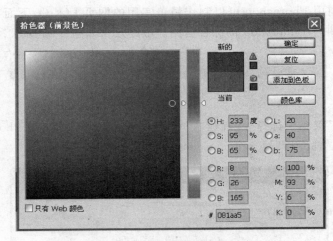

图 2-46　背景色设置

式,如图 2-47 所示。按住 Shift 键的同时,在新建文件上从下到上拖动鼠标,即可形成一个水平渐变背景。

图 2-47　选择渐变工具后的"工具选项栏"设置

　　(4) 选择工具箱中的横排文字工具,在"工具选项栏"中设置相关输入文字的设置,如图 2-48 所示,然后,输入文字"多媒体技术"。选择"窗口"→"字符"命令,调出"字符"调板,如图 2-49 所示调整间距。选择"图层"→"图层样式"→"投影",调出"图层样式"设置窗口,如图 2-50 所示设置投影效果。

图 2-48　文字图层"多媒体技术"的"工具选项栏"设置

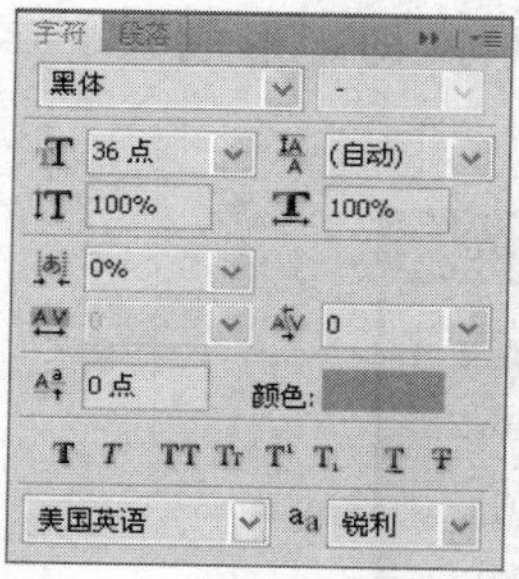

图 2-49 文字图层"多媒体技术"的"字符"调板

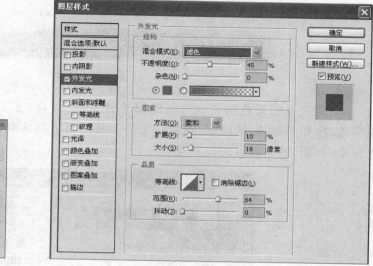

图 2-50 文字图层"多媒体技术"的"外发光"效果设置

（5）在"工具选项栏"中设置相关输入文字设置，如图 2-51 所示。然后，输入文字"Multimedia Technology"。选择"窗口"→"字符"命令，调出"字符"调板，如图 2-52 所示调整间距。选择"图层"→"图层样式"→"投影"，调出"图层样式"设置窗口，如图 2-53 所示设置投影效果。

图 2-51 文字图层"Multimedia Technology"的"工具选项栏"设置

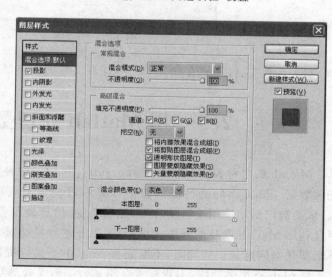

图 2-52 文字图层"Multimedia Te-
chnology"的"字符"调板

图 2-53 文字图层"Multimedia Technology"
的"投影"效果设置

（6）制作选区，如图 2-54 所示。

图 2-54　制作选区效果

（7）填充从前景色到无背景色的渐变背景，必须在"工具选项栏"中设置选择渐变模式，按住 Shift 键的同时，在新建文件上从上到下拖动鼠标，即可形成一个垂直渐变背景，如图 2-55 所示。

图 2-55　设置渐变模式

（8）选择"文件"→"存储为"命令，保存文件到指定目录。

2.9　用 Matlab 处理数字图像

Matlab 的名称源自 Matrix Laboratory，它是一种科学计算软件，专门以矩阵的形式处理数据。Matlab 将高性能的数值计算和可视化集成在一起，并提供了大量的内置函数，从而被广泛地应用于科学计算、控制系统、信息处理等领域的分析、仿真和设计工作，而且利用 Matlab 产品的开放式结构，可以非常容易地对 Matlab 的功能进行扩充，从而在不断深化对问题认识的同时，不断完善 Matlab 产品以提高产品自身的竞争能力。

Matlab 有很多功能，本章着重介绍其数字图像处理功能。

2.9.1 Matlab 操作界面

Matlab 的主界面如图 2-56 所示,它是一个高度集成的工作环境,有 4 个不同类别功能的窗口。它们分别是命令窗口(Command Window)、历史命令(Command History)窗口、当前目录(Current Directory)窗口和工作空间 (Workspace)窗口。此外,Matlab 6.5 之后的版本还添加了开始按钮(Start)。

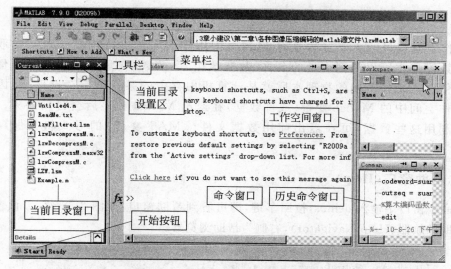

图 2-56　Matlab 的主界面

1. 命令窗口(Command Window)

命令窗口是接收命令输入的窗口,如图 2-57 所示,其可输入的对象除 Matlab 命令之外,还包括函数、表达式、语句以及 M 文件名或 MEX 文件名等,命令窗口可显示除图形以外的所有运算结果。

在 Matlab 的命令窗口中,每行语句前都有一个符号">>",即命令提示符。在此符号后(也只能在此符号后)输入各种语句并按 Enter 键,方可被 Matlab 接收和执行。执行的结果通常就直接显示在语句下方(见图 2-57 所示)。

2. 历史命令(Command History)窗口

历史命令窗口是 Matlab 用来存放曾在命令窗口中使用过的命令语句的窗口。它利用计算机的存储器来保存信息。其主要目的是便于用户追溯、查找曾经用过的语句,并可以使用这

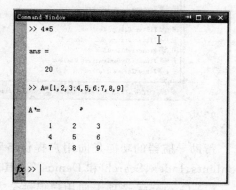

图 2-57　Matlab 的命令窗口

些语句直接生成 M 文件,这样就可以利用这些既有的资源节省编程时间。

3. 当前目录(Current Directory)窗口

Matlab 的当前目录窗口与 Windows 资源管理器管理磁盘、文件夹和文件的功能相似。利用该窗口可组织、管理和使用 Matlab 文件和非 Matlab 文件,例如新建、复制、删除和重命名文件夹和文件。甚至还可用此窗口打开、编辑和运行 M 程序文件以及载入 MAT 数据文件等。当然,其核心功能还是设置当前目录。

4. 工作空间(Workspace)窗口

工作空间窗口的主要目的是对 Matlab 中用到的变量进行观察、编辑、提取和保存。从该窗口中可以得到变量的名称、数据结构、字节数、变量的类型甚至变量的值等多项信息。工作空间的物理本质就是计算机内存中的某一特定存储区域,因而存放在工作空间中的 Matlab 变量(或称数据)在退出 Matlab 程序后会自动丢失。若想在以后利用这些数据,可在退出前用数据文件(. MAT 文件)的形式将其保存在硬盘上。

5. 帮助窗口(Help)

在命令窗口中输入 demos,按回车键,即可看到帮助窗口,如图 2-58 所示,该窗口左侧为帮助导航器(Help Navigator),右侧为帮助浏览器。

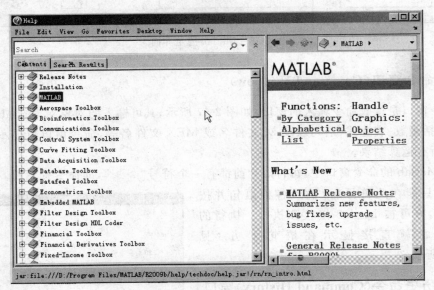

图 2-58 帮助窗口

帮助导航器的功能是向用户提供各种不同的帮助手段,以选项卡的方式组织,分为 Contents、Index、Search 和 Demos 等,其功能如下:

(1) Contents 选项卡向用户提供全方位帮助的向导图,单击左边的目录条时,会在窗口右边的帮助浏览器中显示相应的 HTML 帮助文本。

（2）Index 选项卡是 Matlab 提供的术语索引表，用以查找命令、函数和专用术语等。

（3）Search 选项卡是通过关键词来查找全文中与之匹配的章节条目。

（4）Demos 选项卡用来运行 Matlab 提供的 Demo。

2.9.2　Matlab 图像处理工具箱

Matlab 具有数字图像处理工具箱，该工具箱函数包括以下几类：①图像显示函数；②图像文件输入输出函数；③图像几何操作函数；④图像像素值及统计函数；⑤图像分析函数；⑥图像增强函数；⑦线性滤波函数；⑧二维线性滤波器设计函数；⑨图像变换函数；⑩图像邻域及块操作函数；⑪二值图像操作函数；⑫基于区域的图像处理函数；⑬颜色图操作函数；⑭颜色空间转换函数；⑮图像类型和类型转换函数。

1. 图像处理基本操作

1）读取并显示图像

在读取图像之前，应该首先清除 Matlab 所用的工作平台变量，并关闭打开的图像窗口，其命令如下。

```
clear; close all;(使用"clc"命令可以清除命令窗口中的语句)
```

然后使用图像选取函数 imread 就可以读取一幅图像。假设要读取的图像为 football.jpg，并将它存储在一个名为 I 的数组中，可以使用如下命令。

```
I=imread('football.jpg');
```

然后调用 imshow 命令来显示图像。

```
imshow(I);
```

2）检查内存中的图像

使用如下命令可以查看图像 I 的存储方式。

```
whos
```

运行后输出结果如下所示：

```
Name      Size        Bytes    Class     Attributes
 A        3×3           72      double
 I       256×320×3    245760    uint8
 J       169×248×3    125736    uint8
ans       1×1            8      double
```

可以看出 I 是一个 256×320 的三维数组，即大小为 256×320 像素的 RGB 彩色图像。

3）显示图像的像素值

图 2-59 中右图即为左图标记处所对应的像素值，其命令如下。

```
imtool('coins.png');
```

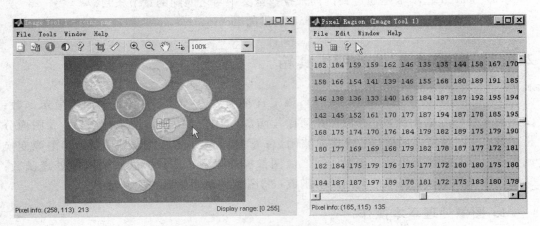

图 2-59　图像像素值显示

运行此命令后弹出图像阅览器（左图），单击"Inspect pixel values"按钮（工具栏中第二个按钮），出现矩形光标，称为像素区域矩阵。矩形中的像素值可以显示在另一个分离的特别窗口中，这样可以很容易地知道图像中各部分的具体像素值。

2. 边缘检测

边缘检测是图像处理和计算机视觉中的基本问题，边缘检测的目的是标识数字图像中亮度变化明显的点（图像中物体的边缘部分）。图像亮度的显著变化通常反映了物体属性的重要部分和变化。这些包括深度上的不连续、表面方向的不连续、物质属性变化、场景照明变化。边缘检测是图像处理和计算机视觉中的基础问题，尤其是特征提取中的一个重要手段。

图像边缘检测大幅度地减少了数据量，并且剔除了不相关的信息，保留了图像重要的结构属性。有许多不同的边缘检测方法，可以划分为两类：基于查找和基于零穿越的方法。基于查找的方法通过寻找图像一阶导数中的最大和最小值来检测边界，通常是将边界定位在梯度最大的方向。基于零穿越的方法是通过寻找图像二阶导数零穿越来寻找边界，通常是 Laplacian 过零点或者是非线性差分表示的过零点。

下面将利用 edge 函数，分别采用不同的边缘检测算子对"rice.png"图像进行边缘检测：

```
I=imread('rice.png');        %读取"rice.png"图像并赋值到变量 I 中
imshow(I);                   %显示变量 I 中的图像
BW1=edge(I,'Roberts');       %Roberts 算子检测，并将边缘图像赋值给 BW1
figure;imshow(BW1);          %显示图像 BW1
```

```
BW2=edge(I,'Sobel');              %Sobel算子检测,并将边缘图像赋值给 BW2
figure;imshow(BW2);               %显示图像 BW2
BW3=edge(I,'Canny');              %Canny算子检测,并将边缘图像赋值给 BW3
figure;imshow(BW3);               %显示图像 BW3
```

其结果如图 2-60 所示。

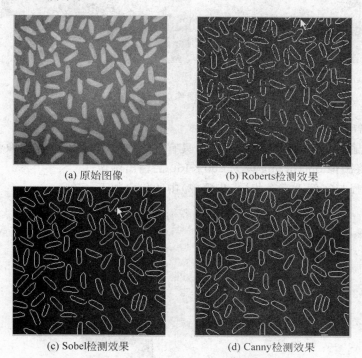

(a) 原始图像   (b) Roberts检测效果

(c) Sobel检测效果   (d) Canny检测效果

图 2-60　采用不同算法的边缘检测效果

3. 调整图像的大小

可以使用 imresize 函数来调整图像大小。指定输出图像大小的方法有两种：一是指定放大系数,二是指定输出图像的像素数(分辨率)。

1) 指定图像缩小或放大系数

当要放大图像时,请指定一个大于 1 的放大系数。如果缩小图像,可以指定一个介于 0 和 1 的放大系数。

实例 1：将图像 onion.png 大小调整到原来的 1.25 倍。

(1) 在指令窗口(Command Window)中输入 edit,按回车键,出现编辑器窗口。

(2) 在编辑器窗口中输入如下代码：

```
I=imread('onion.png');            %读入图像;
J=imresize(I,1.25);               %放大图像 I 到原来的 1.25 倍;
imshow(I);                        %显示原图;
figure, imshow(J);                %显示放大后的图像;
```

(3) 运行。结果如图 2-61 所示。

原图　　　　　　　　　　　　　　放大后图像

图 2-61　图像放大的效果

2) 指定输出图像的分辨率

如果指定输出图像的大小与输入图像具有不相同的宽高比,输出图像将被扭曲。

实例 2:将图像 onion.png 设为 200×150 的输出图像。

其实此过程与实例 1 完全相同,步骤(2)中的代码如下:

```
I=imread('onion.png');              %读入图像
J=imresize(I,[200 150]);            %将图像输出的大小变为 200×150
imshow(I);                          %显示原图
figure, imshow(J);                  %显示放大的图像
```

结果如图 2-62 所示。

原图　　　　　　　　　像素值为200×150的图像

图 2-62　指定输出维数的放大效果

2.9.3　图像编码与压缩

1. 哈夫曼编码

我们已经了解了哈夫曼编码的原理,下面给出此种编码的 Matlab 实现。

程序将输入的向量(矩阵)进行哈夫曼编码,然后反编码,判断是否是无失真编码,最后给出压缩前后的存储空间的比较。

注意：在运行代码前可以将 lena.jpg 复制到 Current Folder 中，主程序与各子程序分开存放，运行时将所有相关程序（即.m 文件）同时打开，运行主程序。

主程序如下：

```
clear all
fprintf('读取图像数据...')
data=imread('lena.jpg');
data=uint8(data);    %读入数据,并将数据限制为 uint8
%%%%%%%%%%%%%%%%%%%%%%显示图片%%%%%%%%%%%%%%%%%%%%%%%%%%%%%%%
subplot(121)
imshow(data);
xlabel('\fontsize{16}原始图像');
%%%%%%%%%%%%%%%%%%%%%%%%%%%%%%%%%%%%%%%%%%%%%%%%%%%%%%%%%%%%
fprintf('完成!\n')
%编码压缩
fprintf('正在压缩数据...');
[zipped,info]=norm2huff(data);
fprintf('完成!\n')
%解压缩
fprintf('正在解压数据...');
unzipped=huff2norm(zipped,info);
fprintf('完成!\n')
%测试是否失真
isOK=isequal(data(:),unzipped(:))
if(isOK==1)
    unzipped=data;
    fprintf('数据没有失真!\n');
end
%显示压缩效果
whos data zipped unzipped
[x1,y1]=size(unzipped);
[x2,y2]=size(zipped);
scale=(x1*y1)/(x2*y2);
disp(['图像压缩的倍率是：', num2str(scale)]);
%%%%%显示解压后的图像%%%%%
subplot(122)
imshow(unzipped);xlabel('\fontsize{16}解压后的图像');
```

各个子程序如下：

```
%%%%%%%%%%norm2huff%%%%%%%%%%(子程序一)
function [zipped,info]=norm2huff(vector)
if ~isa(vector,'uint8'),
    error('input argument must be a uint8 vector')
end
```

```
vector=vector(:)';
%将输入向量转换为行向量
f=frequency(vector);
%计算各元素出现的频率
simbols=find(f~=0);
f=f(simbols);                          %寻找出现的所有元素
[f,sortindex]=sort(f);
simbols=simbols(sortindex);
%产生码字
len=length(simbols);
simbols_index=num2cell(1:len);
codeword_tmp=cell(len,1);
while length(f)>1,
    index1=simbols_index{1};
    index2=simbols_index{2};
    codeword_tmp(index1)=addnode(codeword_tmp(index1),uint8(0));
    codeword_tmp(index2)=addnode(codeword_tmp(index2),uint8(1));
    f=[sum(f(1:2)) f(3:end)];
    simbols_index=[{[index1 index2]} simbols_index(3:end)];
%将数据重新排列,使两个节点的频率尽量与前一个节点的频率相当
    [f,sortindex]=sort(f);
    simbols_index=simbols_index(sortindex);
end
%对应相应的元素与码字
codeword=cell(256:1);
codeword(simbols)=codeword_tmp;
%计算总的字符串长度
len=0;
for index=1:length(vector),
    len=len+length(codeword{double(vector(index))+1});
end
%产生 01 序列
string=repmat(uint8(0),1,len);
pointer=1;
for index=1:length(vector),
    code=codeword{double(vector(index))+1};
    len=length(code);
    string(pointer+(0:len-1))=code;
    pointer=pointer+len;
end
%如果需要,加零
len=length(string);
pad=8-mod(len,8);
if pad>0,
```

```matlab
        string=[string uint8(zeros(1,pad))];
    end
%保存实际有用的字码
codeword=codeword(simbols);
codelen=zeros(size(codeword));
weights=2.^(0:23);
maxcodelen=0;
for index=1:length(codeword),
    len=length(codeword{index});
    if len>maxcodelen,
        maxcodelen=len;
    end
    if len>0,
        code=sum(weights(codeword{index}==1));
        code=bitset(code,len+1);
        codeword{index}=code;
        codelen(index)=len;
    end
end
codeword=[codeword{:}];
%计算压缩后的向量
cols=length(string)/8;
string=reshape(string,8,cols);
weights=2.^(0:7);
zipped=uint8(weights * double(string));
%存储到一个稀疏矩阵
huffcodes=sparse(1,1);                    %init sparse matrix
for index=1:numel(codeword),
    huffcodes(codeword(index),1)=simbols(index);
end
%产生信息结构体
info.pad=pad;
info.ratio=cols./length(vector);
info.length=length(vector);
info.maxcodelen=maxcodelen;
info.huffcodes=huffcodes;
%%%%%%%%    huff2norm    %%%%%%%%%%%%%(子程序二)
function vector=huff2norm (zipped,info)
%HUFF2NORM huffman 解码器
%HUFF2NORM(X,INFO)根据信息结构体 info 返回向量 zipped 的解码结构
%矩阵参数以 X(:)输入
if ~isa(zipped,'uint8'),
    error('input argument must be a unit8 vector')
end
```

```
%产生 01 序列
len=length(zipped);
string=repmat(uint8(0),1,len.* 8);
bitindex=1:8;
for index=1:len,
    string(bitindex+8.* (index-1))=uint8(bitget(zipped(index),bitindex));
end
%调整字符串
string=logical(string(:)');          %make a row of it
len=  length(string);
string ((len-info.pad+1):end)=[];       %remove 0 padding
len=length(string);
%解码
weights=2.^(0:51);
vector= repmat(uint8(0),1,info.length);
vectorindex=1;
codeindex=1;
code=0;
for index=1:len,
    code=bitset(code,codeindex,string(index));
    codeindex=codeindex+1;
    byte=decode(bitset(code,codeindex),info);
    if byte>0, %一个码字
        vector(vectorindex)=byte-1;
        codeindex=1;
        code=0;
        vectorindex=vectorindex+1;
    end
end
%%%%%%%%%%%%%   decode   %%%%%%%%%%(子程序三)
function byte=decode(code,info)
byte=info.huffcodes(code);
  %%%%%%%%%   addnode   %%%%%%%%%%(子程序四)
function codeword_new=addnode(codeword_old,item)
codeword_new=cell(size(codeword_old));
for index=1:length(codeword_old),
    codeword_new{index}=[item codeword_old{index}];
end
%%%%%%%%%%%%   frequency   %%%%%%%%%(子程序五)
function f=frequency(vector)
%计算元素出现概率
%以双精度数组[1 * 256]的双精度数组返回 0~255 个元素的概率值
if ~isa(vector,'uint8'),
    error('input argument must be a uint8 vector')
```

```
end
f=repmat(0,1,256);
%扫描向量
len=length(vector);
for index=0:256, %
    f(index+1)=sum(vector==uint8(index));
end
%归一化
f=f./len;
```

其运行结果如下所示：

读取图像数据...完成！
正在压缩数据...完成！
正在解压数据...完成！
数据没有失真！

Name	Size	Bytes	Class	Attributes
data	256x256	65536	uint8	
unzipped	256x256	65536	uint8	
zipped	1x61387	61387	uint8	

图像压缩的倍率是：1.0676。

从结果中我们可以看到，经过哈夫曼编码处理的图像不会失真，且其占用空间减少，如图 2-63 所示。

原始图像　　　　　　　　　解压后的图像

图 2-63　哈夫曼编码效果

2. 离散余弦变换（DCT）

在介绍 DCT 的代码实现前我们有必要了解几个相关函数。

（1）函数：dct2，实现图像的二维离散余弦变换。调用格式为：

B=dct2(A);
B=dct2(A,[M N]);
B=dct2(A,M,N)。

式中 A 表示要变换的图像，M 和 N 是可选参数，表示填充后的图像矩阵大小，**B** 表示变换后得到的图像矩阵。

（2）函数：dctmtx，除了用 dct2 函数实现二维离散余弦变换，还可用 dctmtx 函数来计算变换矩阵，调用格式为：

D=dctmtx(N)

式中 D 是返回 $N \times N$ 的 DCT 变换矩阵，如果矩阵 A 是 $N \times N$ 方阵，则 A 的 DCT 变换可用 $D \times A \times D$ 来计算。这有时比 dct2 计算快，特别是对于 A 很大的情况。

（3）函数：idct2，实现图像的二维离散余弦反变换。调用格式为：

B=idct2(A)
B=idct2(A,[M N])
B=idct2(A,M,N)

式中参数同 dct2。

我们运用一个 Matlab 的小例子来看看图像的有损压缩，采用的方法是 DCT 变换和行程编码，采用的图像是 Matlab 自带的图像"cameraman. tif"，这个例子包括一个主程序和一个子程序。

注意：主程序与各子程序分开存放，运行时将所有相关程序（即. m 文件）同时打开，运行主程序。

主程序如下：

```
clear all;
clc;
I=imread('cameraman.tif');
I=double(uint8(I));
I_old=uint8(I);
[mr,mc]=size(I_old);
T=dctmtx(8);
dct=@ (block_struct) T * block_struct.data * T';
B_dct=blockproc(I,[8 8],dct);                    %DCT 变换
  mask1=[16  11   10   16   24   40   51   61
         12   12   14   19   26   58   60   55
         14   13   16   24   40   57   69   56
         14   17   22   29   51   87   80   62
         18   22   37   56   68  109  103   77
         24   35   55   64   81  104  113   92
         49   64   78   87  103  121  120  101
         72   92   95   98  112  100  103   99];
  mask2=[16   11   10  200  200  200  200  200
         12   12  200  200  200  200  200  200
        200  200  200  200  200  200  200  200
        200  200  200  200  200  200  200  200
        200  200  200  200  200  200  200  200
        200  200  200  200  200  200  200  200
        200  200  200  200  200  200  200  200
        200  200  200  200  200  200  200  200];
```

```
%采用量化表 1 量化
fun1=@(block_struct)round(block_struct.data./mask1);
B_quant1=blockproc(B_dct,[8 8],fun1);
%将图片分成 8×8 的块
k=0;
for i=1:8:249
    for j=1:8:249
        k=k+1;
        model(:,:,k)=B_quant1(i:i+7,j:j+7);
    end
end
%采用行程编码压缩,返回压缩后数据所占的字节数
total=0;
for m=1:k
    total=total+RLE(model(:,:,m));
end
%计算压缩倍率
scale1=mr*mc/total;
disp(['采用量化表 1 图像经行程编码后的压缩倍率：',num2str(scale1)]);
%反量化
fun2=@(block_struct)block_struct.data.*mask1;
B_abquant1=blockproc(B_quant1,[8 8],fun2);
invdct=@(block_struct) T' * block_struct.data * T;
%反 DCT 变换
B_abdct1=blockproc(B_abquant1,[8 8],invdct);
I_new1=uint8(B_abdct1);
%采用量化表 2 量化
fun3=@(block_struct)round(block_struct.data./mask2);
B_quant2=blockproc(B_dct,[8 8],fun3);
%将图片分成 8×8 的块
k=0;
for i=1:8:249
    for j=1:8:249
        k=k+1;
        model(:,:,k)=B_quant2(i:i+7,j:j+7);
    end
end
%采用行程编码压缩,返回压缩后数据所占的字节数
total=0;
for m=1:k
    total=total+RLE(model(:,:,m));
end
%计算压缩倍率
scale2=mr*mc/total;
```

```
disp(['采用量化表2图像经行程编码后的压缩倍率：', num2str(scale2)]);
%反量化
fun4=@ (block_struct)block_struct.data.*mask2;
B_abquant2=blockproc(B_quant2,[8 8],fun4);
invdct=@ (block_struct) T' * block_struct.data * T;
%反 DCT 变换
B_abdct2=blockproc(B_abquant2,[8 8],invdct);
I_new2=uint8(B_abdct2);
%显示效果比较图
figure(1),imshow(I_old); xlabel('原图');
figure(2), imshow(I_new1); xlabel('采用量化表1变换后的新图');
figure(3), imshow(I_new2); xlabel('采用量化表2变换后的新图');
%%%%%%%%%%hefuman%%%%%%%%%%%   (子程序)
%8×8 的块 Z 型扫描行程编码
function P=RLE(I)
X=[1,1,2,3,2,1,1,2,3,4,5,4,3,2,1,1,2,3,4,5,6,7,6,5,4,3,2,1,1,2,3,4,5,6,7,8,8,7,
   6,5,4,3,2,3,4,5,6,7,8,8,7,6,5,4,5,6,7,8,8,7,6,7,8,8];
Y=[1,2,1,1,2,3,4,3,2,1,1,2,3,4,5,6,5,4,3,2,1,1,2,3,4,5,6,7,8,7,6,5,4,3,2,1,2,3,
   4,5,6,7,8,8,7,6,5,4,3,4,5,6,7,8,8,7,6,5,6,7,8,8,7,8];
for i=1:64
    v(i)=I(X(i),Y(i));
end
E=zeros(64,2);
E(1,1)=v(1);
E(1,2)=1;
c=E(1,1);
t=1;
for i=2:64
    if(v(i)==c)
        E(t,2)=E(t,2)+1;
    else
        t=t+1;
        E(t,1)=v(i);
        E(t,2)=1;
        c=v(i) ;
    end
end
E=E(1:t,:);                                 %E 为编码表
P=2 * t;                                     %该 8×8 的块行程编码后所占的字节数
```

其运行结果如下所示。

采用量化表 1 图像经行程编码后的压缩倍率：2.6691。
采用量化表 2 图像经行程编码后的压缩倍率：6.1745。

从图 2-64 的三个图片中可以看出,在量化表 mask1 的作用下,图像损失了部分数据,虽然不能完全恢复原始数据,但是所损失的部分对理解原始图像的影响很小,即在人眼看来,图像的清晰度并没有什么改变,但却换来了大得多的压缩比(对比前面的哈夫曼编码的压缩率),而在量化表 mask2 的作用下,图像损失了过多的 DCT 系数,导致图像不清晰。但经量化表 mask2 量化后再进行编码的压缩率却明显大于 mask1,所以有损压缩要获得越高的压缩率,图像要损失更多的信息。

原图　　　　　　采用量化表1变换后的新图　　　　采用量化表2变换后的新图

图 2-64　DCT 量化＋行程编码效果比较图

2.10　习　题

一、选择题

1. _____是组成一幅图像的像素密度的度量方法。
    A. 图像分辨率　　　B. 图像深度　　　C. 显示深度　　　D. 图像数据的容量
2. 决定图像分辨率的主要因素是_____。
    A. 采样　　　　　　B. 量化　　　　　C. 图像深度　　　D. 图像数据的容量
3. _____是指位图中记录每个像素点所占的位数,它决定了彩色图像中可出现的最多颜色数,或者灰度图像中的最大灰度等级数。
    A. 图像分辨率　　　B. 图像深度　　　C. 显示深度　　　D. 图像数据的容量
4. 图像中的每个像素值都分成 R、G、B 三个基色分量,每个基色分量直接决定其基色的强度,这样产生的颜色称为_____。
    A. 真彩色　　　　　B. 伪彩色　　　　C. 直接色　　　　D. RGB 颜色空间
5. 图像中的每个像素值实际上是一个索引值或代码,根据该地址可查找出包含实际 R、G、B 的强度值,这种用查找映射的方法产生的颜色称为_____。
    A. 真彩色　　　　　B. 伪彩色　　　　C. 直接色　　　　D. RGB 颜色空间
6. 通过每个像素点的 R、G、B 分量分别作为单独的索引值进行变换,经相应的颜色变换表找出各自的基色强度的是_____。
    A. 真彩色　　　　　B. 伪彩色　　　　C. 直接色　　　　D. RGB 颜色空间

7. _____表示显示缓存中记录屏幕上一个点的位数(bit),也即显示器可以显示的颜色数。

    A. 图像分辨率   B. 图像深度   C. 显示深度   D. 图像数据的容量

8. 屏幕上的颜色能较真实地反映图像文件的颜色效果的是_____。

    A. 显示深度大于图像深度   B. 显示深度等于图像深度

    C. 显示深度小于图像深度   D. 与显示深度无关

9. 在静态图像中有一块表面颜色均匀的区域,此时存在的是_____。

    A. 空间冗余   B. 结构冗余   C. 知识冗余   D. 视觉冗余

10. 数据所携带的信息量少于数据本身而反映出来的数据冗余是_____。

    A. 空间冗余   B. 结构冗余   C. 知识冗余   D. 信息熵冗余

11. 方格状的地板、草席图案等图像表面纹理存在着非常强的纹理结构,称之为_____。

    A. 空间冗余   B. 结构冗余   C. 知识冗余   D. 视觉冗余

12. 人脸的图像有固定的结构可由先验知识和背景知识得到,此类冗余为_____。

    A. 空间冗余   B. 结构冗余   C. 知识冗余   D. 视觉冗余

13. 哈夫曼编码方法属于下面哪一种编码方法?_____

    A. 熵编码   B. 预测编码   C. 变换编码   D. 矢量量化

14. 算术编码方法属于下面哪一种编码方法?_____

    A. 熵编码   B. 预测编码   C. 变换编码   D. 矢量量化

15. JPEG 编码方法使用下面哪一种变换?_____

    A. 小波变换   B. 正弦变换   C. 余弦变换   D. 哈尔变换

16. 下面编码方法属于无损压缩方法的是_____。

    A. 量化   B. 变换编码   C. 统计编码   D. 模型编码

17. 下面编码方法属于有损压缩方法的是_____。

    A. 算术编码   B. 变换编码   C. Huffman 编码   D. 行程编码

18. 如果采用相等的量化间隔处理采样得到的信号值,那么这种量化称为_____。

    A. 均匀量化   B. 非均匀量化   C. 标量量化   D. 矢量量化

19. 下列图像格式中,属于有损压缩的是_____。

    A. PCX   B. GIF   C. JPG   D. TIFF

20. 下列编码方法中,可逆编码是_____。

    A. Huffman 编码   B. 离散余弦   C. 有损预测   D. 向量量化

21. 下列编码方法中,不可逆编码是_____。

    A. Huffman 编码   B. 行程编码   C. 有损预测   D. 算术编码

22. 对_____压缩广泛采用了 MPEG 算法标准。

    A. 静止图像   B. 动态图像   C. 声音   D. 文本

23. 在 8 位/通道的 RGB 图像中,每个像素占用_____位存储单元。

    A. 8   B. 16   C. 24   D. 32

24. CMKY 图像在 Photoshop 中默认有_____个颜色通道。

A. 1　　　　　　B. 2　　　　　　C. 3　　　　　　D. 4

25. RGB 图像在 Photoshop 中默认有_____个颜色通道。

A. 1　　　　　　B. 2　　　　　　C. 3　　　　　　D. 4

二、填空题

1. 数字图像可以定义为一个二维函数 $f(x,y)$，其中 x 和 y 是_____，在 (x,y) 坐标处的幅度值 f 称为图像在该点坐标的_____。

2. 数字图像是由有限的元素(像素)组成的_____，其中每一个元素有一个特定的位置和数值。

3. 数字图像的基本参数包括：_____、_____、_____、_____。

4. 同样大小的一幅原图，如果数字化时图像分辨率_____，则组成该图的像素点数目越多，看起来就越逼真。

5. _____是指位图中记录每个像素点所占的位数，它决定了彩色图像中可出现的最多颜色数，或者灰度图像中的最大灰度等级数。

6. 图像深度与颜色的映射关系主要有_____、_____和_____三种。

7. 图像的分辨率越_____、图像深度越_____，则数字化后的图像效果越逼真，图像数据量也越大。

8. 如果要确定一幅图像的参数，不仅要考虑图像的_____，而且要考虑图像_____。

9. 数据是用来记录和传送_____的，或者说数据是_____。

10. 图像数据中存在的数据冗余主要有以下几种类型：_____、_____、_____、_____、_____。

11. 对于任何一种无损数据压缩，最终的数据量一定_____信息熵，数据量越接近于熵值，说明其压缩效果越_____。

12. _____是指从 N 个相等可能事件中选出一个事件所需的信息度量或含量。

13. 多媒体数据压缩编码方法可分为两大类：一类是_____，另一类是_____。

14. 哈夫曼编码的基本思想是按照字符出现概率的大小，_____，_____，来构造最短的平均码长。

15. 算术编码的基本原理是将要编码的消息表示成_____之间的一个间隔，取间隔中的一个数来表示消息，消息越_____，编码表示它的间隔就越_____，表示这一间隔所需的二进制位就越多。

16. 行程编码可以分为_____和_____两种方式。

17. 预测编码可分为_____和_____两类。

18. 标量量化可归纳成两类：一类称为_____，另一类称为_____。

19. 变换编码是指先对信号进行某种函数变换，从一种_____变换到另一种_____，再对变换后的信号进行编码处理。

三、问答题

1. Huffman 编码的原理及特点是什么？
2. 算术编码的特点是什么？
3. LZW 压缩算法的基本原理是什么？
4. 预测编码的基本思想是什么？
5. 简述 JPEG 标准的基本系统中压缩过程。
6. JPEG 2000 与 JPEG 相比有什么特点？

四、计算题

1. 对于高质量的音频（如 CD 音质），采样频率为 44.1kHz，量化为 16bit 双声道立体声，则 1min 这样的声音数据的数据量为多少？

2. 设信源 A 的信源空间符号及其概率 $P(A)$ 如表 2-12 所示。

表 2-12　信源 A 的符号及其概率

A	A_1	A_2	A_3	A_4	A_5
$P(A)$	0.5	0.25	0.125	0.0625	0.0625

求信源 A 的 Huffman 编码、信息熵及平均码长。

3. 已知信源 X 的符号及其概率如下表所示，若 $X_1 = 1$，$X_2 = 0$，试对 1011 进行算术编码。

X	X_1	X_2
$P(A)$	0.25	0.75

第**3**章

音频处理技术

声音是人们用来传递信息的最方便、最直接的方式,也是多媒体的重要组成部分。在多媒体系统中声音是必不可少的,因为声音会使视频图像更具有真实性,使静态图像变得更加丰富多彩,如果没有声音,再精彩的视频图像也会黯然失色。本章主要介绍声音媒体的有关概念、声音的数字化过程、MIDI 音乐和 MP3 音乐,以及 GoldWave 声音处理软件的使用方法及实例介绍。

3.1　声音的数字化

3.1.1　声音的基础知识

声音是通过空气传播的一种连续的波,由空气的振动引起耳膜的振动,被人耳所感知。声音是人类进行交流和认识自然的主要媒体形式,语言、音乐和自然之声构成了音乐的丰富内涵,人类被一直包围在丰富多彩的声音世界当中。听觉是人类感知自然的一种重要手段,所以音频也就成为了多媒体范畴中一个重要的组成部分。

在任一时刻,模拟声波信号曲线都可以分解为一系列正弦波的线性叠加,因此声音包括三个重要指标:

(1) 振幅(Amplitude)。波的高低幅度,表示声音的强弱。

(2) 周期(Period)。两个相邻的波之间的时间长度。

(3) 频率(Frequency)。每秒钟振动的次数,以 Hz 为单位。

从听觉角度看,声音具有音调、音色和响度三个要素。

(1) 音调。在物理学中,把声音的高低叫做音调。音调与声音的频率有关,声源振动的频率越高,声音的音调就越高;声源振动的频率越低,声音的音调就越低。通常把音调高的声音叫高音,音调低的声音叫低音。

(2) 音色。表示人耳对声音音质的感觉,又称音品,与频率有关。一定频率的纯音不存在音色问题,音色是复音主观属性的反映。音色可以在听觉上区别具有同样响度和音调的两个声音的不同特征,声音的音色主要由其谐音的多寡、各谐音的特性(如频率分布、相对强度等)决定。乐音中泛音越多,听起来就越好听。低音丰富,给人们以深沉有力的感觉,高音丰富,给人们以活泼愉快的感觉。所以不同的乐器,演奏同样的曲子,即使响度和音调相同,听起来也会不一样,胡琴的声音柔韧,笛子的声音清脆,小提琴的声音优美,小号的声音激昂,就是由于它们的音色不同。每个人的声音都有独特的音色,所以我们能从电话、广播的声音中辨认出是哪位熟人。

(3) 响度。响度即声音的响亮程度,也就是我们通常说的声音的强弱或大小、重轻与振幅有关,取决于声波信号的强弱程度。它是人耳对声音强弱的主观评价尺度之一。人耳在辨别声音的能力方面,只有在音强适中时才最灵敏。由于人的听觉响应与声音信号强度不呈线性关系,因此一般用声音信号幅度取对数后再乘 20 所得的值来描述响度,以分贝(dB)为单位,此时称为音量。

通常按照人们听觉的频率范围可将声音分为次声波、超声波和音频三类:

(1) 次声波。频率低于 20Hz 的信号,也称为亚音频。

(2) 超声波。频率高于 20kHz 的信号,也称为超音频。

(3) 音频。频率范围是 20Hz～20kHz 的声音信号,即在次声波和超声波之间的音频,是人耳能听到的声音信号,属于多媒体音频信息范畴。

虽然人耳对声音频率的感觉是从最低的 20Hz 到最高的 20kHz,但人的语音频率范围则集中在 80Hz～12kHz,人对不同频段的声音的感受是不同的,具体情况如下:

(1) 20～60Hz 部分。这一频段能提升音乐强有力的感觉,给人很响的感觉,如雷声。如果提升过高,则又会混浊不清,造成清晰度不佳,特别是低频响应差和低频过重的音响设备。

(2) 60～250Hz 部分。这一频段是音乐的低频结构,它们包含了节奏部分的基础音,包括基音、节奏音的主音。它和高中音的比例构成了音色结构的平衡特性。提升这一段可使声音丰满,过度提升会发出隆隆声,衰减此频段和高中音频段会使声音变得单薄。

(3) 250Hz～4kHz 部分。这一频段包含了大多数乐器的低频谐波,同时影响人声和乐器等声音的清晰度,调整时要配合前面低音的设置,否则音质会变得很沉闷。如果提升过多会使声音像电话里的声音。如把 600Hz 和 1kHz 过度提升会使声音像喇叭的声音;如把 3kHz 提升过多会掩蔽说话的识别音,即口齿不清,并使唇音"m、b、v"难以分辨;如把 1kHz 和 3kHz 过分提升会使声音具有金属感。由于人耳对这一频段的声音比较敏感,通常不调节这一频段,过分提升这一频段会造成听觉疲劳。

(4) 4～5kHz 部分。这是影响临场感(距离感)的频段。提升这一频段,会使人感觉声源与听者的距离显得稍近了一些;衰减则就会使声音的距离感变远;如果在 5kHz 左右提升 6dB,则会使整个混合声音的声功率提升 3dB。

(5) 6～16kHz 部分。这一频段控制着音色的明亮度、宏亮度和清晰度。一般来说提升这部分会使声音洪亮,但不清晰,还可能会引起齿音过重;衰减这部分会使声音变得清晰,可音质又略显单薄。该频段适合还原人声。

各种声音的频率范围如图 3-1 所示。

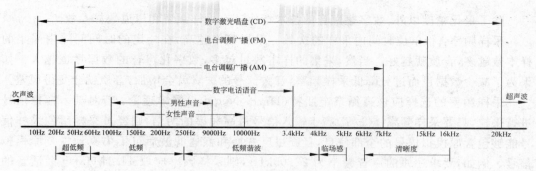

图 3-1 声音的频率范围

3.1.2 声音的采样与量化

自然界的模拟声音信号是由许多具有不同振幅和频率的正弦波组成的连续量,必须将模拟声音信号数字化后才能在计算机上进行处理。声音信号被计算机获取的过程就是声音的数字化处理过程。经过数字化处理后的声音文件就能像文字和图像信息一样进行存储、检索、编辑等处理。

声音数字化实际上就是将模拟的连续声音波形在时间上和幅值上进行离散化处理,共分为两个步骤:第一步是采样,就是将声音信号在时间上进行离散化处理,即每隔相等的一段时间在声音信号波形曲线上采集一个信号样本(声音的幅度);第二步是量化,就是把采样得到的声音信号幅度转换成相应的数字值。因为采样后的数值不一定能在计算机内部进行方便的表示,所以将每一个样本值归入预先编排的最近的量化级上,该过程称为量化。如果幅度的划分是等间隔的,就称为线性量化,否则就称为非线性量化。

量化就是对采样数值加以限定,一般采用二进制方法,以适应数字电路的需要。量化的过程如下:将采样后的信号按整个声波的幅值划分为若干个区段,把落入某区段的采样值归为一类,并赋予相同的量化值。量化精度是指每个声音样本需要用多少位二进制数来表示,它反映出度量声音波形幅度的精确程度,由于计算机按字节运算,一般的量化精度为 8 位或 16 位,量化精度越高,数字化后的声音信号就越可能接近原始信号,但所需要的存储空间也越大。图 3-2 所示的量化精度是 8 位(前 4 位为零,图中已省略)。

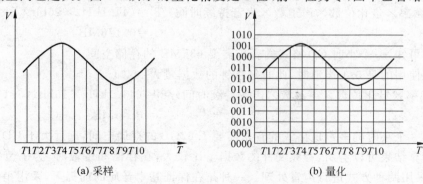

图 3-2 采样与量化

除了量化精度以外,数字化声音的技术指标还有采样频率和声道数等参数。

采样频率:指单位时间内采样的次数。采样频率越高,在一定的时间间隔内采集的样本数越多,音质就越好。当然,采集的样本数量越多,数字化声音的数据量也越大。如果为了减少数据量而过分降低采样频率,音频信号的失真就会增加,音质就会变得很差。

采样频率的选择应该遵循奈奎斯特(Harry Nyquist)采样理论:若对某一模拟信号进行采样,只要采样频率 $f(1/T)$ 高于输入信号最高频率的两倍,则经过采样后的采样信号能够包含原模拟信号的全部信息,且经过反变换和低通滤波后可不失真地恢复原模拟信号。例如,要求还原的声音频率为 22.05kHz,则采样频率应取 44.1kHz;电话话音的信号频率约为 3.4kHz,采样频率就应选为 8kHz。采样频率的三个标准频率分别为 44.1kHz、22.05kHz 和 11.025kHz,这三种最常用的采样指标及等效音质如表 3-1 所示。

表 3-1　常用的采样指标及等效音质

采样频率/kHz	量化位数/bit	声道数	每分钟的数据量/MB	等效音质
11.025	8	单声道	0.66	语音
22.05	16	双声道	5.29	FM 广播
44.1	16	双声道	10.58	CD 唱盘

声道数:声音通道的个数,指一次采样的声音波形个数。单声道一次采样一个声音波形,双声道则被人们称为"立体声",一次采样两个声音波形。除单声道和立体声外,目前经常使用的声道数还有 4 声道、4.1 声道和 5.1 声道。双声道比单声道多一倍的数据量,多声道的数据量更大。

3.1.3　音质与数据量

数字化声音的数据量是由采样频率、量化精度、声道数和声音持续时间所决定的,它们与声音的数据量是成比例关系的,其数据量计算方式为:

数据量(Byte)=(采样频率×量化精度×声道数×声音持续时间)/8

下面以 CD 格式声音文件为例,假设它的采样频率为 44.1kHz,量化精度为 16bit,立体声(两个声道),那么每秒钟的数据量为:

(采样频率×量化位数×声道数×声音持续时间)/8 =(44.1kHz×16bit×2×1s)/8
=0.176MB

由此可知,一个小时 CD 格式的音乐需要 635MB 的存储空间。

如果使用的是 5.1 声道时,此时每秒钟的数据量为:

(采样频率×量化位数×声道数×声音持续时间)/8 =(44.1kHz×16bit×5.1×1s)/8
=0.45MB

同样一个小时的多声道格式的音乐需要 1.62GB 的存储空间,远远大于 CD 的容量。

由计算结果可以看出,音频文件的数据量比较大,在存储和传输时,为了节省存储空间,通常采用两种方式进行声音处理。一种是在保证基本音质的前提下,采用稍低一些的采样频率。一般而言,在要求不高的场合,人的语音采用 11.025kHz 的采样频率、8bit、单声道已经足够;如果是乐曲,22.05kHz 的采样频率、8bit、立体声形式已能满足一般播放场合的需要。另一种是采用数据压缩的方法,在降低数据量的同时保证较高的音质,这也是人们经常使用的方式。

3.1.4 声音压缩算法简介

随着通信、计算机网络等技术的飞速发展,声音的压缩编码技术得到了快速的发展和广泛的应用。声音压缩技术除了在移动、卫星以及 IP 电话通信中的应用,在娱乐与学习的多媒体应用上也起着举足轻重的作用。

声音压缩算法的研究和通信技术的发展密切相关,研究声音编码就是要解决传输速率和声音质量的矛盾。最早的标准化语音编码系统是速率为 64kbps 的 PCM 波形编码器。到 20 世纪 90 年代中期,速率为 4～8kbps 的波形与参数混合编码器,在语音质量上已逼近前者的水平且已达到实用化阶段。语音编码是数字化语音传输和存储的基础技术。与模拟语音相比,使用语音编码技术的数字语音传输和存储系统,具有可靠性高、抗干扰能力强、便于快速交换、易于实现保密和价格低廉等优势。

1. 声音压缩方法分类

与数字图像压缩方法相似,一般来讲,可以将音频压缩技术分为无损压缩及有损压缩两大类,而按照语音的压缩编码方法归纳起来可以分为三大类:波形编码、参数编码和混合编码。

1) 波形编码

波形编码器的主要思想是,编码前根据采样定理对模拟语音信号进行采样,然后进行幅度量化与二进制编码。它不利用生成语音信号的任何知识而产生该语音的重构信号,其波形与原始语音尽可能一致。这类编码器通常将语音信号作为一般的波形信号来处理,比如:脉冲编码调制(PCM)、自适应增量调制(ADM 或 ΔM 编码)、自适应差分编码(ADPCM)、自适应预测编码(APC)、自适应子带编码(ASBC)、自适应变换编码(ATC)等都属于这类编码器。以上几种波形编码方式分别在 16～64kbps 的速率上能给出高的编码质量。当速率进一步降低时,其性能下降较快。

波形编码比较简单,具有适应能力强、话音质量好、抗噪性能好、抗误码的能力强等特点,但所需的编码速率高,其中 64kbps PCM 的语音质量成为编码质量的参照标准。目前已广泛应用于数字声音节目的存储与制作和数字化广播中。典型的有著名的 MPEG-1 层Ⅰ、层Ⅱ(MUSICAM),以及用于 Philips DCC 中的 PASC(Precision Adaptive Subband Coding,精确自适应子带编码)等。

2) 参数编码(又称为模型编码或声码化编码)

参数编码是根据声音的形成模型,把声音变换成参数的编码方式,直接针对音频 PCM 码流的采样值进行处理,通过静音检测、非线性量化、差分等手段对码流进行压缩,根据声音的波形,取中间值,删除反差较大的值来实现对声音的压缩。其基本方法是通过对语音信号特征参数的提取及编码,力图使重建的语音信号尽量易于识别,并保持原语音的语义。而重建的信号的波形同原语音信号的波形可能会有相当大的差别。参数编码的典型例子语音信号的线性预测编码(LPC)已被公认为是目前参数编码中最有效的方法，它能够在 2.4kbps 的低比特速率下获得清晰、易于识别的合成音。并且易于硬件实现。这种方法的优点是不但能极为精确地估计参数，还在于它的计算速度比较快。

由于参数编码是保护语音模型，重建清晰可识别的语音，而不注重波形的拟合，所以这类编码技术实现的是保证合成语音质量下的低速或极低速的编码。参数编码的优点是：编码速率低，编码速率通常小于 4.8kbps，可以低至 600bps～2.4kbps。缺点是：合成语音质量差，特别是自然度较低，连熟人之间都不一定能听出讲话人是谁；另外，这类编码器对讲话环境的噪声较敏感，需要安静的讲话环境才能提供较高的可识别度，且延时大。

3) 混合编码

混合编码则是在波形编码和参数编码的基础上，以相对较低的比特率获得较高的语音质量的编码方法，所以其数据率和音质介于波形编码和参数编码二者之间。

当波形编码的比特率每声道低于 16kbps 后，音质下降很快。参数编码由于其机理本身就是一种模拟，比特率上升到 10kbps 以上后再上升音质也没有多少改善。所以，两者结合的混合编码法就被开发出来。

混合编码结合了以上两种编码方式的优点，采用线性技术构成声道模型，不只传输预测参数和清浊音信息，而是将预测误差信息和预测参数同时传输，在接收端采用新的预测参数构成合成滤波器，使得合成滤波器输出的信号波形与原始语音信号的波形能最大程度地拟合，从而获得自然度较高的语音信号。这种编码技术的关键是：如何高效传输预测误差信息。依据对激励信息的不同处理，这类编码主要有多脉冲线性预测编码(MPLPC)、规则脉冲激励线性预测编码(RPELPC)、码激励线性预测编码(CELPC)和低时延的码激励线性预测编码(LDCELPC)。

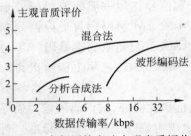

图 3-3　音频压缩方法主观音质评价

混合编码因为克服了波形编码和参数编码的弱点，结合了它们的优点，所以在 4～16kbps 速率上能够得到高质量的合成语音。在本质上具有波形编码的优点，有一定抗噪和抗误码的性能，但时延较大。

在这三类音频压缩方法中，能用于音乐信号的目前只有波形压缩，但比特率还是偏高。如图 3-3 所示的研究结果表明，在低比特率的音乐信号编码中，混合压缩前景最好。因此在低比特率音频数据编码方面，混合压缩方法是一个较好的研究方向。

2. 语音压缩编码的原理

声音压缩算法主要是利用语音信号的相关性和人耳的听觉特性进行压缩的。

1) 利用语音信号的相关性

所谓语音信号的相关性，就是相邻采样点之差很小，其包含的信息量远小于采样值本身，对差值进行编码而不是对采样值本身进行编码，这样所需的比特率必然下降，这就是

DPCM能够降低比特率的原因。语音信源是相关信源，因此经过采样和量化后的信号之间还有很强的相关性，为了降低编码速率，人们就希望尽可能多地去除语音信号之间的相关性。线性预测编码技术（LPC）就是一种用来去除语音信号之间相关性的常用技术。语音信号中存在如下两种类型的相关性。

一是在采样点之间的短时相关性。语音信号在某些短时段中呈现出随机噪声的特性，在另一些短时段中，则呈现出周期信号的特性，其他一些是二者的混合。简而言之，语音信号的特征是随时间而变化的，只是在一短段时间中，语音信号才保持相对稳定一致的特征，也就是语音信号的短时平稳性。

二是相邻基音周期之间存在的长时相关性。

由于语音信号中的短时相关性和长时相关性很强，通过减弱这些相关性，使语音信号之间相关性降低，然后再进行编码，这样就可以实现语音压缩编码，降低比特率。例如，差分脉冲编码（DPCM）就是利用了语音信号的相关性来降低比特率的。

2）利用了人耳的听觉特性

利用人耳的掩蔽效应也可以进行语音压缩编码，降低比特率。两个响度不同的声音作用于人耳时，响度较高的频率成分的存在会影响到对响度较低的频率成分的感觉，使其变得不易被察觉，这就是掩蔽效应。在语音频谱中，能量较高的频段即共振峰处的噪声相对于能量较低的频段的噪声而言不易被感知。因此在度量原始语音与合成语音之间的误差时可引入这一因素。在语音能量较高的频段，允许二者的误差大一些，从而进一步降低编码比特率。

3. 常用的声音压缩标准算法

1）G.711建议

国际电话电报咨询委员会（CCITT）于1972年确定了速率为64kbps的PCM语音编码G.711建议，它已广泛应用于数字通信、数字交换机等领域，至今，64kbps的标准PCM系统仍占统治地位。这种编码方法可以获得较好的语音质量但占用带宽较多，在带宽资源有限的情况下不宜采用。

2）G.721建议

CCITT于20世纪80年代初着手研究速率低于64kbps的非PCM编码算法，并于1984年通过了采用自适应差值脉冲编码（ADPCM）的G.721建议，它的数据率为32kbps。它不仅可以达到PCM相同的语音质量而且具有更优良的抗误码性能，广泛应用于卫星、海缆及数字语音设备的可变速率编码器中。

3）G.723建议

G.723建议是一个双速率语音编码建议，其两种速率分别是5.3kbps和6.3kbps。此建议是一个数字传输系统的概况协议，适用于低速率多媒体服务中语音或音频信号的压缩算法。它作为语音编码建议是完整的H.324系列标准的一部分，主要配合低速率图像编码H.263标准。在IP电话网关中，G.723建议被用来实现实时语音编码解码处理。

另外，为低速可视会议业务而设计了G.723.1建议。由于可视会议业务每秒钟只传输很少数量的帧，而且又有比较大的时延，这就是G.723.1允许有30ms帧长的原因。尽管帧长比较大,却正好适合可视会议这种情况。而且它的编码速度比较低,可以把尽可能多的比特用于图像传输上。

4) G.728 建议

CCITT 于 1992 年公布了 16kbps 低延迟码激励线性预测(LD-CELP)的 G.728 建议。它以其较小的延迟、较低的速率、较高的性能在实际中得到广泛的应用,例如:可视电话伴音、无绳电话机、单路单载波卫星和海事卫星通信、存储和转发系统、语音信息录音、数字移动无线系统等。

5) G.729 建议

1995 年 11 月 ITU-TSG15 全会上通过了共轭代数码激励线性预测(CS-ACELP)的 8kbps 语音编码 G.729 建议,并于 1996 年 6 月 ITU 会议上通过了 G.729 的附件 A,减少复杂度的 8kbps CS-ACELP 语音编解码器,使其正式成为国际标准。这种编码方法延迟小,可节省 87.5% 的带宽,可以提供与 32kbps 的 ADPCM 相同的语音质量,其音质是同档次码速率中最优的,而且在噪声较大的环境中也会有较好的语音质量。广泛应用于个人移动通信、低 C/N 数字卫星通信、高质量移动无线通信、存储/检索、分组语音和数字租用信道等领域。

另外,其他一些国际组织或国家也在积极制定自己的标准。

4. 语音压缩编码技术的发展方向

目前,语音压缩编码技术主要有两个研究方向:一个是中低速率的语音编码的实用化,即如何在实用化过程中进一步减低编码速率和提高其抗干扰、抗噪声能力;另一个是如何进一步降低其编码速率,目前已能在 5~6kbps 的速率上获得高质量的重建语音,下一个目标则是要在 4kbps 的速率上获得短延时、高质量的重建语音。特别是对中长延时编码,人们正在研究更低速率(如 400~1200bps)的编码算法,在这个过程中,当编码速率降至 2.4kbps 以下时,CELP 算法即使应用更高效的量化技术也无法达到预期的指标,需要其他一些更符合低速率编码要求的算法,目前比较好的算法还有正弦变换编码(STC)、混合激励线性预测编码(MELPC)、时频域插值编码(TFI)、基音同步激励线性预测编码(PSELP)等,同时还要求引入新的分析技术,如非线性预测、多精度时频分析技术(包括子波变换技术)、高阶统计分析技术等,这些技术能更好地挖掘人耳听觉掩蔽等感知机理,能更好地以类似人耳的特性做语音的分析与合成,使语音编码系统更接近于人类听觉器官的处理方式,从而在低速率语音编码的研究上取得突破。

3.2　几种常见的声音文件格式

3.2.1　MIDI 音乐

MIDI(Music Instrument Digital Interface)音乐是电子合成音乐,是为了把电子乐器和计算机连接起来而制定的规范,是数字化音乐的一种国际标准。MIDI 是人们可以利用多媒体计算机和电子乐器去创作、欣赏和研究的标准协议。它采用数字方式对乐器所奏出来的声音进行记录（每个音符记录为一个数字），播放时再对这些记录进行 FM 或波表合成。FM 合成是通过多个频率的声音混合来模拟乐器的声音；波表合成是将乐器的声音样本存储在声卡波形表中，播放时从波形表中取出产生声音。

MIDI 音乐的主要优点是：

（1）生成的文件比较小。由于 MIDI 文件存储的是命令，而不是声音本身，因此它比较节省空间。例如，同样半小时的立体声音乐，MIDI 文件只有 200KB 左右，而波形文件（WAV）则有差不多 300MB。

（2）容易编辑。因为编辑命令比编辑声音波形要容易得多，所以 MIDI 音乐比较容易编辑。

（3）可以作为背景音乐。因为 MIDI 音乐文件比较小，所以可以作为背景音乐。MIDI 音乐也可以和其他的媒体，如数字电视、图形、动画和话音等一起编辑，这样可以加强演示效果。

3.2.2　WAV 格式

WAV 格式是微软公司开发的一种声音文件格式，也被称为波形声音文件，WAVE 文件作为经典的 Windows 多媒体音频格式，应用非常广泛，被 Windows 平台及其应用程序广泛支持。WAV 格式支持许多压缩算法，支持多种音频位数、采样频率和声道，可以采用 44.1kHz 的采样频率，16 位量化位数，因此 WAV 的音质与 CD 相差无几，但 WAV 格式对存储空间需求太大，不便于交流和传播。

3.2.3　MP3 音乐

MP3 的全称是 MPEG Audio Layer Ⅲ，所以人们把它简称为 MP3，它是 MPEG-1 运动图像压缩标准的声音部分。根据压缩质量和编码复杂度，MPEG-1 的音频层划分为 3 层，即 Layer 1、Layer 2 和 Layer 3，分别对应 MP1，MP2 和 MP3 这 3 种声音文件，并根据不同的用途，使用不同层次的编码。MPEG 音频编码的层次越高，对应的编码器越复杂，压缩率也越高，用户对层次的选择可在复杂性和声音质量之间进行权衡。其中：

Layer 1 的编码器最为简单，编码器的输出数据率为 384kbps，压缩率为 1∶4，主要用于小型数字盒式磁带（Digital Compact Cassette，DCC）。

Layer 2 的编码器的复杂程度属中等，编码器的输出数据率为 192～256kbps，压缩率为（1∶6）～（1∶8），其应用包括数字广播声音（Digital Broadcast Audio，DBA）、数字音乐、CD-I（Compact Disc-Interactive）和 VCD（Video Compact Disc）等。

Layer 3 的编码器最为复杂，编码器的输出数据率为 32～320kbps，压缩率则高达（1∶10）～（1∶12）。也就是说，1 分钟的 CD 音质音乐，未经压缩需要 10MB 的存储空间，而经过 MP3 压缩编码后只有 1MB 左右。

MP3 对音频信号采用的是有损压缩方式，为了降低失真度，MP3 采取了"感官编码技术",即编码时先对音频文件进行频谱分析,然后用过滤器滤掉噪声电平,再通过量化的方式将剩下的每一位打散排列,最后形成具有较高压缩比的 MP3 文件。MP3 文件可以以不同比特率进行编码,比特率越小,压出来的文件也越小,当然失真也越大。至于它的失真,只要压缩比不是太高,人的耳朵一般是听不出来的,一般来说 128kbps 已经相当于 CD 的音质了。

MP3 的突出优点是:压缩比高,音质较好,能够以极小的失真换取较高的压缩比。正是因为 MP3 体积小、音质高的特点使得 MP3 格式的音乐在网上非常流行。

3.2.4　VQF 格式

VQF 即 TwinVQ,是由 Nippon Telegraph and Telephone 同 YAMAHA 公司开发的一种音频压缩技术。VQF 采用了与 MP3 截然不同的音频压缩技术——TwinVQ 技术,所以它的音频压缩率比 MP3 高,可以达到 1∶18 左右,而且音质和 MP3 不相上下。当 VQF 以 44kHz、80kbps 的音频采样率压缩音乐时,它的音质会优于 44kHz、128kbps 的 MP3,以 44kHz、96kbps 的音频采样率压缩时,音质接近 44kHz、256kbps 的 MP3。

VQF 格式的特点:VQF 最大的优势是可以用低于 MP3 文件的大小获得和 MP3 一样的声音质量。但 VQF 到现在还不太普及,主要是因为支持它的制作、播放的软件少,而且制作时间长。比如一个用两分钟就可以压缩成 MP3 的 WAV 音乐文件,压缩成 VQF 几乎要用 30 分钟。另外,它的开发公司推广的力度不够。所以直到现在,在网络上的 VQF 音乐还不多。

VQF 格式文件的播放过程:下载 VQF 文件,使用 YAMAHA Sound Player 等工具播放。

3.2.5　RealAudio 格式

RealAudio(RA)、RAM 和 RM 都是 Real Networks 公司开发的典型音频流(Streaming Audio)文件格式,它们包含了 Real Networks 公司所制定的音频、视频压缩规范(称为 RealMedia),主要用于在低速率的因特网上实时传输音频信息。网络连接速率不同,客户端所获得的声音品质也不尽相同:对于 14.4kbps 的网络连接,可获得调幅(AM)质量的音质;对于 28.8kbps 的网络连接,可以达到广播级的声音质量;如果使用 ISDN 或 ADSL 等更快的线路连接,则可获得 CD 音质的声音。

RA 可以称为互联网上多媒体传输的主流格式,适合于在网络上进行实时播放,是目前在线收听网络音乐较好的一种格式。在制作时可以加入版权、演唱者、制作者、E-mail 和歌曲的 Title 等信息。

RealAudio 格式的特点:RA 格式以牺牲声音质量的方法来达到降低自身体积的大小。但由于 RA 提出了音频流的概念,所以成为现在大多数在线音乐网站、实时网络广播网站普遍使用的格式。另外,RA 音乐,如果不计较声音品质,一首歌曲文件比 MP3 小一半或者更多。

RealAudio 格式文件的播放过程：使用 RealPlayer 直接播放或者把 RealPlayer 作为浏览器的插件，在浏览器中选择音乐播放。

3.2.6　WMA 格式

WMA 的全称是 Windows Media Audio，是微软公司力推的一种音频格式。WMA格式以减少数据流量但保持音质的方法来达到更高的压缩率目的，WMA 文件在80kbps、44kHz 的模式下压缩比可达 1∶18，基本上和 VQF 相同。生成的文件大小只有相应 MP3 文件的一半。此外，WMA 还可以通过 DRM（Digital Rights Management）方案加入防止复制，或者加入限制播放时间和播放次数，甚至是播放机器的限制，可有力地防止盗版。

微软在开发自己的网络多媒体服务平台上主推 ASF（Audio Steaming format），这是一个开放的标准，支持在各种各样的网络和协议上的数据传输。它支持音频、视频以及其他一系列的多媒体类型。而 WMA 文件相当于是只包含音频的 ASF 文件。

WMA 格式的特点：由于 WMA 支持"音频流"技术，可以说是融合了 RA 格式和VQF 的优点，并且克服了它们的缺点。

WMA 格式文件的播放过程：可以下载播放或者在线播放，使用的工具是媒体播放器或 Winamp。

3.2.7　AAC 格式

AAC 实际上是 Advanced Audio Coding（高级音频编码）的缩写，是 MPEG-2 规范的音频部分。AAC 的音频算法在压缩能力上远远超过了以前的一些压缩算法（比如MPEG-1 的 Layer Ⅲ 等）。它还同时支持多达 48 个音轨、15 个低频音轨、更多种采样率和比特率、多种语言的兼容能力、更高的解码效率。总之，AAC 可以在比 MP3 文件缩小30％的前提下提供更好的音质。

其实 AAC 的算法在 1997 年就完成了，当时被称为 MPEG-2 AAC，因此还是把它作为 MPEG-2 标准的延伸。但是随着 MPEG-4 音频标准在 2000 年成型，MPEG-2 AAC 也被作为它的核心编码技术，同时追加了一些新的编码特性，所以又叫 MPEG-4 AAC，也被称作 MP4 音频。

AAC 格式的特点如下。

（1）低比特率（具有与其他编码可比的音质）和较小的文件尺寸，要求使用 SBR技术。

（2）支持多声道：可提供最多 48 条全带宽声道。

（3）更高的解析度：最高支持 96kHz 的采样频率。

（4）更高的解码效率：解码播放所占的资源更少。

3.2.8 Ogg Vorbis 格式

Ogg Vorbis 是一种开源且无专利限制的音频压缩格式,它是作为之前数字化音频编码(如 MP3、VQF 和 AAC)的替代品发展起来的。Ogg 源于开发一种有损的音频压缩技术的计划,而 Ogg Vorbis 这种音频压缩机制只是 Ogg 计划的一部分,该计划意图设计一个完全开放源码的多媒体系统。Ogg Vorbis 格式的开发者是 Xiph 基金会,这是一个资助开放源代码开发活动的非盈利性组织,所以 Ogg 是一种免费开放的格式。

Ogg Vorbis 的编码算法比 20 世纪 90 年代开发成功的 MP3 先进(而且 MP3 还是收费的),它可以在相对较低的速率下实现比 MP3 更好的音质,所以 Vorbis 文件(扩展名为.ogg)降低了对带宽和存储的要求。此外,在编码上,Ogg Vorbis 使用了 VBR(可变比特率)和 ABR(平均比特率)方式进行编码。理论上,Ogg Vorbis 格式的音乐可以比采用 CBR 编码得到的文件有更好的声音表现。Vorbis 还具有比特率缩放功能,可以不用重新编码便可调节文件的比特率。Vorbis 支持多通道(大于 2)音频流并使用了独创性的处理技术,Ogg Vorbis 在抓轨软件的支持下,可以对所有的声道进行编码,而不是像 MP3 那样只能编码 2 个声道。

Ogg Vorbis 的优点如下:

(1) 使用了向前适应算法结构(Forward Adaptive Algorithm Format)。在文件格式已经固定下来后还能对音质进行明显的调节。现在创建的 OGG 文件可以在未来的任何播放器上播放,因此,这种文件格式可以不断地进行大小和音质的改良,而不影响旧有的编码器或播放器。

(2) 编码性能十分优秀,相对其他格式音质上有提升,特别在低比特率下有很好的表现。

(3) Ogg Vorbis 格式是完全免费、开放源码且没有专利限制的。

Ogg Vorbis 的不足之处是网络上 Ogg 的资源还相对较少。

3.2.9 其他音频格式

1. MOD

MOD 是一种类似波表的音乐格式,但它的结构却类似 MIDI,使用真实采样,体积很小,在以前的 DOS 年代,MOD 经常被作为游戏的背景音乐。现在的 MOD 可以包含很多音轨,而且格式众多,如 S3M、NST、669、MTM、XM、IT、XT 和 RT 等。

2. MD

MD(即 MiniDisc)是 SONY 公司于 1992 年推出的一种完整的便携音乐格式,它所采用的压缩算法就是 ATRAC 技术(压缩比是 1:5)。MD 又分为可录型 MD(Recordable,有磁头和激光头两个头)和单放型 MD(Pre-recorded,只有激光头)。强大的编辑功能是

MD 的强项,可以快速实现选曲、曲目移动、合并、分割、删除和曲名编辑等多项功能,比 CD 更具个性,随时可以拥有一张属于自己的 MD 专辑。MD 的产品包括 MD 随身听、MD 床头音响、MD 汽车音响、MD 录音卡座、MD 摄像机和 MD 驱动器等。

3. AIF/AIFF

这是苹果公司开发的一种声音文件格式,支持 MAC 平台,支持 16 位 44.1kHz 立体声。

4. AU

这是 SUN 的 AU 压缩声音文件格式,只支持 8 位的声音,是互联网上常见的声音文件格式,多由 SUN 工作站创建。

5. CDA

这是 CD 音轨文件。

6. CMF

这是 Creative 公司开发的一种类似 MIDI 的声音文件。

7. DSP

DSP 是 Digital Signal Processing(数字信号处理)的简称。通过提高信号处理方法,音质会极大地改善,歌曲会更悦耳动听。

8. S3U

S3U 即 MP3 播放文件列表。

9. RMI

RMI 即 MIDI 乐器序列。

3.3   使用 GoldWave 编辑声音

GoldWave 软件的界面包括编辑器和播放器两部分。编辑器用于加工和处理数字音频文件,具备全部编辑功能;播放器用于随时监听编辑效果。

编辑器的界面自上而下分别是:菜单栏、工具栏、左声道波形图、右声道波形图和状态栏,如图 3-4 所示。

(1)菜单栏主要用于文件操作、编辑操作、效果合成、界面显示状态设定、编辑工具显示状态、操作状态设置、窗口显示模式以及帮助信息。

(2)工具栏提供便捷的编辑工具,比使用编辑菜单方便得多。

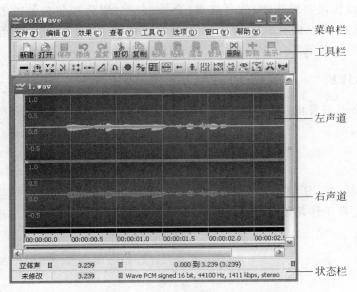

图 3-4　GoldWave 软件的主界面编辑器

（3）状态栏用于显示当前音频信号的采样频率、时间长度、编辑区间的时间长度等信息。

设备控制窗口一般默认是打开的，如果默认是关闭的可以单击按钮 Windows→Classic Controls 打开，如图 3-5 所示。

设备控制窗口的作用是播放声音以及录制声音，窗口各部分的作用如图 3-6 所示。

"按钮 1 设置播放"按钮：播放整个声音文件，其播放与编辑区域无关。

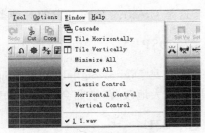

图 3-5　打开设备控制窗口

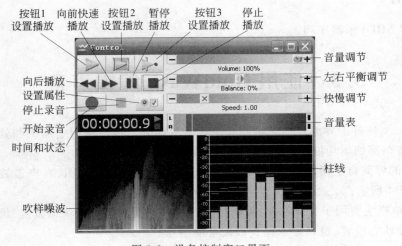

图 3-6　设备控制窗口界面

"按钮 2 设置播放"按钮：播放编辑区域内的声音。

"按钮 3 设置播放"按钮：从当前位置播放声音文件。

3.3.1　录制声音

装上麦克风，运行 GoldWave，选取 File→New 菜单，新建一文件，这时会弹出一个对话框，如图 3-7 所示。

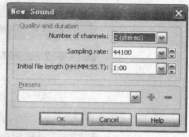

有 9 种快速设置模式供选取录制声音的音质，包括 Voice（语音音质）、FM/AM Radio（收音机音质）、CD（CD 音质）、Telephone（电话音质）和 DVD（DVD音质）等，也可以通过更改 Sampling rate（采样频率）和 Number of channels（声道数）（Mono 是单声道，Stereo 是立体声）来满足所需的录制音效。

图 3-7　新建音频文件对话框

在 Initial file length 里可以输入要录制音频的时间长度，其格式是"小时：分：秒.毫秒"。

一切选择就绪，单击 OK 按钮，就可以开始录制声音了。

按下"Device Controls"控制面板上的 Record 键后，就可以开始录制了，要结束时就按下结束按钮。

录音结束后，播放录音，如果效果满意，则选择 File→Save 菜单，保存文件。

3.3.2　编辑声音

首先，运行 GoldWave，选择 File→Open，如图 3-8 所示，打开文件选择窗口。

选取一个音频文件打开，加载完毕后会得该音频文件的波形图，如图 3-9 所示，这就是所选音频文件的波形。

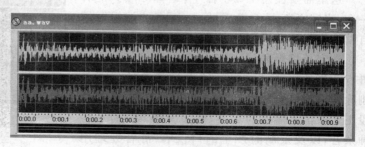

图 3-8　打开音频文件　　　　　图 3-9　音频文件波图

可以对该声音文件进行选择播放，如图 3-10 所示，会看到一个白色的进度线（图中白色竖线）当进度线走到所要截取编辑的地方时，可以利用设备控制窗口让进度线暂停，还可以通过按"快进"、"后退"等按键来修正进度条位置。当然，如果想准确定位音频波形的起始点和结束点，也可以直接把鼠标移到进度条上，单击设置为开始标记，右击设置为结束标记，如图 3-11 所示。

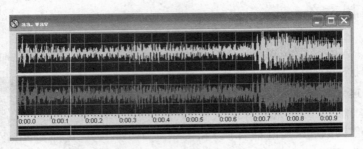

图 3-10　进度条

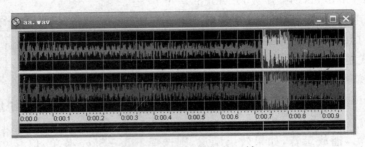

图 3-11　选择要编辑的区域

　　图 3-11 中背景为亮色的部分为选中部分，编辑区以外的部分背景为暗色，以示区别。在确定编辑区域后，编辑区域的波形密度一般很大，无法辨别波形细节，很难对其进行细致的编辑。单击 View→Selection 或者 ▨（选择）按钮，展开编辑区域内的波形，得到如图 3-12 所示的波形。

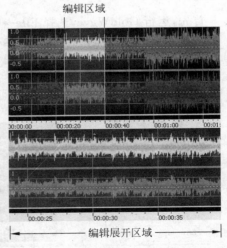

图 3-12　波形展开前后对比

　　这里需要注意：编辑器中，编辑区域只能有一个，当定义新的编辑区域时，原有的编辑区域自动消失。

　　选定了编辑区域，现在可以开始对音频文件进行适当的修改了。音频编辑最简单的形式是删除片段、静音处理和剪贴片段。其中，删除片段用于取消不需要的部分，例如噪声、嘭啪声、各种杂音，以及录制时产生的口误等；静音处理用于把声音片段变成无声的静音；剪贴片段则用于重新组合声音，将某段"剪"下来的声音粘贴到当前声音的其他位置，或者粘贴到新的音频文件中。下面分别介绍几种常用编辑声音的方法。

1. 删除声音片段

首先选择 File→Open 菜单,调入一个音频文件,然后在编辑器中,分别用鼠标的左、右键确定编辑区域。选择 Edit→Delete(删除)按钮,编辑区域被删除,其中的声音波形也一并被删除。

2. 静音处理

首先确定编辑区域,然后选择 Edit→Mute,该区域变成静音。与删除声音片段不同的是,变成静音的编辑区域仍然存在,其时间长度不变,只是该段波形没有了。静音处理通常用于去除语音之间的噪声、音乐首尾的噪声。

3. 剪贴片段

首先确定编辑区域,该区域将是被剪切的内容。单击按钮 ，或者选择 Edit→Cut,编辑区从波形图中被剪切下来。然后用单击波形图的某一位置或某一段要覆盖的区域(确定插入的位置),单击按钮 （粘贴)或者选择 Edit→Paste,编辑区域的波形就被粘贴到波形图中的新位置上了。

4. 声道的选择编辑

1) 选择声道

GoldWave 可以对左、右声道进行分别编辑。在波形区右击,选择 Channel,单击则当前编辑声道为左声道,双击为编辑右声道,再次单击则恢复双声道同时编辑状态。

2) 声道的编辑

不论是一个声道还是两个声道,GoleWave 软件都能进行有效的编辑,需要指出的是,在对某个声道进行删除片段、剪切片段等改变时间长度的操作时,该声道与另一个声道在时间长度上产生差异,导致声音不同步,应尽量避免这种情况的发生。

3) 左右声道对调

双声道的左右声道对调只在立体声播放的场合有效,否则听不出声道的变化。单击 （Exchange/频道对调)按钮,即可将左、右声道对调。如果事先确定了编辑区域,则编辑区域内的声道对调。声道对调经常用于类似卡拉 OK 的场合,例如,在编辑时,左声道是背景音乐,右声道是解说词,希望对换位置时,对调声道即可。

GoldWave 还提供了一些其他的特效编辑功能,下面简单介绍几个。

1. 淡入淡出

所谓"淡入"和"淡出",是指声音的渐强和渐弱,通常用于两个声音素材的交替切换、产生渐近渐远的音响效果等场合。淡入与淡出的过渡时间长度由编辑区域的宽窄决定。

首先确定编辑区域,一般情况下,编辑区域总是位于声音素材的开始和末尾两端。

（1）制作淡入效果。单击 （淡入）按钮，显示如图 3-13 所示的淡入效果控制界面。调整滑块，改变初始音量与当前音量间的差距，从而改变淡入的效果。滑块越接近左端，初始声音越小，逐渐变强到当前音量。调整结束后，单击 OK 按钮。

（2）制作淡出效果。单击 （淡出）按钮，显示如图 3-14 所示的淡出效果控制界面。调整滑块，确定淡出的最终音量。滑块越接近右端，最终音量越小，从当前声音逐渐减弱到最终音量。调整结束后，单击 OK 按钮。

图 3-13　淡入效果调整控制界面　　　　图 3-14　淡出效果调整控制界面

最终在声音素材两端生成淡入淡出效果的波形图如图 3-15 所示。在聆听声音效果时，有渐近和渐远的感觉。

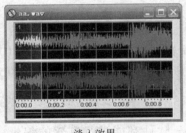

淡入效果　　　　　　　　　　　　淡出效果

图 3-15　淡入淡出效果

2. 频率均衡控制

频率均衡控制是指对声音素材的低音区、中音区、高音区各个频段进行提升和衰减等控制，使声音的层次和频段分布更符合要求。这一技术从根本上改变了音频文件的固有频率均衡值。

首先调入声音素材，确定编辑范围。如果对整个声音素材进行处理，可选择 Edit→Select All，将全部声音纳入编辑区域。

单击 按钮，显示如图 3-16 所示的频率均衡调整界面。

在界面中，各个频率段上有其对应的调整滑块、滑块与标尺显示，单位是 dB。根据需要移动滑块的位置，从而达到调整各个频段声音强弱（即所谓频率均衡）的目的，调整完毕，单击 OK 按钮。稍微等待一段时间，待处理结束后，可聆听处理效果。

3. 混响时间

混响时间的长短部分地改变音色。混响时间短,声音干涩,声音就像在附近发出的一样;混响时间长,声音圆润,具有空旷感。

产生混响效果的基本原理是:把指定编辑区域内的声音滞后一小段时间再叠加到原来的声音上,叠加的声音音量和滞后时间长度均可进行调整,以产生不同的混响效果。

首先确定编辑区域,然后单击 ↘(回声)按钮,显示如图 3-17 所示的混响调整界面。在界面中,调整延迟滑块,改变滞后时间的长短,其单位是 ms。滞后时间越长,混响效果越明显。调整音量滑块,调整重复叠加声音的音量。重复叠加的音量应该小于原来声音的音量。最后单击 OK 按钮。聆听处理效果,直到满意为止。

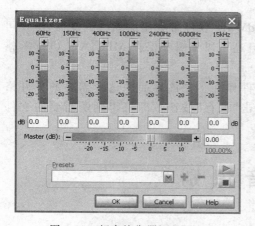

图 3-16　频率均衡器调整界面

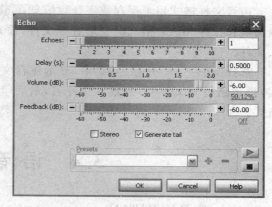

图 3-17　调整混响参数界面

3.3.3　制作特殊音效

特殊音效是计算机通过各种复杂的数字运算,对声音进行特殊处理所产生的特殊的声音效果。典型的特殊声音效果有机器人声音和倒序声音。

1. 机器人声音

所谓机器人声音,是把原始声音加工成类似机器人发出的声音。某些科幻电影中的机器人发出的就是这种声音。

首先确定编辑区域,然后单击 ✿(机械化)按钮,显示如图 3-18 所示的参数调整界面。在界面中移动质量滑块,改变机器人声音的强度,然后单击 OK 按钮。聆听效果,直

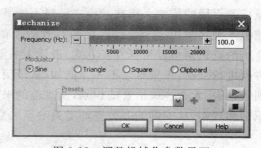

图 3-18　调整机械化参数界面

到得到满意的机器人声音为止。改变后的声音波形较改变之前,波形密度变小,分布更规律,音色改变。

2. 倒序声音

倒序声音的基本原理是:将声音波形数据按时间反向排列,播放出来的效果像宇宙语,没有人能听懂,这是计算机独有的声音效果。倒序声音可以用于声音的加密传输,只有对方采用相同的软件,进行相同的倒序处理,才能听到原有的声音。

确定编辑区域,然后单击←(倒序)按钮,编辑区域内的声音就被变为倒序声音。在电影《泰山》中,导演就是把狮喉倒放,并与正序的虎啸合成为泰山的叫声。

3.3.4 保存声音文件

声音文件格式用于保存数字音频信息,GoldWave 软件带有压缩算法编译器,不仅可以编辑和保存 WAV 格式的波形音频文件,而且还可以编辑和保存 MP3、AU、Ogg 等格式文件。

选择"文件"→"另存为"菜单,显示保存文件界面。在该界面中选择需要的文件格式,指定路径和文件夹,并输入文件名,最后单击"保存"按钮。即可得到所需要的文件格式。

3.4　语　音　识　别

3.4.1　语音识别概述

语音识别技术就是让计算机(或机器)通过识别和理解人类的语音信号,并转换为相应的文本或命令的技术,是一门研究让机器能听懂人类自然语言的技术,相当于给机器装上一个人工的"耳朵"。听懂有两层含意:第一层是将这种口述语言逐词(字)逐句地转换为相应的文字,例如对口授文章做听写;第二层则是对口述语言中所包含的要求或询问做出正确的反应,而不拘泥于所有词都能正确转换为书面文字。语音识别和语音合成相结合,构成了一个完整的"人机对话通信系统"。由于计算机的迅速应用和普及,通过键盘、鼠标等手段的传统人机交互模式已经不能满足人与机器之间的交互要求,人们非常希望能把人类之间快速、方便、直接和高效的通信方式——自然语音作为人机之间通信的媒介。语音识别可以根据发音方式、说话人的限制、所要识别的词表大小和说话内容范围等方面进行分类,识别难度不一。例如,从最简单的小词表、特定人物的语音、孤立发音识别到大词表、大众连续语音的识别,从规范的书面朗读语言识别到完全不限领域的自然口语识别和理解,从安静的办公室环境到嘈杂的室外环境等。

3.4.2　语音识别技术的发展

1952 年，AT＆T Bell 实验室的 Davis 等人研制出第一个可识别 10 个英文数字的特定人语音增强系统——Audry 系统。1956 年，美国普林斯顿大学 RCA 实验室的 Olson 和 Belar 等人研制出能识别 10 个单音节词的系统，该系统采用带通滤波器组获得的频谱参数作为语音增强特征。1959 年，Fry 和 Denes 等人尝试构建音素器来识别 4 个元音和 9 个辅音，并采用频谱分析和模式匹配进行决策。这就大大提高了语音识别的效率和准确度。从此计算机语音识别技术受到了各国科研人员的重视并开始从事语音识别的研究。20 世纪 60 年代，苏联的 Matin 等人提出了语音结束点的端点检测，使语音识别水平明显上升；Vintsyuk 提出了动态编程，这一方法在以后的识别中不可或缺。20 世纪 60 年代末、70 年代初的重要成果是提出了信号线性预测编码（LPC）技术和动态时间规整（DTW）技术，有效地解决了语音信号的特征提取和不等长语音匹配的问题；同时提出了矢量量化（VQ）和隐马尔可夫模型（HMM）理论。语音识别技术与语音合成技术的结合使人们能够摆脱键盘的束缚，取而代之的是像语音输入这样的便于使用的、自然的、人性化的输入方式，它正逐步成为信息技术中人机交互的关键技术。

3.4.3　语音识别系统的原理

语音识别系统本质上是一种模式识别系统，包括特征提取模块、模式匹配、参考模式库三个基本单元，它的基本结构如图 3-19 所示。

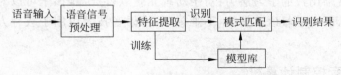

图 3-19　语音识别系统基本结构

语音识别基本原理就是将输入的语音，经过处理后，运用某种算法将其和语音模型库进行比较，从而得到识别结果。其基本流程如下。

预处理模块：对输入的原始语音信号进行处理，滤除掉其中的不重要的信息以及背景噪声，并进行语音信号的端点检测、语音分帧以及预加重等处理。

特征提取模块：负责计算语音的声学参数，并进行特征的计算，以便提取出反映信号特征的关键特征参数用于后续处理。现在较常用的特征参数有线性预测（LPC）参数、线谱对（LSP）参数、LPCC、MFCC、ASCC、感觉加权的线性预测（PLP）参数、动态差分参数和高阶信号谱类特征等。其中，Mel 频率倒谱系数（MFCC）参数因其良好的抗噪性和鲁棒性而得到广泛应用。

训练模块：用户输入若干次训练语音，经过预处理和特征提取后得到特征矢量参数，建立或修改训练语音的参考模式库。

识别模块：将输入的语音提取特征矢量参数后与参考模式库中的模式进行相似性度量比较，并结合一定的判别规则和专家知识(如构词规则、语法规则等)得出最终的识别结果，并以友好的人机交互界面呈现出来。

3.4.4　语音识别技术的应用

语音识别技术的应用比较广泛，经常应用在军事、教育、娱乐和其他信息技术领域。

1. 语音识别技术在军事领域上的应用

随着军队现代化建设水平的提高和新战争形态的出现，最近十多年内语音识别技术军事化应用非常广泛。目前研究比较多的是语音识别技术在军事作战文书自动化过程中的应用、在智能武器装备开发领域的应用、在军事测试设备的应用和军队智能话务台的应用等。

2. 语音教学软件

就教育领域来讲，语音识别技术的最直接的应用就是帮助用户更好地练习语言技巧。在过去，用户只是通过简单的模仿来进行学习，而无法精确地比较自己发音的差异。而采用语音识别技术，计算机可以对用户的发音进行评测和纠正。例如，使用 Talk to Me 教学软件时，用户跟着计算机说完一句话后，计算机会同时显示标准发音和用户发音的波形比照图，并给出分数。用户通过比较波形图就可以发现自己在某个发音细节方面的差异，并且可以反复对比倾听来体会这种差异。同时，基于语音比较技术给出的分数也更具有公正性，并可以激励用户的学习潜力；对于幼教儿童软件产品，孩子可以对着话筒指挥动物做各种动作，从而来学习语言技能，不难想象，将语音技术应用于教育方面的空间是极其巨大的。

3. 通过语音控制计算机

随着语音识别技术的应用，用户可以通过话音操作计算机，计算机将会成为用户交谈的伙伴，用户只需要对着话筒说话，就可以实现那些隐藏在 Windows 层层菜单后面的功能。目前，国际商用机器公司(IBM)在这方面已经有了成熟的产品。语音输入已经取代键盘和鼠标成为人们与计算机交流的又一方式。例如，KTV 的点歌系统可以应用语音识别技术，用户只需说出歌曲或者歌手的名字，系统会自动检索到想要的歌曲。

4. 听写系统

IBM 较早地进行了听写技术的商品化应用，该系统不仅能够听写英文，也实现了中文连续语音识别，这标志着中文语音识别技术划时代的进展。目前的系统还实现了非特定语音的识别，中文输入速度可达到平均每分钟 150 字，平均最高识别率达到 95%，并具有"自我"学习的功能，很显然这将大大降低计算机应用的障碍，并简化了信息处理的方式。

5．信息查询

由于语音识别技术使得计算机能够听懂指令，因此，将语音识别、语言理解与大量的数据库检索和查询技术相结合，就能够实现更轻松的信息查询方式。比如，图书馆的资料信息将能够对来自用户的语音输入进行理解，并将它转化为相应的指令，从数据库中获取结果并返回给用户。公司的决策者也不用再花很多时间来研究如何使用软件，他只要对着计算机表达出他所需要的信息就可以了，使用者通过简单的命令就可以获得当前的资料。

6．网上交谈

用户对着话筒说话，计算机将及时把它转换成文字并发送出去。理想的网上交谈是语音识别技术、机器翻译技术和语音合成技术的结合，这意味着当用户面对世界上任何地方的某个人时，虽然彼此并不懂对方的语言，却可以自由地交谈。当用户对着话筒说完后，计算机会识别用户的语音并转化为文字，而机器辅助翻译则会马上将这些文字翻译成对方的文字并传送过去，对方的计算机则将这些文字再合成为语音并读出来，整个过程类似于"同声传译"，只是计算机在这里充当了翻译的角色。

7．电话查询

目前在电话系统中采用语音识别技术比较普遍，如银行、通信和信息服务等公司都使用语音系统帮助用户。电话端的计算机系统处理来自查询者的信息并做出相应的应答，比如查询天气信息、公司特定员工电话号码等。贝尔实验室是这方面的先驱，电话语音识别技术将能够实现电话查询、自动接线以及一些专门业务如旅游信息等操作，但电话语音识别的难度还包括对冗余信息的处理，因为人们的日常口语中的词多数是没有特定意义的。

8．电子商务

随着网络技术的进一步发展，电子商务也日渐流行。采用语音识别技术和电子商务相结合的方法，将创造出一种全新的电子交易方式，用户只需要坐在家中，通过向计算机发布命令就可以实现网上购物。用户不仅可以足不出户就能够"逛"商场，购买到所需要的东西，而且这种语音交流的方式比起网上购物更具有亲和力，同时也为人类的工作和生活带来了极大的便利。

9．语音导航

语音技术还可以用于 GPS 导航系统，通过语音输入可以确定用户的目的地等。

总之，语音识别的应用以及人机界面自然化的发展前途无限，但目前语音识别仍然处在起步阶段，要在复杂的背景声音环境下实现高精度的语音识别仍有许多关键技术需要解决。

3.4.5 语音识别技术面临的问题

尽管语音识别取得了很大成功,但是距离真正的人机自由交流还有很大的距离。例如,目前计算机还需要对用户做大量训练才能更准确识别,用户的语音识别率也并不是尽如人意。目前的主要问题有以下几个方面。

1. 算法模型需要有进一步的突破

目前使用的语言模型只是一种概率模型,还没有用到以语言学为基础的文法模型,而要使计算机确实理解人类的语言的语义,就必须在这一点上取得进展。

2. 识别系统的环境适应性差

主要表现在对环境要求高,特别是在高噪声环境下语音识别性能还不理想。

3. 其他问题

语音识别系统从实验室演示系统到商品的转化过程中,还有许多具体问题需要解决。例如,识别速度、识别的准确度、选择性输入及环境的干扰等问题。面对上面的困难,语音识别技术要做到真正的成功,在任何环境中都能进行自由的人机对话,不仅需要语音识别基础理论的突破,更需要大量实际工作的积累。

3.4.6 语音识别技术的前景展望

近年来,语音识别技术已经取得了巨大的进展,如在大词表、不同人的语音、连续语音的识别等方面。目前世界上最先进的电话语音识别系统——Nuance 8.5 对大多数说话人的词识别错误率已降低到 5%～10%的水平。如果加入说话人自适应技术,则对大多数人来说其错误率可进一步下降到 5%以下。目前语音识别的研究重点正转向特定应用领域的口语识别和理解上。而基于口语识别、机器翻译和语音合成的多语种口语互译系统的研究也受到了各方面的重视,它将对不同语种人类之间的自由通信发挥更大的作用。

语音识别技术是非常重要的人机交互技术,应用语音的自动理解和翻译,可消除人类相互交往的语言障碍,国外已有多种基于语音识别产品(如声控拨号电话、语音记事本等)的应用,事实证明大量的语音识别产品已经进入市场和服务领域。随着语音技术的进步和通信技术的飞速发展,未来人们就可以通过互联网采用语音识别技术查询有关的机票、旅游、银行信息。可以预测,在未来 10 年内,语音识别技术将进入工业、家电、通信、汽车电子、医疗、家庭服务、消费电子产品等各个领域,将对经济和社会发展起到积极的作用。

3.4.7　语音识别实例

本节介绍 Windows 语音识别技术的实例，Windows 语音识别是一个辅助工具，该工具能够帮助用户用语言的形式和计算机进行交互，用户可以通过语音实现人机对话。Windows 语音识别工具使用步骤如下。

1. 启动

选择"开始"→"附件"→"轻松访问"→"Windows 语音识别"命令，如图 3-20 所示，就可以启动 Windows 语音识别工具。

2. 使用

如果第一次使用语音识别工具，那么将会有一个语音识别的教程，这个教程很详细，可以让用户在短时间内学会语音输入的规则。

如果教程结束后，那么就可以使用这个语音识别工具了。

例如，首先说："开始聆听"，然后说："启动记事本"，再大声说："多媒体技术"。计算机会有相应的反应。图 3-21 显示了语音识别工具处于聆听的状态，图 3-22 显示通过语音打开的记事本程序并输入了"多媒体技术"这几个字。

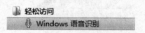

图 3-20　Windows 语音识别在程序组中的位置

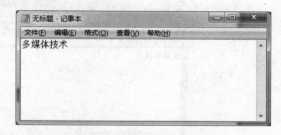

图 3-21　语音识别工具处于聆听状态　　　　图 3-22　语音输入的界面

3. 语音识别开发工具包

如果想要体验更多或对语音识别的开发感兴趣的同学，可以学习微软的 Speech SDK，可以上微软官方网站下载该开发工具包，下载的地址如下：

（1）下载并安装 Microsoft Speech SDK 5.1(68MB)。

http://download.microsoft.com/download/speechSDK/SDK/5.1/WXP/EN-US/speechsdk51.exe

（2）下载并安装 Microsoft Speech SDK 5.1 Language Pack（81.5MB），该语言包可以支持中文语音识别，下载地址如下：

http://download.microsoft.com/download/speechSDK/SDK/5.1/WXP/EN-US/speechsdk51LangPack.exe

安装完成后，里面有许多精彩的实例，在这里以使用该 SDK 中语音识别的例子——

Dictation Pad。

打开 Dictation Pad 程序的步骤如下：

"开始"→"所有程序"→Microsoft Speech SDK 5.1→C++ Samples→Dictation Pad

图 3-23 和图 3-24 为程序的初始界面，当启动 Dictation Pad 程序后，该程序处于图 3-23 所示的聆听状态。

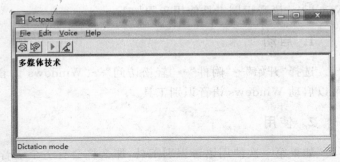

图 3-23　工具处于聆听状态　　　　　　　　图 3-24　语音输入的状态

在工具处于聆听状态时开口说："多媒体技术"或直接手动输入"多媒体技术"均能出现图 3-24 的效果。

单击"播放"按钮（绿色的三角形）时，电脑读出当前文本框里的文字，如图 3-25 所示。

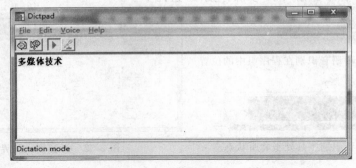

图 3-25　播放记事本的文字

Microsoft Speech SDK 提供了安装的各个 C++ 样例的源代码。查看源代码的方式为：

找到 Microsoft Speech SDK 5.1 的安装目录，假设 Microsoft Speech SDK 5.1 安装在 C:\Program Files 下，只需继续找到路径 C:\Program Files\Microsoft Speech SDK 5.1\Samples\CPP，在 CPP 文件夹下有所有的 C++ 样例的源文件，比如用 Microsoft Visual C++ 6.0 打开 C:\Program Files\Microsoft Speech SDK 5.1\Samples\CPP\TalkBack 目录下的 talkback.cpp 文件。

不过我们现在还不能直接编译连接，因为此时 VC 6.0 环境中需要包含与语音识别有关的相应的头文件和 lib 头文件，所以在编译连接之前，我们需要做如下工作：

（1）在 VC 6.0 的工具（Tools）/选项（options）/目录（Directories）/Include files 中加

上 Speech SDK 5.1 安装路径的 include 文件夹（本例就是"C：\PROGRAM FILES\MICROSOFT SPEECH SDK 5.1\INCLUDE"）；

（2）在工具（Tools）/选项（options）/目录（Directories）/Library files 中加上 Speech SDK 5.1 安装路径下的 lib 文件夹（本例就是"C：\PROGRAM FILES\MICROSOFT SPEECH SDK 5.1\LIB"）。

当然你也可以不用上述方法，而采用最直接的方法，就是将 Speech SDK 5.1 安装路径下的 Include 和 Lib 文件夹里的所有文件分别拷贝到 Microsoft Visual C++ 6.0 安装路径下的 Include 文件夹和 Lib 文件夹下。

微软的语音识别，在这里我们简称它为 SR（Speech Recognition），SR 分为两种模式的监听。

第一种模式：任意监听，即随意输入语音，监听对象将最为接近的字、词或者句子反馈出来，即为填空题的形式。

第二种模式：划定范围监听，制定一组被选项作为监听目标，用户的语音输入被反馈成最为接近的一个选项，即为选择题的模式。

而我们的样例 talkback 就是用 C++ 来完成一道语音识别的填空题，现在就来看看 talkback.cpp 的部分源代码。

```
/************        talkback部分代码        *************/
if (SUCCEEDED(hr=::CoInitialize(NULL)))
    {
        {
            CComPtr< ISpRecoContext>cpRecoCtxt;
            CComPtr< ISpRecoGrammar>cpGrammar;
            CComPtr< ISpVoice>cpVoice;
            hr=cpRecoCtxt.CoCreateInstance(CLSID_SpSharedRecoContext);
            if(SUCCEEDED(hr))
            {
                hr=cpRecoCtxt->GetVoice(&cpVoice);
            }

            if (cpRecoCtxt && cpVoice &&
SUCCEEDED(hr=cpRecoCtxt->SetNotifyWin32Event())
&&SUCCEEDED(hr=cpRecoCtxt->SetInterest(SPFEI(SPEI_RECOGNITION),
SPFEI(SPEI_RECOGNITION)))
&&SUCCEEDED(hr=cpRecoCtxt->SetAudioOptions(SPAO_RETAIN_AUDIO, NULL, NULL))
&&SUCCEEDED(hr=cpRecoCtxt->CreateGrammar(0, &cpGrammar))
&&SUCCEEDED(hr=cpGrammar->LoadDictation(NULL,SPLO_STATIC)) &&SUCCEEDED(hr=
cpGrammar->SetDictationState(SPRS_ACTIVE))
)
        {
        USES_CONVERSION;
```

```
const WCHAR * const pchStop=StopWord();
CComPtr<ISpRecoResult>cpResult;

printf( "I will repeat everything you say.\nSay\"%s\" to exit.\n", W2A
(pchStop));

while (SUCCEEDED(hr=BlockForResult(cpRecoCtxt, &cpResult)))
{
    cpGrammar->SetDictationState( SPRS_INACTIVE );

    CSpDynamicString  dstrText;

      if (SUCCEEDED (cpResult - > GetText (SP _ GETWHOLEPHRASE, SP _
    GETWHOLEPHRASE,
                        TRUE, &dstrText, NULL)))
     {
    printf("I heard:  %s\n", W2A(dstrText));

        if (fUseTTS)
        {
            cpVoice->Speak( L"I heard", SPF_ASYNC, NULL);
            cpVoice->Speak( dstrText, SPF_ASYNC, NULL );
        }

        if (fReplay)
        {
            if (fUseTTS)
                cpVoice->Speak( L"when you said", SPF_ASYNC, NULL);
            else
                printf ("\twhen you said...\n");
                cpResult->SpeakAudio(NULL, 0, NULL, NULL);
        }

        cpResult.Release();
    }
    if (_wcsicmp(dstrText, pchStop)==0)
    {
        break;
    }

    cpGrammar->SetDictationState( SPRS_ACTIVE );
  }
 }
 }
```

```
    ::CoUninitialize();
}
/*********************************************************/
```

一些关键的语法解释如下。

1. 初始化 COM 端口

在 Dll 中调用 COM 时必须先用 CoInitialize(NULL)初始化 COM,代码如下:

```
::CoInitializeEx(NULL);                          //初始化 COM
```

2. 创建识别引擎

微软 Speech SDK 5.1 支持两种模式:共享(Share)型和独享(InProc)型。一般情况下可以使用共享型,大的服务型程序使用独享型。在这里我们只探讨共享型,代码如下:

```
hr=cpRecoCtxt.CoCreateInstance(CLSID_SpSharedRecoContext);
```

3. 3 个接口对象

```
CComPtr< ISpRecoContext>cpRecoCtxt;              //文本
CComPtr< ISpRecoGrammar>cpGrammar;               //语法
CComPtr< ISpVoice>cpVoice;                       //语音
```

4. 设置识别事件对象

调用 SetNotifyWin32Event() 告诉 Windows 哪个是我们的识别事件,需要进行处理。代码如下:

```
hr=cpRecoCtxt->SetNotifyWin32Event();
```

5. 设置我们感兴趣的事件对象

其中最重要的事件是"SPEI_RECOGNITION",参照 SPEVENTENUM。代码如下:

```
hr=cpRecoCtxt->SetInterest(SPFEI(SPEI_RECOGNITION), SPFEI(SPEI_RECOGNITION))
```

6. 创建语法规则

语法规则是识别的灵魂,必须要设置。分为两种,一种是听说式(Dictation),一种是命令式(Command and Control,C&C),这里我们只介绍听说式。

首先,利用 ISpRecoContext::CreateGrammar 创建语法对象,然后加载不同的语法规则,代码如下:

```
hr=cpRecoCtxt->CreateGrammar(0, &cpGrammar);              //创建语法对象
```

```
hr=cpGrammar->LoadDiction(NULL, SPLO_STATIC) ;        //加载语法规则
```

7. 激活语法进行识别

```
cpGrammar->SetDictationState( SPRS_ACTIVE );
```

8. 获取识别事件对象，进行处理

截获识别事件对象，然后处理。识别的结果放在 CSpEvent 的 ISpRecoResult 中。代码如下：

```
* ppResult=event.RecoResult();
//经过内联函数 BlockForResult 处理后,cpResult 保存识别的结果
```

然后 cpResult 对象调用 GetText 方法得到语音消息的整个字符串,本例得到的字符串赋予了dstrText。

图 3-26   工具处于聆听状态

图 3-26 至图 3-28 是该程序运行后的几个界面。

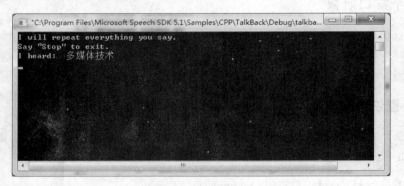

图 3-27   计算机聆听界面

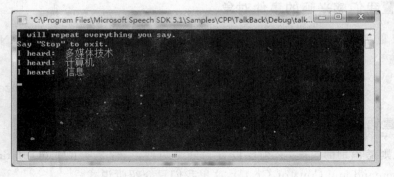

图 3-28   计算机聆听界面

在工具处于聆听状态下大声说："多媒体技术",计算机会识别该语音,如图 3-27 所示,而且机器会发出声音："I heard：多媒体技术"。

你可以继续重复上述操作,大声说:"计算机","信息",效果如图 3-28 所示。

注意:当我们喊"stop",计算机一旦"听懂"就会停止运行程序并且关闭退出,由于本实例的实验采用了 Microsoft Speech SDK 5.1 Language Pack 里的中文语音识别,计算机"听不懂"英文,可以采取的措施有两种:

(1) 不用 Microsoft Speech SDK 5.1 Language Pack 做英文的语音识别;

(2) 修改源代码,只需要将 const WCHAR * StopWord()函数里的语句 pchStop = L"Stop";修改为 pchStop = L"退出"。

再次运行时,当我们大声说"退出"时就可以退出该应用程序。Talkback 实例的完整代码也在光盘中给出。

3.5 习　　题

一、选择题

1. 声波不能在_____中传播。
  A. 水　　　　　　　 B. 空气　　　　　　 C. 墙壁　　　　　　 D. 真空

2. 下列选项不属于声音的重要指标的是_____。
  A. 频率　　　　　　 B. 音色　　　　　　 C. 周期　　　　　　 D. 振幅

3. 下列选项表示波的高低幅度即声音的强弱的是_____。
  A. 频率　　　　　　 B. 音色　　　　　　 C. 周期　　　　　　 D. 振幅

4. 下列选项表示两个相邻的波之间的时间长度的是_____。
  A. 频率　　　　　　 B. 音色　　　　　　 C. 周期　　　　　　 D. 振幅

5. 下列选项表示每秒钟振动的次数的是_____。
  A. 频率　　　　　　 B. 音色　　　　　　 C. 周期　　　　　　 D. 振幅

6. 自然界的声音是信号,要使计算机能处理音频信号必须将其_____,这种转换过程即声音的数字化。
  A. 连续变化的模拟离散化　　　　　　 B. 离散变化的模拟连续化
  C. 连续变化的数字离散化　　　　　　 D. 离散变化的数字连续化

7. 对声音信号进行数字化处理,是对声音信号_____。
  A. 先量化再采样　 B. 仅采样　　　　 C. 仅量化　　　　 D. 先采样再量化

8. 对声音信号进行数字化处理首先需要确定的两个问题是_____。
  A. 采样频率和量化精度　　　　　　 B. 压缩和解压缩
  C. 录音与播放　　　　　　　　　　 D. 模拟与压缩

9. 对声音信号进行数字化时,间隔时间相等的采样称为_____采样。
  A. 随机　　　　　　 B. 均匀　　　　　　 C. 选择　　　　　　 D. 模拟

10. 对声音信号进行数字化时,用多少个二进制位来存储表示数字化声音的数据,称为_____。
  A. 采样　　　　　　 B. 采样频率　　　　 C. 量化　　　　　　 D. 量化精度

11. 对声音信号进行数字化时,每秒钟需要采集多少个声音样本,称为_____。
    A. 压缩　　　　　　 B. 采样频率　　　　 C. 解压缩　　　　　 D. 量化精度
12. 奈奎斯特采样理论指出,采样频率不低于声音信号最高频率的_____倍。
    A. 1　　　　　　　　 B. 2　　　　　　　　 C. 3　　　　　　　　 D. 4
13. 从听觉角度看,声音不具有_____要素。
    A. 音调　　　　　　 B. 响度　　　　　　 C. 音长　　　　　　 D. 音色
14. 声音的高低叫做_____,它与频率_____。
    A. 音调,无关　　 B. 音调,成正比　 C. 音调,成反比　 D. 响度,无关
15. 下列表示人耳对声音音质的感觉的是_____。
    A. 音调　　　　　　 B. 响度　　　　　　 C. 音色　　　　　　 D. 音量
16. 从电话、广播中分辨出熟人是根据的不同_____,它是由谐音的多寡、各谐音的特性决定的。
    A. 音色　　　　　　 B. 响度　　　　　　 C. 频率　　　　　　 D. 音调
17. 音色又称音品,它与_____有关。
    A. 响度　　　　　　 B. 振幅　　　　　　 C. 频率　　　　　　 D. 音调
18. 响度即声音的响亮程度,它与_____有关。
    A. 音色　　　　　　 B. 振幅　　　　　　 C. 频率　　　　　　 D. 音调
19. 人耳能够听到的声音信号是_____。
    A. 次声波　　　　　 B. 超声波　　　　　 C. 音频　　　　　　 D. 声波
20. 人们把频率范围为20Hz～20kHz的声音信号称为_____信号。
    A. 次声波　　　　　 B. 超声波　　　　　 C. 音频　　　　　　 D. 声波
21. 人们把高于20kHz的声音信号称为_____信号。
    A. 次声波　　　　　 B. 超声波　　　　　 C. 音频　　　　　　 D. 声波
22. 假设CD格式的某立体声音乐的采样频率是44.1kHz,量化位数为16bit,那么该音乐每分钟的数据量为_____。
    A. 42.336Mbps　　 B. 21.168Mbps　　 C. 10.584Mbps　　 D. 5.292Mbps
23. _____不属于波形编码器。
    A. 脉冲编码调制　 B. 自适应差分编码　 C. 自适应增量调制　 D. 线性预测编码
24. 语音的压缩技术通常采用_____技术。
    A. Huffman编码　 B. 波形编码　　　　 C. 行程编码　　　　 D. 算术编码
25. MP3的压缩比是_____。
    A. 1:2　　　　　　 B. 1:4　　　　　　 C. 1:6　　　　　　 D. 1:10

二、填空题

1. 声音的三个重要指标是_____、_____和_____。
2. 声音所具有的三个要素是指_____、_____和_____。
3. 笛子和小提琴演奏相同的乐曲时,我们能够正确地分辨出不同的乐器是因为它们的_____不同。

4. 按照人们听觉的频率范围,声音可分为_____、_____和_____三类,其中_____指频率低于 20Hz 的信号,_____指频率高于 20kHz 的信号,而_____指频率范围在 20Hz～20kHz 的声音信号。

5. 声音数字化分为两个步骤:_____和_____。

6. 采样就是将声音信号在时间上进行_____处理,即每隔相等的一段时间在声音信号波形曲线上采集一个信号样本(声音的幅度)。

7. 量化就是把采样得到的声音信号幅度转换成相应的数字值,将每一个值归入预先编排的最近的_____上,并赋予相同的_____。如果幅度的划分是等间隔的,就称为_____。

8. _____是指每个声音样本需要用多少位二进制数来表示,反映了度量声音波形幅度的精确程度。它的值越_____,数字化后的声音信号就越可能接近原始信号,但所需要的存储空间也越_____。

9. 数字化声音的技术指标包括量化精度、_____和_____等参数。

10. _____指单位时间内采样的次数。它的值越高,在一定的时间间隔内采集的样本数越_____,音质越_____,数字化声音的数据量越_____。

11. 数字化声音的数据量是由_____、量化精度、_____和声音持续时间所决定的。

12. 音频压缩技术按照语音的压缩编码方法可分为三类:_____、参数编码和_____,其中_____是基于语音波形的编码方法,_____是基于参数的编码方法,_____是在其他两种的基础上获得的编码方法。目前的音频压缩方法中,只有_____能用于音乐信号的压缩。

13. 声音压缩算法主要是利用_____和_____进行压缩的。

14. 语音信号中存在两种类型的相关性,即样点之间_____相关性和相邻基音周期之间存在的_____相关性。

15. 声卡的采样频率有 11.025kHz、22.05kHz 和_____kHz。

三、问答题

1. 声音的数字化概念,它包括哪几个步骤,并简述每个步骤的过程。
2. 怎样进行采样频率的选择?
3. 音频压缩技术按照语音的压缩编码方法进行分类,简述每种方法的思想及特点。
4. 简述语音压缩编码原理。

第 4 章

视频处理技术

视频信息是多媒体的重要组成部分,绝大多数的娱乐活动,如电影、电视、VCD、DVD、VOD、电子游戏,以及工作学习需要的可视电话、电视会议、多媒体邮件与视频检索等,都需要处理视频信号。

数字视频是由数字图像的时间序列构成的,其中每一幅数字图像称为一帧(Frame)。视频图像每秒播放帧的数量就是帧速率,播放视频图像时,通常帧速率在 25~30fps(帧/秒)时,视频内容看起来比较平滑,没有跳动的现象。

本章介绍视频图像处理的基础知识,主要包括视频图像的压缩基础、运动估计和补偿技术,以及视频图像压缩的各种国际标准,最后介绍了 Windows Movie Maker 软件的使用方法及制作实例。

4.1 视频压缩基础

在视频通信应用中,人们总是希望在有限的网络带宽下传输高质量的视频图像,因此视频质量的高要求和有限的网络带宽这一矛盾一直困扰着人们。通常情况下视频流占用的带宽越高则视频质量就越好;如要求高质量的视频效果,那么需要的网络带宽也越大;解决这一矛盾的钥匙当然是视频编解码技术。评判视频编解码技术优劣的方法,是比较在相同的带宽条件下,解码后视频质量的好坏;在相同的视频质量条件下,编码后占用的网络带宽的多少。

如果不进行压缩,一秒钟"电视质量"的数字视频图像信号需要 27MB 的存储或传输容量,对这种信号的实时传输远远超出了目前绝大多数网络的传输性能。而 2 个小时没有压缩的电影则需要 194GB 的存储空间,相当于 42 张 DVD 光盘或者 304 张 CD-ROM 光盘。所以数字视频信号必须经过压缩后才能被广泛使用。

图像和视频之所以能进行压缩,在于图像和视频中存在大量的冗余,如:时间冗余、空间冗余、知识冗余、信息熵冗余、结构冗余、视觉冗余、其他冗余等。因为视频图像的相邻帧是非常相似的,只是由于运动的存在,导致一定程度的帧差(相邻两帧的差值,体现了两帧之间的不同之处),所以在视频图像中主要存在的是时间冗余。

在数字图像压缩中,可以确定三种基本的数据冗余并加以利用:编码冗余(主要是信息熵冗余)、像素间冗余(包括空间冗余、几何冗余和时间冗余等)和心理视觉冗余(包括知识冗余、视觉冗余等)。当这三种数据冗余中的一种或多种得到减少或消除时,就实现了数据压缩。

编码是用尽量少的比特数表达尽可能多的灰度级以实现数据的压缩。当一幅图像的灰度级直接用自然二进制编码来表示时,会出现一些冗余,称为编码冗余。可以采用对图像进行取样描述的方法,减少编码冗余。

像素间冗余是指图像中各像素间的依赖性,可以根据相邻像素之间的相关性来减少此冗余。一帧图像内的任何一个场景都是由若干像素点构成的,因此一个像素通常与它周围的某些像素在亮度和色度上存在一定的关系,这种关系称作空间相关性;一个节目中的一个情节常常是由若干帧连续图像组成的图像序列构成的,一个图像序列中前后帧图像间也存在一定的关系,这种关系称作时间相关性。这两种相关性使得图像中存在大量的冗余信息。如果能将这些冗余信息去除,只保留少量非相关信息进行传输,就可以大大节省传输带宽。而解码端利用这些非相关信息,按照一定的解码算法,可以在保证一定的图像质量的前提下恢复原始图像。一个好的压缩编码方案就是要能够最大限度地去除图像中的冗余信息。

心理视觉冗余是指在正常的视觉处理过程中,对人的视觉不是十分重要的信息。这些冗余可以在不削弱图像感知质量的情况下消除。一般情况下是采用量化的方法来消除心理视觉冗余。因为在大多数的应用场合,并不要求复原图像和原图完全相同,而允许有一定量的失真,只要这些失真并不被人眼察觉,在许多情况下是完全可以接受的。图像质量允许的失真越多,可以实现的压缩比就越大。这种允许失真的编码称为有限失真编码。在多数应用中,一个图像编码方法如果能充分利用人眼的视觉特性,就可以保证在图像的主观质量达到要求的前提下取得较高的压缩比,这就是利用了心理视觉冗余度。

最后,还可以利用先验知识来实现图像和视频编码。在某些特定场合,编码对象的某些特性可预先知道。这时,可以利用对编码对象的先验知识为编码对象建立模型,通过提取模型参数,对参数进行编码而不对图像直接进行编码,可以达到非常高的压缩比,这也是基于模型编码方法的基本思想。例如,对头肩序列图像的编码,就可以利用人脸的对称性和结构性的先验知识进行编码。

4.2　运动估计和补偿

静态图像是三维物体在二维平面上的投影,三维物体具有深度、纹理和亮度属性,但投影形成的二维图像只有可以变化的纹理和亮度,没有深度变化。二维图像是三维物体在某一时刻的一个照片,而视频图像是三维物体在一个时间段内的连续的照片序列。

真实的视频场景在时间和空间上都是连续的。数字化视频图像是真实场景在一定规律的时间间隔内进行采样的结果,所以数字视频是视频场景在时空上的采样,采样点用像素来描述,这些采样点具有亮度和颜色信息。采样过程如图 4-1 所示。视频场景的捕获过程如图 4-2 所示,实时场景通过摄像机捕获后进行采样的数字化处理。

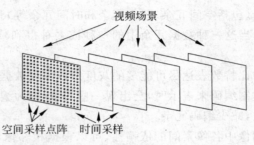

图 4-1　数字视频图像的采样过程

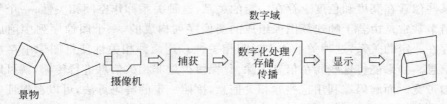

图 4-2　视频场景的捕获过程

视频图像编码方法的基本思想是：第一帧和关键帧，采用帧内编码方法（即静态图像的编码方法）进行压缩，而后续帧的编码根据相邻帧之间的相关性，只传输相邻帧之间的变化信息（帧差），帧差的传送采用运动估计和补偿的方法进行编码。

可以想象，如果视频图像只传输第一帧和关键帧的完整帧，而其他帧只传输帧差信息，可以得到较高的压缩比。

帧差的传送利用运动预测的方法进一步进行压缩。当前帧图像中的一个小方块（称为宏块）可以在上一帧图像中找到相似的块，这两个方块之间的位移（带方向的距离），称为运动矢量。图 4-3 表示了宏块在上一帧搜索窗口内寻找匹配块的过程。编码过程中可以只对当前帧中的方块和上一帧的相似块之间的差值和运动矢量进行编码传输，因为找到了相似块，块与块之间的差值会很小，可以用较少的比特数表示，因此进行了压缩。

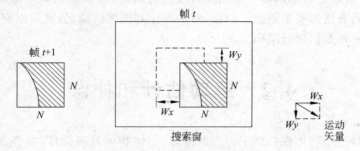

图 4-3　宏块在上一帧搜索窗口内寻找匹配块

编码时，对当前帧的每一个方块进行如下操作：

(1) 在前一帧中寻找当前块的相似块；

(2) 计算当前块和前一帧相似块之间的运动矢量；

(3) 计算当前块和前一帧相似块之间的帧差；

(4) 分别对运动矢量和帧差块进行编码。

把在前一帧寻找相似块的过程称为运动估计,得到的运动矢量称为运动估计参数。寻找相似块的运动估计一般限制在一定的区域,如图 4-4 所示。寻找相似块的操作可以分为两种类型:

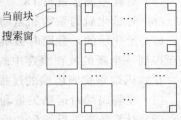

图 4-4　运动估计的搜索区域

(1) 全部搜索:在限制的搜索区域内对每一个可能的块进行比较,找到最相似的块,这种方法寻找的速度比较慢。

(2) 快速搜索:采用一定的算法,用较少的比较次数,找到最佳匹配块的近似块,这种方法搜索速度比较快。

匹配判决用来判断两个宏块的相似程度,一般用下面的几种方法进行表示。

(1) 绝对差值 AE。

$$AE = \sum_{i=0}^{15} \sum_{j=0}^{15} | f(i,j) - g(i-d_x, j-d_y) |$$

其中:i, j 分别表示宏块的横坐标和纵坐标($i = 0 \sim 15, j = 0 \sim 15$);$f(i,j)$ 表示当前帧中的宏块的灰度值,$g(i-d_x, j-d_y)$ 表示参考帧中的宏块在横坐标和纵坐标的偏移量为 (d_x, d_y) 处的灰度值。

(2) 均方误差 MSE。

$$MSE = \frac{1}{I \times J} \sum_{|i| \leqslant \frac{I}{2}} \sum_{|j| \leqslant \frac{J}{2}} [f(i,j) - g(i-d_x, j-d_y)]^2$$

其中:i, j 分别表示宏块的横坐标和纵坐标;I, J 分别表示宏块的横坐标和纵坐标的像素个数;$f(i,j)$ 表示当前帧中的宏块的灰度值,$g(i-d_x, j-d_y)$ 表示参考帧中的宏块在横坐标和纵坐标的偏移量为 (d_x, d_y) 处的灰度值。

(3) 平均绝对帧差 MAD 由下式给出。

$$MAD = \frac{1}{I \times J} \sum_{|i| \leqslant \frac{I}{2}} \sum_{|j| \leqslant \frac{J}{2}} | f(i,j) - g(i-d_x, j-d_y) |$$

其中:i, j 分别表示宏块的横坐标和纵坐标;I, J 分别表示宏块的横坐标和纵坐标的像素个数;$f(i,j)$ 表示当前帧中的宏块的灰度值,$g(i-d_x, j-d_y)$ 表示参考帧中的宏块在横坐标和纵坐标的偏移量为 (d_x, d_y) 处的灰度值。

如果在参考帧中找到了当前帧的最佳匹配块,并确定了运动矢量(运动估计参数),在编码时就可以运用运动补偿技术进行预测编码。编码过程如下。

(1) 在缓存中重构一个经过编解码处理的前一帧的图像,该图像称为运动估计的参考帧,编码端和解码端采用同样的参考帧。

(2) 计算当前帧中的每一个方块(一般为 16×16 像素的宏块)和缓存中的参考帧中宏块的最佳匹配块,即进行运动估计计算。用运动矢量表明两个宏块之间的位移。例如,运动矢量等于(−4,5),则在当前帧的宏块向左移动 4 个像素,向下移动 5 个像素,就可以在参考帧中找到最匹配的宏块,该过程称为运动补偿。

(3) 通过参考帧的最佳匹配块进行运动补偿计算,得到当前帧的最相似图像(运动补偿参考帧)。

(4) 然后对当前帧和运动补偿参考帧进行差值运算(相对应的像素进行减法运算),

得到运动补偿的帧差图像。

（5）对帧差图像进行 DCT 变换和量化。

（6）对量化后的系数和运动矢量进行熵编码和传输。

（7）量化后的系数同时被解码，对得到的帧差图像和运动补偿参考帧进行加法运算，从而得到一个新的放在缓存中的参考帧。

在解码端重构当前帧的过程如下。

（1）在解码端对运动矢量和系数进行解码。

（2）对系数进行反量化和反变换，得到帧差图像。

（3）对缓存中的参考帧（重构的前一帧图像）通过运动矢量进行运动补偿计算，得到运动补偿参考帧。

（4）对帧差图像和运动补偿参考帧进行加法运算，得到当前帧图像。

（5）把当前帧图像放入缓存中，作为新的参考帧。

需要注意的是，编码器和解码器的缓存中存放的是相同的参考帧，否则进行运动补偿的参考帧不一致，解码出的图像会严重变形。

采用这种方法进行压缩，可以比对每一帧进行静态图像压缩的方法（如 JPEG 方法）提高 2～3 倍的压缩比。

图 4-5 说明了基于 DCT 和运动补偿预测的一个完整的视频图像编解码方法。这种编解码器称为混合 DCT/DPCM 编解码器，因为它采用 DPCM 方法进行运动补偿预测，采用 DCT 方法进行帧差编码。

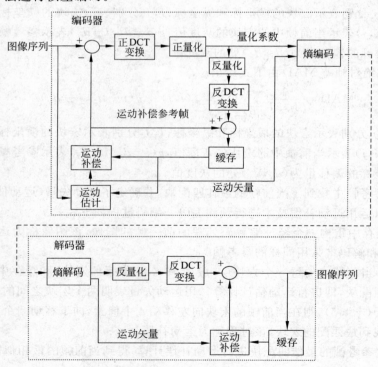

图 4-5　基于 DCT 和运动补偿的视频图像编解码方法

4.3　视频压缩标准

　　近 10 年来,图像编码技术得到了迅速的发展和广泛的应用,并且日臻成熟,其标志就是几个关于图像编码的国际标准的制定,即国际标准化组织 ISO 和国际电工委员会 IEC 关于静止图像压缩的编码标准 JPEG、国际电信联盟 ITU-T 关于电视电话/会议电视的视频编码标准 H.261、H.263、H.264 和 ISO/IEC 关于运动图像的编码标准 MPEG-1、MPEG-2、MPEG-4、MPEG-7 和 MPEG-21 等。这些图像编码标准融合了各种性能优良的图像编码算法,代表了目前图像编码的发展水平。

　　视频压缩系列标准 H.26x 主要用于视频通信应用中,例如,基于 ISDN 网络的 H.320 框架的视频标准为 H.261、H.262、H.263 和 H.264,基于 LAN 网络的 H.323 和基于 PSTN 网络 H.324 框架的视频标准为 H.261 和 H.263。

　　视频压缩系列标准 MPEG-x 主要用于视频存储播放应用中,例如,VCD 中的视频压缩标准为 MPEG-1,DVD 中的视频压缩标准为 MPEG-2。MPEG-4 和 H.264 标准则可以广泛应用于多种领域中,MPEG-4 标准已在无线视频通信和流媒体应用中得到采用。

　　在视频压缩系列标准中,H.264 标准使运动图像压缩技术上升到了一个更高的阶段,在较低带宽上提供高质量的图像传输是 H.264 的亮点。H.264 具有比 MPEG 和 H.263++更优秀的 PSNR 性能。H.264/AVC 标准是由 ITU-T 和 ISO/IEC 联合开发的,定位于覆盖整个视频应用领域,包括:低码率的无线应用、标准清晰度和高清晰度的电视广播应用、Internet 上的视频流应用、传输高清晰度的 DVD 视频以及数码相机的高质量视频应用等。

4.3.1　H.261

　　H.261 是 ITU-T 在 1988 年发布的适合于在 $p \times 64$kbps 码率下实现视频通信的视频编码建议,主要应用于可视电话和视频会议系统。它实现了在中等码率下视频信号的实时传输,为工业界的电视会议系统提供了视频压缩的标准算法,主要用于 ISDN 传输,它是几十年来图像压缩编码研究的结晶。随后制定的几个视频压缩编码标准建议都是以其为基础和核心的。

　　H.261 要求输入的图像格式满足 CIF(352×288)或 1/4CIF(QCIF)(176×144)。

　　H.261 的传输速率为 $p \times 64$kbps,其中 p 是一个整数,取值范围是 1~30,对应的比特率为 64kbps~1.92Mbps。当 $p=1$ 或 2 时,即传输速率为 64~128kbps 时,支持 QCIF 分辨率格式,用于帧速率较低的可视电话;当 $p \geq 6$ 时,即传输速率大于等于 384kbps,支持 CIF 分辨率格式,用于视频会议。

　　H.261 标准将 CIF 和 QCIF 格式的数据结构分为如下 4 个层次:图像层(P——Picture)、块组层(GOB——Group of Blocks)、宏块层(MB——Macro Block)和块层(B——Block),如图 4-6 所示。

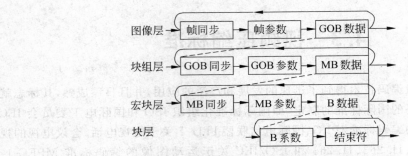

图 4-6   H.261 标准的数据结构

图 4-6 中图像层由图像头和块组数据组成,图像头包括一个 20 比特的图像起始码和一些标志信息,如 CIF/QCIF、帧数(时间参数)等。块组层由块组头(16 比特块组起始码、块组编码标志等)和宏块数据组成。宏块数据由宏块头(宏块地址、类型等)和块数据组成。块层由变换系数和块结束符组成。

每一个 CIF 格式图像(352×288)由 12 个块组组成,每个块组(176×48)由 33 个宏块组成,每个宏块(16×16)由 4 个块组成,每个块的大小为 8×8 像素。图 4-7 说明了 CIF 图像格式的组成。H.261 标准对每个宏块进行编码时,亮度分量和颜色分量所占用的比特率是不同的。亮度分量 Y 是对宏块(即 4 个子块)进行编码,颜色分量 Cr 和 Cb 是分别

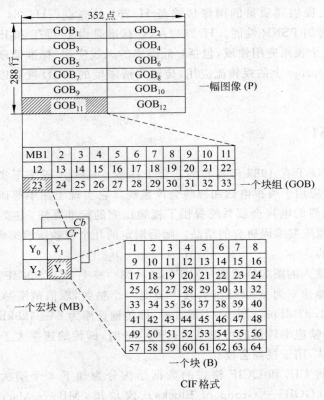

图 4-7   CIF 图像格式的组成

对 1 个子块进行编码。即对每一个 16×16 像素的宏块，只对 2 个 8×8 像素的颜色块进行编码。因为人眼对亮度比颜色要敏感，所以大部分比特率用于亮度分量。亮度分量与颜色分量的比值为：$Y：Cr：Cb=4：1：1$，如图 4-8 所示。

H.261 采用混合编码方式，基于离散余弦变换编码和差分脉冲编码调制（DPCM，带有运动预测）。其编码要点为：采用运动补偿的帧间预测（帧间模式），以消除视频图像的时间相关性；对帧间预测误差（在帧内模式为原始图像）按 8×8 的方块作 DCT 变换以消除空间相关性；对运动矢量则进行哈夫曼编码。

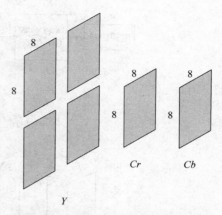

图 4-8　亮度分量与颜色分量的表示方法

基于运动补偿的 H.261 标准的工作原理为：运动估计时，目标帧中的每一个宏块从以前编码的图像帧中找到最佳的匹配宏块，这个过程称为运动预测。当前宏块与和它匹配的宏块之间的差值，称为预测误差。这个预测误差再进行随后的 DCT 变换及熵编码等操作，如图 4-9 所示。

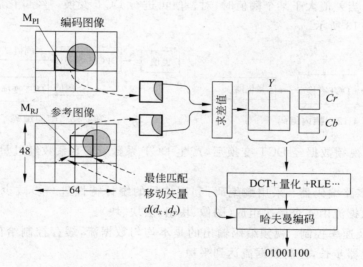

图 4-9　H.261 的运动补偿技术

H.261 标准的编码过程如图 4-10 所示。包括如下几个步骤。

（1）电视信号输入：由摄像机提供的复合电视信号（模拟信号）。

（2）视频处理：将输入的模拟视频信号经 A/D 变换后成为数字信号，经过预处理，进入 CIF 变换器，成为统一的 CIF 格式图像序列。

（3）信源编码：采用有失真编码，分为帧内编码和帧间编码，如图 4-11 所示，第 1 帧为帧内编码，其余帧采用向前预测的方法进行帧间编码。

帧内编码，基于 DCT 变换的 8×8 块，主要用于第一幅画面和场景变化后的其他画

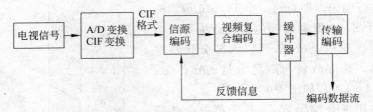

图 4-10　H.261 标准的编码过程

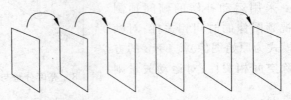

图 4-11　向前预测方法

面,减少了图像中的空间冗余,如图 4-12 所示。

帧间编码,采用 DCT 和 DPCM 混合编码,减少时间冗余。DPCM 对宏块与预测值的差值进行编码,当差值大于某个阈值时,对差值再进行 DCT 变换。经量化后进入视频复合编码,如图 4-13 所示。

图 4-12　帧内编码　　　　　　　　　　图 4-13　帧间编码

8×8 块的视频数据经 DCT 变换后,产生 DCT 系数,DCT 系数经过量化,进入视频复合编码。

(4) 视频多路编码器:采用熵编码,利用信号的统计特性进一步减少数据流(比特率)。形成的数据流由 4 个层次组成(图像、块组、宏块、块)。

(5) 缓存及速率控制:视频编码输出的是不均匀数据流,缓存控制给信源编码反馈信号,调整量化器步长,控制数据流达到平稳。

(6) 传输编码器:对缓存输出的均匀图像数据流进行信道编码。

4.3.2　H.263

H.263 标准是 ITU-T 于 1995 年发布的低码率视频编码标准,它适用于不同格式(如 CIF、QCIF、SQCIF 等)的图像在较低码率下的编码。H.263 标准曾经被公认为是以像素为基础的采用第一代编码技术的混合编码方案所能达到的最佳结果。随后几年中,ITU-T 又对其进行了多次补充,以提高编码效率,增强编码功能。补充修订的版本有 1998 年的 H.263＋和 2000 年的 H.263＋＋。H.263 标准采用了一些新技术如半像素精度运动估计、算术编码等，以提高编码效率，该系列标准特别适合于 PSTN 网络、无线网络与因特网等环境下的视频传输。

H.263 标准不仅适用于 H.261 标准的 CIF 和 QCIF 两种图像格式，也适用于以下几种图像格式：Sub-QCIF、4CIF、16CIF，几种图像格式的大小如表 4-1 所示。

表 4-1 H.263 的图像格式

图像格式	亮度像素数/行	亮度行数	色度像素数/行	色度行数
QCIF	176	144	88	72
Sub-QCIF	128	96	64	48
CIF	352	28	176	144
4CIF	704	576	352	288
16CIF	1408	1152	704	576

1. H.263 中的半像素运动估计

H.263 采取的是混合编码技术，即用帧间预测减少时间冗余，用变换编码减少帧差信号的空间冗余，相应的编码器具有运动补偿的能力。

H.263 采用树结构的运动补偿，即在连续两帧之间的亮度分量采用从 16×16 到 4×4 的运动补偿块。第一个 16×16 的亮度宏块可以分成 16×16、16×8、8×16 或 8×8 的块。如果分成 4 个 8×8 的方块，那么每个 8×8 的方块又可以进一步分成 8×8、8×4、4×8 或 4×4 的小块。颜色分量以亮度分量的一半进行分块，其他内容不变，运动估计时以块为单位进行。

对于运动补偿，H.263 采用的是半像素精度，与 H.261 中所采用的全像素精度的设计不同。半像素运动估计，即在参考帧的整像素之间插入其他像素（通常称为半像素）。第一个半像素是由周围的整像素插值生成的，如图 4-14 所示，像素 b、h、m、s 是由权重因子为 $1/32$、$-5/32$、$5/8$、$5/8$、$-5/32$、$1/32$ 的 FIR 函数对相应的整像素位置滤波后生成的。例如，半像素点 b 是由其周围水平方向的 6 个整像素 E、F、G、H、I 和 J，经下面的公式计算生成的：

$$b = \text{round}[(E - 5F + 20G + 20H - 5I + J) \div 32]$$

同样，h 是由 A、C、G、M、R 和 T 滤波后生成的。垂直方向的计算方法与水平相同。

水平和垂直方向的半像素计算完成后，对角线方向的半像素由其周围的六个已经计算完成的水平或垂直半像素计算得出（水平和垂直方向计算的结果是一样的）。例如，j 可以由 cc、dd、h、m、ee 和 ff 点经 FIR 滤波后得出。

2. 半像素运动估计与全像素运动估计的比较

下面给出一个 6×6 图像块半像素运动估计的 Matlab 实现过程，程序源代码如下：

```
clear all;
D=[  11   9   8   8   9   9   9   9   8   10;
```

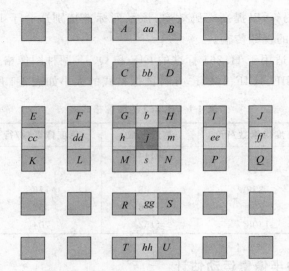

图 4-14　半像素插值位置示意图

```
      10     10      9      9      9      9      9      9      9     10;
       9      9      9      9      9      9     10     10     10      9;
      10      9      9      9     10     11     12     16     18     10;
      10     10     10     11     10     16     26     59     69     16;
      10     11     16     27     49     62     89    134    147     34;
      11     20     43    109    153    162    165    175    171    110;
      37    117    166    184    187    193    180    170    171    166;
     165    186    185    185    189    181    158    115    135    154;
     183    178    174    155    118     90     77     44     28     77;];
r=zeros(10,5);                    %创建数组 r 用来保存插在每行的半像素值,zeros(m,n)函数
                                  %创建值均为零的 m * n 矩阵
c=zeros(10,5);                    %创建数组 c 用来保存插在每列的半像素值
d=zeros(5,5);                     %创建数组 d 用来保存插在对角线的半像素值


%求出每行的半像素插值
for i=1:10
    for j=1:5
r(i,j)=round(((D(i,j)-5 * D(i,j+1)+20 * D(i,j+2)+20 * D(i,j+3)-5 * D(i,
j+4)+D(i,
j+5))/32);
    end
end


%求出每列的半像素插值
E=D';                             %转置
for i=1:10
    for j=1:5
c(i,j)=round((E(i,j)-5 * E(i,j+1)+20 * E(i,j+2)+20 * E(i,j+3)-5 * E(i,j+4)+E(i,
```

```
j+5))/32);
    end
end

%求出对角线的半像素插值
F=r';
for i=1:5
    for j=1:5
d(i,j)=round((F(i,j)-5*F(i,j+1)+20*F(i,j+2)+20*F(i,j+3)-5*F(i,j+4)+F(i,
j+5))/32);
    end
end

%从矩阵D中选取正中间的一个6*6的块I_old作为研究对象
I_old=D(3:8,3:8);

%将求出的各半像素插入对应的位置
I_new=zeros(11);%创建11*11的全零矩阵

%将I_old的值赋予对应的I_new中的位置
m=1;
for i=1:2:11
    n=1;
    for j=1:2:11
        I_new(i,j)=I_old(m,n);
        n=n+1;
    end
    m=m+1;
end
%将r的值赋予对应的I_new中的位置
m=3;
 for i=1:2:11
    n=1;
    for j=2:2:10
        I_new(i,j)=r(m,n);
        n=n+1;
    end
    m=m+1;
 end
%将c的值赋予对应的I_new中的位置
 m=3;
 for j=1:2:11
    n=0;
    for i=2:2:10
```

```matlab
            I_new(i,j)=c(m,n+1);
            n=n+1;
        end
        m=m+1;
    end
%将 d 的值赋予对应的 I_new 中的位置
d=d';
 m=1;
 for i=2:2:10
    n=1;
    for j=2:2:10
        I_new(i,j)=d(m,n);
        n=n+1;
    end
    m=m+1;
end
%以 4＊4 的块作为测试块
Test=[30    40   50    60;
      60    86   102   110;
      110   140  153   160;
      155   170  180   186;];
%在 I_old 块中匹配,找出其中最小的绝对差值 AE1_min
k=1;
for row=1:3
    for col=1:3
        model(:,:,k)=I_old(row:row+3,col:col+3);
        k=k+1;
    end
end AE1=zeros(9,1);%保存每个块匹配的差值,用 4＊4 的测试块共需匹配(6-4+1)＊(6-4+
```

1)＝9 次,AE1 的值为匹配块与测试块对应像素值差值的绝对值之和

```matlab
for k=1:9
    for i=1:4
        for j=1:4
            AE1(k)=AE1(k)+abs(Test(i,j)-model(i,j,k));
        end
    end
end
AE1_min=min(AE1);
%在 I_new 块中匹配,找出其中最小的绝对差值 AE2_min
k=1;
for row=1:8
    for col=1:8
        model2(:,:,k)=I_new(row:row+3,col:col+3);
```

```
        k=k+1;
    end
end
AE2=zeros(64,1);
for k=1:64
    for i=1:4
        for j=1:4
            AE2(k)=AE2(k)+abs(Test(i,j)-model2(i,j,k));
        end
    end
end
AE2_min=min(AE2);
```

运行此代码后,可在 Variable Editor 窗口中查看各块的像素值,其中 I_old 的像素值为:

9	9	9	9	10	10
9	9	10	11	12	16
10	11	10	16	26	59
16	27	49	62	89	134
43	109	153	162	165	175
166	184	187	193	180	170

I_new(I_old 块半像素插值后形成的块)的像素值为:

9	9	9	9	9	9	9	10	10	10	10
9	9	9	10	11	11	11	11	11	11	10
9	9	9	9	10	11	11	11	12	14	16
10	11	11	9	9	10	11	11	14	21	30
10	11	11	10	10	13	16	18	26	41	59
14	12	11	13	18	23	28	35	50	71	96
16	20	27	38	49	56	62	71	89	109	134
15	35	61	86	102	110	113	119	132	145	161
43	73	109	138	153	161	162	162	165	169	175
105	131	155	171	179	186	187	184	180	179	180
166	178	184	185	187	191	193	188	180	173	170

AE1_min(测试块 Test 在块 I_old 匹配过程中的最小差值)的值为 304,AE2_min(测试块 Test 在块 I_new 匹配过程中的最小差值)的值为 17,由此可以看到 Test 与半像素插值后的块匹配差值更小,也就是说半像素运动估计的效果要好于全像素运动估计。

3. H.263 编码模式

H.263 的视频编解码器的编码过程如图 4-15 所示。

除了核心编码算法之外,H.263 建议还有 4 个可选编码模式。所有这些模式都可以

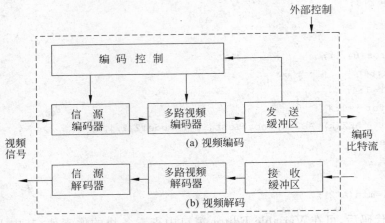

图 4-15   H.263 的视频编解码器

单独或是组合应用于 H.263 标准中。

1）无限制运动矢量模式

在这个选项模式中,运动矢量被允许指到图片的外部。边缘像素被预测为"不存在"像素。当有运动穿越图片的边界(特别是在较小的图像格式中)时,采用这种模式可以提高运动估计的准确度。另外,这种模式还扩展了运动矢量的范围,所以可以使用更大的运动矢量。

2）基于语法的算术编码模式

在这种模式中算术编码代替了游程编码。这时的信噪比和重建图像仍与原来一样,但最终的比特数可以显著减少,也就是说,在保持解码图像不变的情况下,压缩比大幅度提高。

3）高级预测模式

在这个选项模式中,对 P 帧的亮度部分采用了块重叠运动补偿(Overlapped Block Motion Compensation)。这时对图片中的某些宏块采用了 4 个 8×8 矢量来代替原来的 1 个 16×16 矢量。编码器必须决定使用哪一种矢量。4 个矢量会占用更多的比特数,但也会产生更好的预测效果。采用这种模式可以较大改善图像的质量,特别是人们对图像质量的主观评价会得到明显改善,因为块重叠运动补偿可以减小方块效应。

4）PB 帧模式

一个 PB 帧对两帧图像进行统一编码。PB 这个名字来源于 H.262 建议中的 P 帧和 B 帧。因此一个 PB 帧包含一个由前一个 P 帧图像预测得出的 P 帧和一个由前一个 P 帧和当前解码的 P 帧共同预测得出的 B 帧。B 帧的得名是由于 B 帧的许多部分都需要从前面的帧和将来的帧进行双向预测共同得到。使用这种模式可以在比特率增加幅度很小的情况下,较大幅度地提高图像速率。

4. H.263＋和 H.263＋＋

H.263＋和 H.263＋＋是 ITU-T 在 H.263 的基础上进行补充后得到的标准。

H.263＋在保证原 H.263 标准核心句法和语义不变的基础上，增加了若干选项以提高压缩效率或改善某方面的功能。原 H.263 标准限制了其应用的图像输入格式，仅允许 5 种视频源格式。H.263＋标准允许更大范围的图像输入格式，自定义图像的尺寸，从而拓宽了标准使用的范围，使之可以处理基于视窗的计算机图像、更高帧频的图像序列及宽屏图像。

为了提高压缩效率，H.263＋采用先进的帧内编码模式；增强的 PB 帧模式改进了 H.263 的不足，增强了帧间预测的效果；去块效应滤波器不仅提高了压缩效率，而且提供重建图像的主观质量。

为适应网络传输，H.263＋增加了时间分级、信噪比和空间分级，对在噪声信道和存在大量包丢失的网络中传送视频信号很有意义；另外，片结构模式、参考帧选择模式增强了视频传输的抗误码性能。

H263＋＋在 H263＋基础上增加了 3 个选项，主要是为了增强码流在恶劣信道上的抗误码性能，同时提高编码效率。这 3 个选项如下。

（1）选项 U——增强型参考帧选择，它能够提供增强的编码效率和信道错误再生能力（特别是在包丢失的情形下），需要设计多缓冲区用于存储多参考帧图像。

（2）选项 V——数据分片，它能够提供增强型的抗误码能力（特别是在传输过程中本地数据被破坏的情况下），通过分离视频码流中 DCT 的系数头和运动矢量数据，采用可逆编码方式保护运动矢量。

（3）选项 W——在 H263＋的码流中增加补充信息，保证增强型的反向兼容性，附加信息包括：指示采用的定点 IDCT、图像信息和信息类型、任意的二进制数据、文本、重复的图像头、交替的场指示、稀疏的参考帧识别。

4.3.3 H.264

由运动图像专家组（MPEG）和视频编码专家组（VCEG）联合组成的联合图像组（JVT）在 2003 年公布了一个比 MPEG-4 和 H.263 标准具有更好的视频图像压缩性能的标准，并将其同时作为 MPEG-4 的第 10 部分和 ITU-T 的 H.264 标准发布。

由于 H.264 是在 H.26L 的已有成果基础上由 JVT 完成标准最后制定的，而 H.26L 首先就是针对视频实时通信应用的，例如，会议电视、可视电话等，因此，H.264 在视频实时通信领域首先得到了应用。

目前在低码率视频图像压缩算法的研究中，H.264 标准的推出，是视频编码标准的一次重要进步，它与现有的 MPEG-2、MPEG-4 及 H.263 相比，具有明显的优越性，特别是在编码效率上的提高，使之能用于许多新的领域。

1. H.264 的组成

H.264 标准可分为三档：

（1）基本档次（其简单版本，应用面广）；

（2）主要档次（采用了多项提高图像质量和增加压缩比的技术，可用于 SDTV、HDTV 和 DVD 等）；

（3）扩展档次（可用于各种网络的视频流传输）。

H.264 标准压缩系统由视频编码层（Video Coding Layer，VCL）和网络提取层（Network Abstraction Layer，NAL）两部分组成。

VCL 中包括 VCL 编码器与 VCL 解码器，主要功能是视频数据编码和解码，它包括运动补偿、变换编码、熵编码等压缩单元。VCL 可以传输按当前的网络情况调整的编码参数。

NAL 则用于为 VCL 提供一个与网络无关的统一接口，它负责对视频数据进行封装打包后使其在网络中传送，它采用统一的数据格式，包括单个字节的包头信息、多个字节的视频数据与组帧、逻辑信道信令、定时信息、序列结束信号等。包头中包含存储标志和类型标志。存储标志用于指示当前数据不属于被参考的帧。类型标志用于指示图像数据的类型。

H.264 和 H.261、H.263 一样，也是采用 DCT 变换编码加 DPCM 的差分编码，即混合编码结构。同时，H.264 在混合编码的框架下引入了新的编码方式，具有比 H.263++更好的压缩性能，又具有适应多种信道的能力，提高了编码效率，更贴近实际应用。

H.264 标准的编码器和解码器分别如图 4-16 和图 4-17 所示。

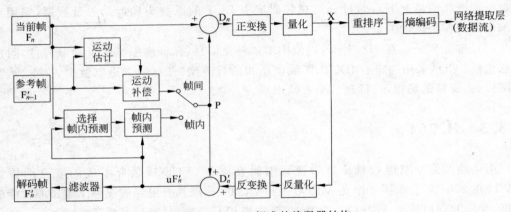

图 4-16　H.264 标准的编码器结构

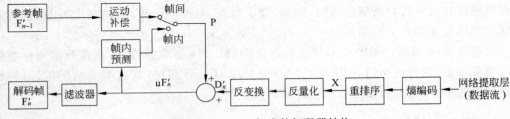

图 4-17　H.264 标准的解码器结构

2. H.264 的特点

H.264 不仅比 H.263 和 MPEG-4 节约了 50% 的码率，而且对网络传输具有更好的支持功能。它引入了面向 IP 包的编码机制，有利于网络中的分组传输，支持网络中视频的流媒体传输。H.264 具有较强的抗误码特性,可适应丢包率高、干扰严重的无线信道中的视频传输。H.264 支持不同网络资源下的分级编码传输,从而获得平稳的图像质量。H.264 能适应不同网络中的视频传输,网络亲和性好。

H.264 的基本系统无须使用版权,具有开放的性质,能很好地适应 IP 和无线网络的使用,这对目前互联网传输多媒体信息、移动网传输宽带信息等都具有重要意义。

尽管 H.264 编码基本结构与 H.261、H.263 类似,但它在很多环节做了改进,主要特点如下。

1) 多种运动估计方法

H.264 标准可以采用如下几种运动估计方法。

(1) 高精度运动补偿:在 H.263 中采用了半像素运动估计,在 H.264 中则进一步采用 1/4 像素甚至 1/8 像素的运动估计(图 4-18)。即真正的运动矢量的位移可能是以 1/4 甚至 1/8 像素为基本单位的。运动矢量位移的精度越高,则帧间剩余误差越小,传输码率越低,即压缩比越高。另外,H.264 标准可以采用多宏块划分模式运动估计和多参考帧运动估计方法。

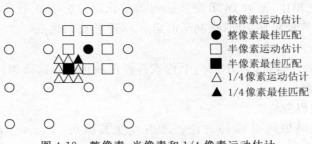

○ 整像素运动估计
● 整像素最佳匹配
□ 半像素运动估计
■ 半像素最佳匹配
△ 1/4 像素运动估计
▲ 1/4 像素最佳匹配

图 4-18　整像素、半像素和 1/4 像素运动估计

(2) 多宏块划分模式运动估计,即在 H.264 的预测模式中,一个宏块(MB)可划分成 7 种不同模式的尺寸,这 7 种宏块预测模式为:16×16、16×8、8×16、8×8、8×4、4×8、4×4,如图 4-19 所示。这种多模式的灵活、细微的宏块划分,更切合图像中的实际运动物体的形状,于是,在每个宏块中可包含有 1、2、4、8 或 16 个运动矢量,可以使运动估计和补偿更加精确。

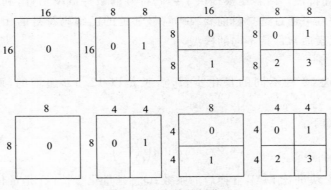

图 4-19　宏块的划分

（3）多参考帧运动估计，即在 H.264 中，可采用多个参考帧进行运动估计，即在编码器的缓存中存有多个刚刚编码好的参考帧，编码器从中选择一个具有更好编码效果的作为预测帧，并指出是哪个帧被用于预测，这样就可获得比用一个参考帧更好的编码效果。

2）小尺寸 4×4 的整数变换

在变换方面，视频压缩编码中以往常用的单位为 8×8 块，H.264 使用了基于 4×4 像素块的类似于 DCT 的变换，由于变换块的尺寸变小，运动物体的划分就更为精确。在这种情况下，图像变换过程中的计算量变小，而且在运动物体边缘或当图像中有较大面积的平滑区域时，为了不产生因小尺寸变换带来的块间灰度差异，H.264 可对帧内宏块亮度数据的 16 个 4×4 块的 DCT 系数进行第 2 次 4×4 块的变换，对色度数据的 4 个 4×4 块的 DC 系数（每个小块一个，共 4 个 DC 系数）进行 2×2 块的变换。

因为 H.264 标准使用的是以整数为基础的空间变换，因为取舍而存在误差的问题。与浮点运算相比，整数 DCT 变换会引起一些额外的误差，但因为 DCT 变换后的量化也存在量化误差，与之相比，整数 DCT 变换引起的量化误差影响并不大。此外，整数 DCT 变换还具有减少运算量和复杂度，有利于向定点 DSP 移植的优点。

3）更精确的帧内预测

在 H.264 中，每个 4×4 块中的每个像素都可用最接近先前已编码的像素的不同加权和来进行帧内预测。

4）增强的熵编码方法

H.264 中关于熵编码有两种方法：通用可变长编码（Universal Variable Length Coding，UVLC）和基于文本的自适应二进制算术编码（Context-based Adaptive Binary Arithmetic Coding，CABAC）。

通用可变长编码使用一个相同的码表进行编码，而解码器很容易识别码字的前缀，UVLC 在发生比特错误时能快速获得重同步。

算术编码是使编码和解码两边都能使用所有句法元素（变换系数、运动矢量）的概率模型。为了提高算术编码的效率，通过内容建模的过程，使基本概率模型拥有能适应随视频帧而改变的统计特性。内容建模提供了编码符号的条件概率估计，利用合适的内容模型，符号间的相关性可通过选择目前要编码符号邻近的已编码符号的相应概率模型来去除，不同的句法元素通常保持不同的模型。

5）量化

H.264 中可选 52 种不同的量化步长，步长是以 12.5% 递增的，而不是一个固定常数。

量化的公式如下：

$$Z_{ij} = \text{round}\left(\frac{Y_{ij}}{Q_{\text{step}}}\right)$$

其中：Y_{ij} 是宏块进行 DCT 变换后的系数；Q_{step} 是量化步长；Z_{ij} 是量化后的系数，其值如表 4-2 所示。

表 4-2　H.264 编解码器的量化步长

QP	0	1	2	3	4	5	6	7	8	9	10	11	12	⋯
Q_{step}	0.625	0.6875	0.8125	0.875	1	1.125	1.25	1.375	1.625	1.75	2	2.25	2.5	⋯
QP	⋯	18	⋯	24	⋯	30	⋯	36	⋯	42	⋯	48	⋯	51
Q_{step}		5		10		20		40		80		160		224

3. H.264 的应用

H.264 的应用范围广泛,可满足各种不同速率、不同场合的视频应用,具有较好的抗误码和抗丢包的处理能力。

以前,大多数的视频会议系统均采用 H.261 或 H.263 视频编码标准,而 H.264 的出现,使得在同等速率下,H.264 能够比 H.263 减小 50% 的码率。也就是说,用户即使只利用 384kbps 的带宽,就可以享受 H.263 下高达 768kbps 的高质量视频服务。

在 IPTV 应用中,采用 H.264 编解码格式,可以在 500～900kbps 的带宽上提供 DVD 质量的视频节目。相对于传统流媒体视频标准 MPEG-2 和 MPEG-4 而言,其在码率压缩效率上具有很大的优势,在相同画面质量的情况下,H.264 需要的带宽只有 MPEG-4 ASP 的 1/2、MPEG-2 的 1/8。

H.264 压缩性能方面的高效率可以给视频实时通信、数字广播电视、视频存储等应用带来较大的进步,提高视频的质量。当然,与这种高压缩效率相伴的是 H.264 需要较高的实现复杂度,H.264 的计算复杂度也要提高两倍以上。

目前,已经有少数几家厂商宣布其视频会议产品支持 H.264 协议,厂商们致力于普及 H.264 这个全新的业界标准。从 H.264 在 2003 年 7 月正式颁布后,电视广播、家电和通信三大行业都已进入了 H.264 的实际运用研发中。

4.3.4　MPEG-1

MPEG-1 标准是运动图像专家组 MPEG 于 1993 年为了存储应用目的而发布的运动图像及其伴音编码标准。该标准在存储类媒体应用中已经获得巨大的成功,如曾经普遍使用的 VCD 系统就是基于 MPEG-1 编码标准研制的。MPEG-1 标准的典型编码码率为 1.5Mbps,其中 1.1Mbps 用于视频,128kbps 用于音频,其余带宽用于 MPEG 系统本身。

1. MPEG-1 视频流的数据结构

MPEG-1 视频流采取分层式数据结构,包括视频序列、图片组、图片、分片、宏块和块,共有 6 层,如图 4-20 所示。视频序列被分成一系列图片组,每个图片组由 I 帧和一些 P 帧、B 帧组成,图片组的第一帧一定为 I 帧。图片是视频序列中的主要编码单元,由亮度信号 Y 和色度信号 U、V 组成,以 4:2:0 格式正交扫描,图片再按由上到下、由左到右的原则顺序划分成连续的宏块。宏块是图像编码的基本单元,运动补偿、量化等均在宏块上进行。DCT 则在 8×8 像素块上进行,亮度和颜色按照 4:2 的比值进行变换,宏块的组成结构如图 4-21 所示。

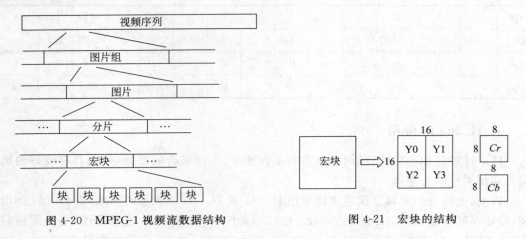

图 4-20　MPEG-1 视频流数据结构　　　　图 4-21　宏块的结构

2. MPEG-1 视频编码原理

MPEG-1 标准包括如下 5 个部分：

第 1 部分是 MPEG-1 系统，规定电视图像数据、声音数据及其他相关数据的同步，对音频和视频进行复合编码；

第 2 部分是 MPEG-1 视频，规定视频数据的编码和解码；

第 3 部分是 MPEG-1 音频，规定声音数据的编码和解码；

第 4 部分是 MPEG-1 一致性测试，详细说明如何测试解码器或编码器的输出比特数据流是否满足 MPEG-1 前 3 个部分中所规定的要求；

第 5 部分是 MPEG-1 软件模拟，一个用完整的 C 语言实现的编码和解码器。实际上，这部分的内容不是一个标准，而是一个技术报告，给出了用软件执行 MPEG-1 标准前 3 个部分的结果。

MPEG-1 的视频编码框图如图 4-22 所示，采用帧间 DPCM 和帧内 DCT 相结合的方法。MPEG-1 编码过程如图 4-23 所示。

（1）对输入的数字视频图像进行预处理，即将 RGB 颜色模式转换为 YCbCr 或 CMYK 颜色模式；

（2）根据图像的运动信息进行重新排序，选择 I、P、B 帧编码模式；

（3）产生宏块的运动补偿预测值，将当前宏块的实际数据减去预测值得到预测误差信号；

（4）将该宏块的预测误差分成 8×8 像素块，对像素块进行 DCT 变换，其中亮度与颜色的比例为 4：2；

（5）对该宏块信息和 DCT 量化系数进行编码，对 DCT 变换的直流系数（DC）进行 DPCM 编码，交流系统（AC）进行 RLE 编码，然后对编码系数进行哈夫曼或算术编码等熵编码；

（6）重构 I 图像和 P 图像作为参考帧图像；

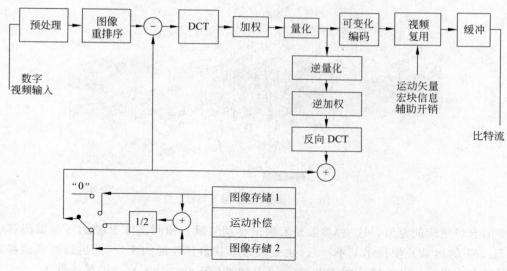

图 4-22　MPEG-1 视频编码的原理框图

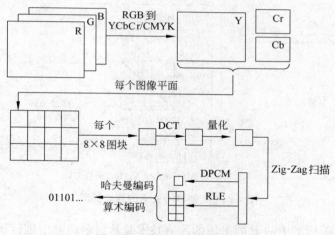

图 4-23　MPEG-1 编码过程

（7）传输编码比特流。

3. MPEG-1 中的运动补偿

MPEG-1 与 H.261 标准的不同之处为：H.261 只将图像分为帧内图像和预测图像，而 MPEG-1 视频把图像分成帧内图像（I 帧）、预测图像（P 帧）和双向预测图像（B 帧）三种类型，如图 4-24 所示。

其中，I 帧为帧内编码帧，不参照任何过去的或者将来的其他图像帧，压缩编码采用类似 JPEG 的帧内 DCT 编码压缩算法，I 帧的压缩率是几种编码类型中最低的。

P 帧为预测编码帧，采用向前运动补偿预测和误差的 DCT 编码，由前面的 I 或 P 帧进行预测。P 帧使用两种类型的参数来表示：一种参数是当前要编码的图像宏块与参考

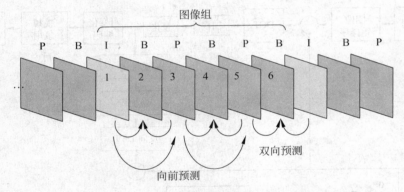

图 4-24　MPEG-1 图像类型

图像的宏块之间的差值，另一种参数是宏块的移动矢量。预测图像 P 帧的压缩编码算法与 H.261 的运动补偿技术基本一致，也是通过寻找最佳匹配的宏块，然后通过确定移动矢量的方法进行运动补偿。图 4-25 表示了 P 帧进行运动估计时移动矢量的算法。

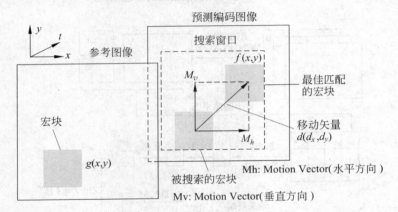

图 4-25　P 帧移动矢量的算法框图

因为 MPEG-1 标准中的 P 帧采用的预测技术是从以前的帧中进行预测（寻找最佳匹配宏块），所以被称为向前预测。但对于现实场景中突然出现的运动对象及被遮挡的部分，当前宏块不能从前一帧中找到匹配的宏块，但可以从下一帧中找到匹配的宏块。如图 4-26 所示，当前帧中的宏块因为部分内容被遮挡，不能在前一帧中找到匹配的宏，但很容易在下一帧中找到最佳匹配块。

图 4-26　需要双向预测的情况

根据上述情况,MPEG 引入了第三种帧类型——B 帧。B 帧为双向预测编码帧,采用双向运动补偿预测和误差的 DCT 编码,由前面和后面的 I 帧或 P 帧进行预测,所以 B 帧的压缩效率最高。基于 B 帧的运动补偿编码方法如图 4-27 所示,除了向前预测,也采用向后预测,即在运动序列图像中将来的 I 帧或 P 帧里寻找匹配的宏块。这样 B 帧中的每一个宏块将被指定两个运动矢量,一个是从向前预测得到的,另一个是从向后预测得到的。

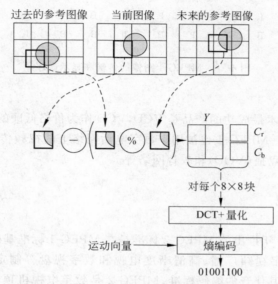

图 4-27 基于双向运动补偿的 B 帧编码方法

如果向前和向后两个方向的最佳匹配都可以找到,则生成两个运动矢量,然后对这两个运动补偿预测取平均值,再与当前宏块相减,计算出预测误差。如果只能从向前和向后的参考帧中的一个找到最佳匹配,则只生成一个运动矢量,相应的宏块只采用向前或向后预测。

因为采用双向预测,所以 MPEG-1 的编解码器在没有 I 帧或 P 帧的情况下无法对 B 帧进行编解码。这样就需要一些帧的缓冲,从而不可避免地造成一定程度的延迟,这也是采用 MPEG-1 标准压缩的视频不适合在实时网络中传输,特别是进行流式传输的主要原因。

由于必须先传输 I 帧或 P 帧作为参考帧,因此 MPEG-1 标准中图像的传输次序和显示次序有可能不同,如图 4-28 所示。

4. MPEG-1 的应用

MPEG-1 可适用于不同格式的设备,如 CD-ROM、Video-CD、CD-I。它的目的是把 221Mbps 的视频图像压缩到 1.2Mbps,压缩率为 200∶1。MPEG-1 是图像压缩的工业认可标准。它可针对 CIF 标准分辨率的图像进行压缩,每秒播放 30 帧,具有 CD 音质,质量级别基本与广播级录像带相当。使用 MPEG-1 的压缩算法,可以把一部 120 分钟长的电

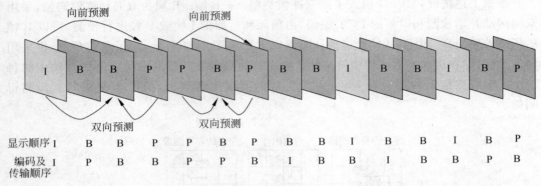

图 4-28　MPEG-1 图像的传输和显示次序

影压缩到 1.2GB 左右。

应用 MPEG-1 技术最成功的产品是 VCD,VCD 作为价格低廉的影像播放设备,得到了广泛的应用和普及。MPEG-1 也被用于数字电话网络上的视频传输,如非对称数字用户线路(ADSL)、视频点播(VOD)和教育网络等。

4.3.5　MPEG-2

MPEG 组织 1995 年推出的 MPEG-2 标准是在 MPEG-1 标准基础上的进一步扩展和改进,主要是针对数字视频广播、高清晰度电视和数字视盘等制定的基本速率为 4～9Mbps 的运动图像及其伴音的编码标准,MPEG-2 是数字电视机顶盒与 DVD 等产品的基础。MPEG-2 系统要求必须与 MPEG-1 系统向下兼容,因此其语法的最大特点在于兼容性好并可扩展。MPEG-2 的目标与 MPEG-1 相同,仍然是提高压缩比,改善音频、视频质量,采用的核心技术还是分块 DCT 和帧间运动补偿预测技术。

1. MPEG-2 的特点

MPEG-2 视频允许数据速率高达 100Mbps,它在码率为几 Mbps 到几十 Mbps 这样一个广泛的码率范围内对电视信号进行编码,以适应不同图像质量的要求,尤其是它在 HDTV(High Density TV)中的应用更为引人注目。MPEG-2 对 MPEG-1 做了重要的扩展和改进,主要包括:

(1)针对隔行扫描的常规电视专门设置了"按帧编码"和"按场编码"两种模式,并相应地对运动补偿和 DCT 方法进行了扩展,从而显著提高了压缩编码效率;

(2)考虑到标准的通用性,增大了重要的参数值,允许有更大的画面格式、比特率和运动矢量长度,输入/输出图像格式不限定;

(3)亮度分量和色度分量的比例可由原来的 $Y:U:V=4:1:1$ 扩展到 $4:2:2$ 或 $4:4:4$,每个像素由 8 比特可扩展到 10 比特;

(4)可以直接对隔行扫描视频信号进行处理;

(5)增加码流结构的可分级性(Scalability);

(6) 输出码率可以是恒定的也可以是变化的,以适应同步和异步传输。

此外,MPEG-2 还在 MPEG-1 的基础之上扩充了"可伸缩性"和"可分级性"两个概念。所谓"可伸缩性"指的是对码流的一部分进行编码,从而获得不同分辨率的图像,即把编码的 MPEG-2 码流分成不同的子集,而译码器对不同的子集组合译码可获得不同的图像质量。例如,头部信息、运动矢量等部分可以给予较高的优先级,而对于 DCT 系数的高频分量部分则给予较低的优先级。MPEG-2 所支持的可伸缩的视频编码方式共有时间、空间、信噪比及数据分割 4 种。"可分级性"是指在 MPEG-2 中用范畴(Profile)以及层次两个定义来描述不同的编码参数集。每个范畴是前一个范畴的合集,层次则规定了空间和时间分辨率的上限。在空间分辨率、时间分辨率、信噪比方面的可分级性适合于不同用途的解码图像要求,并可给出传输不同分辨率等级的优先级。表 4-3 给出了不同分辨率等级下的码率情况。

表 4-3　MPEG-2 在不同分辨率等级下的码率

等　　　级	简化型	基本型	信噪比可变型	空间分辨率可变型	高　　　级
高级 1920×1152×60		4：2：0 80Mbps I、P、B			4：2：0,4：2：2 100Mbps I、P、B
高级 1440 1440×1152×60		4：2：0 60Mbps I、P、B		4：2：0 60Mbps I、P、B	4：2：0,4：2：2 80Mbps I、P、B
基本级 720×576×30	4：2：0 15Mbps I、P	4：2：0 15Mbps I、P、B	4：2：0 15Mbps I、P、B		4：2：0 20Mbps I、P、B
低级 352×288×30		4：2：0 4Mbps I、P、B	4：2：0 4Mbps I、P、B		

2．MPEG-2 的应用

MPEG-2 标准的算法虽然复杂,但它是具有广泛应用价值的标准。MPEG-2 标准主要应用在广播电视领域,例如:

1) 视音频资料的保存

一直以来,电视节目、音像资料等都是用磁带保存的。这种方式有很多弊端:易损、占地大、成本高、难于重新使用。更重要的是难以长期保存、难以查找、难以共享。随着计算机技术和视频压缩技术的发展,高速宽带计算机网络以及大容量数据存储系统给电视台节目的网络化存储、查询、共享、交流提供了可能。

电视节目、音像资料等可通过 MPEG-2 编码系统编码,保存到低成本的 CD-ROM 光盘或高容量的可擦写 DVD-RAM 上,也可利用 DVD 编著软件制作成标准的 DVD 视盘,既可节约开支,也可节省存放空间。

2) 电视节目的非线性编辑系统及其网络

在非线性编辑系统中,节目素材是以数字压缩方式存储、制作和播出的,视频压缩技术是非线性编辑系统的技术基础。目前主要有 M-JPEG 和 MPEG-2 两种数字压缩格式。

M-JPEG 技术即运动静止图像(或逐帧)压缩技术,可进行精确到帧的编辑,但压缩效率不高。

MPEG-2 采用帧间压缩的方式,只需进行 I 帧的帧内压缩处理,B 帧和 P 帧可通过预测获得。因此,传输和运算的数据大多由帧间的时间相关性得到,相对来说,数据量小,可以实现较高的压缩比。随着逐帧编辑问题的解决,MPEG-2 将广泛应用于非线性编辑系统,并大大地降低编辑成本。同时 MPEG-2 的解压缩是标准的,不同厂家设计的压缩器件压缩的数据可由其他厂家设计解压缩器来解压缩,这一点保证了各厂家设备之间的兼容性。基于 MPEG-2 的非线性编辑系统及非线性编辑网络将成为未来视频编辑的发展方向。

3) 卫星传输

MPEG-2 已经通过 ISO 认可,并在广播领域获得广泛的应用,如数字卫星视频广播(DVB-S)、DVD 视盘和视频会议等。目前,全球有数以千万计的 DVB-S 用户,DVB-S 信号采用 MPEG-2 压缩格式编码,通过卫星或微波进行传输,在用户端经 MPEG-2 卫星接收解码器解码,以供用户观看。此外,采用 MPEG-2 压缩编码技术,还可以进行远程电视新闻或节目的传输和交流。

4) 电视节目的播出

在整个电视技术中播出是一个承上启下的环节,对播出系统进行数字化改造是非常必要的,其中最关键一步就是构建硬盘播出系统。MPEG-2 硬盘自动播出系统因编播简便、存储容量大、视频指标高等优点,得到了广泛应用。

4.3.6 MPEG-4

MPEG-4 标准从 1993 年开始制定,MPEG-4 标准 1.0 版本于 1999 年 1 月正式公布,标准 2.0 版本在 1999 年 12 月 MPEG 大会上通过。MPEG-4 不只是具体压缩算法,它是针对数字电视、交互式绘图应用(影音合成内容)、交互式多媒体(WWW、资料撷取与分散)等场合及压缩技术的需求而制定的国际标准。MPEG-4 标准将众多的多媒体应用集成在一个完整的框架内,旨在为多媒体通信及应用环境提供标准的算法及工具,从而建立起一种能被多媒体传输、存储、检索等应用领域普遍采用的统一数据格式。MPEG-4 标准的制定有两个目标:低码率的多媒体通信和多产业的多媒体通信的融合。

从技术角度来看,MPEG-4 标准与 MPEG-2 标准的差别比较大,MPEG-4 不再将视频图像看成是一个矩形像素阵列的序列,不再把音频看成是一个多声道或单声道的声音,而是根据组成场景的视频、音频对象的语义,对不同的主体采用不同的编码方式。例如,把一幅图像中的教师、讲台、黑板和声音分别作为不同的视频和音频对象进行编码。各种视、音频对象源不限于自然界,也可以是合成源,最终在解码端进行组合,如图 4-29 所示。因此 MPEG-4 是完全基于对象的一种编码方式。当然 MPEG-4 采用了比 MPEG-2 更为先进的压缩方式,基于内容的压缩、更高的压缩比和时空可伸缩性是 MPEG-4 的 3 个最重要的特点。

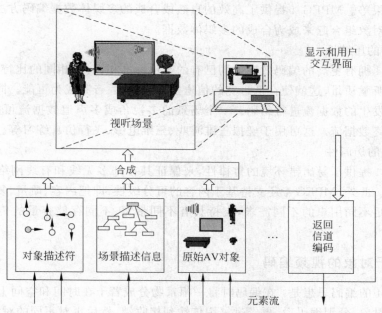

图 4-29　MPEG-4 的视频和音频对象

1. MPEG-4 标准的主要功能和特点

MPEG-4 视频编码标准支持 MPEG-1、MPEC-2 中的大多数功能,提供不同的视频标准源格式、码率、帧速率下矩形图像的有效编码,同时也支持基于内容的图像编码。MPEG-4 标准功能集的底层是极低码率视频编码(Very Low Bit-Rate Video,VLBV)核心,它为码率在 5～64kbps 范围内的视频操作与应用提供算法与工具,支持较低的空间分辨率(低于 352×288 像素)和较低的帧速率(低于 15 帧/秒)。VLBV 核心支持的专用功能包括:矩形图像序列的有效编码、多媒体数据库的搜索和随机存取。

MPEG-4 的高码率视频编码(High Bit-Rate Video,HBV)同样支持上述功能,其码率范围在 64kbps～10Mbps 之间,它与 VLBV 核心采用相同或相似的算法,但它支持更高的空间与时间分辨率,允许传输和存储适用于演播室的高质量视频信号,其输入可以是 ITU-R Rec.601 的标准信号,典型应用为数字电视广播与交互式检索。MPEG-4 提出了基于内容(Content-Based)的存取概念,使用户可与场景进行交互。它对运动图像中的内容进行编码,其具体的编码对象就是图像中的音频和视频,称为 AV 对象(Audio Video Object,AVO)。AV 对象可以组成 AV 场景(Audio Video Object in a scene,AVOs)。因此,MPEG-4 标准的基本内容就是高效率地编码、组织、存储、传输 AV 对象。

MPEG-4 标准的特点如下。

1) 基于内容的交互性

MPEG-4 提供了基于内容的多媒体数据访问工具,如索引、超链接、上下载、删除等。利用这些工具,用户可以方便地从多媒体数据库中有选择地获取自己所需的与对象有关的内容,并提供了内容的操作和位流编辑功能,可应用于交互式家庭购物,制作淡入淡出的数字化效果等。MPEG-4 提供了高效的自然或合成的多媒体数据编码方法。它可以把自然场景或对象组合起来成为合成的多媒体数据。

2）高效的压缩性

MPEG-4 拥有更高的编码效率。同已有的其他标准相比，在相同的比特率下，它拥有更高的视觉听觉质量，这就使在低带宽的信道上传送视频、音频成为可能。同时 MPEG-4 还能对同时发生的数据流进行编码。一个场景的多视角或多声道数据流可以高效、同步地合成为最终数据流。这可用于虚拟三维游戏、三维电影、飞行仿真练习等。

3）通用的访问性

MPEG-4 提供了易出错环境的鲁棒性，来保证其在许多无线和有线网络以及存储介质中的应用。此外，MPEG-4 还支持基于内容的可分级性，即把内容、质量、复杂性分成许多小块来满足不同用户的不同需求，支持具有不同带宽、不同存储容量的传输信道和接收端。

2. 基于对象的视频编码

MPEG-4 的编码思想是：在编码时将一幅景物分成若干在时间和空间上相互联系的视频和音频对象，分别编码后，再经过复用传输到接收端，然后再对不同的对象分别解码，从而组合成所需要的视频和音频，如图 4-30 所示。这样既方便我们对不同的对象采用不同的编码方法和表示方法，又有利于不同数据类型间的融合，并且这样也可以方便地实现对各种对象的操作及编辑。

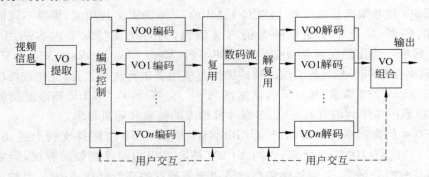

图 4-30　MPEG-4 的编码器和解码器结构

MPEG-4 采用现代图像编码方法，利用人眼的视觉特性，抓住图像信息传输的本质，从轮廓-纹理的思路出发，支持基于视觉内容的交互功能。而实现基于内容交互功能的关键在于基于视频对象的编码，为此 MPEG-4 引入了视频对象面（Video Object Plane，VOP）的概念。在这一概念中，可以根据人眼感兴趣的一些特性如形状、运动、纹理等，将图像序列中每一帧中的场景，看成是由不同视频对象面 VOP 所组成的，而同一对象连续的 VOP 称为视频对象（Video Object，VO）。对于输入的视频序列，通过分析可将其分割为 n 个 VO（$n=1,2,3,\cdots$），对同一 VO 编码后形成 VOP 数据流。VOP 的编码包括对运动（采用运动预测方法）及纹理（采用变换编码方法）的编码，在 MPEG-4 中，矩形帧被认为是 VOP 的一个特例，这时编码系统不用处理形状信息。MPEG-4 标准的视频语法中的类分层结构如图 4-31 所示。从矩形帧到 VOP，MPEG-4 顺应了现代图像压缩编码的发展潮流，实现了从基于像素的传统编码向基于对象和内容的现代编码的转变，这是视频编码技术突破性的飞跃。

MPEG-4 标准的编码方法主要包括如下几个方面。

视频序列
VS0 VS1…
视频对象
VO0 VO1…
视频对象层
VOL0 VOL1…
视频对象面
VOP0 VOP1… VOP0 VOP1…

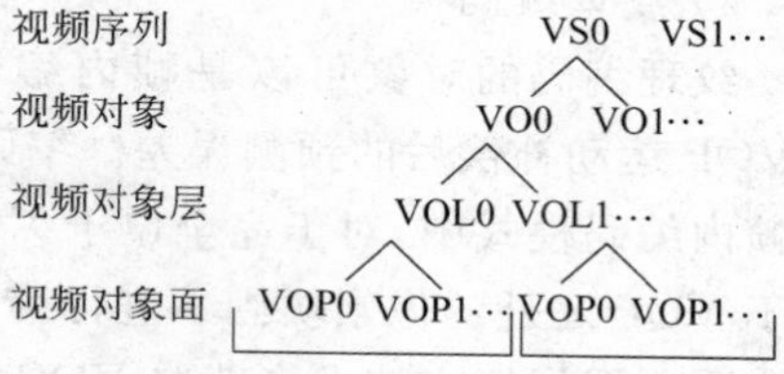

图 4-31　MPEG-4 视频中的类分层结构

1）基于 VOP 的视频编码

该编码器由两个主要部分组成：形状编码和纹理、运动信息编码。为了支持基于内容的交互功能，编码器可对图像序列中具有任意形状的 VOP 进行编码。编码器内的编码机制都是基于 16×16 像素的宏块来设计的，这不仅是因为要兼容现有标准，而且是为了便于对编码器进行更好的扩展。VOP 被限定在一个矩形窗口内，称之为 VOP 窗口（VOP Window），窗口的长、宽均为 16 的整数倍，同时保证 VOP 窗口中非 VOP 的宏块数目最少。标准的矩形帧可认为是 VOP 的特例，在编码过程中其形状编码模块可以被屏蔽。系统依据不同的应用场合，对各种形状的 VOP 输入序列采用固定的或可变的帧速率。

2）形状编码

VO 的形状信息有两类：二值形状信息和灰度形状信息。二值形状信息用 0、1 来表示 VOP 的形状，0 表示非 VOP 区域，1 表示 VOP 区域。二值形状信息的编码采用基于运动补偿块的技术，可以是无损或有损编码。灰度形状信息用 0～255 之间的数值来表示 VOP 的透明程度，其中 0 表示完全透明（相当于二值形状信息中的 0），255 表示完全不透明（相当于二值形状信息中的 1）。灰度形状信息的编码采用基于块的运动补偿 DCT 方法，属于有损编码。图 4-32 描述了具有形状编码的 MPEG-4 极低码率视频图像编码器与不具有形状编码的编码器的区别。

普通 MPEG-4 编码器
视频对象面
运动 (MV)
纹理 (DCT)
位流
(与 MPEG-1/H.261 类似)
MPEG-4 VLBV 核心编码器
视频对象面
形状
运动 (MV)
纹理 (DCT)
位流

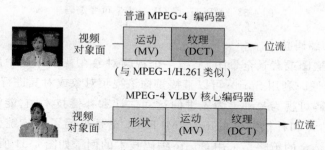

图 4-32　普通 MPEG-4 编码器和 MPEG-4 VLBV 核心编码器

3）运动信息编码

MPEG-4 采用运动预测和运动补偿技术来去除图像信息中的时间冗余成分，而这些运动信息的编码技术可视为现有标准向任意形状的 VOP 的延伸。VOP 的编码有 3 种模式：帧内编码模式（I-VOP）、帧间预测编码模式（P-VOP）、帧间双向预测编码模式（B-VOP）。在MPEG-4 中运动预测和运动补偿可以是基于 16×16 像素的宏块，也可以是基于 8×8 的像素块。为了能适应任意形状的 VOP，MPEG-4 引入了图像填充技术和多边形匹配技术。

4）纹理编码

纹理编码的对象可以是帧内编码模式 I-VOP，也可以是帧间编码模式 B-VOP 或 P-VOP 运动补偿后的预测误差。编码方法基本上仍采用基于 8×8 像素块的 DCT 方法。在帧内编码模式中，对于完全位于 VOP 内的像素块，则采用经典的 DCT 方法；对于完全位于 VOP 之外的像素块则不进行编码；对于部分在 VOP 内，部分在 VOP 外的像素块则首先采用图像填充技术来获取 VOP 之外的像素值，之后再进行 DCT 编码。

5）分级编码

很多多媒体应用需要系统支持时间、空间及质量的伸缩性，分级编码就是为了实现这一目标。每一种分级编码都至少有 2 层 VOL，低层称为基本层，高层称为增强层。空间伸缩性可通过增强层强化基本层的空间分辨率来实现，因此在对增强层中的 VOP 进行编码之前，必须先对基本层中相应的 VOP 进行编码。如图 4-33 所示。对于时域伸缩性，同样可通过增强层来增加视频序列中某个 VO（特别是运动的 VO）的帧率，使其与其余区域相比更为平滑。

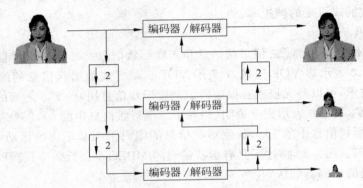

图 4-33　MPEG-4 VOP 分辨率可变编码

6）Sprite 视频编码技术

Sprite 又称镶嵌图或背景全景图，是指一个视频对象在视频序列中所有出现部分经拼接而成的一幅图像。利用 Sprite 可以直接重构该视频对象或对其进行预测补偿编码。

Sprite 视频编码可视为一种更为先进的运动估计和补偿技术，它能够克服基于固定分块的传统运动估计和补偿技术的不足，MPEG-4 正是采用了将传统分块编码技术与 Sprite 编码技术相结合的策略。采用 Sprite 编码技术的例子如图 4-34 所示。

3．MPEG-4 中的人脸运动参数

人脸是一个比较复杂的视频对象，MPEG-4 详细定义了人脸定义参数与人脸动画参数。其中人脸定义参数确定人脸形状、大小及纹理等信息，而人脸动画参数定义人脸的表情，下面简要介绍这两组参数的定义。

人脸定义参数（Facial Definition Parameter，FDP）包括校准基准人脸模型的特征点、人脸纹理与纹理的映射坐标、动画表等信息。MPEG-4 在中性人脸上定义了 84 个特征

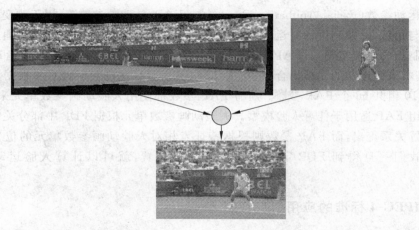

图 4-34 Sprite 视频编码举例

点,如图 4-35 所示。定义这些特征点的主要目的在于为人脸动画参数的定义提供空间位置参考。特征点被分为 11 个组,如下巴、眼睛和嘴等,并对各特征点进行分类编号。任何 MPEG-4 兼容的人脸模型都需要知道这些特征点的位置。

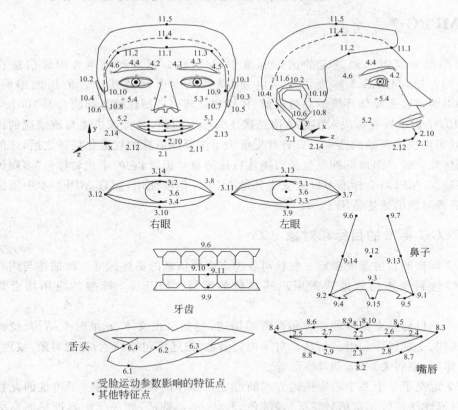

图 4-35　MPEG-4 定义的中性人脸上的特征点

人脸运动参数(Facial Animation Parameter,FAP)是动画参数流,用于改变人脸特征点的位置与角度,并控制讲话时运动基元(最小可视运动)及人脸表情的合成(通过改变关键特征控制点的位置实现)。FAP 基于人脸的最小可视运动定义并与肌肉运动密切相关,表示基本人脸运动的完整集合,包括头部、眼、口、舌等运动。MPEG-4 根据人脸各部分定义了 10 组共 68 个 FAP 参数。所有 FAP 参数都使用人脸动画参数单元来表示,以保证同一组 FAP 适用于任意人脸模型。人脸动画参数单元根据 FDP 中部分关键特征点的相对位置关系得出,而 FAP 参数则根据特征点相对人脸动画参数单元的位置计算得出。因此我们一旦得到 FDP 定义的特征点坐标位置,就可以计算人脸运动参数集(FAPs)了。

4. MPEG-4 标准的应用

MPEG-4 标准将广泛运用于数字电视、远程多媒体监控、基于内容存储和检索的多媒体系统、互联网上的视频流与交互式视频游戏、基于面部表情模拟的虚拟会议、DVD 上的交互多媒体应用、基于计算机网络的可视化合作实验室场景应用、演播室技术及电视后期制作、监控等。

4.3.7　MPEG-7

在运动图像专家组已经制定的国际标准中,MPEG-1 用来解决声音图像信息在 CD-ROM 上的存储,MPEG-2 解决了数字电视、高清晰度电视及其伴音的压缩编码。MPEG-4 用以解决在多媒体环境下高效存储、传输和处理声音图像信息问题。而 2001 年制定的 MPEG-7 标准旨在解决对多媒体信息描述的标准问题,并将该描述与所描述的内容相联系,以实现快速有效的搜索。只有首先解决了多媒体信息的规范化描述之后,才能更好地实现信息定位。但该标准不包括对描述特征的自动提取,它的正式名称是"多媒体内容描述接口"。MPEG-7 标准可以独立于其他 MPEG 标准使用,而且 MPEG-4 中所定义的音频、视频对象的描述适用于 MPEG-7。

1. MPEG-7 标准的目标和对象

MPEG-7 标准的目的是要制定一种针对各类多媒体信息的描述标准。该描述与内容有关,并能够达到快速高效地搜索用户感兴趣的素材。MPEG-7 标准的应用场合如图 4-36 所示。

MPEG-7 的目标是支持多种音频和视觉的描述,包括自由文本、n 维时空结构、统计信息、客观属性、主观属性和组合信息。对于视觉信息,描述将包括颜色、视觉对象、纹理、草图、形状、体积、空间关系、运动及变形等。

MPEG-7 定义了一个关于内容描述方式的可交互操作的框架,它超越了传统的元数据概念,具有描述从低级元素信号特征(如颜色、形状、声音特征)到关于内容搜集的高级结构信息的能力。MPEG-7 通过定义的一组描述符与多媒体信息的内容本身相关联,支持用户快速有效地搜索其感兴趣的信息。通过给符合 MPEG-7 标准的多媒体信息加上

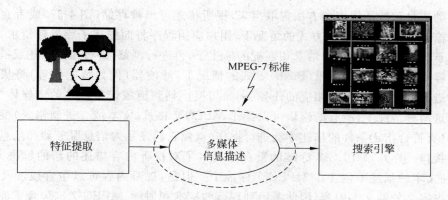

図 4-36　MPEG-7 标准的应用场合

索引,用户可方便地进行信息检索。

　　无论描述的形式如何,描述都可以附在任何一种多媒体素材之后。具有此种附加信息的存储素材就可以被方便地索引和搜索了。尽管 MPEG-7 描述与被描述内容的表达方式无关,但在一定程度上还是依赖于 MPEG-4 标准,在该标准中提供了一种将声音图像内容作为在时间和空间上有一定联系的对象来编码的方法。

　　对不同类型、不同应用的多媒体信息的标准化描述可以在若干个不同的语义层上进行。以视频内容为例:低抽象的语义层可以是对场景中物体的形状、大小、纹理、色彩和位置的描述。音频的较低抽象层包括音调、调式、音速、音速变化、音响空间位置。而最高抽象的语义层则以高效编码的形式给出语义信息,如:"这是一个教师在黑板前讲课的场景"。也可以有中间层存在。不同的应用决定了相同的内容可以有不同的描述,对不同类型的信息的描述也不相同。

　　对 MPEG-7 而言,需要描述的各种多媒体信息素材包括:图形、图像、声音、运动图像,以及有关这些元素如何组合成多媒体表述的组合信息。因此,MPEG-7 定义的"多媒体"含义十分广泛,包括:

　　客观类——图像、图表、文本、三维模型、音频、语音、视频等。

　　主观类——对对象/事件的概括、人的感性色彩等。

　　合成类——各种元素之间的有机结合以构成一个真正意义上的多媒体演示。从人的面部表情、性格特征以至一段电影的主题都是 MPEG-7 中的数据类型之一。

2.　MPEG-7 标准的范围和组成

MPEG-7 标准化的范围包括:

　　(1) 一系列的描述子(描述子是特征的表示法,一个描述子就是定义特征的语法和语义学);

　　(2) 一系列的描述结构(详细说明成员之间的结构和语义);

　　(3) 一种详细说明描述结构的语言、描述定义的语言;

　　(4) 一种或多种编码描述方法。

图 4-37 描述了一个假想的 MPEG-7 标准的使用情况。多媒体内容的视听描述可以

通过手动或自动特征提取的方法提取出来,视听描述可以被存储(图 4-37)或者直接进行流式传输。在采用拉(Pull)方式的情况下,用户应用程序将向描述子库发送请求,然后收到描述子库返回的一系列和请求相匹配的描述子,再进行浏览(进行检查描述或检索其描述的内容等操作)。在采用推(Push)方式的情况下,滤波器(例如智能代理)将从得到的描述中进行选择,然后执行相应的任务(例如切换广播频道或记录描述的流媒体等)。在拉和推这两种情况下,所有的模块可以操作 MPEG-7 格式(文本或二进制格式)编码的描述,但只有符合指定条件的描述才能进行操作(就像它们显示为信息服务器和信息获取者之间的接口一样)。MPEG-7 标准的重点是提供了对视听内容描述的新的解决方案,因此,对纯文本的描述不包含在 MPEG-7 标准中。但是,视听内容可以包含或涉及除了视听信息内容之外的文本内容,因此考虑到现行的标准和惯例,MPEG-7 也包含了部分对文本注释和词汇标准化的描述工具。

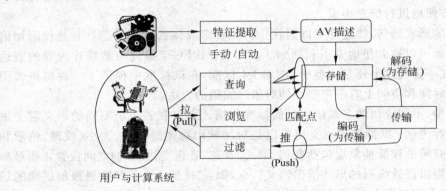

图 4-37　MPEG-7 标准的使用过程

MPEG-7 由以下几部分组成。

(1) MPEG-7 系统:它是保证 MPEG-7 描述有效传输和存储所必需的工具,并确保内容与描述之间的同步,这些工具有管理和保护的智能特性。

(2) MPEG-7 描述定义语言:用来定义 MPEG-7 描述工具的语法和新的描述结构的语言;描述定义语言可以创建新的描述方案和描述子,也可以扩展或修改现有的描述方案。MPEG-7 的描述定义语言以 XML 语言为基础,但由于 XML 并不是专门作为 AV 内容描述语言来设计的,因此 MPEG-7 在 XML 的基础上做了进一步的扩展。MPEG-7 的描述定义语言主要包括 XML 语言的结构部分和数据类型部分。

(3) MPEG-7 音频:只涉及音频描述的描述子和描述结构。

(4) MPEG-7 视频:只涉及视频描述的描述子和描述结构。

(5) MPEG-7 多媒体描述结构:是处理一般特征和多媒体描述的工具。

(6) MPEG-7 参考软件:实现 MPEG-7 标准相关部分的软件。

(7) MPEG-7 一致性测试:MPEG-7 执行一致性测试的指导方针和程序。

(8) MPEG-7 描述的提取和使用:关于提取和使用部分描述工具的信息材料(以技术报告的形式存在)。

(9) MPEG-7 配置和级别:提出指导方针和标准配置。

（10）MPEG-7 结构定义：指定使用描述定义语言的结构。

3．MPEG-7 标准的特点

MPEG-7 标准的最大特点是基于多媒体内容的检索，与此相关的应用方案是：多媒体内容交换处理，多媒体内容的个性化窗口和一致性处理。

1）多媒体内容交换

MPEG-7 是一个可互操作的内容描述标准，它可以使来自不同视频音频数据库的多媒体内容的交换成为可能。MPEG-7 将提供各种方法用来表达、翻译、交换和重新利用不同来源的视频音频资料。因为 MPEG-7 提出采用一种单一的可交互操作的交换格式，这样的交换格式独立于任何系统和信息提供商，这样一来，多媒体内容描述的互换就可以实现。

2）个性化窗口

MPEG-7 标准提供了检索和交换视频音频数据的结构和语义注解能力，原则上，任何类型的视听材料都可以通过任何类型的查询材料来检索。例如，视听材料可以通过视频、音乐、语言等来查询，通过搜索引擎来匹配查询数据和 MPEG-7 的音视频描述。

3）一致性处理

MPEG-7 将保证视频音频资料描述的交换能力是与系统、应用和厂商无关的，因此，服从于此标准的、来源不同的数据能适用于各种各样的应用，例如：多媒体检索系统和处理器，筛选系统等。

4．MPEG-7 标准的应用

在日常生活中，日益庞大的音频视频数据需要有效的多媒体系统来存取、交互。尤其是在网络高度发展的今天，这类需求与一些重要的社会和经济问题相关，并且在许多专业和消费应用方面都是急需的，而 MPEG-7 的最终目的是把网上的多媒体内容变成像现在的文本内容一样，具有可搜索性。

MPEG-7 使多媒体信息查询更加智能化，它对多媒体内容进行描述的功能对现有的 MPEG-1、MPEG-2、MPEG-4 标准将起到功能扩展的作用。MPEG-7 的应用可以分成三大类：第一类是索引和检索类应用；第二类是选择和过滤类应用，可以帮助使用者只接受符合需要的信息服务数据；第三类是使用 MPEG-7 中"元（Meta）数据"内容表达有关的专业化应用。因此，MPEG-7 标准的应用领域十分广泛，包括：

- 数字图书馆（图像目录，音乐字典，……）；
- 音视数据库的存储和检索；
- 广播媒体的选择（广播、电视节目）；
- 因特网上的个性化新闻服务；
- 智能多媒体、多媒体编辑；
- 教育领域的应用（如远程教育、课程内容检索等）；
- 电子商务、远程购物；
- 社会和文化服务（历史博物馆、艺术走廊等）；

- 调查服务(人的特征的识别、辩论等);
- 遥感、地理信息系统;
- 监视(交通控制、地面交通等);
- 生物医学应用;
- 建筑、不动产及内部设计;
- 多媒体目录服务(如黄页、旅游信息、地理信息系统等);
- 家庭娱乐(个人的多媒体收集管理系统等)。

4.3.8 MPEG-21

随着多媒体信息技术和互联网技术的飞速发展,多媒体信息资源的每个消费终端都将是多媒体信息内容的制作者和消费者,多媒体信息在不同的用户层和应用范围内存在,必然需要综合利用不同层次的多媒体技术的标准。虽然目前用于多媒体内容的传输和使用的许多标准都已存在,但是由于多媒体内容的处理涉及许多不同的平台,关系到数字资产权利保护等诸多问题,所以想要建立一个统一的完整体系还有很多问题需要解决。为了将不同的协议、标准和技术结合在一起,使得用户可以在现有的各种网络和设备上透明地使用多媒体信息资源,实现交互操作,需要建立一个开放的多媒体框架。MPEG 提出的 MPEG-21 多媒体框架标准就是这样一个支持通过异构终端和网络,使用户透明地、广泛地、交互地使用多媒体信息资源的综合性的技术标准。

MPEG-21 标准(ISO/IEC 21000)的正式名称是"多媒体框架",其制定工作于 2000 年 6 月开始。MPEG-21 将创建一个开放的多媒体传输和消费的框架,通过将不同的协议、标准和技术结合在一起,使用户可以通过现有的各种网络和设备透明地使用网络上的多媒体资源。MPEG-21 中的用户可以是任何个人、团体、组织、公司、政府和其他主体,在 MPEG-21 中,用户在数字项的使用上拥有自己的权力,包括用户出版/发行内容的保护、用户的使用权和用户隐私权等。

1. MPEG-21 标准的目的与组成

制定 MPEG-21 标准的目的是:通过制定新的标准,将不同的协议、标准、技术等有机地融合在一起。

MPEG-21 标准其实就是一些关键技术的集成,通过这种集成环境对全球数字媒体资源进行透明和增强管理,实现内容描述、创建、发布、使用、识别、收费管理、产权保护、用户隐私权保护、终端和网络资源抽取、事件报告等功能。

当前 MPEG-21 由下面几个部分组成。

1) 视觉、技术和策略

这部分用于反映该技术标准的根本目的,为多媒体框架定义"景像",使得在大范围内针对不同的终端和网络实现透明传输和对多媒体资源更充分的利用,以满足所有用户的要求。实现器件和标准之间的集成,以达到数字项目声明的产生、管理、传输、控制、分布和使用技术之间的协调一致。制定一个策略,通过定义好的规范和标准,满足不同用户的需求。

2）数字项目声明

数字项目声明包括视频、音频、文本和图形等媒体源。对于所有的 MPEG-21 系统来说，数字项目声明的确切含义是很重要的。但要想为数字项目声明定义一个精确的定义，同时满足如此众多的文件格式的要求，是十分困难的。

3）数字项目鉴定

数字项目鉴定以标准化的形式来描述特定地点中与之相关的数字项目声明、容器、器件和片断等。在 MPEG-21 的框架中数字项目声明通过将统一的源标识符（Uniform Resource Identifiers，URI）压缩成标识元素来进行区分。

4）知识产权管理和保护

知识产权的管理与保护用于确保多媒体信息内容在通过网络和设备时能得到持久和可靠的保护，支持数字项的认证和解密，对内容和版权说明相结合的方法进行定义，在某种程度上获得编辑、传播相关的政策、法规、合约及文化准则，建立针对 MPEG-21 数字项的商业社会平台，提供统一的管理技术来管理与 MPEG-21 交互的设备、系统、应用和服务。

5）权利表达语言

MPEG-21 的权利表达语言是一种机器解释语言，可以提供灵活的互操作的机制。它同时支持接入的规范和对数字内容的使用控制。权利表达语言也为个人数据提供灵活的互操作机制，满足个人的要求，保证个人的权益。

6）权利数据字典

权利数据字典是在 MPEG-21 权利表达语言里使用的一组结构化、完整一致的术语的定义。它包含一系列清晰、连贯、结构化和集成的术语，用来支持 MPEG-21 的权利表达语言。权利数据字典规定了字典的结构和核心，同时也规定了如何在注册授权的管理之下进一步定义术语。

为了能在权利表达语言中使用，权利数据字典提供了术语的定义；同时，权利数据字典系统支持元数据从一个命名空间到另一个命名空间的映射和转换，这种变换是基于自动或部分自动方式的，而且语义集成的不确定性和损耗最小。

7）事件报告

事件报告是 MPEG-21 多媒体框架与用户之间的一种规则和接口，负责接口和计量的标准化，使用户准确地了解多媒体框架中发生的所有可报告事件的性能及其变化，为用户提供特定交互操作的执行方法，允许其他多媒体框架和模型与 MPEG-21 多媒体框架的模型实现交互操作，并提供相关的、及时的策略信息，支持将 MPEG-21 中的事件集成到其他框架或其他环境中，能提供用户与用户、用户与数字项、数字项与数字项的事件指示，供用户分析事件。

另外，MPEG-21 还包括：数字项目适应、参考软件、文件格式、数字项目处理、稳定联合的评价工具、资源传输的测试环境、一致性、二进制格式、MPEG 资源的片段识别、数字项目流等部分。

2. MPEG-21 标准的应用

MPEG-21 将实现综合统一、高效集成和透明交互的多媒体框架，MPEG-21 将用户需求归结成两大类。

(1) 为 MPEG-21 的广泛应用而发展新的技术标准；

(2) 为现有其他或者未来的技术标准和服务提供标准接口，如：为 XML、MPEG-1、MPEG-2、MPEG-4、MPEG-7、TCP/IP 等标准提供应用于 MPEG-21 多媒体框架中的标准接口，并为未来的技术标准和多媒体服务提供应用于 MPEG-21 多媒体框架中的扩展接口。

当今世界正迈入数字化、网络化和全球一体化的信息时代，多媒体信息技术和互联网技术是促进社会全面实现信息化的关键技术。MPEG-21 远远超出了一个统一的运动图像压缩标准的范畴，必将对多媒体信息技术的广泛应用产生深远的影响。MPEG-21 多媒体框架标准将会为多媒体信息的用户提供综合统一、高效集成和透明交互的电子交易和使用环境，能够解决如何获取、如何传送各种不同类型多媒体信息，以及如何进行内容的管理、各种权利的保护、非授权存取和修改的保护等问题，为用户提供透明的和完全个性化的多媒体信息服务，MPEG-21 必将在多媒体信息服务和电子商务活动中发挥空前的重要作用。

4.3.9 AVS 标准

AVS 标准是《信息技术——先进音视频编码》系列标准的简称，AVS 标准包括系统、视频、音频、数字版权管理 4 个主要技术标准和一致性测试等支撑标准。AVS 是我国具备自主知识产权的第二代信源编码标准，是达到国际先进水平的数字音视频编解码标准。

AVS 标准具有如下一些特点：

(1) 在高清图像压缩方面，与 H.264 的压缩性能类似；

(2) 具有自主知识产权；

(3) 制定过程开放、国际化。

目前音视频产业可以选择的信源编码标准有 4 个：MPEG-2、MPEG-4、H.264、AVS。按制定者分，前 3 个标准是由 MPEG 专家组完成的，第 4 个是我国自主制定的。从发展阶段分，MPEG-2 是第一代信源编码标准，其余三个为第二代标准。从主要技术指标——编码效率比较：MPEG-4 是 MPEG-2 的 1.4 倍，AVS 与 H.264 相当，都是 MPEG-2 的两倍以上。而 AVS 技术方案简洁，芯片实现复杂度低，达到了第二代标准的较高水平。此外，H.264 仅是一个视频编码标准，而 AVS 是一套包含系统、视频、音频、媒体版权管理在内的完整标准体系，为数字音视频产业提供更全面的解决方案。

2005 年 4 月 30 日，AVS 标准视频部分通过公示，在标准道路上迈出了决定性一步。2006 年 2 月 22 日，国家标准化管理委员会颁布通知：《信息技术——先进音视频编码》的第二部分——视频部分，于 2006 年 3 月 1 日起开始实施，AVS 视频部分正式成为国家标准。

4.4　使用 Simulink 处理视频

Simulink 是 Matlab 软件的扩展,它是实现动态系统建模和仿真的一个软件包,是一种基于 Matlab 的框图设计环境,支持线性系统和非线性系统,可以用连续采样时间、离散采样时间或两种混合的采样时间进行建模,它也支持多速率系统,即系统中的不同部分具有不同的采样速率。为了创建动态建模系统,Simulink 提供了一个建立模型方框图的图形用户接口(GUI),这个创建过程只需要单击和拖动鼠标就能完成。利用这个接口,用户可以像用笔在草纸上绘制模型一样,只要构建出系统的方框图即可,这与以前的仿真软件包要求解算微分方程和编写算法语言程序不同,它提供的是一种更快捷、更直接明了的方式,而且用户可以立即看到系统的仿真结果。

Simulink 中包括了许多实现不同功能的模块库,如 Sources(输入源模块库)、Sinks(输出模块库)、Math Operations(数学模块库),以及线性模块和非线性模块等各种组件模块库。用户也可以自定义和创建自己的模块,利用这些模块,用户可以创建层次化的系统模型,可以自上而下或自下而上地阅读模型,也就是说,用户可以查看最顶层的系统,然后通过双击模块进入下层的子系统查看模型,这不仅方便了工程人员的设计,而且可以使自己的模型方框图功能更清晰,结构更合理。

使用 Simulink 进行系统的建模仿真,其最大的优点是易学、易用,并能依托 Matlab 提供的丰富的仿真资源快速建立自己的模型。

4.4.1　Simulink 模型

Simulink 模型有以下几层含义:
- 在视觉上表现为直观的方框图;
- 在文件上表现为扩展名为 .mdl 的 ASCII 代码;
- 在数学上体现为一组微分方程或差分方程;
- 在行为上模拟了物理器件构成的实际系统的动态性状。

从宏观角度看,Simulink 模型通常包含 3 个部分:信源(Source)、系统(System)、信宿(Sink)。图 4-38 展示了这种模型的一般性结构,图 4-38 中的 System 就是指被研究系统的 Simulink 方框图;Source 可以是常数、正弦波、阶梯波等信号源;Sink 可以是示波器、图形记录仪等。系统、信源、

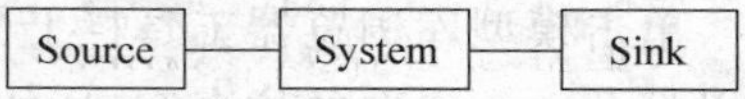

图 4-38　一般的 Simulink 模型

信宿可以从 Simulink 模块中直接获得,也可以根据用户意愿用库中模块搭建而成。

当然,对于具体的 Simulink 模型而言,不一定完全包含这三大组件。比如,用于研究初始条件对系统影响的 Simulink 模型就不必包含信源组件。

对视频处理来说,主要用到视频和图像处理模块库(Video and Image Processing Blockset)提供的设计和视频处理、图像处理算法和模拟工具,以及计算机视觉系统。

4.4.2 Simulink 的启动与窗口介绍

在启动 Simulink 软件包之前，首先要启动 Matlab 软件。在 Matlab 中有三种启动 Simulink 的方法：

（1）工具栏上单击 Simulink 图标 。

（2）在命令行中输入 Simulink。

（3）通过选择 Start→Simulink→Library Browser 菜单命令打开。

弹出 Simulink Library Browser 界面如图 4-39 所示。

图 4-39 Simulink 的操作主界面

单击模型库浏览器工具栏上的"新建"按钮或通过选择 File→New→Model 菜单命令可以打开一个空白的仿真窗口，如图 4-40 所示。

4.4.3 Simulink 模块操作

1. 模块的添加

用鼠标指向模块库内所需的模块，按下鼠标左键，把它拖至建模仿真窗口内，或者右击通过选择 Add to 菜单命令添加到仿真窗口。

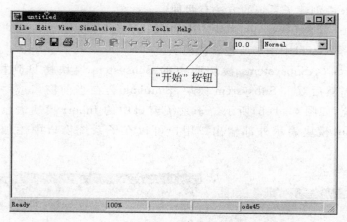

图 4-40　仿真窗口

2. 模块的选定

选定单个模块：用鼠标指向待选模块，单击即可。

选定多个模块。

方法一：按下 Shift 键，同时依次单击所需选定的模块；

方法二：按住鼠标任意一键，拉出矩形虚线框，将所有待选模块包在其中，于是矩形框中所有的模块均被选中，此方法适合于选取位置相近的模块。

3. 模块的移动

选中需移动的模块，按下鼠标左键并将模块拖到合适的地方即可。需要说明的是，模块移动时，与之相连的连线也随之移动，在不同的模型窗口之间移动模块，需要同时按下 Shift 键。

4. 模块名的设置

单击模块名，将在原名字的四周出现一个编辑框。此时，就可以对模块名进行设置。

5. 参数设置

几乎所有模块都有一个相应的参数对话框，该对话框可以用来对模块的参数进行设置。双击一个模块就会弹出一个基本属性对话框。在该对话框中列出了由用户根据需要设定的 5 个基本属性：模块描述（Description）、优先级（Priority）、标签（Tag）、模块注释（Block Annotation）、函数调用（Cellbacks）。

6. 创建子系统

子系统是将一组模块组合在一起而构成的单个系统模块，用以管理复杂模型。Simulink 方框图是由许多层级组成的，每个层级都是由子系统定义的。

在 Simulink 中创建子系统的方法有两种：

（1）把 Ports & Subsystems 模块库中的 Subsystem 模块添加到用户模型中，然后打开该模块，向子系统窗口中添加所包含的模块。

首先将 Ports & Subsystems 模块库中的 Subsystem 模块拷贝到模型窗口中，如图 4-41(a)所示；然后双击 Subsystem 模块，Simulink 会在当前窗口或一个新的模型窗口中打开子系统，如图 4-41(b)所示。子系统窗口中的 Inport 模块表示来自于子系统外的输入，Output 模块表示外部输出。用户可以在子系统窗口中添加组成子系统的模块。

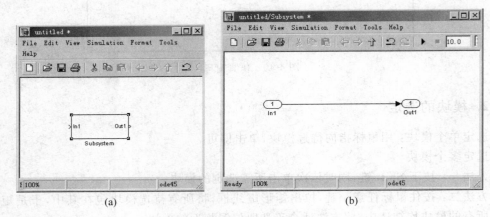

图 4-41　创建子系统示例图

（2）先向模型中添加组成子系统的模块，然后把这些模块组合到子系统中。

如果模型中已经包含了用户想要转换为子系统的模块，那么可以把这些模块组合在一起来创建子系统。

用户可以用鼠标将需要组合为子系统的模块和连线用边框线选取，当松开鼠标按钮时，边框内的所有模块和连线均被选中；然后选择 Edit 菜单中的 Create Subsystem 命令，Simulink 会将所选模块用 Subsystem 模块代替。

4.4.4　建立一个简单的 Simulink 模型

首先我们通过一个简单的例子来了解 Simulink 处理视频的基本操作。以下实例用来实现每个视频帧的边缘检测。

1. 选择和添加模块

选定所需模块，添加到新建的仿真窗口，将其排列在合适的位置，如图 4-42 所示。本例中所需的模块有：

• From Multimedia File 模块（Video and Image Processing Blockset\Sources 模块库），本模块读取压缩过的或者没有经过压缩的多媒体文件。多媒体文件可以包含音频、视频或音频和视频数据。

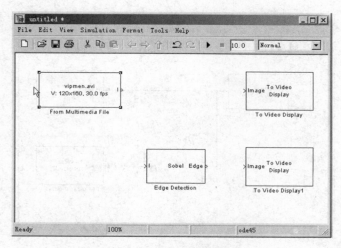

图 4-42　选定所需模块

- Edge Detection 模块（Video and Image Processing Blockset \ Analysis & Enhamcement 模块），用来进行边缘检测。
- To Video Display 模块（Video and Image Processing Blockset\Sinks 模块库），用来显示视频流。

对于各个模块的具体功能和参数意义可单击右键，选择 help 来查看。

2. 连接模块

模块间的连线是指从某一模块的输出端开始指向另一个模块的输入端的有向线段。

连接过程：将光标指向模块的输出端，待光标变成十字后，按下鼠标左键，拖动鼠标，移动光标到另一个模块的输入端，松开鼠标。此时，Simulink 会自动生成一个带箭头的线段，把两个模块连接起来，箭头方向表示信号流向。如果输入端和输出端不在同一水平线上，Simulink 会自动生成折线连接两端。如果需要让折线变成斜连线，则必须按下 Shift 键，再拖动鼠标。若连线没有连接上输入端就松开鼠标，此时连接线就变成一条红色的虚线，并以这种形式来提醒用户连接有误。

连接线的移动和删除与模块的移动和删除几乎类似。移动的方法是选中连接线，按住鼠标左键，移动到期望的位置，松开鼠标即可。删除连接线方法是直接选中连接线，按键盘上的 Delete 键或 Backspace 键。

本例模块连接结果如图 4-43 所示。

3. 参数设置

我们已经介绍了参数设置的方法，以下我们通过设置 From Multimedia File 模块的参数来具体说明模块参数的设置。

From Multimedia File 模块参数对话框如图 4-44 所示。

该模块决定文件（音频或视频）的类型，并提供相关参数。此对话框中各个参数的属性如下。

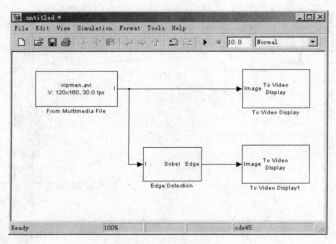

图 4-43　模块连接

Filename：指定要读取的多媒体文件名称。可以单击 Browser... 按钮，调用 Open File Dialogue 对话框来选择文件。

Inherit sample time from file：如果想要继承输入的多媒体文件的采样时间则选中此复选框。

Number of times to play file：输入一个正整数来表示播放次数或输入 inf 来代表无限循环。

单击 Help 按钮可看到该对话框可设置的各个参数的属性。

图 4-44　From Multimedia File 模块参数对话框

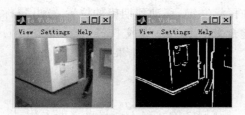

图 4-45　视频帧的边缘检测效果

4. 运行

单击工具条上的"开始"按钮运行仿真，输出视频在某一时刻的效果如图 4-45 所示。

4.4.5　介绍一个 Simulink 演示程序

以下我们将以 Matlab 中的一个 Simulink 实例进行详细分析,该实例使用块处理模块发送 8×8 子矩阵的每个视频帧的块处理子系统。在这个子系统中,对每个 8×8 的像素矩阵进行 DCT 变换,然后量化变换后的 DCT 系数。在解码器子系统,执行反量化和逆 DCT 变换来解码数据。我们将分析主要模块的功能及其 Matlab 实现。该图像压缩的演示模型如图 4-46 所示。

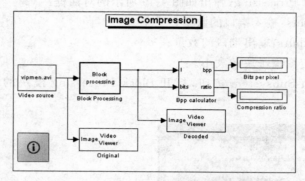

图 4-46　Image Compression 演示模型

其中各模块的构成及属性如下。

1.　Video source 子系统

Video source 子系统的功能是读入视频文件,该子系统的结构如图 4-47 所示。此子系统的组成模块(按从左到右的顺序)如下。

- From Multimedia File 模块(Simulink/Sources 模块库)。
- Gain 模块(Simulink/Math Operations 模块库):常量增益模块,给输入乘以一个常数,此处设置的常数值为 255,其参数设置对话框如图 4-48 所示。

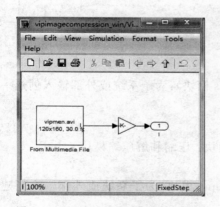

图 4-47　Video source 模块的子系统

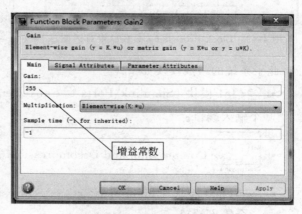

图 4-48　Gain 模块参数设置对话框

- ⟨1⟩ Outl 模块(Simulink\Ports & Subsystems 模块)为子系统或外部输入创建一个输出端口。

2. Block Processing

Block Processing 模块：根据用户设定的参数对视频进行处理，本例通过此模块实现视频的压缩，所以这里我们将详细介绍此模块。

(1) 双击 Block Processing，弹出如图 4-49 所示的对话框：

Number of inputs：输入端口的数量；

Number of outputs：输出端口的数量；

Block size：指定图像子块的大小。

(2) 单击 Open Subsystem 按钮，打开 Block Processing 模块的子系统，如图 4-50 所示。

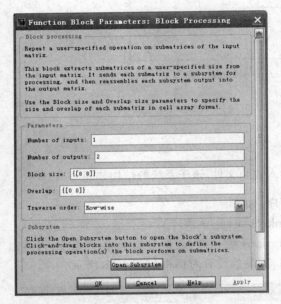

图 4-49 Block Processing 参数设置对话框

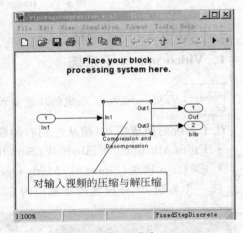

图 4-50 Open Subsystem

此子系统的组成模块如下。

- ⟨1⟩ In1 模块(Simulink\Ports & Subsystems 模块)：为子系统或外部输入创建一个输入端口。

- Compression and Decompression 模块：压缩和解压缩模块。

- ⟨1⟩ Outl 模块(Simulink\Ports & Subsystems 模块)为子系统或外部输入创建一个输出端口。

在这个子系统中,最核心的模块是 Compression and Decompression 模块,包括"Encoder"模块、"Decoder"模块和"Bit Counter"模块,如图 4-51 所示。

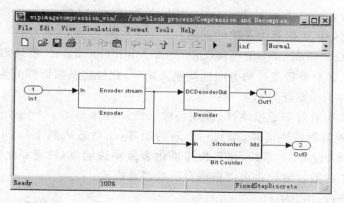

图 4-51　Compression and Decompression 模块的子系统

(3) 双击 Encoder 模块,打开此模块的子系统,如图 4-52 所示。

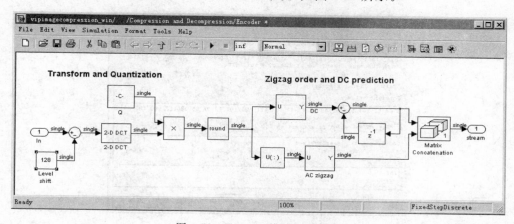

图 4-52　Encoder 模块的子系统

此子系统的组成模块如下。

- [128] Enumerated Constant 模块(Simulink\Sources 模块库)(模块名为 Level shift 和 Q 模块)生成一个常值,Level shift 模块设置常值为 128,Q 模块提供量化表;

- Sum 模块(Simulink/Math Operations 模块库)对输入执行加法或减法运算,可以加标量、向量或矩阵输入,此处执行减法;

- 2-D DCT 模块(Video and Image Processing Blockset/Transforms 模块库)进行二维离散余弦变换;

- [×] Product 模块(Simulink/Math Operations 模块库)对输入求积或商,此处求积;

- [round] Rounding Function 模块(Simulink/Math Operations 模块库)取整函数;

- [U(:)] Reshape 模块(Simulink/Math Operations 模块库)将输入信号的维数改变到指定的维数,此处将输入信号的维数改变到一维;

- 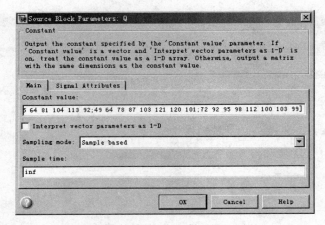Selector 模块（Simulink/Signal Routing 模块库）从向量或矩阵信号中选择输入分量，此处用于从向量或矩阵信号中选择输入中的 AC 分量；
- Delay 模块（Signal Processing Blockset/Signal Operations 模块库）延迟离散输入，此处用于保存上一次的差值；
- Matrix Concatenate 模块（Simulink/Math Operations 模块库）水平或垂直连接输入，即沿着行或列的方向连接输入矩阵，此处将系数矩阵变为一维数列。

该子系统的工作原理为：

从左往右依次看每个子模块，In 模块的输入矩阵（8×8）与一个每个元素都等于常数 128 的 8×8 的矩阵做减法运算，得到一个新的矩阵，然后输入到 2-D DCT 模块，经二维 DCT 变换得到 64 位 DCT 系数，此系数与量化表做乘法运算（注意：此时量化表的每个元素都是小于 1 的数），量化表可以根据自己的需要修改。

量化表的修改过程为：

打开 Q 模块（Enumerated Constant 模块）的参数对话框，修改量化表，如图 4-53 所示。

图 4-53　Q 模块的参数设置对话框

此处的量化表为：

```
1./[16 11 10 16 24   40   51   61;
    12 12 14 19 26   58   60   55;
    14 13 16 24 40   57   69   56;
    14 17 22 29 51   87   80   62;
    18 22 37 56 68   109 103 77;
    24 35 55 64 81   104 113 92;
    49 64 78 87 103 121 120 101;
    72 92 95 98 112 100 103 99]
```

其中"1./"表示 1 除以此矩阵，此时运行仿真的效果如图 4-54 所示。

若量化表为以下矩阵（此矩阵使 DCT 变换后只保留 3 个有效数字，其他 DCT 系数设

处理前的效果　　　　　　　　处理后的效果

图 4-54　运行仿真效果

为零），则其解压后的效果如图 4-55 所示。

```
1./[1    1   inf inf inf inf inf inf;
      1   inf inf inf inf inf inf inf;
      inf inf inf inf inf inf inf inf;
      inf inf inf inf inf inf inf inf;
      inf inf inf inf inf inf inf inf;
      inf inf inf inf inf inf inf inf;
      inf inf inf inf inf inf inf inf;
      inf inf inf inf inf inf inf inf]
```

图 4-55　保留 3 个数字后的处理效果

图 4-56　保留 6 个数字后的处理效果

若量化表为以下矩阵（此矩阵使 DCT 变换后只保留 6 个有效数字，其他 DCT 系数设为零），则其解压后的效果如图 4-56 所示。

```
1./[1    1    1   inf inf inf inf inf;
      1    1   inf inf inf inf inf inf;
      1   inf inf inf inf inf inf inf;
      inf inf inf inf inf inf inf inf;
      inf inf inf inf inf inf inf inf;
      inf inf inf inf inf inf inf inf;
      inf inf inf inf inf inf inf inf;
```

```
inf inf inf inf inf inf inf inf]
```

与量化表做乘法运算得到的矩阵经函数 round 处理（说明：$y=\text{round}(x)$，就是对 x 取整为最近的整数，并将该整数返回给 y），接近 0 的系数全部量化为 0，此时的 8×8 的系数矩阵中，左上角的一个为直流（DC）系数，其余 63 个为交流（AC）系数。

对于 DC 系数，由于图像中相邻两个图像块的 DC 分量一般非常接近，所以量化后的 DC 系数采用差值编码，我们从例子中获取了下面部分数据，其中 IN 为减法模块的输入数据，OUT 为减法模块的输出数据，DELAY 为 Z^{-1} 模块的输出数据（也是减法模块的输入数据）。

```
IN:   -8  13   1    4    21   25   23   60
OUT:  -8  21  -20  24   -3   28   -5   65
DELAY: 0  -8   21  -20  24   -3   28   -5
```

从上面的数据我们可以看出，与第一个 DC 系数做减法运算的是 0，这是 Z^{-1} 模块的默认设置参数决定的，此后 Z^{-1} 模块保存上一次的差值，并把上一次的差值送到减法模块与当前的 DC 系数做减法运算，如此反复下去。

而对于 AC 系数，量化后，经模块 AC zigzag 实现 Z 形扫描，将系数矩阵变成一维数列。

最后，Matrix Concatenation 模块将 DC 系数与 AC 系数合并，生成一个 64×1 的矩阵，并将此矩阵作为 Stream 模块的输入矩阵。

（4）双击图 4-51 中的 Decoder 模块 ，打开此模块的子系统，如图 4-57 所示。

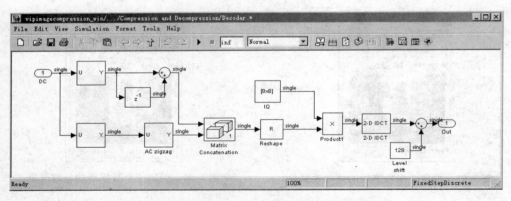

图 4-57　Decoder 模块的子系统

此处所用到的模块除 2-D IDCT（Video and Image Processing Blockset/Transforms 模块库）外，前面均已介绍，此子系统中 Sum 模块执行加法操作，解码就是对编码的逆过程，其中在编码阶段做减法运算的模块在此处做加法运算，反量化表中的每个元素为量化表中每个元素的倒数，分析过程可以以编码阶段的思想反推。

（5）双击图 4-51 中的 Bit Counter 模块 ，此模块为 Fcn 模块（Simulink\User-Defined Functions 模块库），用于把输入应用于一个指定的表达式，可以看到该模块内嵌的 Matlab 代码，此代码是用户根据需要自己定义的，此处代码实现位计数功能。

```matlab
function bits=bitcounter(in)
%This bitcounter assumes that the input signal will be
%huffman encoded and counts bits based on this assumption. Note
%however that the Bit Pack and Bit Unpack blocks only perform
%run length encoding.

numacbits=0;
run=0;

dclen=[2, 3, 3, 3, 3, 3, 4, 5, 6, 7, 8, 9];

if(in(1)<0)
    dcval=uint32(-in(1));
else
    dcval=uint32(in(1));
end

for i=0:11
    if(dcval==0)
        break;
    end
    dcval=uint32(bitshift(dcval,-1));
end
numdcbits=dclen(i+1)+i;

aclen=[2,  2,  3,  4,  5,  7,  8, 10, 16, 16,...
    4,  5,  7,  9, 11, 16, 16, 16, 16, 16,...
    5,  8, 10, 12, 16, 16, 16, 16, 16, 16,...
    6,  9, 12, 16, 16, 16, 16, 16, 16, 16,...
    6, 10, 16, 16, 16, 16, 16, 16, 16, 16,...
    7, 11, 16, 16, 16, 16, 16, 16, 16, 16,...
    7, 12, 16, 16, 16, 16, 16, 16, 16, 16,...
    8, 12, 16, 16, 16, 16, 16, 16, 16, 16,...
    9, 15, 16, 16, 16, 16, 16, 16, 16, 16,...
    9, 16, 16, 16, 16, 16, 16, 16, 16, 16,...
    9, 16, 16, 16, 16, 16, 16, 16, 16, 16,...
    10, 16, 16, 16, 16, 16, 16, 16, 16, 16,...
    10, 16, 16, 16, 16, 16, 16, 16, 16, 16,...
    11, 16, 16, 16, 16, 16, 16, 16, 16, 16,...
    16, 16, 16, 16, 16, 16, 16, 16, 16, 16,...
    16, 16, 16, 16, 16, 16, 16, 16, 16, 16];
for i=1:63
    if(in(i+1)==0)
        run=run+1;
```

```
            if(i<63)
                continue;
            end
        end

        if(in(i+1)<0)
            acval=uint32(-in(i+1));
        else
            acval=uint32(in(i+1));
        end

        for j=0:31
            if(acval==0)
                break;
            end
             acval=uint32(bitshift(acval,-1));
        end

        while(run>15)
            run=run-15;
            numacbits=numacbits+11;
        end

        numacbits=numacbits+aclen(run*10+j+1)+j;
        run=0;
    end
end

if(run>0)
    numacbits=numacbits+4;
end

bits=single(numacbits+numdcbits);
```

3. Bpp calculator 模块

Bpp calculator 模块：计算视频每像素的位数和每帧视频的压缩倍率，其子系统如图 4-58 所示，其中 Width 模块（Simulink/Signal Attributes 模块库）用于输出输入向量的宽度。

4. Bits per pixel 模块

Bits per pixel 模块：Display 模块（Simulink\Sinks 模块库）显示输入值，此处用于显示压缩后每个像素所占的位数。

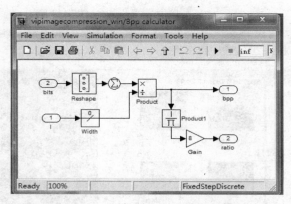

图 4-58　Bpp calculator 模块的子系统

5. Display 模块

Display 模块（Simulink\Sinks 模块库）：此处用于显示每帧视频的压缩倍率。

6. Video Viewer 模块

Video Viewer 模块（Sinks 模块库）：该实例有两个 Video Viewer 视频播放器模块，Original 用于播放原始视频流，Decoder 用于播放解压后的视频流。

4.5　使用 Windows Movie Maker 制作视频

Windows Movie Maker 是 Microsoft Windows XP 操作系统自带的，用于捕获、编辑和安排音频和视频素材以制作电影的软件。用户可以使用 Windows Movie Maker 通过摄像机、Web 摄像机或其他视频源将音频和视频捕获到计算机上，然后将捕获的内容应用到电影中。也可以将现有的音频、视频或静止图片导入 Windows Movie Maker，然后在制作电影中使用。在 Windows Movie Maker 中完成对音频与视频内容的编辑（包括添加标题、视频过渡或效果等）后，就可以保存最终完成的电影。

可以将制作的电影保存到计算机上，也可以保存到可写入的 CD（CD-R）或可重写的 CD（CD-RW）或 DVD 上。还可以通过电子邮件附件的形式发送电影或将其发送到 Web 上与其他人分享。如果有 DV 摄像机与计算机相连，也可以将电影录制到 DV 磁带上，然后在 DV 摄像机或电视机上播放。

4.5.1　Windows Movie Maker 界面介绍

Windows Movie Maker 的主界面如图 4-59 所示。

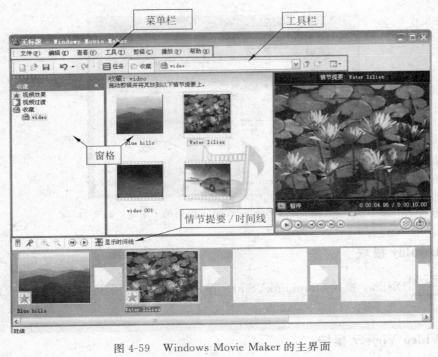

图 4-59　Windows Movie Maker 的主界面

1. 主要窗格

Windows Movie Maker 用户界面的主要功能显示在菜单栏、工具栏和不同的窗格中。使用菜单栏中的命令来执行任务，工具栏提供了选择菜单命令的替代方法，可以使用工具栏快速执行常见任务。根据所选视图（"收藏"视图或"电影任务"视图）的不同，会显示出不同的主窗格，图 4-60 和图 4-61 分别显示出"电影任务"窗格和"收藏"窗格。

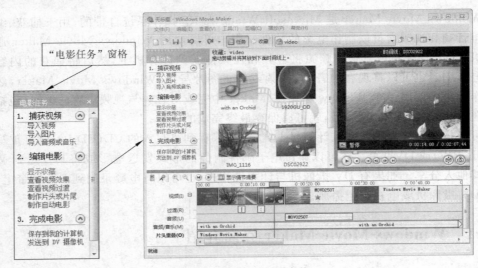

图 4-60　"电影任务"窗格

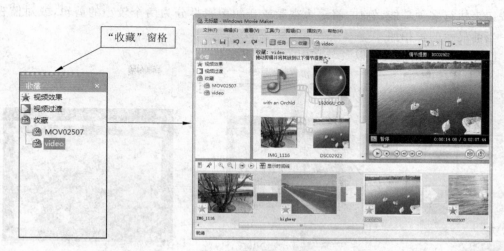

图 4-61 "收藏"窗格

"收藏"窗格显示出用户的收藏,这些收藏中包括剪辑。收藏按名称列在左边的"收藏"窗格中,而选定收藏中的剪辑,其内容显示在右边的"内容"窗格中,如图 4-62 所示。用户可以将剪辑从"内容"窗格或将收藏从"收藏"窗格中拖到当前项目的"情节提要/时间线"中。也可以将剪辑拖到监视器中进行播放。剪辑只代表原始源文件,因此,Windows Movie Maker 可以识别并使用该文件。如果对剪辑进行了更改,则所做更改只反映在当前项目中,并不会影响源文件。

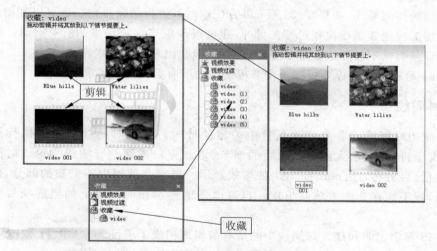

图 4-62 选定收藏中的剪辑

2. 监视器

使用监视器可以查看单个剪辑或整个项目。通过使用监视器,可以在将项目保存为电影之前进行预览。可以使用播放控制浏览单个剪辑或整个项目。也可以使用监视器上的按钮来执行多种功能,例如,将一个视频或音频剪辑拆分为两个较小的剪辑,或对监视器中当前显示的帧拍照。

图 4-63 显示出监视器以及与其相关的按钮。

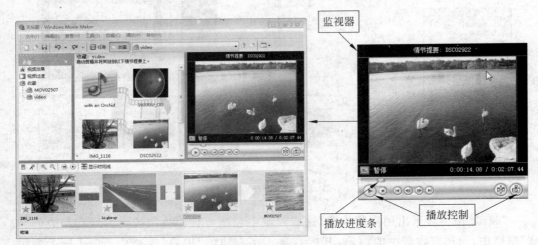

图 4-63　监视器界面

3. 情节提要

情节提要是 Windows Movie Maker 中的默认视图。可以使用情节提要视图来查看项目中剪辑的排列顺序,如果需要,还可以方便地对其进行重新排列。也可以利用此视图查看已添加的视频效果或视频过渡。另外,还可以预览当前项目中的所有剪辑。已添加到项目的音频剪辑不会显示在情节提要视图中,但会出现在时间线视图中。

图 4-64 显示出情节提要视图。情节提要中的所有剪辑构成了项目。

4. 时间线

可以使用时间线查看或修改项目中剪辑的计时。使用时间线按钮可执行许多任务,如更改项目视图、放大或缩小项目的细节、录制旁白或调整音频级别等。时间以小时:分钟:秒.百分秒(h:mm:ss.hs)的格式显示。要剪裁剪辑中不需要的部分,请使用剪裁手柄,该手柄在选中剪辑时出现。也可以预览显示在时间线上的当前项目中的所有剪辑。

图 4-65 显示出时间线。时间线中的所有剪辑即构成了项目。

时间线显示出以下轨道来指示已添加到当前项目中的文件的类型。

1) 视频

通过“视频”轨可以看到已在项目中添加了哪些视频剪辑、图片或片头。可以扩展“视频”轨来显示与视频相对应的音频,以及已添加的所有视频过渡。将剪辑添加到时间线后,源文件的名称将出现在该剪辑中。如果为图片、视频或片头添加了视频效果,剪辑上将会出现一个小图标表示该剪辑已添加了视频效果。

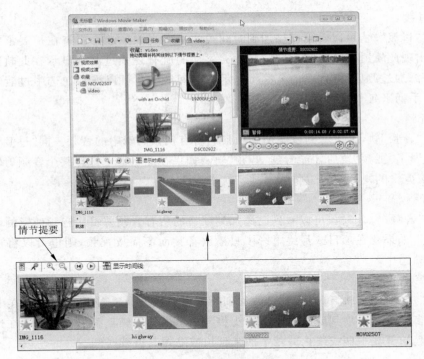

图 4-64　情节提要界面

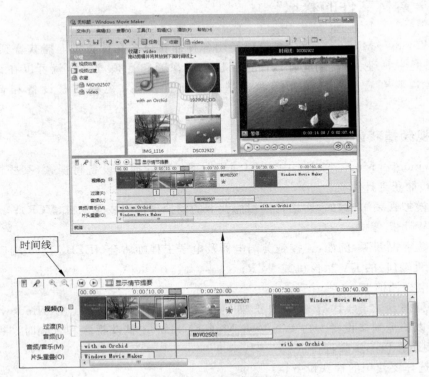

图 4-65　时间线界面

2）过渡

通过"过渡"轨，可以看到已添加到时间线的所有视频过渡。只有在扩展了"视频"轨后，才会出现此轨道。从"视频过渡"文件夹添加的所有视频过渡都显示在此轨道中。在时间线中添加过渡后，该过渡的名称将显示在时间线中。可以拖动在选中过渡时出现的起始剪裁手柄来延长或缩短其持续时间。

3）音频

通过"音频"轨，可以看到已添加到项目的所有视频剪辑中的音频。同"过渡"轨一样，只有在扩展了"视频"轨后才能看到"音频"轨。如果在此轨道上选择某个音频剪辑并将其删除，则该剪辑的视频部分也将从"视频"轨中删除。

4）音频/音乐

通过"音频/音乐"轨，可以看到已添加到项目的所有音频剪辑。音频剪辑的名称显示在剪辑中。如果要在项目或最终电影中只播放音频而不播放视频，则也可以将视频剪辑添加到此轨道中。

5）片头重叠

通过"片头重叠"轨，可以看到已添加到时间线的所有片头或片尾。可以在电影的不同地方将多个片头添加到此轨道中。片头将与显示出的视频重叠。可以拖动在选中片头时出现的起始剪裁手柄或终止剪裁手柄来延长或缩短其持续时间。

4.5.2 素材文件的获取

在 Windows Movie Maker 中，可以使用各种捕获设备在计算机上捕获音频和视频。捕获设备是一种硬件，使用它可以向计算机传输视频和音频，这样，就可以在计算机上使用这些视频和音频。这里介绍两种基本的捕获设备：视频捕获设备和音频捕获设备。

1. 视频捕获设备

在 Windows Movie Maker 中，可以使用以下类型的捕获设备将视频（某些情况下还包括音频）捕获到计算机：

（1）模拟视频源，例如，连接到模拟捕获卡的模拟摄像机或录像机（VCR）；

（2）Web 摄像机；

（3）数字视频源，例如，连接到美国电器及电子工程师协会（IEEE）1394 端口（DV 捕获卡或内置端口）的 DV 摄像机或 VCR；

（4）电视调谐卡。

在进行捕获之前，计算机必须正确连接视频捕获设备，并且使 Windows Movie Maker 可以检测到该设备。在 Windows Movie Maker 中捕获视频和音频时，"视频捕获向导"将提示按以下步骤进行：

（1）选择要使用的捕获设备；

（2）为捕获的音频文件和视频文件指定保存位置；

（3）选择视频设置；

（4）如果从 DV 摄像机或 DV、VCR 中的视频磁带上捕获音频和视频，选择要用来捕获视频和音频的方法；

（5）捕获视频和音频。

2. 音频捕获设备

可以使用音频捕获设备将音频从外部源捕获到计算机上。最常见的音频捕获设备是麦克风。麦克风可以是连接到计算机上的单独设备，也可以是 DV 或模拟摄像机或 Web 摄像机的一部分。可以使用以下类型的音频捕获设备：

（1）音频卡（也叫声卡）；

（2）单独的麦克风；

（3）模拟摄像机或 Web 摄像机的内置麦克风。

3. 捕获设备与计算机的连接方法

音频和视频捕获设备连接到计算机的方法有如下几种：

（1）连接到 USB 端口、视频捕获卡或 IEEE 1394 端口的 Web 摄像机。根据 Web 摄像机的类型，可以将其连接到 USB 端口（如果是 USB 接口的摄像机）、模拟捕获卡（如果是视频合成摄像机）或 IEEE 1394 端口（如果是与 IEEE 1394 兼容的 Web 摄像机）。某些 Web 摄像机内置有麦克风，因此可以同时捕获项目所需的视频和音频。

（2）连接到模拟捕获卡的模拟摄像机或 VCR。在此配置中，是将摄像机或 VCR 连接到模拟捕获卡。例如，可以将摄像机上的视频输出连接到捕获卡上的视频输入口，然后将左右音频线（通常是从 RCA 左右频道连接器连接到单个 3.5mm 立体声耳机插头）连接到声卡上的音频输入口（或模拟视频捕获卡，如果卡同时带有音频和视频插孔）。如果摄像机和捕获卡都带有 S 视频端子，还可以选择使用 S 视频端子来录制视频，同时保持连接音频捕获器以捕获音频。此外，特殊配置因硬件的不同而异。

（3）连接到 IEEE 1394 端口的 DV 摄像机或 VCR。将 DV 摄像机连接到 IEEE 1394 端口，可以从 DV 设备获得最佳录制效果。这是因为数据已经是数字格式，可直接通过 IEEE 1394 端口传输到计算机。在此配置中，IEEE 1394 电缆从 DV 摄像机的 DV 输出端口或 VCR 连接到 DV IEEE 1394 捕获卡或内置 IEEE 1394 端口。

（4）连接到模拟视频捕获卡的 DV 摄像机或 VCR。许多 DV 设备都带有模拟输出端口。如果有模拟视频捕获卡，可以将 DV 摄像机或 VCR 连接到模拟捕获卡，来向计算机传输视频和音频。

（5）连接到声卡或 USB 端口的麦克风。将麦克风连接到计算机上的麦克风插孔或线路输入端口，就可以通过其捕获音频。某些麦克风连接到计算机上的 USB 端口。

（6）电视调谐卡。如果计算机上装有电视调谐卡并且已与电视连接，就可以从电视捕获视频。

4.5.3　编辑项目

可通过以下几个选项对剪辑进行编辑。

（1）拆分剪辑：可以将音频、视频和图片拆分为更小、更易于管理的剪辑或将这些剪辑合并在一起。拆分视频剪辑或音频剪辑时，一个大的剪辑将被分成两个小剪辑。例如，如果要在一个视频剪辑中间插入视频过渡，则可在要插入视频过渡的点拆分该视频剪辑，然后添加需要的过渡。

（2）合并剪辑：可以合并两个或多个连续的视频剪辑。连续表示剪辑是同时捕获的，因此一个剪辑的结束时间与下一个剪辑的开始时间相同。如果有几个较短的剪辑，并要在情节提要/时间线上将它们看作一个剪辑，则可合并剪辑。与拆分剪辑类似，可以在"内容"窗格中或情节提要/时间线上合并连续的剪辑。

（3）剪裁剪辑：可以隐藏不愿在项目中使用的剪辑片断。例如，可将一个剪辑的开始或结尾片段剪裁掉。剪裁并不是从素材中删除信息，因此，可以随时通过清除剪裁点来将剪辑恢复为原来的长度。只有将剪辑添加到情节提要/时间线后才能进行剪裁。不能在"内容"窗格中剪裁剪辑。

可以拖动剪裁手柄（图 4-66），将剪辑中多余的部分剪裁掉。

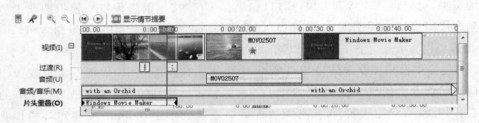

图 4-66　剪裁剪辑

4.5.4　视频过渡及效果

1. 视频过渡

视频过渡控制电影如何从播放一段剪辑或一张图片过渡到播放下一段剪辑或下一张图片。可以在情节提要/时间线的两张图片、两段剪辑或两组片头之间以任意的组合方式添加过渡。过渡在一段剪辑刚结束而另一段剪辑开始播放时进行播放。Windows Movie Maker 包含多种可以添加到项目中的过渡。过渡存储在"收藏"窗格中的"视频过渡"文件夹内。

可以更改视频过渡的播放持续时间，最长可达两段相邻剪辑中较短剪辑的持续时间。如果在时间线上将要过渡到的视频剪辑或图片拖到要从其开始过渡的剪辑或图片上，则在默认情况下，会在两个剪辑之间添加交叉淡入淡出的效果。如果不制作过渡，将在两段剪辑之间直接切换（没有淡入淡出）。

添加的所有过渡都显示在时间线的"过渡"轨上。要看到此轨道,必须扩展"视频"轨。视频过渡的长度取决于两段剪辑间的重叠量。图 4-67 显示出在时间线上添加了视频过渡的项目。

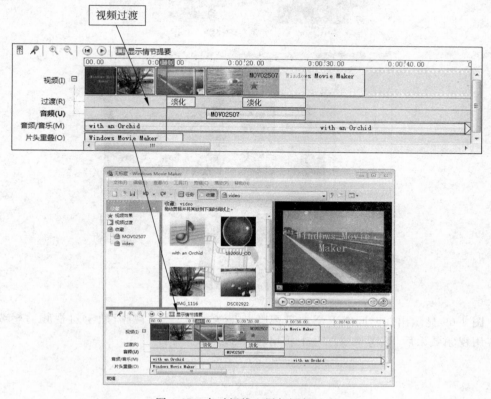

图 4-67　在时间线上添加视频过渡

图 4-68 显示出情节提要上带有视频过渡的项目。添加的所有过渡都显示在两段视频剪辑或两张图片之间的过渡单元格中。

2. 视频效果

视频效果决定了视频剪辑、图片或片头在项目及最终电影中的显示方式。可以通过视频效果将特殊效果添加到电影中。例如,你可能具有已捕获的视频,现在想使其变旧以便呈现出经典老片的电影效果。可以向视频剪辑或图片添加某一种"旧胶片"视频效果。在电影中视频剪辑、图片或片头的整个显示过程中都可以应用视频效果。可以添加"收藏"窗格中"视频效果"文件夹内的任何视频效果。

拆分、剪切、复制或移动视频剪辑或图片时,视频效果保持不变。例如,如果在剪辑中添加了"灰度"视频效果,然后拆分该剪辑,则两段剪辑都将具有"灰度"视频效果。但是,如果合并两段视频剪辑,则第一段剪辑中使用的相关视频效果将应用到新合并的剪辑中,而第二段剪辑中使用的相关视频效果将被删除。

图 4-68   情节提要上带有视频过渡

图 4-69 显示出在时间线上添加了视频效果的项目。在"视频"轨上对视频剪辑或图片应用视频效果后,该剪辑或图片上将出现一个图标。

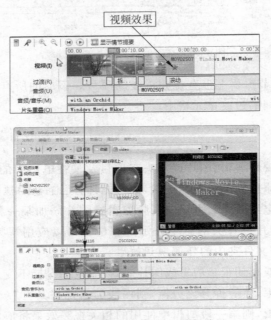

图 4-69   在时间线上添加视频效果

图 4-70 显示出在情节提要上添加了视频效果的项目。视频效果单元格中出现一个图标(在方块中突出显示)时,即表示已应用了视频效果。

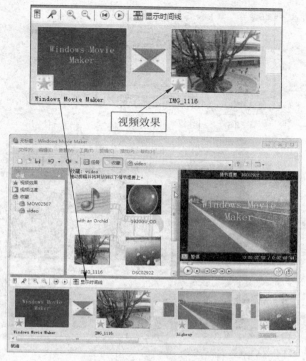

图 4-70　在情节提要上添加视频效果

4.5.5　片头制作

通过使用片头和片尾,可以向电影添加基于文本的信息来增强其效果。可以添加所需的任意文本,但最好包括如电影片名、制作人姓名、日期之类的信息。除了更改片头动画效果外,还可以更改片头或片尾的外观,这决定了片头或片尾在电影中的显示方式。可以将片头添加到电影中的不同位置:在电影的开始或结尾处、在一段剪辑的前后或者与一段剪辑重叠。片头在指定的时间范围内播放,播放完片头后电影中才会显示视频剪辑或图片。

添加片头或片尾的步骤如下:

(1) 在"工具"菜单上单击"片头和片尾",或在"电影任务"窗格中的"编辑电影"下,单击"制作片头或片尾"。

(2) 在"要将片头添加到何处"页上,根据要添加片头的位置单击其中一个链接。

(3) 在"输入片头文本"页中,输入要作为片头显示的文本。

(4) 单击"更改片头动画效果",然后在"选择片头动画"页上,从列表中选择片头动画效果。

(5) 单击"更改文本字体和颜色",然后在"选择片头字体和颜色"页上选择片头的字体、字体颜色、格式、背景颜色、透明度、字体大小和位置。

（6）单击"完成，为电影添加片头"，就可以在电影中添加片头。

图 4-71 显示出一个项目，该项目包含在视频剪辑之前显示的片头。

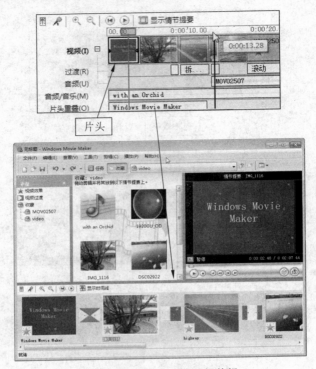

图 4-71　带有片头的视频剪辑

图 4-72 显示出一个项目，该项目包含与视频剪辑重叠显示的片头。

图 4-73 显示出一个项目，该项目包含在项目结尾显示的片尾。

4.5.6　处理音频

在 Windows Movie Maker 中可以执行各种不同的与音频相关的任务，以下列出了其中的一部分任务。

1．旁白时间线

添加音频旁白，以解说时间线的"视频"轨上显示的视频剪辑或图片。音频旁白自动与视频保持同步，这样，旁白将在播放时描述电影中的动作或事件。捕获的旁白另存为文件扩展名为 .wma 的 Windows Media Audio 文件。默认情况下，音频旁白文件保存在"我的视频"中的"旁白"文件夹内。

2．调整音频级别

如果时间线的"音频"和"音频/音乐"轨上显示有音频，可通过调整音频级别来确定音

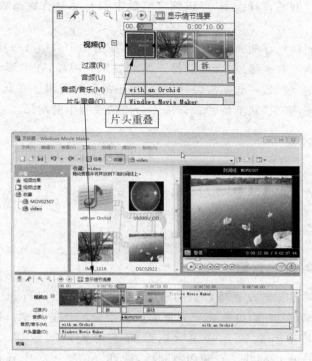

图 4-72 带有片头重叠的视频剪辑

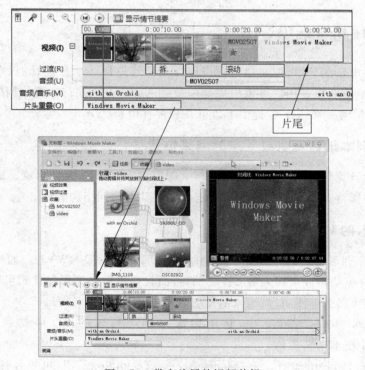

图 4-73 带有片尾的视频剪辑

频平衡和播放。通过调整音频级别,可以确定电影中哪一部分音频播放的音量高于其他部分的音量。

默认设置以相同级别在两条轨道上播放音频。在电影中会始终以用户选择的音频级别播放音频。通过调整音频级别,可以获得不同的效果。例如,在电影开始处,用户可以将视频与所包括的"音频"轨一起播放,同时播放单独的音频剪辑。在此情况下,可以设置音频级别,以便"音频/音乐"轨上的背景音乐不会掩盖视频中的对话。

3. 添加音频效果

添加不同的音频效果,基本音频效果包括:

静音——在播放过程中不播放音频,因此听不到声音。

淡入——音频逐渐增强,直到达到最终播放级别。

淡出——音频逐渐减弱,直到听不到为止。

4. 调整音频剪辑的音量

调整只含有音频的剪辑或视频剪辑的音频部分的音量。可以调整剪辑中音频的音量,以便能够清晰地听到声音,这取决于为音频剪辑指定的音量级别。例如,用户可能在磁带上录有视频,其中音频的音量太低以致听不清人们的谈话。这种情况下,在 Windows Movie Maker 中捕获了音频和视频后,就可以调整视频中音频的音量,以便能听清对话。

4.5.7　保存和发送电影

使用"保存电影向导"可以快速将项目保存为最终电影。项目的计时、布局和内容将保存为一个完整的电影。用户可以根据处理最终电影的方式来选择要使用的电影保存方式。Windows Movie Maker 中提供了以下几种保存电影的方式。

1. 保存到本地计算机或共享的网络位置

使用"我的计算机"保存选项,可以保存电影以在本地计算机上播放。如果用户选择此选项,最终电影将存储在计算机上的指定位置或共享的网络位置中。

2. 可写入的 CD

将电影保存到可写入的 CD 或可重写的 CD(CD-R 或 CD-RW)上。如果计算机连接有可重写的 CD 驱动器或可写入的 CD 驱动器,而且要将最终电影保存到可写入的 CD 或可重写的 CD 上,那么可使用"可写入的 CD"保存选项。

在 Windows Movie Maker 中,将电影保存到可写入的 CD 中是通过 Microsoft HighMAT TM 技术来实现的。

HighMAT(High-performance Media Access Technology)CD 可包含音频、视频和图

片。与 HighMAT 兼容的电子设备能够识别内容在 CD 上的组织方式,用户可以根据显示的菜单进行播放。可写入的 CD 也可以在计算机上进行播放。能播放在 Windows Movie Maker 中创建的 HighMAT CD 的电子设备带有图 4-74 所示的徽标。

可以选择将一个或多个电影保存到可写入的 CD(容量通常为 650MB)中。这样,可以将一个大的电影文件或多个较小的电影文件保存在同一张 CD 上。可以在不同时期将多个电影保存到同一张可写入的 CD 或可重写的 CD 上。这样,当在不同时期使用 Windows Movie Maker 制作和保存更多电影时,可以将更多电影添加到可写入的 CD 中。

图 4-74　HighMAT CD 徽标

3. 电子邮件

将电影保存为电子邮件附件以通过电子邮件发送,可使用默认的电子邮件程序通过电子邮件发送较短的电影以与其他人分享。使用"电子邮件"保存选项,最终电影将被保存到临时位置,然后以电子邮件附件的形式发送。

4. Web

指定要保存的电影然后将其发送给 Web 上的视频宿主提供商。视频宿主提供商是指 Web 上提供 Web 服务器位置和存放在 Windows Movie Maker 中保存的电影的第三方提供商。如果要保存电影以便家人和朋友能在 Web 上观看,使用 Web 保存选项。在 Windows Movie Maker 中,可以从多个宿主提供商中进行选择。将电影发送到 Web 服务器后,可以将该 Web 地址提供给家人和朋友,以便他们能够在 Web 上观看电影。

5. DV 摄像机

将电影发送到 DV 摄像机中的磁带上。当 IEEE 1394 端口上连接有 DV 摄像机时,使用"DV 摄像机"保存选项,可以通过 Windows Movie Maker 将制作的电影录制到 DV 摄像机的磁带上。这样,用户或其他观众就可以在 DV 摄像机上观看最终电影,或者将摄像机与电视连接,然后在电视上观看。

4.6　习　　题

一、选择题

1. 在视频通信应用中,用户对视频质量的要求和对网络带宽占用的要求之间的关系是_____。

    A. 矛盾的　　　　　　B. 一致的　　　　　　C. 反向的　　　　　　D. 互补的

2. 在视频通信应用中,解决用户对视频质量要求和占用网络带宽要求之间矛盾的是_____。

A. 提高视频质量　　　　　　　　　　B. 视频编解码技术

C. 降低视频质量　　　　　　　　　　D. 增加带宽

3. 图像和视频之所以能进行压缩,在于图像和视频中存在大量的_____。

A. 冗余　　　　　B. 相似性　　　　　C. 平滑区　　　　　D. 边缘区

4. 在视频图像中,_____是相邻两帧的差值,体现了两帧之间的不同之处。

A. 时间冗余　　　B. 运动估计　　　C. 运动补偿　　　D. 帧差

5. 在视频图像中主要存在的是_____。

A. 视觉冗余　　　B. 时间冗余　　　C. 空间冗余　　　D. 结构冗余

6. 视频图像的编码方法的基本思想是:第一帧和关键帧,采用_____方法进行
压缩。

A. 帧内编码　　　B. 帧间编码　　　C. 运动估计　　　D. 运动补偿

7. 如果视频图像只传输第一帧和关键帧的完整帧,而其他帧只传输_____,可以
得到较高的压缩比。

A. 运动估计和补偿　B. 帧差信息　　　C. 运动估计　　　D. 运动补偿

8. 下列_____视频压缩系列标准主要用于视频通信应用中。

A. MPEG　　　　B. H.26x　　　　C. JPEG　　　　D. AVS

9. 下列_____视频压缩系列标准主要用于视频存储播放应用中。

A. MPEG　　　　B. H.26x　　　　C. JPEG　　　　D. AVS

10. 基于 LAN 网络的视频压缩框架标准是_____。

A. MPEG　　　　B. H.324　　　　C. H.323　　　　D. H.320

11. 基于 ISDN 网络的视频压缩框架标准是_____。

A. MPEG　　　　B. H.324　　　　C. H.323　　　　D. H.320

12. 基于 PSTN 网络的视频压缩框架标准是_____。

A. MPEG　　　　B. H.324　　　　C. H.323　　　　D. H.320

13. 视频压缩系列标准 MPEG-x 主要用于视频存储播放应用中,例如,DVD 中的视
频压缩标准为_____。

A. MPEG-1　　　B. MPEG-2　　　C. MPEG-4　　　D. MPEG-7

14. CIF 图像格式的大小是_____。

A. 176×144　　B. 352×288　　C. 704×576　　D. 1408×1152

15. 当采用 H.261 标准编码时,亮度分量与颜色分量的比值为_____。

A. 4:1:1　　　B. 4:2:2　　　C. 4:0:2　　　D. 4:2:0

16. 曾经普遍使用的 VCD 系统就是基于_____编码标准研制的。

A. MPEG-1　　　B. MPEG-2　　　C. MPEG-4　　　D. MPEG-7

17. MPEG-1 标准的典型编码码率为_____,其中 1.1Mbps 用于视频,128kbps 用
于音频,其余带宽用于 MPEG 系统本身。

A. 1.5Mbps　　　B. 2Mbps　　　C. 10Mbps　　　D. 15Mbps

18. MPEG-1 标准中,_____是图像编码的基本单元,运动补偿、量化等均在其上
进行。

A. 图片组　　　　　B. 分片　　　　　　C. 宏块　　　　　　D. 块

19. MPEG-1 标准中,不参照任何过去的或者将来的其他图像帧,压缩编码采用类似 JPEG 的帧内压缩算法的图像是_____。

A. 帧内图像　　　B. 预测图像　　　C. 双向预测图像　　D. 帧间图像

20. MPEG-1 标准中,采用向前运动补偿预测和误差的 DCT 编码,由前面的 I 帧或 P 帧进行预测的图像是_____。

A. 帧内图像　　　B. 预测图像　　　C. 双向预测图像　　D. 帧间图像

21. MPEG-1 标准中,采用双向运动补偿预测和误差的 DCT 编码,由前面和后面的 I 帧或 P 帧进行预测的图像是_____。

A. 帧内图像　　　B. 预测图像　　　C. 双向预测图像　　D. 帧间图像

22. MPEG-1 标准中,因为采用_____,所以 MPEG-1 的编解码器在没有 I 帧或 P 帧的情况下无法对 B 帧进行编解码。

A. 帧内编码　　　B. 双向预测　　　C. 向前预测　　　D. 帧间预测

二、填空题

1. 对于视频显示,视频数字图像的播放速率就是_____,通常在_____之间时,视频内容看起来比较平滑,没有跳动的现象。

2. 在数字图像压缩中,可以确定三种基本的数据冗余并加以利用:_____、_____和_____。当这三种冗余中的一种或多种得到减少或消除时,就实现了数据压缩。

3. 编码冗余是用_____以实现数据的压缩。

4. 在多数应用中,一个图像编码方法如果能充分利用人眼的视觉特性,就可以保证在图像的主观质量达到要求的前提下取得较高的压缩比,这就是利用了_____。

5. 二维图像是三维物体在某一时刻的一个照片,而视频图像是三维物体在一个时间段内的连续的_____。

6. 真实的视频场景在时间和空间上都是_____的。数字化视频图像是真实场景在一定规律的时间间隔内进行_____的结果,采样点用像素来描述,这些采样点具有_____和_____信息。

7. 帧差的传送是利用运动预测的方法进一步进行压缩。当前帧图像中的一个宏块可以在上一帧图像中找到相似的块,这两个宏块之间的位移,称为_____。

8. 在视频图像编码过程中采用运动估计技术时,在前一帧寻找相似块时一般限制在一定的区域,寻找相似块的操作可以分为两种类型:_____和_____。

9. H.261 是适合于在_____码率下实现视频通信的视频编码建议,主要应用于可视电话和视频会议系统。

10. H.261 标准将 CIF 和 QCIF 格式的数据结构分为如下 4 个层次:_____、_____、_____和_____。

11. H.261 采用混合编码方式,基于_____和_____。

12. 基于运动补偿的 H.261 标准的工作原理为:运动估计时,目标帧中的每一个宏块从以前编码的图像帧中找到最佳的匹配宏块,这个过程叫_____。当前宏块与它匹配的宏块之间的差值,称为_____。

13. H.263 采取的是混合编码技术,即用_____减少时间冗余,用_____减少帧差信号的空间冗余,相应的编码器具有运动补偿的能力。

14. MPEG-1 视频把图像编码分成_____、_____和_____三种类型。

15. MPEG-1 视频流采取分层式数据结构,包括视频序列、_____、图片、分片、_____、块,共有 6 层。

16. MPEG-1 标准中,预测图像 P 帧使用两种类型的参数来表示:一种参数是当前要编码的图像宏块与参考图像的宏块之间的_____,另一种参数是宏块的_____。

17. 因为 MPEG-1 标准中的 P 帧采用的预测技术是从以前的帧中进行预测(寻找最佳匹配宏块),所以被称为_____。

18. 由于必须先传输_____作为参考帧,因此 MPEG-1 标准中图像的传输次序和显示次序有可能不同。

19. MPEG-1 可适用于不同格式的设备,它的目的是把 221Mbps 的视频图像压缩到_____ Mbps,压缩率为_____。

20. MPEG-4 不再将视频图像看成是一个矩形像素阵列的序列,它是完全基于_____的一种编码方式。

21. MPEG-4 采用了比 MPEG-2 更为先进的压缩方式,_____、更高的压缩比和时空可伸缩性是 MPEG-4 的 3 个最重要的特点。

22. MPEG-4 标准功能集的底层是_____,它为码率在 5~64kbps 范围内的视频操作与应用提供算法与工具,支持较低的空间分辨率和较低的帧频。

23. MPEG-4 提出了_____的存取概念,使用户可与场景进行交互。

24. MPEG-7 标准的正式名称是"_____"。

三、简答题

1. 在视频通信应用中,视频质量和网络带宽是矛盾的,评判一种视频编解码技术的优劣的方法是什么?

2. 在视频图像编码时可以运用运动补偿技术进行预测编码,简述其编码过程。

3. 简述 H.261 压缩标准的传输速率及其应用。

4. 简述 H.261 标准采用的编码方式和要点。

5. 简述基于运动补偿的 H.261 标准的工作原理。

6. 简述 H.261 标准的编码过程。

7. 简述 MPEG-1 视频图像编码过程。

8. MPEG 标准为减少视频图像的时间冗余采用了哪些方法?

9. MPEG-2 标准采用档次和级别划分对其应用有何意义?

10. MPEG-4 标准中对视频数据进行大比率压缩采用哪些主要手段?

11. 比较 MPEG 系列标准和 H.26x 系列标准的共同点和不同点。

第 **5** 章

动画制作技术

计算机动画是在传统动画的基础上,采用计算机图形图像处理技术而迅速发展起来的一门高新技术。动画充分利用了人们的想象力,使得多媒体信息更加生动、直观、易于理解、风趣幽默和富于表现力。目前,计算机动画已经发展成了一个集多种学科和技术为一体的综合领域,它以计算机图形学,特别是实体造型和真实感显示技术(消隐、光照模型、表面质感等)为基础,涉及图像处理技术、运动控制原理、视频技术、艺术甚至视觉心理学、生物学、机器人学、人工智能等领域,它以其自身的特点而逐渐成为一门独立的学科。本章主要介绍动画的基础原理和几个常用的动画制作软件的使用方法。

5.1 动画的基本原理

动画是利用了人眼的"视学暂留"效应。人在看物体时,当一场景从人眼前消失后,该场景在视网膜上不会立即消失,而是要保留约 1/24 秒。根据人眼的这一特点,如果每秒更替 24 个或更多的画面,那么,前一个画面在人脑中消失之前,下一个画面就进入人脑,这样就可以看到没有闪烁的连续的影像了。因此在通常情况下,动画的播放速度要高于每秒 24 幅画面,这样才能使画面流畅、连贯,如果以低于每秒 24 幅画面的速度播放,就会出现跳格、停顿的现象。

5.1.1 动画的分类

动画如果按照创作方式分类,可以分为帧动画和矢量动画两大类;如果按动画的表现形式分类,可分为二维动画、三维动画和变形动画三大类。

所谓帧动画,是指构成动画的基本单位是帧,很多帧组成一部动画片。帧动画借鉴传统动画的概念,每帧的内容不同,当连接播放时,形成动画视觉效果。制作帧动画的工作量非常大,计算机特有的自动动画功能只能在关键帧的基础上进行插入、移动、旋转等基本操作,不能解决关键帧的绘制问题。帧动画主要用在传统动画片的制作、广告片的制作以及电影特技的制作方面。

矢量动画是经过计算机计算而生成的动画,其画面只有一帧,主要表现变换的图形、线条、文字和图案。矢量动画通常采用编程方式和某些矢量动画制作软件来完成。

二维动画又叫"平面动画",是帧动画的一种,它沿用传统动画的概念,具有灵活的表现手段、强烈的表现力和良好的视觉效果。

三维动画又叫"空间动画",可以是帧动画,也可以是矢量动画。主要用于表现三维物体和空间运动。二维与三维动画的区别主要在于采用不同的方法获得动画中的景物运动效果。例如,一个旋转的地球,在二维处理中,需要一帧帧地绘制球面变化画面,这样的处理难以自动进行。在三维处理中,先建立一个地球的模型并把地图贴满球面,然后使模型步进旋转,每次步进自动生成一帧动画画面,当然最后得到的动画仍然是二维的活动图像数据,所以它的后期加工和制作往往采用二维动画软件来完成。

变形动画也是帧动画的一种,它具有把物体形态过渡到另外一种形态的特点。形态的变换与颜色的变换都经过复杂的计算,形成引人入胜的视觉效果。变形动画主要用于影视人物拍摄、场景变换、特技处理、描述某个缓慢变化的过程等场合。

5.1.2　动画的技术参数

1. 帧速度

动画是利用快速变换帧的内容而达到运动的效果。一帧就是一幅静态图像,而帧速度是指一秒钟播放的画面的数量,即帧的数量。一般帧速度为每秒 30 帧或每秒 25 帧。

2. 画面大小

动画的画面尺寸一般为 $320 \times 240 \sim 1280 \times 1024$。画面的大小与图像质量和数据量有直接的关系,一般情况下,画面越大,图像质量越好,但数据量也越大。

3. 图像质量

图像质量和压缩比有关,一般来说,压缩比较小时对图像质量不会有太大的影响,但当压缩比超过一定的数值后,将会看到图像质量明显下降。所以,对图像质量和数据量要适当折中选择。

4. 数据量

在不计压缩比的情况下,数据量是指帧速度与每幅图像的数据量的乘积。如果一幅图像为 1MB,则每秒的容量将达到 30MB,经过压缩后将减少为原来的几十分之一。尽管如此,由于数据量太大致使计算机、显示器跟不上速度,因此,只能减少数据量和提高计算机的运算速度,可通过降低帧速度或缩小画面尺寸的方法减少数据量。

5.1.3　制作动画的环境

制作动画需要硬件设备和软件环境。制作动画的计算机应该是一台多媒体计算机,具有高主频的 CPU、大容量的内存和硬盘空间,能够使用和加工各种媒体文件。专业制作动画的工作人员一般使用具有硬盘阵列的图形工作站进行动画的加工和处理。另外彩色显示器对于动画制作也是十分重要的,应该选用屏幕尺寸大、色彩还原好、点距小的彩色显示器。显示适配器的缓存容量与动画系统的显示分辨率有紧密的关系,其容量应尽可能大,保证较高的显示分辨率和良好的色彩还原能力。

目前,大多数动画制作和处理软件都在 Windows 环境中运行,为了保证动画系统稳定、可靠地运行,Windows 中不要同时运行其他应用程序,同时应关闭任务栏中当前不使用的任务项。例如,可以关闭某些病毒监控程序,这些程序可能会影响动画程序运行的速度,并且容易误把动画系统形成的中间数据看做是病毒,造成不必要的麻烦。

动画制作软件通常具备大量的编辑工具和效果工具,用来绘制和加工动画素材。不同的动画制作软件用于制作不同形式的动画,例如 Animator Pro、Ulead GIF Animator、Animation Studio、Flash、Morph 等软件用于制作专业动画、网页动画、变形动画等各种形式的平面动画。3D Studio、3D Studio Max、Cool 3D、Maya 等软件用于制作三维造型动画、文字三维动画、特技三维动画等。但在实际的动画制作中,一个动画素材的完成往往不只使用一个动画软件,是多个动画软件共同编辑的结果。

5.1.4 动画文件格式

动画文件有许多不同的存储格式,不同的动画软件可以产生不同的文件格式,目前应用最广泛的动画文件格式有以下几种。

1. GIF 文件格式(.gif)

GIF 动画文件是指 GIF 的 89a 格式。传统的 GIF 文件格式最多只能处理 256 种色彩,不能用于存储真彩色的图像文件,但能够存储成背景透明的形式,所以广泛应用在网页设计中。

2. SWF 文件格式(.swf)

SWF 是一种矢量动画格式,因为其采用矢量图形记录画面信息,所以这种格式的动画在播放时不会失真,且容量很小,非常适合描述由几何图形组成的动画。Macromedia 公司的二维动画制作软件 Flash,专门用于生成 SWF 文件格式的动画,由于这种格式的动画可以与 HTML 文件充分结合,并能添加音乐,形成二维电影,因此被广泛地应用于网页设计中。

3. AVI 文件格式(.avi)

AVI 是音频视频交错(Audio Video Interleaved)的英文缩写,是一种带有声音的文件格式,符合视频标准,通常叫做视频文件或电影文件。受视频标准的制约,该格式动画的分辨率是固定的,当显示器的显示分辨率很高时,该格式的画面尺寸显得很小。另外,AVI 格式只是作为控制界面上的标准,不限定压缩算法,因此用不同压缩算法生成的

AVI 文件,必须使用相应的解压缩算法才能播放。常用的 AVI 播放驱动程序,主要是 Microsoft 公司的 Video 1,Intel 公司的 Intel Video,还有 Cinepak Code by Radius 以及 MPEG 系列压缩模式。

4. FLC 文件格式(.fli/.flc)

FLC 文件格式是 Autodesk 公司的动画制作软件中采用的彩色动画文件格式。FLI 是最初基于 320×200 分辨率的动画文件格式,而 FLC 则是在 FLI 上的进一步扩展,采用 更高的数据压缩技术,分辨率也扩大到 320×200～1600×1280。FLC 文件格式仍然不能 存储声音信息,是一种"无声动画"格式。该格式的动画文件采用数据压缩格式,代码效率 较高。

5.2　GIF 动画制作

随着 Internet 的飞速发展,GIF 动画作为一种压缩比非常高的无损压缩图像格式逐 渐得到了广泛的使用,GIF 动画的制作工具也因此成了很多人关心的问题。常用的 GIF 制作工具有很多,如 Ulead GIF Animator、GIF Movie Gear 、Gif Constructor、CoffeeCup 等。下面介绍怎样用 Ulead GIF Animator 来制作 GIF 动画文件。

Ulead GIF Animator 主要特点。

(1) GIF Animator 5.0 版本的工作区域完全支持真彩色,同时,一般常用的动画制作 流程都在编辑、优化和预览选项卡之间,操作较简单。

(2) 具有文字编辑器、选色器和选取等工具,并且可以随意调整对象的大小和角度。

(3) 支持多种文件输出格式。除了标准的 GIF 以外,还可以输出 MPEG、AVI、 MOV、SWF 等视频格式文件,它还支持 Photoimpact 的 UFO 文件和 Photoshop 的 PSD 文件。GIF Animator 还可以把生成的动画导出为一个可以执行的 EXE 文件,无需看图 工具也可以欣赏。

(4) 具有对象管理器。支持多种文件格式的图片,可以管理、编辑动画里面的各个对 象元素。

(5) 可以调用外部编辑器。可以在 GIF Animator 里面直接调用更好的图像编辑软 件如: Photoimpact 、Photoshop 等来编辑 GIF Animator 里面的对象图像,很大程度上扩 展了 GIF Animator 的功能。

(6) 强大的优化功能。GIF Animator 可以对制作的动画文件进行图像压缩优化,可 以利用有损压缩、抖动颜色、颜色索引编辑等功能来进一步优化作品的输出效果。

(7) 具有多种滤镜。只需简单步骤就可以做出漂亮的动画效果。

5.2.1　Ulead GIF Animator 界面介绍

Ulead GIF Animator 5.0 的用户界面如图 5-1 所示,包含:菜单栏、工具栏、工作区、工具面板、对象管理面板和帧面板等。工作区包括：编辑、优化和预览三个模式标签框，展示了制作 GIF 动画所需的所有步骤，让整个制作过程一目了然。

图 5-1　Ulead GIF Animator 操作主界面

1. 启动向导

当启动 Ulead GIF Animator 5.0 软件后，程序会弹出一个启动向导来引导设计者制作 GIF 动画，如图 5-2 所示。在这里可以新建或者打开一个图像或视频文件。

图 5-2　启动向导

在新建栏中可以使用动画向导创建 GIF 动画；在打开栏中有三种打开方式；另外还可以选择"下次不显示这个对话框"来关闭这个功能。

1）动画向导

使用该向导可以指导用户一步一步地完成一个 GIF 动画图片的制作，对于初学者，这个动画向导创建功能是非常方便的。

2）空白动画

可以建立一个空白的动画文件，当要制作一个全新的 GIF 动画时可以选择该项。

3）打开一个现有的图像文件

选择打开一个已经保存在计算机中的 GIF 文件。

4）打开一个现有的视频文件

如果想利用视频文件的片段来制作 GIF 动画，就可以选择这个选项。因为视频文件其实是由图片序列组成的。

5）打开一个样本文件

Ulead GIF Animator 中有很多的示例文件，此选项可以打开这些示例文件。

2. 程序界面

1）菜单栏

Ulead GIF Animator 的菜单栏由"文件"、"编辑"、"查看"、"对象"、"帧"、"过滤器"、"视频 F/X"和"帮助"8 个菜单项组成，菜单栏提供从图像创建、导入到图层滤镜和视频特殊效果的大部分操作命令，如图 5-3 所示。

"文件"菜单：主要用于创建、打开、保存和输出文件。

文件 编辑 查看 对象 帧 过滤器 视频 F/X 帮助

图 5-3　Ulead GIF Animator 菜单栏

"编辑"菜单：主要用于完成一些常规操作，如图像的复制、粘贴、剪切等。此外，还可以完成图像大小的变换、画布大小的变换等操作。

"查看"菜单：该菜单主要用于对文件的视图进行切换。

"对象"菜单：在该菜单中可以完成对图像中对象的删除、新建、复制以及合并等操作。

"帧"菜单：该菜单主要以帧为操作对象。如图层的建立、复制和删除，改变帧顺序及帧属性的设置等。

"过滤器"菜单：在该菜单中列出的项目是在参数设置中定义的与 Adobe Photoshop 兼容的 32 位插件。过滤器每次只能在一帧上起作用。

"视频 F/X"菜单：该菜单可以为帧与帧之间的过渡添加特效。它包括 130 种转换特效。

"帮助"菜单：该菜单主要用于提供 Ulead GIF Animator 的帮助信息。

2）工具栏

Ulead GIF Animator 的工具栏如图 5-4 所示，工具栏上包含标准的 Windows 应用程序按钮，即"新建"、"打开"、"保存"、"撤销"、"恢复"、"剪切"、"复制"、"粘贴"按钮，使用方法和其他 Windows 应用程序一样。在工具栏上还有一些 Ulead GIF Animator 专用的按钮，这些按钮是："添加图像"、"添加视频"、"收藏图像编辑器"、"全局信息"、"画布大小"、"在 Internet Explore 中预览"和"帮助"等。

"添加图像"：在当前层的后面加入一幅新的图像，新的图像是从外部文件获得的，如果插入的是一个 GIF 格式的动画文件，那么 Ulead GIF Animator 会自动把动画中的所有

图 5-4　Ulead GIF Animator 的工具栏

帧都插入到新的层,Ulead GIF Animator 根据动画的帧数相应地产生新层以容纳插入的图像,可以一次选择好几幅图像一起插入到动画中。

　　"添加视频":插入视频文件,如 AIV、FLC、PSD 和 FLI 等,Ulead GIF Animator 会自动把视频文件中的所有帧都插入到 GIF 动画中。

　　"收藏图像编辑器":Ulead GIF Animator 允许添加用户喜欢的图像处理软件来编辑图像,但是必须至少支持 UFO 或 PSD 中的一种。

　　"全局信息":在动画中加入注释,如果想在动画中保存版权和版本信息,就可以使用注释。

　　"画布大小":调出"画布大小"对话框,可以调整画布大小。

　　"在 Internet Explore 中预览":在 Internet Explorer 中预览动画。

　　"帮助":求助按钮,单击此按钮后,鼠标指针会变成箭头和问号,这时可以在 Ulead GIF Animator 的界面上随意单击,Ulead GIF Animator 会告诉用户单击处的帮助信息。

　　3) 工具面板

　　Ulead GIF Animator 的工具面板如图 5-5 所示,在这里可以对图像进行修改,例如写字、填色等。使用方法就像是 Windows 中自带的画图工具以及 Photoshop 工具箱中的工具一样。

　　4) 对象管理面板

　　可以在对象管理面板中单击缩略图和胶片标签,查看每一幅图像的缩略图和相应的位置顺序。在导入多幅图像时,列表中列出了每个图像的标题(每幅图像的文件名在参数设置区可以进行修改),如图 5-6 所示。

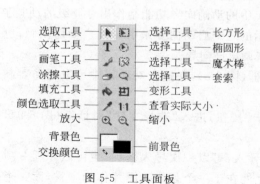

图 5-5　工具面板

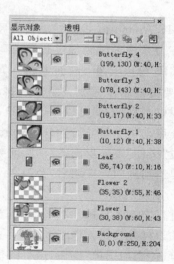

图 5-6　对象管理面板

在显示对象下拉菜单中可以选择显示全部对象,还是仅显示可见对象。在透明项中则可输入不同的数值,调整对象的透明度。其旁边的4个按钮,依次代表的命令是:创建一个空白对象、复制当前对象、删除选中对象和对象管理。

每一个对象栏中还显示了该对象的基本属性,方便用户了解它们的状况。中间的两个选项按钮"显示/隐藏对象"、"锁定/解开对象"允许对各对象进行控制。隐藏对象可以使界面变得简洁,锁定对象用于防止该对象被误修改。

5) 工作区

在工作区中可以查看 GIF 动画的结构,还可以针对每一幅 GIF 动画图像进行编辑。在选择工作模式中有"编辑"、"优化"和"预览",其中最强大的是 GIF 的优化功能,在 GIF Animator 中预设了 7 个方案,可以将图像优化成色彩数不同的 GIF 动画,相应的优化后的质量也不相同。同时还可以对优化的各种参数进行设置,在优化后程序还会报告优化的效果。

6) 帧面板

通过帧面板,选中要编辑的某一帧,则可以在工作区中查看该帧的结构,还可以针对每一幅 GIF 动画图像进行编辑。也可以在对象管理器中对当前帧进行编辑,如图 5-7 所示。

图 5-7　帧面板

5.2.2　使用动画向导制作 GIF 动画

GIF Animator 提供的动画向导功能可以在几分钟之内完成 GIF 动画的制作,但在制作 GIF 动画之前需要提供制作动画所需要的素材。因为 GIF Animator 实际上是把一系列的 GIF 图片压在一起而生成一个动态的图片文件,那么这些 GIF 图片就是所需要的素材,需要提前制作完成。制作素材的工具很多,比如 Photoshop、Fireworks 和 Freehand 等,素材准备好后就可以通过 GIF Animator 中的动画向导功能制作出专业级的动画了。

在启动程序时,通过 GIF Animator 显示的一个启动向导来引导用户创建动画,也可以通过"文件"菜单里面的"动画向导"命令来调出该向导。

单击动画向导按钮后,会弹出一个对话框(图 5-8),在这个对话框中可以选择要制作的 GIF 动画的尺寸。

进行完有关与尺寸的设置,单击"下一步"按钮,进入"选择文件"对话框(图 5-9),进行有关素材的设置。

单击"添加图像"按钮,进行图片素材的导入,可以一次导入多项,也可以一项一项分别导入。"添加视频"与"添加图像"的不同之处在于一个是导入图片作为素材,而一个是导入视频文件作为素材。

图 5-8　动画向导——设置画布尺寸

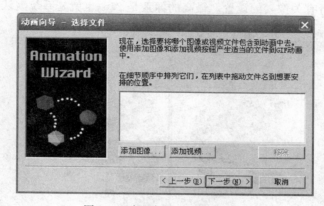

图 5-9　动画向导——选择文件

　　进行完素材的导入后,单击"下一步"进入"画面帧持续时间"设置对话框,如图 5-10 所示。在提示栏里面有很详细的解释,根据解释设置每个帧的延迟时间,值得注意的是在参数栏中填入的数值要除以 100 才是真正的延迟时间,还可以指定帧的速率,同时在下面的演示框中可以预览设置结果。

图 5-10　动画向导——画面帧持续时间

单击"下一步"按钮后,将弹出动画向导——完成窗口。单击"完成"按钮后,一个动画就制作完成了。

5.2.3 优化 GIF 动画

在设计动画的过程中,当帧数较多时,动画文件可能会较大,不适合在网络上传播,所以 GIF Animator 提供了对动画进行优化的功能。这种功能的原理是将帧的图像分割成若干块,在帧之间变换时,相同的块将在第二个帧中被删除,达到减小文件大小的目的。

单击"优化"按钮,进入"优化设置"窗口,如图 5-11 所示。在这个窗口的左侧是原始图像,右侧是系统按照默认优化设置优化后的图像。另外有一个窗口是"颜色调色板",此窗口中显示了优化后图像中使用的颜色。如果对优化的效果不满意,或者对优化后所取得的大小不满意,可以进行有关像素的设置。最高的像素是 256,也就是系统默认值,最低的是 16。

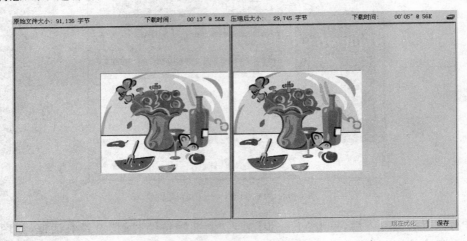

图 5-11　优化界面

5.2.4 预览和输出 GIF 动画

完成 GIF 动画制作后,单击"预览"按钮,可以观看刚刚制作好的动画。同时还可以调用一些浏览器观看它。GIF Animator 5.0 允许 Internet Explorer、Navigator 以及 Custom Browser 浏览器查看动画。

预览之后,就要输出 GIF 动画了。最直接的输出方式就是把动画保存为 GIF,可以插入到网页中。选择"文件"→"另存为"→"GIF 文件",输入文件名称即可。当然 GIF Animator 同样支持其他文件格式,例如 PSD 以及非常流行的 Flash 格式 SWF。

GIF Animator 开发了一种保留 GIF 动画原始信息的文件格式:UGA。选择"文件"→"保存"即可以保存这种文件格式。当需要再次修改这个 GIF 动画的时候就可以调用这个文件,然后进行修改。

GIF Animator 同时还支持输出为网页格式及桌面项目。网页格式用于在网页中显示动画;桌面项目利用了 Windows 中自带的桌面自定义功能,把动态的 GIF 动画放置在桌面上。

图 5-12　活动桌面项目

单击"文件"→"导出"→"导出活动桌面项目",出现如图 5-12 所示的对话框。单击"确定"按钮,这时桌面就会出现一个动态的 GIF 动画。

5.2.5　渲染

GIF Animator 中所有的渲染效果均可在"视频 F/X"菜单中找到。现在通过最简单的文字效果来查看渲染效果。在一个 468×60 的 Banner 中输入简单的文字。然后选择"视频 F/X"→3D→Gate 3D,出现如图 5-13 所示的对话框,然后进行其相关的设置。

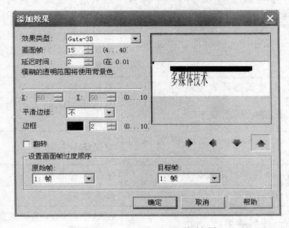

图 5-13　Gate 3D 渲染效果

在"画面帧"中设置 4～40 的帧数,帧数越多,文件越大。在"延迟时间"中设置帧与帧之间的间隔时间。在"平滑边缘"中设置框的粗细。在"边框"中设置有关边框的颜色。选择"翻转",表示原本逆时针运行的方向,变为顺时针。进行完以上设置,单击"确定"按钮,就可以输出动画了。

当然,GIF Animator 可以运用很多渲染,其设置方法类似。不同的渲染效果如表 5-1 所示。

表 5-1　GIF Animator 的渲染效果

效　　果		功　　能
3D	Gate-3D(三维立体)	在动画中实现两个帧之间的动画 3D 过渡效果,可以在对话框中设置过渡方向、填充颜色和柔化过渡边界的参数
Build	Diagonal-Build(倾斜过渡)	按照不同的倾斜对角线路径,逐渐按照不规则块的方式实现两个帧之间的过渡

效 果		功 能
Clock	Sweep Clock(时钟式过渡)	按照顺时针和逆时针方式实现过渡效果
F/X	Diamond F/X(菱形 F/X 动画)	菱形效果
	Iris F/X(彩虹 F/X 动画)	十字心形的彩虹效果
	Mosaic F/X(马赛克 F/X 动画)	马赛克元素效果
	Power off F/X(关机 F/X 动画)	显示器关机效果
Film	Flap B-Film(分割的倾斜翻页效果)	将原来的帧分为 4 份,分别从中心开始以倾斜的方式实现与目标帧的过渡
	Progressive Film(前进式翻页效果)	也是将原来的帧分为 4 份,分别从中心开始以前进式的方式实现到目标帧的过渡
	Turn Page-Film(整页翻页效果)	以整页翻页效果来实现两个帧之间的过渡,同时可以设置翻页的方向等参数
Peel	Turn Page-Peel(整页翻页的剥落效果)	以剥落的效果实现两个帧之间的过渡,与上一个翻页效果略有不同
Push	Run and Stop Push(移动到停止间的推动效果)	为了消除两个帧之间生硬的动画元素移动,使用这种效果可以将生硬的移动效果做成好看的动态效果
Roll	Side Roll(整面翻转效果)	整面翻转效果
Slide	Bar-Slide(条状滑动效果)	可以从不同的方向用两个条状的滑动实现过渡
Stretch	Cross Zoom-Stretch(交叉缩放拉伸效果)	交叉缩放拉伸效果
Wipe	Star Wipe(星形擦除效果)	星形擦除效果
2D mapping	Crop…(修剪效果)	修剪效果
Camera Len	Gradient(倾斜效果)	在原帧中加入模糊的镜头,可以设定移动方向等参数
	Mirror(镜像效果)	对原帧中明显的对象加以处理,实现两个帧之间的过渡
	Zoom Motion(缩放动作效果)	缩放效果
Darkroom	Hue&Saturation(色调饱和)	设置图像中的颜色的变化效果
Nature Painting	Charcoal(木炭效果)	木炭效果
Special	Add Noise(加入噪音)	在原始帧中加入噪声干扰效果
	Wind(风)	加入风的效果

5.2.6 综合实例

【例 5-1】 座右铭制作

在 GIF Animator 5.0 中,具有输出为桌面项目的功能,可以利用该功能制作在桌面上显示的座右铭动画。

首先制作一个新项目,尺寸为 468×30,当然可以根据座右铭的长短进行控制。然后在新建的文件中,使用文字输入工具,单击空白处的任意地方,弹出如图 5-14 所示的对话框。

在文本区域中输入"You are the best!",字体选择 Times New Roman。字体大小设置为 30 并加粗,"原本"选择西方语言,单击"确定"按钮后,把文字拖到中间。选择"视频 F/X"→Special→Wind,出现如图 5-15 所示的对话框,单击"确定"按钮后,出现如图 5-16 所示的设置对话框,不需进行任何设置,单击"确定"按钮即可。

图 5-14 输入文本

图 5-15 应用过滤器

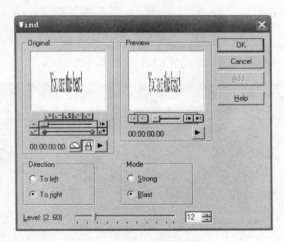

图 5-16 加入 Wind 效果

最后就是输出效果了。选择"文件"→"导出"→"导出活动桌面项目",在出现的对话框中单击"确定"按钮。桌面就会出现如图 5-17 所示的动画。

【例 5-2】 制作飘雪效果

选择"文件"→"打开图像",向文件中添加素材图片。

单击"添加文本条"按钮,如图 5-18 所示。

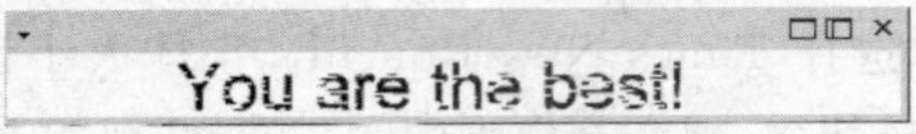

图 5-18　添加文本条

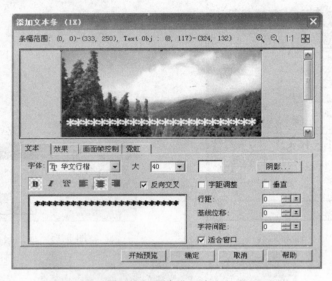

图 5-17　座右铭最终效果

在弹出的"添加文本条"对话框中，输入一排"＊"标记，如图 5-19 所示。

图 5-19　添加"＊"标记

将"＊"标记拖动到图片顶部，完成后的效果如图 5-20 所示。

图 5-20　拖动"＊"标记至顶部

单击"效果"标签按钮，进行效果设定，弹出如图 5-21 所示的对话框。

图 5-21　设定效果

单击"画面帧控制"标签按钮，设置帧效果，如图 5-22 所示。

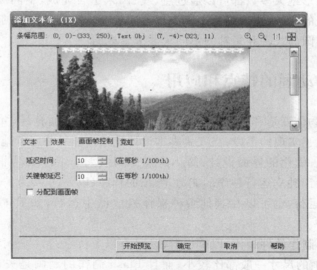

图 5-22　设定"画面帧控制"

单击"确定"按钮，选择"创建为文本条"选项。至此，飘雪效果制作完成。

5.3　用 Flash 制作网页动画

Flash 是目前非常流行的二维动画制作软件。它能够将矢量图、位图、音频和深层的脚本交互有机、灵活地结合在一起，创建出缤纷绚丽的动画效果；再加上它简单易学、操作方便等优点,得到了广大动画爱好者的肯定,被广泛地应用于互联网、多媒体教学、游戏制作和广告动画制作等众多领域。

Flash 之所以能够吸引众多的动画爱好者,就是因为 Flash 动画的表现形式可以多种多样,设计者可以自由绘制矢量图形,在动画中尽情地应用各种夸张的手法来表现其丰富的想象力。下面具体介绍图形处理知识及 Flash 动画的使用方法。

5.3.1　图形处理基础知识

Flash 中图形的绘制是通过点、线、圆等基本操作来完成的。点的绘制是通过改变某一点像素的颜色来实现的。线通过绘制两个端点之间的离散点来显示,线路径上的离散点是通过从线段方程中计算得到的。圆是图形图像中经常使用的元素,因此在大多数的图形软件中都包含生成圆和圆弧的程序。圆是线的一种特殊形式,所以圆是由圆路径上的离散点所构成的。在计算中考虑圆的对称性可以减少计算量。圆的形状在每一个象限中是相似的。注意到对于 y 轴,两个圆弧段是对称的,可以在 xy 平面的第二个象限生成圆弧。而由于 x 轴的对称性,根据第一和第二象限中的圆弧可以得到第三和第四象限的圆弧。在 1/8 圆之间也存在着对称性,因此还可以进一步细化。

其他的各种图形绝大多数都可以通过点、线、圆来组合完成,不同图形的算法是由其各自的特性所决定的,如多边形是由多组线以不同的形式和数量构成的,椭圆是根据画圆的思想并考虑到椭圆的长轴和短轴的不同尺寸来生成的。

5.3.2　Flash 动画的特点和应用

Flash 提供的物体变形和透明技术使得创建动画效果更加容易,并为网页动画设计者的丰富想象提供了实现的手段;交互式脚本设计让用户能随心所欲地控制动画,给予了用户更多的主动权;优化的界面设计、简化的操作和强大的组件工具非常简单实用。同时,Flash 还具有导出独立运行程序的能力,导出的程序(以 ∗.swf 为扩展名的文件)可以在 FlashPlayer 上运行,也可以在其他各种媒体播放器中运行,如 RealPlayer、Microsoft Media Player 等。

与其他的动画制作软件相比,Flash 动画还具有以下特点:

(1) Flash 动画的尺寸一般都比较小,而且 Flash 制作的动画是矢量的,放大后不会失真。

(2) Flash 动画具有交互性的优势,能更好地满足所有用户的需求,给予用户更多的主动权。

(3) Flash 动画的播放程序小巧,而且使用矢量图和流控制技术,所以在线观看时,如果控制得好,感觉不出正在下载文件;即便要下载该 Flash 文件,速度也会很快。

(4) Flash 动画制作的成本较低,制作周期较短。

(5) Flash 动画制作完成后,可以把生成的播放文件设置成带保护的格式,便于维护设计者的版权利益。

（6）网上在线观看 Flash 动画时，必须要有播放插件的支持。所以，只有安装好相应或更高版本的 Flash 播放插件，才能正常地播放 Flash 动画。

由于 Flash 动画的以上特点，现在已被越来越多的广大爱好者应用在各个领域中。

（1）教学课件：利用了 Flash 强大的交互功能，使 Flash 教学课件可以利用鼠标和键盘来控制教学内容，再配上声音和动画，令人耳目一新，更能引起学习者的兴趣。

（2）网页动画：Flash 的小巧和制作的精美，可以在最短的时间内，把最友好的网站信息传递给访问者，增强访问者对网站的印象。

（3）游戏：Flash 游戏是 Flash 交互功能与良好画质最完美的结合。而且由于 Flash 传播的快速，使之成为当前的一大趋势。

（4）MTV：一种应用比较广泛的流行元素。正因如此，用 Flash 制作的 MTV 也开始有了商业应用的价值。

（5）应用程序的界面：传统的应用程序界面都是比较乏味的静态图片。随着程序设计环境对 ActiveX 控件的支持，越来越多的应用程序界面将运用 Flash 动画。

（6）网络应用程序开发：Flash 中日益增强的网络功能，已经可以满足越来越复杂的网络编程，而且还加强了对数据库的读取，与 ASP、JSP 等的整合。

5.3.3　Flash 主界面

本书采用的 Flash 版本是 Adobe Flash CS4，它是 Adobe 公司收购 Macromedia 后推出的最新的 Flash 版本。它的工作区有 6 种风格，其中传统风格与早期版本的 Flash 操作界面基本一致。图 5-23 显示了 Adobe Flash CS4 动画风格工作区包含的主要部分。

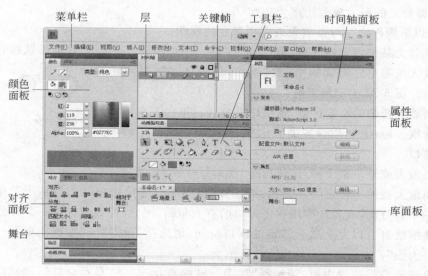

图 5-23　Flash 主界面

（1）标题栏：标题栏中主要介绍了当前编辑的动画名称。

（2）菜单栏：通过下拉菜单可执行命令，菜单中包含了 Flash CS4 中所有的命令和方法。借此,用户就可以非常轻松地编辑出精彩的动画。

（3）时间轴面板：其中的时间轴显示动画的运动过程及不同层之间的关系。

（4）关键帧：指在视频中定义的更改所在的帧,或包括修改影片的帧动作脚本的帧。

（5）层：就像透明的薄纸一样,一层层地向上叠加。

（6）工具栏：包含了常用的编辑矢量图工具,使用这些工具,用户可以方便地编辑动画元素而不需要调用其他的外部程序。

（7）舞台：主窗口中显示了动画当前帧的状态。

（8）颜色面板：修改调色板并更改线条和填充的颜色。

（9）属性面板：获取或修改时间轴上当前位置选定项的最常用属性。

（10）对齐面板：用于沿水平或垂直轴对齐所选对象。

（11）库面板：用于存储和组织在 Flash 中创建的各种元件,它还用于存储和组织导入的文件,包括位图图形、声音文件和视频剪辑。

下面就来详细地讨论一下主界面上各个部分的功能。

1. 舞台

舞台是放置图形内容的矩形区域,这些图形内容包括矢量插图、文本框、按钮、导入的位图图形或视频剪辑等。Flash 创作环境中的舞台相当于 Macromedia Flash Player 中在回放期间显示 Flash 文档的矩形空间。可以在工作时放大和缩小以更改舞台的视图。

1）缩放

要在屏幕上查看整个舞台,或要在高缩放比率情况下查看绘画的特定区域,可以更改缩放比率。最大的缩放比率取决于显示器的分辨率和文档大小。舞台上的最小缩小比率为 8%。舞台上的最大放大比率为 2000%。

执行以下操作之一可以放大或缩小舞台的视图。

- 要放大某个特定的元素,请选择工具栏中的"缩放"工具,然后单击该按钮。要在放大或缩小之间切换"缩放"工具,请按住 Alt 键单击舞台。图 5-24 为缩放工具。

- 要放大绘画的特定区域,请使用缩放工具拖出一个矩形选取框。Flash 可以设置缩放比率,从而使指定的矩形填充窗口。

图 5-24 缩放工具

- 要放大或缩小整个舞台,请选择"视图"→"放大"或"视图"→"缩小"。

- 要放大或缩小特定的百分比,请选择"视图"→"缩放比率",然后从子菜单中选择一个百分比,或者从应用程序窗口的右上角的"缩放"控件中选择一个百分比。

- 要缩放舞台以完全适合给定的窗口空间,请选择"视图"→"缩放比率"→"符合窗口大小"。

- 要显示当前帧的内容,请选择"视图"→"缩放比率"→"显示全部",或从应用程序窗口右上角的"缩放"控件中选择"显示全部"。如果场景为空,则会显示整个舞台。

- 要显示整个舞台,请选择"视图"→"缩放比率"→"显示帧",或从应用程序窗口右上角的"缩放"控件中选择"显示帧"。

- 要显示围绕舞台的工作区,或要查看场景中部分或全部超出舞台区域的元素,请选择"视图"→"剪贴板"菜单项。剪贴板以淡灰色显示。例如,要使鸟儿飞入帧中,可以先将鸟儿放置在剪贴板中舞台之外的位置,然后以动画形式使鸟儿进入舞台区域。

2) 移动舞台视图

当放大了舞台时,可能无法看到整个舞台。 工具可以移动舞台,从而不必更改缩放比率即可更改视图。

2. 时间轴

时间轴(图 5-25)用于组织和控制文档内容在一定时间内播放的层数和帧数。与胶片一样,Flash 文档也将时长分为帧。层就像堆叠在一起的多张幻灯胶片一样,每个层都包含一个显示在舞台中的不同图像。时间轴的主要组件是层、帧和播放头。

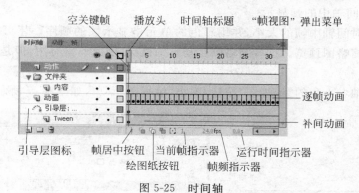

图 5-25　时间轴

文档中的层列在时间轴左侧的列中。每个层中包含的帧显示在该层名右侧的行中。时间轴顶部的时间轴标题指示帧编号。播放头指示在舞台中当前显示的帧。

时间轴状态显示在时间轴的底部,它指示所选的帧编号、当前帧频以及到当前帧为止的运行时间。

可以更改帧在时间轴中的显示方式,也可以在时间轴中显示帧内容的缩略图。

时间轴显示文档中哪些地方有动画,包括逐帧动画、补间动画和运动路径。时间轴的层部分中的控件可以隐藏、显示、锁定或解锁层,以及将层内容显示为轮廓。可以在时间轴中插入、删除、选择和移动帧。也可以将帧拖到同一层中的不同位置,或是拖到不同的层中。

1) 改变时间轴的外观

默认情况下,时间轴显示在主文档窗口的下方。要更改其位置,可以将时间轴停放在选择的其他任何面板上,或在单独的窗口中显示时间轴。也可以隐藏时间轴。可以调整时间轴的大小,从而更改可以显示的层数和帧数。如果有许多层,无法在时间轴中全部显示出来,则可以通过使用时间轴右侧的滚动条来查看其他的层。

2) 移动时间轴

拖动时间轴左上角的标题栏选项卡,可以移动时间轴。

将选项卡拖动到文档窗口的顶部或底部时,时间轴停靠在应用程序窗口上。将标签拖动到其他选择的位置上时,时间轴停放在对应的面板上。拖动时按住 Ctrl,可以防止时间轴停放在其他面板上。拖动时出现的蓝色栏,指示了时间轴将停放的位置。

拖动时间轴中分隔图层名和帧部分的栏,可以在"时间轴"面板中加长或缩短图层名的字段。

3) 移动播放头

播放头在时间轴上移动,指示当前显示在舞台中的帧。时间轴标题显示动画的帧编号。要在舞台上显示帧,可以将播放头移动到时间轴中该帧的位置。如果正在处理大量的帧,而这些帧无法一次全部显示在时间轴上,则可以将播放头沿着时间轴移动,从而定位当前帧。

转到帧是通过单击该帧在时间轴标题中的位置,或将播放头拖到所需的位置,如图 5-26 所示。要使时间轴以当前帧为中心,单击时间轴底部的"帧居中"按钮即可,如图 5-26 所示。

4) 更改时间轴中的帧显示

可以更改时间轴中帧的大小,并用彩色的单元格显示帧的顺序。还可以在时间轴中进行帧内容的缩略图预览。这些缩略图是动画的概况,因此非常有用,但是它们需要额外的屏幕空间。

单击时间轴右上角的"帧视图"按钮,弹出"帧视图"菜单,如图 5-27 所示。

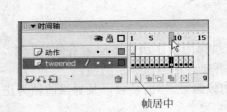

帧居中

图 5-26　播放头转到帧

图 5-27　帧视图

从下面的选项中进行选择。

要更改帧单元格的宽度,请选择"很小"、"小"、"正常"、"中"或"大"。"大"帧宽度设置对于查看声音波形的详细情况很有用,如图 5-28 所示。

要减小帧单元格行的高度,请选择"短"。

要打开或关闭用彩色显示的帧顺序,请选择"彩色显示帧"。

要显示每个帧的内容缩略图(其缩放比率适合时间轴帧的大小),请选择"预览"。这可能导致内容的外观大小发生变化。

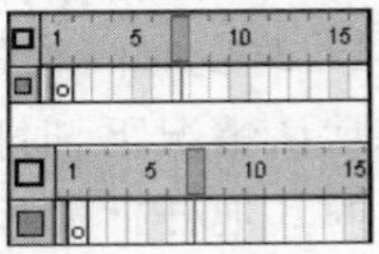

图 5-28　"短"和"正常"
帧视图选项

要显示每个完整帧(包括空白空间)的缩略图,请选择"关联预览"。如果要查看元素在动画播放期间在帧中的移动方式,此选项非常有用,但是这些预览通常比用"预览"选项生成的小。

3. 使用帧和关键帧

关键帧是指在动画中定义的更改所在的帧，或包含修改文档的帧动作的帧。Flash 可以在关键帧之间填充帧，从而生成流畅的动画。因为利用关键帧可以不用画出每个帧就生成动画，所以能更容易地创建动画。可以通过在时间轴中拖动关键帧来更改动画的长度。帧和关键帧在时间轴中出现的顺序决定它们在 Flash 应用程序中显示的顺序。可以在时间轴中排列关键帧，以便编辑动画中事件的顺序。

在时间轴中，可以处理帧和关键帧，将它们按照对象在帧中出现的顺序进行排列。可以通过在时间轴中拖动关键帧来更改动画的长度。

可以对帧或关键帧进行如下修改：

- 插入、选择、删除和移动帧或关键帧；
- 将帧和关键帧拖到同一层中的不同位置，或是拖到不同的层中；
- 拷贝和粘贴帧和关键帧；
- 将关键帧转换为帧；
- 从"库"面板中将一个项目拖动到舞台上，从而将该项目添加到当前的关键帧中。

时间轴提供动画中补间帧的视图。Flash 提供了两种不同的在时间轴中选择帧的方法。在基于帧的选择中，可以在时间轴中选择单个帧。在基于整体范围的选择中，在单击一个关键帧到下一个关键帧之间的任何帧时，整个帧序列都将被选中。可以在 Flash 首选参数中指定基于整体范围的选择。以下是在时间轴中对帧的基本操作方法。

要在时间轴中插入帧，请执行以下操作之一。

（1）要插入新帧，请选择"插入"→"时间轴"→"帧"。

（2）要创建新关键帧，请选择"插入"→"时间轴"→"关键帧"，或者右击要在其中放置关键帧的帧，然后从上下文菜单中选择"插入关键帧"。

（3）要创建新的空白关键帧，请选择"插入"→"时间轴"→"空白关键帧"，或者右击要在其中放置关键帧的帧，然后从上下文菜单中选择"插入空白关键帧"。

选择时间轴中的一个或多个帧。

（1）要选择一个帧，请单击该帧。如果在首选参数中启用了"基于整体范围的选择"，则单击某个帧将会选择两个关键帧之间的整个帧序列。

（2）要选择多个连续的帧，请按住 Shift 键并单击首尾两帧。

（3）要选择多个不连续的帧，请按住 Ctrl 键并单击要选择的帧。

（4）要选择时间轴中的所有帧，选择"编辑"→"时间轴"→"选择所有帧"。

要删除或修改帧或关键帧，请执行以下操作之一。

（1）要删除帧、关键帧或帧序列，请选择该帧、关键帧或序列，然后选择"编辑"→"时间轴"→"删除帧"，或者右击从上下文菜单中选择"删除帧"。

（2）要移动关键帧或帧序列及其内容，请将该关键帧或序列拖到所需的位置。

（3）要通过拖动来复制关键帧或帧序列，请按住 Alt 键击并将关键帧拖到新位置。

（4）要复制和粘贴帧或帧序列，请选择该帧或序列，然后选择"编辑"→"时间轴"→

"复制帧"。选择想要替换的帧或序列,然后选择"编辑"→"时间轴"→"粘贴帧"。

(5) 要将关键帧转换为帧,请选择该关键帧,然后选择"编辑"→"时间轴"→"清除关键帧",或者右击该关键帧,然后从上下文菜单中选择"清除关键帧"。被清除的关键帧以及到下一个关键帧之前的所有帧都将被该关键帧之前的帧内容所替换。

(6) 要更改补间序列的长度,请将开始关键帧或结束关键帧向左或向右拖动。

(7) 要将项目从库中添加到当前关键帧中,请将该项目从"库"面板拖到舞台中。

4. 使用层

层就像透明的薄纸一样,一层层地向上叠加。层可以帮助组织文档中的插图。可以在层上绘制和编辑对象,而不会影响其他层上的对象。如果一个层上没有内容,那么就可以透过它看到下面的层。要绘制、上色或者对层或文件夹做其他修改,需要选择该层以激活它。层或文件夹名称旁边的铅笔图标表示该层或文件夹处于活动状态。一次只能有一个层处于活动状态(尽管一次可以选择多个层)。当创建了一个新的 Flash 文档之后,它就包含一个层。可以添加更多的层,以便在文档中组织插图、动画和其他元素。可以创建的层数只受计算机内存的限制,而且层不会增加发布的 SWF 文件的大小,只有放入图层中的对象才会增加文件的大小。可以隐藏、锁定或重新排列层。还可以通过创建层文件夹然后将层放入其中来组织和管理这些层。可以在时间轴中展开或折叠层,而不会影响在舞台中看到的内容。对声音文件、动作、帧标签和帧注释分别使用不同的层或文件夹是个很好的习惯。这有助于在需要编辑这些项目时能快速地找到它们。另外,使用特殊的引导层可以使绘画和编辑变得更加容易,而使用遮罩层可以帮助创建复杂的效果。

1) 创建层和层文件夹

在创建了一个新层或文件夹之后,它将出现在所选层的上面。新添加的层将成为活动层。

要创建层,请执行以下操作之一:

(1) 单击时间轴底部的"插入图层"按钮 。

(2) 选择"插入"→"时间轴"→"图层"。

(3) 右击时间轴中的一个层名,然后从上下文菜单中选择"插入图层"。

要创建图层文件夹,请执行以下操作之一:

(1) 单击时间轴底部的"插入图层文件夹"按钮 。

(2) 在时间轴中选择一个层或文件夹,然后选择"插入"→"时间轴"→"图层文件夹"。

(3) 右击时间轴中的一个层名,然后从上下文菜单中选择"插入文件夹",新文件夹将出现在所选层或文件夹的上面。

2) 查看层和层文件夹

在工作过程中,可以根据需要显示或隐藏层或文件夹。层或文件夹名称旁边的红色×表示它处于隐藏状态。在发布 Flash SWF 文件时,FLA 文档中的任何隐藏层都会保留,并可在 SWF 文件中看到。为了帮助区分对象所属的层,可以用彩色轮廓显示层上的所有对象。可以更改每个层使用的轮廓颜色。可以更改时间轴中层的高度,从而在时间轴中显示更多的信息,还可以更改时间轴中显示的层数。

要显示或隐藏层或文件夹,请执行以下操作之一:

(1) 单击时间轴中层或文件夹名称右侧的"眼睛"列,可以隐藏该层或文件夹。再次单击它可以显示该层或文件夹。

(2) 单击眼睛图标可以隐藏所有的层和文件夹。再次单击它可以显示所有的层和文件夹。

(3) 在"眼睛"列中拖动可以显示或隐藏多个层或文件夹。

(4) 按住 Alt 键的同时单击层或文件夹名称右侧的"眼睛"列可以隐藏所有其他的层和文件夹。再次按住 Alt 键的同时单击可以显示所有的层和文件夹。

要用轮廓查看层上的内容,请执行以下操作之一:

(1) 单击层名称右侧的"轮廓"列可以将该层上的所有对象显示为轮廓。再次单击它可以关闭轮廓显示。

(2) 单击轮廓图标可以用轮廓显示所有层上的对象。再次单击它可以关闭所有层上的轮廓显示。

(3) 按住 Alt 键的同时单击层名称右侧的"轮廓"列可以将所有其他层上的对象显示为轮廓。再次按住 Alt 键的同时单击它可以关闭所有层的轮廓显示。

要更改层的轮廓颜色,执行以下操作之一:

(1) 双击时间轴中层的图标(即层名称左侧的图标)。

(2) 右击该层名称,然后从上下文菜单中选择"属性"。

(3) 在时间轴中选择该层,然后选择"修改"→"图层"。

在"图层属性"对话框中,单击"轮廓颜色"框,然后选择新的颜色、输入颜色的十六进制值或单击"颜色选择器"按钮然后选择一种颜色。然后单击"确定"按钮。

要更改时间轴中的层高度,执行以下操作之一:

(1) 双击时间轴中层的图标(即层名称左侧的图标)。

(2) 右击该层名称,然后从上下文菜单中选择"属性"。

(3) 在时间轴中选择该层,然后选择"修改"→"时间轴"→"图层属性"。在"图层属性"对话框中,选择一个"图层高度"选项,然后单击"确定"按钮。

更改时间轴中显示的层数:

拖动分隔舞台和时间轴的栏。

3) 编辑层和层文件夹

可以重命名、复制和删除层和文件夹。还可以锁定层和文件夹,以防止对它们进行编辑。

默认情况下,新层是按照它们的创建顺序命名的:第 1 层、第 2 层,依此类推。可以重命名层以更好地反映它们的内容。

要选择层或文件夹,请执行以下操作之一:

(1) 单击时间轴中层或文件夹的名称。

(2) 在时间轴中单击要选择的层的一个帧。

(3) 在舞台中选择要选择的层上的一个对象。

要选择两个或多个层或文件夹,请执行以下操作之一:

（1）要选择连续的几个层或文件夹，请按住 Shift 键的同时在时间轴中单击它们的名称。

（2）要选择几个不连续的层或文件夹，请按住 Ctrl 键的同时单击时间轴中它们的名称。

要重命名层或文件夹，请执行以下操作之一：

（1）双击层或文件夹的名称，然后输入新名称。

（2）右击层或文件夹的名称，然后从上下文菜单中选择"属性"。在"名称"文本框中输入新名称，然后单击"确定"按钮。

（3）在时间轴中选择该层或文件夹，然后选择"修改"→"时间轴"→"图层属性"。在"图层属性"对话框中的"名称"文本框中输入新名称，然后单击"确定"按钮。

要锁定或解锁一个或多个层或文件夹，请执行以下一个操作：

（1）单击层或文件夹名称右侧的"锁定"列可以锁定它。再次单击"锁定"列可以解锁该层或文件夹。

（2）单击挂锁图标可以锁定所有的层和文件夹。再次单击它可以解锁所有的层和文件夹。

（3）在"锁定"列中拖动可以锁定或解锁多个层或文件夹。

（4）按住 Alt 键的同时单击层或文件夹名称右侧的"锁定"列，可以锁定所有其他的层或文件夹。再次按住 Alt 键的同时单击"锁定"列可以解锁所有的层或文件夹。

拷贝层：

（1）单击层名称可以选择整个层。

（2）选择"编辑"→"时间轴"→"复制帧"。

（3）单击"添加图层"按钮可以创建新层。

（4）单击该新层，然后选择"编辑"→"时间轴"→"粘贴帧"。

拷贝层文件夹的内容：

（1）如果需要，单击文件夹名称左侧的三角形可以折叠它。

（2）单击文件夹名称可以选择整个文件夹。

（3）选择"编辑"→"时间轴"→"复制帧"。

（4）选择"插入"→"时间轴"→"图层文件夹"以创建新文件夹。

（5）单击该新文件夹，然后选择"编辑"→"时间轴"→"粘贴帧"。

4）删除层或文件夹

选择该层或文件夹后，执行以下操作之一：

（1）单击时间轴中的"删除图层"按钮。

（2）将层或文件夹拖到"删除图层"按钮上。

（3）右击该层或文件夹的名称，然后从上下文菜单中选择"删除图层"。删除层文件夹之后，所有包含的层及其内容都会被删除。

5）组织层和层文件夹

可以在时间轴中重新安排层和文件夹，从而组织文档。层文件夹可以将层放在一个树形结构中，这样有助于组织工作流。可以通过扩展或折叠文件夹来查看该文件夹包含的层,而不会影响在舞台中这些层的可见性。文件夹中可以包含层,也可以包含其他文件夹,这使得组织层的方式很像组织计算机中的文件的方式。

时间轴中的层控制将影响文件夹中的所有层。例如,锁定一个图层文件夹将锁定该文件夹中的所有层。

(1) 将层或层文件夹移动到层文件夹中:将该层或层文件夹名称拖到目标层文件夹名称中。该层或层文件夹将出现在时间轴中的目标层文件夹中。

(2) 要更改层或文件夹的顺序:将时间轴中的一个或多个层或文件夹拖到所需的位置。

(3) 要展开或折叠文件夹:单击文件夹名称左侧的三角形。

(4) 要展开或折叠所有文件夹:右击,然后从上下文菜单中选择"展开所有文件夹"或"折叠所有文件夹"。

5. 使用面板

Flash 提供了许多种自定义工作区的方式,以满足用户的需要。使用面板可以查看、组合和更改资源及其属性。可以显示、隐藏面板和调整面板的大小。也可以组合面板并保存自定义的面板设置,从而能更容易地管理工作区。

Flash 中的面板有助于查看、组织和更改文档中的元素。面板中的可用选项控制着元件、实例、颜色、类型、帧和其他元素的特征。通过显示特定任务所需的面板并隐藏其他面板,可以使用面板来自定义 Flash 界面。

面板可以处理对象、颜色、文本、实例、帧、场景和整个文档。例如,可以使用混色器创建颜色,并使用对齐面板来将对象彼此对齐或与舞台对齐。要查看 Flash 中可用面板的完整列表,请查看"窗口"菜单。大多数面板都包括一个带有附加选项的弹出菜单。该选项菜单由面板标题栏中的一个控件指示。默认情况下,面板在 Flash 工作区的底部和右边成组显示。

属性面板是各种面板中最常用到的面板之一。使用属性面板可以很容易地访问舞台或时间轴上当前选定项的最常用属性,从而简化了文档的创建过程。可以在属性面板中更改对象或文档的属性,而不用访问包含这些功能的菜单或面板。根据当前选定内容的不同,属性面板可以显示当前文档、文本、元件、形状、位图、视频、组、帧或工具的信息和设置。当选定了两个或多个不同类型的对象时,属性面板会显示选定对象的总数。

6. 工具栏

工具栏中的工具可以绘制、涂色、选择和修改插图,并可以更改舞台的视图。工具栏的具体应用将在图形绘制中详细讲解。

Flash 中的图形绘制主要依靠工具栏中的工具。工具栏分为 4 部分,如图 5-29 所示。

"工具"区域包含绘画、涂色和选择工具。

"视图"区域包含在应用程序窗口内进行缩放和移动的工具。

"颜色"区域包含用于改变笔触颜色和填充颜色的功能键。

"选项"区域显示选定工具的组合键,这些组合键会影响工具的涂色或编辑操作。

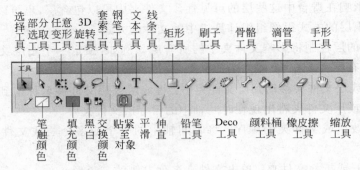

图 5-29　工具栏

下面就开始介绍怎样利用工具栏中的工具来绘制图形。

  箭头工具和 部分选取工具：都是选择工具，它们可以选定一层、一帧或一帧中的一个图形对象，并且可以调整由 Flash 工具画出的图形的外形。

  任意变形工具：包括任意变形工具和渐变变形工具，可以对填充效果和对象进行变形。

  3D 旋转工具：可以三维旋转和平移对象。

  套索工具：选定工具。可以在工作区中选定一个不规则的区域。

  钢笔工具：绘制贝塞尔曲线。

T 文本工具：在工作区中输入文字。

  线条工具：可以画出各种样式的线条。

  矩形工具：绘制出矩形、椭圆、多边形、基本矩形和基本椭圆。

  铅笔工具：铅笔可以绘制出线条、曲线及各样的图形。

  刷子工具：和铅笔的功能一样，不过笔触比较大。

  Deco 工具：给对象应用对称或装饰性填充的效果。

  骨骼工具：向元件实例和形状添加骨骼。

  颜料桶工具：修改各种填充色和线条色。

  滴管工具：修改颜料桶的填充色。

  橡皮擦工具：清除在工作区中画出的图形。

  手形工具：把工作区整体在屏幕上移动。

  缩放工具：把动画放大或缩小。

  笔触颜色：修改由画图工具画出图形的线的颜色。

  填充颜色：修改由画图工具画出图形的填充颜色。

如果不是很复杂的图形，都可以用工具箱上的这些工具在 Flash 中完成。

7. 图形绘制

上面对工具栏的介绍中，只是对绘图工具进行了一些简单的叙述。本节将详细讨论如何应用这些工具在 Flash 中绘制图形。

1) 绘制直线、椭圆、矩形、基本椭圆和基本矩形

可以使用直线、椭圆和矩形工具轻松创建这些基本几何形状。椭圆和矩形工具可以创建边框和填充形状,矩形工具可以创建方角或圆角的矩形。基本椭圆和基本矩形工具可以创建相应形状的对象。

绘制直线、椭圆或矩形的步骤如下:

(1) 选择线条(或者铅笔、画笔)、椭圆或矩形工具。

(2) 选择"窗口"→"属性"菜单命令,然后在属性面板中选择边框和填充属性。

(3) 对于矩形工具,通过双击圆角矩形图标并输入一个角半径值就可以指定圆角。如果值为零,则创建的是方角。

(4) 在舞台上拖动。如果使用的是矩形工具,在拖动时按住上下箭头键可以调整圆角半径。对于椭圆和矩形工具,按住 Shift 键拖动可以将形状限制为圆形和正方形。对于线条工具,按住 Shift 键拖动可以将线条的倾斜度限制为 45°的倍数。

2) 绘制多边形和星形

使用 PolyStar 工具,可以绘制多边形和星形。可以选择多边形的边数或星形的顶点数(从 3 到 32)。也可以选择星形顶点的深度。

绘制多边形或星形的步骤如下:

(1) 在矩形工具上单击并按住鼠标,然后拖动从弹出菜单中选择多边星形工具。

(2) 选择"窗口"→"属性"菜单命令,以查看属性面板。

(3) 在属性面板中选择笔触和填充属性。

(4) 在属性面板中单击"选项"按钮。

在"工具设置"对话框中,执行以下操作:

(1) 对于"样式",选择"多边形"或"星形"。

(2) 对于"边数",输入一个介于 3 到 32 之间的数字。

(3) 对于"星形顶点大小",输入一个介于 0 到 1 之间的数字以指定星形顶点的深度。此数字越接近 0,创建的顶点就越深(如针)。如果是绘制多边形,应保持此设置不变(它不会影响多边形的形状)。

(4) 单击"确定"按钮,以关闭"工具设置"对话框。

(5) 在舞台上拖动。

3) 使用钢笔工具

要绘制精确的路径,如直线或者平滑流畅的曲线,可以使用钢笔工具。可以创建直线或曲线段,然后调整直线段的角度和长度以及曲线段的斜率。当使用钢笔工具绘画时,进行单击可以在直线段上创建点,进行单击和拖动可以在曲线段上创建点。可以通过调整线条上的点来调整直线段和曲线段。可以将曲线转换为直线,反之亦可。也可以显示用其他 Flash 绘画工具,如铅笔、刷子、线条、椭圆或矩形工具在线条上创建的点,以调整这些线条。

4) 使用刷子工具涂色

刷子工具能绘制出刷子般的笔触,就好像在涂色一样。它可以创建特殊效果,包括书

法效果。可以使用刷子工具功能键选择刷子大小和形状。对于新笔触来说,刷子大小甚至在更改舞台的缩放比率级别时也保持不变,所以当舞台缩放比率降低时同一个刷子大小就会显得太大。例如,假设将舞台缩放比率设置为100%并使用刷子工具以最小的刷子大小涂色。然后,将缩放比率更改为50%并用最小的刷子大小再画一次。绘制的新笔触就比以前的笔触显得粗一倍。(更改舞台的缩放比率并不更改现有刷子笔触的大小。)

在使用刷子工具涂色时,可以使用导入的位图作为填充。

如果将Wacom压敏绘图板连接到计算机上,可以通过使用刷子工具的"压力"或"斜度"功能键,以及施加在钢笔上的压力来改变刷子笔触的宽度和角度。

5)使用橡皮擦

使用橡皮擦工具进行擦除可删除笔触和填充。可以快速擦除舞台上的任何内容,擦除个别笔触段或填充区域,或者通过拖动进行擦除。可以自定义橡皮擦工具以便只擦除笔触、只擦除数个填充区域或单个填充区域。橡皮擦工具可以是圆的或方的。

6)修改形状

可以修改形状,方法是将线条转换为填充、扩展填充对象的形状,或通过修改填充形状的曲线来柔化其边缘。

"将线条转换为填充"功能可将线条转换为填充,这样就可以使用渐变来填充线条或擦除一部分线条。"扩展形状"和"柔化边缘"功能允许扩展填充形状并模糊形状边缘。

"扩展填充"和"柔化填充边缘"功能在不包含很多细节的小型形状上使用效果最好。对拥有过多细节的形状应用"柔化边缘"功能会增大Flash文档和生成的SWF文件的大小。

将线条转换为填充:

(1)选择一条或多条线。

(2)选择"修改"→"形状"→"将线条转换为填充"菜单命令。

扩展填充对象的形状:

(1)选择一个填充形状。该命令在没有笔触的单色填充形状上使用效果最好。

(2)选择"修改"→"形状"→"扩展填充"菜单命令。

(3)在"扩展路径"对话框中,输入"距离"的像素值并为"方向"选择"扩展"或"插入"。"扩展"可以放大形状,而"插入"则缩小形状。

柔化对象的边缘:

(1)选择一个填充形状。

(2)选择"修改"→"形状"→"柔化填充边缘"菜单命令。

设置下列选项:

(1)"距离"是柔边的宽度(以像素为单位)。

(2)"步骤数"控制用于柔边效果的曲线数。使用的步骤数越多,效果就越平滑。增加步骤数还会使文件变大并降低绘画速度。

(3)"扩展"或"插入"控制着在柔化边缘时形状是放大还是缩小。

7)使用装饰性绘画工具绘制图案

使用装饰性绘画工具,可以将创建的图形形状转变为复杂的几何图案。它对库中创建的影片剪辑或图形元件使用算术计算(称为过程绘图),以创建复杂的图案。

Deco 工具可以对舞台上的选定对象应用对称、网格填充和蔓藤式填充效果。

（1）应用对称效果。

对称效果可以围绕中心点对称排列元件，用来创建圆形用户界面元素（如模拟钟面或刻度盘仪表）和旋涡图案。

① 选择 Deco 工具，在属性面板的"绘制效果"菜单中选择"对称刷子"。

② 在属性面板中，选择默认矩形形状的填充颜色，或者单击面板上的"编辑"从库中选择自定义元件。

③ 在属性面板的"高级选项"中，选择绕点旋转、跨线反射、跨点反射或网格平移来设置对称效果的方式。

④ 单击舞台上要显示插图的位置。

⑤ 使用对称刷子手柄来调整对称的大小和元件实例的数量。

（2）应用网格填充效果。

网格填充效果可以使用库中的元件填充舞台、元件或封闭区域，用来创建棋盘图案、平铺背景或用自定义图案填充的区域或形状。

① 选择 Deco 工具，在属性面板的"绘制效果"菜单中选择"网格填充"。

② 在属性面板中，选择默认矩形形状的填充颜色，或者单击面板上的"编辑"从库中选择自定义元件。

③ 在"高级选项"中，指定填充形状的水平间距、垂直间距和缩放比例。

④ 单击舞台或者要显示网格填充图案的形状或元件。

（3）应用藤蔓式填充效果。

藤蔓式填充效果可以用藤蔓式图案填充舞台、元件或封闭区域。

① 选择 Deco 工具，在属性面板的"绘制效果"菜单中选择"藤蔓式填充"。

② 在属性面板中，选择默认花朵和叶子形状的填充颜色，或者单击"编辑"从库中选择自定义元件，以替换默认花朵元件或叶子元件。

③ 在"高级选项"中，指定填充形状的水平间距、垂直间距和缩放比例。

④ 单击舞台或者要显示网格填充图案的形状或元件。

8）创建文本

可以创建三种类型的文本字段：静态文本字段、动态文本字段和输入文本字段。所有的文本字段都支持 Unicode。

静态文本字段显示不会动态更改字符的文本。

动态文本字段显示动态更新的文本，如体育比分、股票报价或天气报告。

输入文本字段使用户可以将文本输入到表单或调查表中。

可以在 Flash 中创建水平文本或静态垂直文本。默认情况下，文本以水平方向创建。可以选择首选参数使垂直文本成为默认方向，以及设置垂直文本的其他选项。

要创建文本，可以使用文本工具 **A**，将文本块放在舞台上。创建静态文本时，可以将文本放在单独的一行中，该行会随着输入的文本扩展，或将文本放在定宽文本块（适用于水平文本）或定高文本块（适用于垂直文本）中，文本块会自动扩展并自动换行。在创建动态文本或输入文本时，可以将文本放在单独的一行中，或创建定宽和定高的文本块来存放文本。

Flash 会在文本块的一角上显示一个手柄图标以标识该文本块的类型。

对于扩展的静态水平文本，会在该文本块的右上角出现一个圆形手柄，如图 5-30 所示。

对于具有定义宽度的静态水平文本，会在该文本块的右上角出现一个方形手柄，如图 5-31 所示。

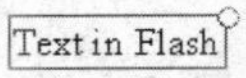

Text in Flash		Text in Flash

图 5-30　扩展的静态水平文本 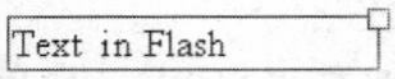　　　　　　图 5-31　定义宽度的静态水平文本

可以在按住 Shift 键的同时双击动态和输入文本字段的手柄，以创建在舞台上输入文本时不扩展的文本块。这样就可以创建固定大小的文本块，并且用多于它可以显示的文本填充它，从而创建滚动文本。

8．动画制作

前面所有的绘图功能都是为使用 Flash 制作动画打基础的。Adobe Flash CS4 Professional 提供了多种方法用来创建动画和特殊效果，为我们创作精彩的动画内容提供了多种可能。在 Flash CS4 中，可以创建 5 种动画：补间动画、传统补间、补间形状、反向运动和逐帧动画。

1）补间动画

补间动画，可以为一个帧中的对象属性指定一个值，并为另一个帧中的该相同属性指定另一个值（如位置和 Alpha 透明度等），由 Flash 计算这两个帧之间该属性的差值，并内插相应属性帧。对于由对象的连续运动或变形构成的动画，补间动画很有用。补间动画在时间轴中显示为具有蓝色背景的连续帧范围，默认情况下可以作为单个对象进行选择。补间动画功能强大，易于创建。

2）传统补间

传统补间与补间动画类似，但是创建起来更复杂。传统补间能够实现一些特定的动画效果，这些效果利用基于范围的补间无法实现。

3）反向运动姿势

反向运动姿势用于伸展和弯曲形状对象以及链接元件实例组，使它们以自然的方式一起移动。可以在不同帧中以不同方式放置形状对象或链接实例，Flash 将在中间内插帧中的位置。

4）补间形状

在形状补间中，可在时间轴中的特定帧绘制一个形状，然后更改该形状或在另一个特定帧绘制另一个形状。Flash 将内插中间帧的中间形状，创建一个形状变形到另一个形状的动画。

5）逐帧动画

逐帧动画更改每一帧中的舞台内容，它最适合于每一帧中的图像都在更改而不是仅仅简单地在舞台中移动的复杂动画。逐帧动画增加文件大小的速度比补间动画快得多。

在逐帧动画中,Flash 会保存每个完整帧的值。对于每个帧的图形元素必须不同的复杂动画而言,此技术非常有用。

6)时间轴中的动画表示方式

Flash 会按照如下方式区分时间轴上的逐帧动画和补间动画。

第一帧中的空心点表示补间动画的目标对象已删除。但补间范围仍包含其属性关键帧,并可应用新的目标对象。

具有绿色背景的帧表示反向运动姿势图层。姿势图层包含骨架和姿势,每个姿势在时间轴中显示为黑色菱形。Flash 在姿势之间内插帧中骨架的位置。

运动补间:用起始关键帧处的一个黑色圆点指示;中间的补间帧有一个浅蓝色背景的黑色箭头。

形状补间:用起始关键帧处的一个黑色圆点指示;中间的帧有一个浅绿色背景的黑色箭头。

虚线表示补间是断的或不完整的,例如,最后的关键帧已丢失。

单个关键帧用一个黑色圆点表示。单个关键帧后面的浅灰色帧包含无变化的相同内容,并带有一条黑线,而在整个范围的最后一帧还有一个空心矩形。

出现一个小 a 表明已利用"动作"面板为该帧分配了一个帧动作。

红色标记表明该帧包含一个标签。

绿色的双斜杠表示该帧包含注释。

金色的锚记表明该帧是一个命名锚记。

9. 加入声音

Adobe Flash CS4 提供了许多使用声音的方式。可以使声音独立于时间轴连续播放,或使动画和一个音轨同步播放。向按钮添加声音可以使按钮具有更强的互动性,通过声音淡入淡出还可以使音轨更加优美。

在 Flash 中有两种类型的声音:事件声音和音频流。事件声音必须完全下载后才能开始播放,没有明确停止时,它将一直连续播放。音频流在前几帧下载了足够的数据后就开始播放;音频流可以通过和时间轴同步以便在 Web 站点上播放。

1)导入声音

通过将声音文件导入到当前文档的库中,可以把声音文件加入 Flash。可以将WAV、ASND 和 MP3 三种格式的声音文件格式导入到 Flash 中。如果系统上安装了QuickTime 4 或其更高版本,还可以将 AIFF、Sun AU 和只有声音的 QuickTime 影片这些附加的声音文件格式导入。

Flash 在库中保存声音以及位图和元件。和图形元件一样,只需要一个声音文件的副本就可在文档中以各种方式使用这个声音。

声音数据要占用大量的磁盘空间和 RAM。但是，MP3 声音数据经过了压缩，比 WAV 或 AIFF 声音数据小。通常，当使用 WAV 或 AIFF 文件时，最好使用 16 位、22kHz、单声道声音，Flash 只能导入采样比率为 11kHz、22kHz 或 44kHz 的 8 位及 16 位的声音。在导出时，Flash 会把声音转换成采样比率较低的声音。如果要向 Flash 中添加声音效果，最好导入 16 位声音。如果 RAM 有限，就使用短的声音剪辑或用 8 位声音而不是 16 位声音。

导入声音的步骤：

选择"文件"→"导入"→"导入到库"菜单命令。

在"导入"对话框中，定位并打开所需的声音文件。

2) 向 Flash 文档中添加声音

向文档中添加声音，需将声音从库中添加到文档。可以把声音分配到一个层，然后在属性面板的"声音"控件中设置选项。建议将每个声音放在一个独立的层上。使用"声音"对象的 LoadSound 方法，可以在运行时将声音导入 SWF 文件中。

要测试添加到文档中的声音，可以使用与预览帧或测试 SWF 文件相同的方法：在包含声音的帧上面拖动播放头，或使用控制器或"控制"菜单中的命令。

向文档中添加声音的步骤如下。

(1) 如果还没有将声音导入库中，请将其导入库中。

(2) 选择"插入"→"时间轴"→"层"菜单命令，为声音创建一个层。

(3) 选定新建的声音层后，将声音从"库"面板中拖到舞台中。声音就添加到当前层中了。可以把多个声音放在同一层上，或放在包含其他对象的层上。但是，建议将每个声音放在一个独立的层上，这样每个层都作为一个独立的声音通道。当播放 SWF 文件时，所有层上的声音就混合在一起。

(4) 在时间轴上，选择包含声音文件的第一个帧。

(5) 选择"窗口"→"属性"菜单命令，并单击右下角的箭头以展开属性面板。

在属性面板中，从"声音"弹出菜单中选择声音文件。

从"效果"弹出菜单中选择"效果"选项，各选项值如下。

① 无：不对声音文件应用效果。选择此选项将删除以前应用过的效果。

② 左声道/右声道：只在左或右声道中播放声音。

③ 从左到右淡出/从右到左淡出：会将声音从一个声道切换到另一个声道。

④ 淡入：会在声音的持续时间内逐渐增加其幅度。

⑤ 淡出：会在声音的持续时间内逐渐减小其幅度。

⑥ 自定义：可以通过使用"编辑封套"创建自己的声音淡入和淡出点。

从"同步"弹出菜单中选择"同步"选项，该选项值如下。

① 事件：该选项会将声音和一个事件的发生过程同步起来。事件声音在它的起始关键帧开始显示时播放，并独立于时间轴播放完整个声音，即使 SWF 文件停止也继续播放。当播放发布的 SWF 文件时，事件声音混合在一起。事件声音的一个示例就是当用户单击一个按钮时播放的声音。如果事件声音正在播放，而声音再次被实例化(例如，用

户再次单击按钮），则第一个声音实例继续播放，另一个声音实例同时开始播放。

② 开始：与"事件"选项的功能相近，但如果声音正在播放，单击"开始"选项则不会播放新的声音实例。

③ 停止：将使指定的声音静音。

④ 流：将声音同步，以便在 Web 站点上播放。Flash 强制动画和音频流同步。如果 Flash 不能足够快地绘制动画的帧，就跳过帧。与事件声音不同，音频流随着 SWF 文件的停止而停止。而且，音频流的播放时间绝对不会比帧的播放时间长。当发布 SWF 文件时，音频流混合在一起。

为"重复"选项输入一个值，以指定声音应循环的次数，或者选择"循环"以连续重复声音。要连续播放，请输入一个足够大的数，以便在扩展持续时间内播放声音。例如，要在 15 分钟内循环播放一段 15 秒的声音，输入 60。

3）向按钮添加声音

可以将声音和一个按钮元件的不同状态关联起来。因为声音和元件存储在一起，它们可以用于元件的所有实例。

向按钮添加声音的步骤如下。

（1）在"库"面板中选择按钮。

（2）从面板右上角的选项菜单中选择"编辑"。

（3）在按钮的时间轴上，添加一个声音层。

（4）在声音层中，创建一个常规或空白的关键帧，对应于想添加声音的按钮。例如，要添加一段在单击按钮时播放的声音，可以在标签为"Down"的帧中创建一个关键帧。

（5）单击刚刚创建的关键帧。

（6）选择"窗口"→"属性"菜单命令。

（7）从属性面板的"声音"弹出菜单中选择一个声音文件。

（8）从"同步"弹出菜单中选择"事件"。

要将不同的声音和按钮的每个关键帧关联在一起，请创建一个空白的关键帧，然后给每个关键帧添加其他声音文件。也可以使用同一个声音文件，然后为按钮的每一个关键帧应用不同的声音效果。通过声音对象使用声音可以使用动作脚本中的 Sound 对象将声音添加到文档中并在文档中控制声音对象。控制声音包括在播放声音时调整音量或左右平衡声道。要在"声音"动作中使用声音，请在"元件链接"对话框中给声音分配一个标识字符串。

给声音分配标识字符串：

在"库"面板中选择声音。

执行以下操作之一：

• 从面板右上角的选项菜单中选择"链接"。

• 右击"库"面板中的声音名称，然后从上下文菜单中选择"链接"。

• 在"元件链接属性"对话框中的"链接"下面，选择"为动作脚本导出"。

• 在文本框中输入一个标识字符串，然后单击"确定"按钮。

4）使用声音编辑控件

要定义声音的起始点或控制播放时的音量，可以使用属性面板中的声音编辑控件。Flash 可以改变声音开始播放和停止播放的位置。这对于通过删除声音文件的无用部分来减小文件的大小是很有用的。

编辑声音文件的步骤如下。

（1）在帧中添加声音，或选择一个已包含声音的帧。

（2）选择"窗口"→"属性"菜单命令。

（3）单击属性面板右边的"编辑"按钮。

执行以下任意操作：

- 要改变声音的起始点和终止点，请拖动"编辑封套"中的"开始时间"和"停止时间"控件。
- 要更改声音封套，请拖动封套手柄来改变声音中不同点处的级别。封套线显示声音播放时的音量。单击封套线可以创建其他封套手柄（总共可达 8 个）。要删除封套手柄，请将其拖出窗口。
- 单击"放大"或"缩小"按钮，可以改变窗口中显示声音的大小。
- 要在秒和帧之间切换时间单位，请单击"秒"和"帧"按钮。

（4）单击"播放"按钮，可以听编辑后的声音。

5）在关键帧中开始播放和停止播放声音

在 Flash 中与声音相关的最常见任务是与动画同步播放和停止播放关键帧中的声音。

停止播放和开始播放关键帧中声音的步骤如下。

（1）向文档中添加声音。要使此声音和场景中的事件同步，请选择一个与场景中事件的关键帧相对应的开始关键帧。可以选择任何同步选项。

（2）在声音层时间轴中要停止播放声音的帧上创建一个关键帧。在时间轴中将出现声音文件的表示。

（3）选择"窗口"→"属性"菜单命令，并单击右下角的箭头以展开属性面板。

（4）在属性面板的"声音"弹出菜单中，选择同一声音。

（5）从"同步"弹出菜单中选择"停止"。在播放 SWF 文件时，声音会在结束关键帧处停止播放。

（6）要回放声音，只需移动播放头。

5.4　使用 3DS MAX 制作三维动画

3D Studio MAX 是由美国 Autodesk 公司推出的基于 PC 的三维效果图和动画设计制作的软件，也是目前最流行、使用最广泛的三维动画软件，可运行于 Windows 操作系统平台。使用 3DS MAX 制作三维动画的流程如图 5-32 所示。

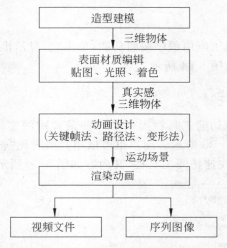

图 5-32　3DS MAX 制作三维动画的流程图

5.4.1　3DS MAX 界面介绍

　　由于 3DS MAX 的功能非常强大,所以其操作界面比较复杂,在 3DS MAX 2011 的操作界面中,界面的外框尺寸是可以改变的,但功能区的尺寸不能改变。工具栏和命令面板在 1024×768 甚至是更高的分辨率下也不能全部显示出来,只能通过拖动滑动条才能显示出来。图 5-33 显示了 3DS MAX 2011 的主界面,下面详细地介绍各个部分的功能。

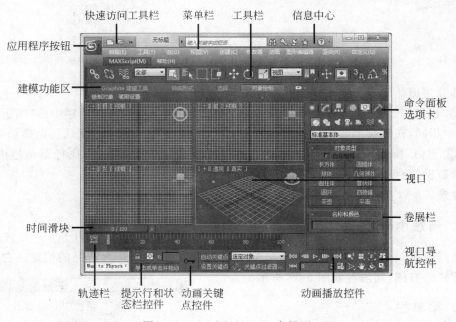

图 5-33　3DS MAX 2011 主界面

1. 应用程序按钮

3DS MAX 2011 提供了应用程序按钮功能,单击它,显示出的"应用程序"菜单提供了文件管理命令。其内容如图 5-34 所示。

2. 快速访问工具栏

3DS MAX 2011 快速访问工具栏提供了一些最常用的文件管理命令以及"撤销"和"重做"命令,其内容如图 5-35 所示。用户也可以用其最右侧"自定义用户界面"面板来删除或者添加按钮,自定义快速访问工具栏,其内容如图 5-36 所示。

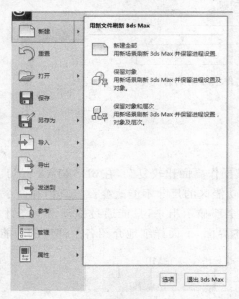

图 5-35　快速访问工具栏形态

图 5-34　应用程序按钮中文件管理命令

图 5-36　自定义快速访问工具栏形态

部分快速访问工具栏按钮的功能如下。

"撤销"按钮:单击此按钮可以撤销上一次的操作,与执行菜单栏中的"编辑"→"取消"命令相同,在键盘上的快捷键组合为 Ctrl+Z。3DS MAX 2011 默认可以撤销 20 步。

"重做"按钮:单击此按钮取消上一次执行的"撤销"命令,与执行菜单栏中的"编辑"→"重做"命令相同,在键盘上的快捷键组合为 Ctrl+Y。

注意:在以往的版本中,"撤销"按钮和"重做"按钮在主工具栏中。

3. 信息中心

通过信息中心可访问有关 3DS MAX 2011 和其他 Autodesk 产品的信息。它显示在"标题"栏的右侧,其内容如图 5-37 所示。

图 5-37　信息中心的形态

4. 菜单栏

3DS MAX 2011 的菜单栏与标准的 Windows 文件菜单模式及使用方法基本相同。菜单栏为用户提供了一个用于文件的管理、编辑、渲染及寻找帮助的用户接口。其内容如图 5-38 所示。

编辑(E)　工具(T)　组(G)　视图(V)　创建(C)　修改器　动画　图形编辑器　渲染(R)　自定义(U)　MAXScript(M)　帮助(H)

图 5-38　菜单栏的形态

5. 工具栏

在 3DS MAX 2011 中，工具栏分为主工具栏和浮动工具栏。工具栏是把经常用到的命令以工具按钮的形式放在不同的位置，是应用程序中最简单、最方便的使用工具。

1）主工具栏

在 3DS MAX 2011 菜单栏下面有一行工具按钮，称为"主工具栏"，为操作时大部分常用任务提供了快捷而直观的图标和对话框，其中一些在菜单栏中也有相应的命令，但习惯上使用主工具栏来进行操作。其显示的全部工具栏的形态如图 5-39 所示。

图 5-39　主工具栏的形态

主工具栏里的工具用于对已经创建的物体进行选择、变换、着色、赋材质等操作。但是，即使是在 1024×768 的分辨率下，工具栏上的工具也不可能全部显示，可以将鼠标光标箭头移动到按钮之间的空白处，当鼠标箭头变为  时，就可以按住鼠标左键，左右拖动工具栏来进行选择。

注意：许多按钮的右下角会带有三角标记的按钮，这表示含有多重选择的复选按钮。在这样的按钮上按住鼠标左键不放，会弹出按钮选择菜单，移动到所需要的命令按钮上单击即可进行选择。

部分主工具栏按钮详解如下。

"选择并连接"按钮：利用此按钮可将两个对象连接起来，使之产生父子层次关系，以便进行连接操作。

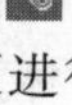

"断开选择连接"按钮：取消两物体之间的层次连接关系，使子物体恢复独立，不再受父物体的约束。

"绑定空间扭曲"按钮：将所选择的对象绑定到空间扭曲物体上，使它受到空间扭曲物体的影响。

"选择物体"按钮：使用选择物体按钮选取一个或多个物体进行操作。直接单击对象将其选择，被选择对象以白色线框方式显示。

"按名称选择"按钮：通过物体名称来指定选择，这种方式快捷准确，在进行复杂场景的操作时必不可少。要求为物体起的名称具有代表性和可读性，便于在选择框中选择时更易于识别。

■ "矩形选择区域"按钮：以矩形区域拉出选择框。

全部 ▼ "选择过滤器"按钮：从宏观对物体类型进行选择过滤的控制。它可以屏蔽其他类型的物体而快捷准确地进行选择。

□ "交叉选择"按钮：当使用交叉选择方式时，虚线框所涉及的所有物体都被选择，即使它只有部分在框选的选择范围内。交叉选择的含义就是虚线框所触及的物体(包括包含在内的)都被选择。

✛ "选择并移动"按钮：选择物体并进行移动操作，移动时根据定义的坐标系和坐标轴向来进行。

↻ "选择并旋转"按钮：选择物体并进行旋转操作，旋转时根据定义的坐标系和坐标轴向来进行。

▣ "选择并等比缩放"按钮：在三个轴向上做等比例缩放，只改变体积大小，不改变形状，因此坐标轴向对它不起作用。

视图 ▼ "参考坐标系"按钮：参考坐标系列出了所有可以指定给变换操作(移动、旋转、放缩)的坐标系。在对物体进行变换时需要灵活使用这些坐标系，首先选定坐标系，然后选择轴向，最后才进行变换，这是一个标准的操作流程。

▣ "使用轴心点中心"按钮：选择物体自身的轴心点作为变换的中心点。如果同时选择了多个物体，则针对各自的轴心点进行变换操作。

✛ "选择并操纵"按钮：直接在视图中对某类物体、修改器或控制器参数进行编辑，一个重要的作用就是调节动作形状的滑杆。

3▣▣‰▣ "捕捉锁定"按钮：捕捉开关能够更好地在三维空间中锁定需要的位置，以便进行选择、创建、编辑修改等操作。在创建和变换物体或子物体时，可以帮助制作者捕捉几何体的特定部分。同时还可以捕捉栅格、切线、中心、轴心点、面中心等其他选项。

▣ "编辑命名选择集"按钮：3DS MAX 2011可以对当前的选择集合指定名称，以方便选择集合的操作。

▣▣ "镜像"按钮：产生一个或多个物体的镜像。镜像物可以全部选择不同的克隆方式，同时可以对指定的坐标镜像进行偏移。

▣ "对齐"按钮：激活对齐对话框，将当前选择物体与目标物体对齐，目标物体的名称显示在对话框上。对齐工具能够应用于任何可以进行变换修改的物体，将原物体边界盒与目标物体边界盒的位置和(或)方向进行对齐。

2) 浮动工具栏

在主工具栏处右击，可以调用其他工具行和命令面板。其中，"图解视图"和"层"属于浮动工具栏。其形态如图 5-40 和图 5-41 所示。

6. 视口区

系统默认的视口区模式分为 4 个视口：顶视口、前视口、左视口、透视视口。这 4 个视口区是

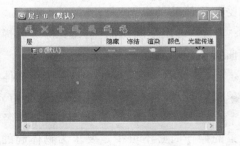

图 5-40　图层工具栏

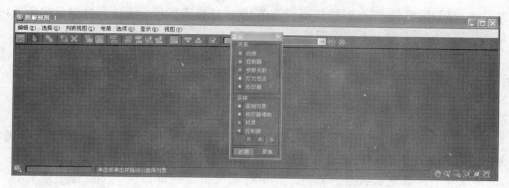

图 5-41　图解视图工具栏

用户进行操作的主要工作区域,当然它还可以通过设定转换成为其他的视口,视口区的转化设置可以通过在视口区上部的名称上右击,在弹出菜单中的视口中即可选择。

如果读者不喜欢这种布局,还可以选择其他的布局方式,更换布局的方法是单击菜单栏中的"视图"→"视口配置"菜单命令,在弹出的对话框中选择"布局"选项,如图 5-42 所示。这里提供了多种布局方式,可以选择任意一种,然后单击 确定 按钮即可改变。

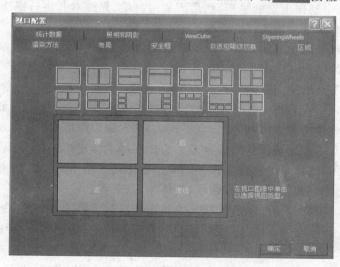

图 5-42　"视口配置"对话框

每个视口的大小都可以根据需要加以调整,只要把鼠标光标移动到视口的边界位置上,光标会转变为左右或上下双向箭头的形态,此时只要左右或上下拖拽鼠标,就可以实现视口大小的缩放。

7. 命令面板选项卡

命令面板选项卡位于 3DS MAX 2011 界面的右侧,是 3DS MAX 2011 的核心工作区,提供了丰富的工具及修改命令,用于完成模型的建立编辑、动画轨迹的设置、灯光和摄像机的控制等,外部插件的窗口也位于这里。对于命令面板的使用,包括按钮、输入区、下拉菜单等,都非常容易,鼠标的操作也很简单,单击或拖动即可。无法同时显示的区域,只要是当鼠标变成 时上下拖动即可。

命令面板包括 6 大部分,分别为: "创建"面板、 "修改"面板、 "层次"面板、 "运动"面板、 "显示"面板以及 "工具"面板。

8. 视口导航控件

在屏幕右下角有 8 个图标按钮,它们是当前激活视口的控制工具,主要用于调整视口显示的大小和方位。它们可以对视口进行缩放、局部放大、满屏显示、旋转以及平移等显示状态的调整。其中有些按钮会根据当前被激活视口的不同而发生变化。根据不同的操作,视口导航控件的全部按钮的显示形态如图 5-43 所示。

图 5-43　视口导航控件

5.4.2　模型设计

建立一个效果图首先要建立模型,根据已有的图纸或设计意图在脑海中勾勒出大体框架,并在计算机中制作出它的雏形,然后再利用材质、光源对其进行修饰、美化。模型建立的好坏直接影响到效果图最终的效果。

建立模型大致有两种方法:第一种是直接使用 3DS MAX 2011 建立模型,一些初学者用此方法建立的模型常会有比例失调等现象,这是因为没有掌握好 3DS MAX 2011 中的单位与捕捉等工具的使用。第二种是在 Auto CAD 软件中绘制出平面图和立面图,然后导入到 3DS MAX 2011 中,再以导入的线形做参考来建立三维模型,此方法是一些设计院或作图公司最常用的方法,因此一般将其称为"专业作图模式"。

3DS MAX 2011 中提供了使用非常容易的标准基本体建模工具,只需要拖动鼠标,即可创建一个几何体,这就是标准基本体。标准基本体是 3DS MAX 2011 最简单的一种三维物体,它可以用来创建方体、球体、圆环、棱锥体、茶壶等。

启动 3DS MAX 2011 后,在系统默认的状态下将进入 (几何体)命令面板。在"标准基本体" 对象类型 选项下的 10 种标准基本体分别为:长方体、球体、圆柱体、圆环、茶壶、圆锥体、几何球体、管状体、四棱锥和平面,它们的形态及面板位置如图 5-44 所示。

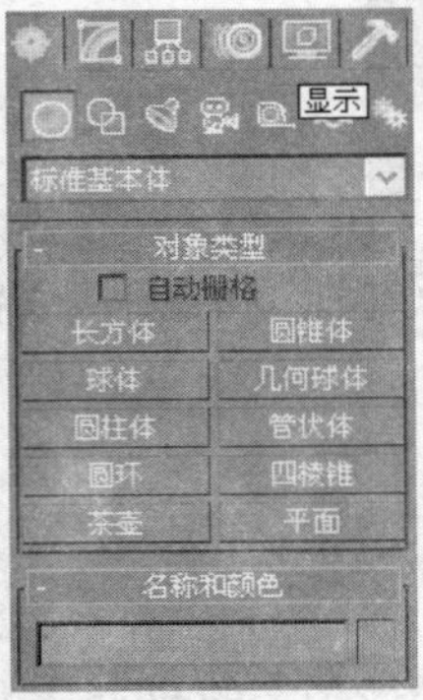

上面的 10 种标准基本体按照创建步骤的多少分为三类。

第一类:拖动鼠标一次创建完成,包括球体、茶壶、几何球体、平面。

第二类:拖动鼠标两次创建完成,包括长方体、圆柱体、圆环、四棱锥。

第三类:拖动鼠标三次创建完成,包括圆锥体、管状体。

创建这些几何体是制作效果图的基础。"标准基本体"创建命令面板主要由以下 5 个卷展栏构成:"对象类型"、"名称和颜色"、"创建方式"、"键盘输入"、"参数"。

图 5-44　标准基本体创建面板

在这里只学习它们所共用的"对象类型"与"名称与颜色"两个展卷栏,其他三个卷展栏会因选择创建物体类型的不同,而发生相应的变化,所以将在使用到时再做介绍。

"对象类型":在此卷展栏中列出了常见的物体类型,这些物体类型与工具栏所包含的基本体工具按钮是相对应的,包括,长方体、球体、圆柱体、圆环、茶壶、圆锥体、几何球体、管状体、四棱锥和平面。

"名称和颜色":在这里可以指定当前创建物体的名称和颜色,还可以在创建完成后通过此栏对选定物体的名称和颜色进行修改,但这一步的前提是必须激活所要修改的物体。物体的名称可方便我们在复杂的场景中对物体进行快速和准确地选择,通常的方法是单击工具栏中的 <kbd>●</kbd> "按名称选择"按钮,在弹出的"物体名称"对话框的列表中单击所要选择物体的名称,再单击 <kbd>确定</kbd> 按钮,就可以快速地选择此物体。

在上面的 10 种标准基本体中,无论哪一种被激活,面板类下的参数都是相同的,分别是:"创建方法"、"键盘输入"、"参数"、"生成贴图坐标"共 4 项参数,如图 5-45 所示。

面板类详解如下。

"创建方式":控制以哪一种方式来创建物体。

"键盘输入":在创建"方体"时也可以不采用拖动鼠标创建的方式,而使用输入坐标位置与长宽高参数的方式来创建物体。通过使用键盘中的 Tab 键在不同数值输入框间切换,使用

图 5-45   "标准基本体"下
的共有参数

Enter 键确定输入的数值;使用 Shift+Tab 键可以回退到前一个数值输入框,输入完所有的数据后,单击"创建"按钮即可生成(此方式创建物体比较麻烦,在制作效果图时很少用到)。

"参数":创建完物体之后,可以通过在数据输入框中输入数值来修改刚创建完成的物体的参数。

"生成贴图坐标":三维物体在默认状态下是没有贴图坐标的,在被赋予材质贴图后系统会自动勾选此项,为当前物体指定一个贴图坐标。

【例 5-3】 制作圆桌

圆桌是一种造型比较简单的家具,下面介绍其制作过程。

首先启动 3DS MAX 2011,单击 <kbd>●</kbd>(创建)→ <kbd>○</kbd>(几何体)→"扩展基本体"→ <kbd>切角圆柱体</kbd> 按钮,在顶视口单击并拖动鼠标创建一个切角圆柱体(作为圆桌的桌面)。

单击 <kbd>●</kbd>(修改)按钮,进入修改命令面板,修改"半径"为 50,"高度"为 2,"圆角"为 0.7,"边数"为 50,如图 5-46 所示。然后单击视口控制区的 <kbd>田</kbd>(所有视口最大化)按钮。使视口最大化显示,方便观察造型。

单击 <kbd>●</kbd>(创建)→ <kbd>○</kbd>(几何体)→"标准基本体"→ <kbd>长方体</kbd> 按钮,在顶视图中创建一个长方体(作为圆桌的桌腿)。

单击 <kbd>●</kbd>(修改)按钮,进入修改命令面板,修改"长度"为 5,"宽度"为 5,"高度"为 50。在前视口中拖动长方体到合适位置,如图 5-47 所示。

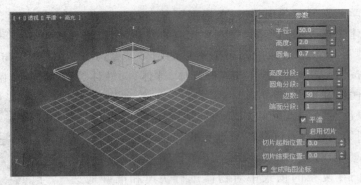

图 5-46　圆桌桌面的参数

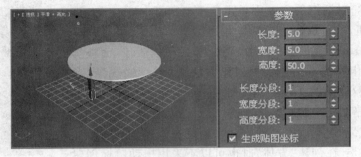

图 5-47　创建桌腿及其参数

可以采用移动复制方式复制另外两条桌腿。其中，移动复制方式即单击工具栏中的 （移动）按钮，然后选中模板（即被复制几何体），按住 Shift 键，拖动鼠标，拖动到合适位置松开按键，这时会弹出一个对话框，如图 5-48 所示。在"对象"下，"复制"方式所克隆的造型不与原形保持相同，修改其中一个另一个不会改变。"实例"方式所克隆的造型则与原型保持相同，修改其中一个，另一个也随之改变，称为关联复制。

由于桌腿是完全一样的，所以选择"实例"方式复制，复制后，如果视图角度观察起来不够美观，可单击 ⟳（选择并旋转）按钮，然后选择全部视图，可以使圆桌整体旋转到一个比较美观的角度。这时得到一个圆桌的造型，其效果如图 5-49 所示。

图 5-48　"克隆选项"对话框　　　　图 5-49　完成的圆桌造型

单击"文件"→"保存",保存文件。

5.4.3 材质

材质是指对真实材料视觉效果的模拟,场景中的三维对象本身不具备任何表面性,创建完物体后只是以颜色将其表现出来,自然不会产生与现实材料相一致的视觉效果。要产生与生活场景一样丰富多彩的视觉效果,只有通过材质的模拟,使造型的视觉效果通过颜色、质感、反光、折光、透明性、自发性、表面粗糙程度以及机理纹理结构等诸多要素显示出来,才能呈现出真实材料的视觉特征,使制作的效果图更接近于现实效果。

在 3DS MAX 2011 中,材质的编辑和生成,是在"材质编辑器"中完成的,只要单击工具栏中的 按钮,就可以打开该对话框,如图 5-50 所示。可以在该对话框中进行相关设置。

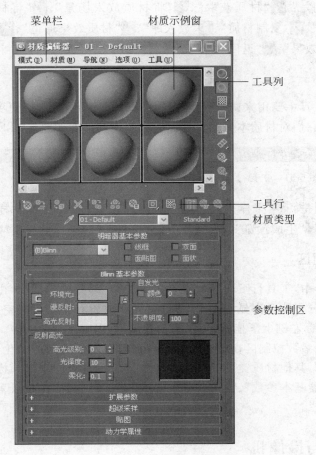

图 5-50　材质编辑对话框

材质编辑器可以分为 4 大部分:材质示例窗、材质编辑器工具行、材质编辑器工具列和参数控制区。

1. 材质示例窗

示例窗中包含了 24 个样本球,样本球用于显示材质编辑的效果,一个样本球对应一种材质。在修改材质的参数时,修改后的效果会马上显示在样本球上,使用户在制作过程中可以很方便地观察材质效果。系统默认的样本球的个数为 6 个,其显示的个数与大小可以调整。移动光标在任意一个样本球上,右击,会弹出一个菜单,可以选择调整示例窗中的样本球数量为 15 或 24,便于根据材质使用数量的多少适当调整,更利于观察材质的纹理显示情况。

2. 工具行

工具行中的工具主要用于获取材质、显示贴图纹理以及将制作好的材质赋予场景中的物体等功能,其形态如图 5-51 所示。

这些按钮分别是:⬛"材质获取"、⬛"将材质放入场景"、⬛"将材质赋予给选定对象"、⬛"重置贴图"、⬛"复制材质"、⬛"放入库"、⬛"材质效果通道"、⬛"在视图中显示贴图"、⬛"显示最终效果"、⬛"返回到上一级"、⬛"到下一层级"。

3. 工具列

工具列中的工具主要用来调整材质在样本球中的显示效果,以便更好地观察材质的颜色与纹理,因此它们对材质本身的设置没有影响。其形态如图 5-52 所示。

图 5-51 工具行   图 5-52 工具列

这些按钮分别是:⬛"采样类型"、⬛"背光"、⬛"材质背景"、⬛"样本复制贴图"、⬛"视频颜色检查"、⬛"生成预览"、⬛"选项"、⬛"按材质选择"、⬛"材质/贴图导航器"。

4. 参数控制区

在材质编辑器中,工具行下面的内容繁多,包括 6 部分的卷展栏,由于材质编辑器大小的限制,有一部分不能全部显示出来,通过将光标放置到卷展栏的空白处,当光标变成⬛形状时,按住鼠标左键上下拖拽,可以推动卷展栏,以观察全部内容。

材质编辑器的参数控制区在不同的材质设置时会发生不同的变化,一种材质的初始设置是"标准材质",其他材质类型的参数跟标准材质也是大同小异。标准材质的参数设置主要包括"明暗器基本参数"、"Blinn 基本参数"、"扩展参数"、"超级采样"、"贴图"、"动力学属性"等卷展栏。

5.4.4 灯光与摄像机

1. 灯光

3DS MAX 2011 的灯光分为"标准灯光"、"光度学"、"日光"和 Vray 4 大类。其中"光度学"灯光能模拟出真实的灯光效果。通过对"光通量"、"照明度"、"亮度"、"发光强度"等参数的设置,最终创建出比较真实的效果。(照明灯光与高级照明属性的材质及高级照明的系统项配合,合理运用,才能真正体现它的优势)。

单击命令面板上的 (灯光)按钮,面板将显示 8 种灯光类型,如图 5-53 所示。

3DS MAX 2011 提供了 8 种标准灯光,分别是:目标聚光灯、自由聚光灯、目标平行光、自由平行光、泛光灯、天光、mr 区域泛光灯和 mr 区域聚光灯。

选择任意一个都会出现参数控制面板,包括"常数参数"、"强度/颜色/衰减"、"聚光灯参数"、"高级效果"、"阴影参数"和"阴影贴图参数"。

图 5-53　标准灯光命令面板

【例 5-4】　设置吊灯的发光效果

打开一个已有的吊灯文件。

单击命令面板中的 (灯光)按钮,选择其中的 泛光灯 按钮,在顶视图单击创建一盏泛光灯,将它移动到如图 5-54 所示的位置。

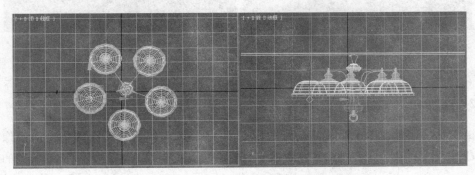

图 5-54　泛光灯的位置

单击 (修改)按钮,进入修改命令面板。首先在"常规参数"类下勾选"阴影"选项,调整"强度/颜色/衰减"类下的"倍增"参数为 0.2,勾选"远距衰减"下的"使用"选项,"开始"设置为 800,"结束"设置为 1800,如图 5-55 所示。

用关联复制的方式复制 5 个泛光灯,位置及形态如图 5-56 所示。

现在如果渲染视图,效果虽然表现出来了,但天花板还是非常灰暗,这时需要在前视图吊灯的下面设置一盏灯光,用来照亮整体效果。它们的效果如图 5-57 所示。

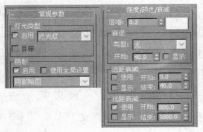

图 5-55　泛光灯参数的调整

执行"文件"→"保存"菜单命令,将修改结果保存,一个吊灯效果图就完成了。

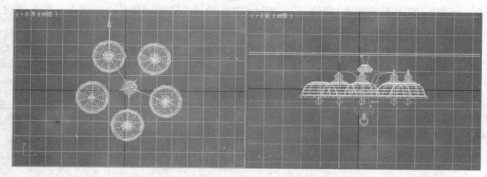

图 5-56　复制四个泛光灯的位置

加灯光之前

加灯光之后

图 5-57　不同程度的渲染效果对比

2. 摄像机

摄像机决定了视图中物体的位置和大小,也就是说人们所看到的内容是由摄像机决定的,所以掌握 3DS MAX 2011 中的摄像机的用法与技巧是进军效果图制作领域的关键一步。

单击创建命令面板上的 ▓(摄像机)按钮,创建面板中将显示两种摄像机类型,如图 5-58 所示。

3DS MAX 2011 提供了两种摄像机,分别为"目标"和"自由"摄像机。目标摄像机包括镜头和目标点,主要用来确定最佳构图。自由摄像机没有目标点,其他的功能与目标摄像机完全相同,主要用于制作动画。

图 5-58　摄像机的
命令面板

摄像机提供了一种以其他方式来观察效果图的平台。现在打开之前的"圆桌"文件,单击 ▓→ 目标 按钮,在透视视图中创建一台摄像机,单击 ✛ 按钮,移动摄像机镜头和目标点的位置。找到一个满意的观察角度后,按 Shift＋Q 键快速渲染(或者单击工具栏中的 ▓ 按钮)。得到如图 5-59 所示的效果。

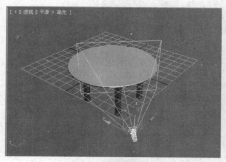通过视图观察 通过摄像机观察

图 5-59　不同观察方式的比较

5.4.5　动画制作

3DS MAX 2011 同样提供了强大的动画功能,下面介绍简单动画的制作过程。

首先启动 3DS MAX 2011,画好一个平板和一个悬空的小球(具体过程不再重复),如图 5-60 所示。

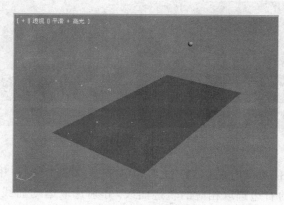

图 5-60　准备工作

单击界面下方时间控制栏中的 自动关键点 按钮,这时会发现按钮自动变为红色,同时处于被激活的视图外框和时间滑块也显示为红色,如图 5-61 所示。

时间滑块

图 5-61　打开自动关键帧模式

将时间滑块拖动到第 15 帧。在前视图中把小球拖动到如图 5-62 所示的位置。

拖动时间滑块到第 25 帧,将小球位置调整到比初始位置稍低的位置(遵循自由落体

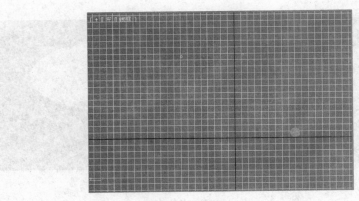

图 5-62　第 15 帧时小球的位置

规律），再拖动时间滑块到第 35 帧，将小球位置重新调整到第 15 帧位置。每一个关键帧的 X 轴坐标都有一定的变化。重复此步骤，直到小球稳定于地面上。

这里可以借助"曲线编辑器"来更加精确地确定小球的运动轨迹，单击 （曲线编辑器）按钮，打开"曲线编辑器"窗口，如图 5-63 所示。

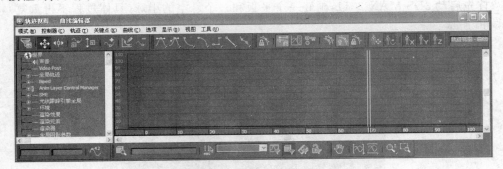

图 5-63　曲线编辑窗口

在其中可以设置任意帧时的 X、Y 和 Z 轴的坐标，在左侧窗口中选取要编辑的坐标轴，这时可以在窗口的右边选取相应的轨迹曲线，分别选取运动曲线的关键帧轨迹点，按住 Shift 键来调整运动曲线，调整后的曲线如图 5-64 所示（其中红线为 X 轴曲线，绿色线为 Y 轴曲线，蓝色线为 Z 轴曲线）。关闭"曲线编辑器"。

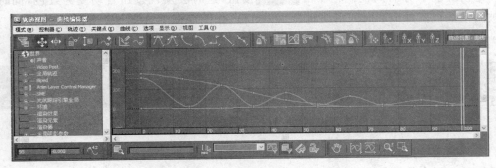

图 5-64　调整后的曲线图

单击 ▶ (播放)按钮,观察动画效果,如果满意,选择"文件"→"保存"。

5.4.6 渲染动画

动画做好后,还需要做些处理,让制作的动画场景变为直观的画面。这个过程就是渲染动画。通过渲染场景对话框,来创建渲染并将渲染结果保存到文件中。

(1) 单击工具栏中的 (渲染场景对话框)按钮,打开渲染场景对话框,如图5-65所示。

(2) 选择"公共参数"下的"时间输出"中的"范围"设置,将范围设置为0~95(因为上例的动画总共95帧,删除无用帧),如图5-66所示。

图5-65 渲染场景对话框

图5-66 设定渲染帧的范围

(3) 单击"渲染输出"中的"文件"按钮,选择输出文件的位置及文件格式,渲染后的文件就可以保存在选定的磁盘上。

(4) 单击 渲染 按钮,弹出一个警告对话框,提示可能会丢失帧,问是否继续,选择"是",开始渲染,等渲染完毕,保存文件即可。

5.5 习 题

一、选择题

1. 动画的播放速度至少要高于每秒_____幅画面才能得到连贯顺畅的画面。
   A. 20   B. 22   C. 24   D. 25

2. 下列动画只有一帧，不属于帧动画的是_____。

    A. 矢量动画　　　　　B. 二维动画　　　　　C. 三维动画　　　　　D. 变形动画

3. 下列_____存储格式只是作为控制界面上的标准，不限定压缩算法，因此用不同压缩算法生成的文件，必须使用相应的解压缩算法才能播放。

    A. GIF 文件格式　　　　　　　　　　B. SWF 文件格式

    C. AVI 文件格式　　　　　　　　　　D. FLC 文件格式

4. 下列_____动画主要用于影视人物、场景变换，特技处理、描述某个缓慢变化的过程等场合。

    A. 一维动画　　　　　B. 二维动画　　　　　C. 三维动画　　　　　D. 变形动画

5. 动画的帧速度是指_____。

    A. 帧移动的速度　　　　　　　　　　B. 每帧停留的时间

    C. 一秒钟播放的画面数量　　　　　　D. 帧动画播放速度

6. 下列格式中，符合视频标准且画面分辨率固定的是_____。

    A. GIF 文件格式　　　　　　　　　　B. SWF 文件格式

    C. AVI 文件格式　　　　　　　　　　D. FLC 文件格式

7. 下列动画文件格式中不能添加声音的是_____。

    A. GIF 文件格式　　　　　　　　　　B. MPG 文件格式

    C. SWF 文件格式　　　　　　　　　　D. AVI 文件格式

8. 当创建了一个新的 Flash 文档之后，就包含一个，还可以添加更多，以便在文档中组织插图、动画和其他元素。其数量只受计算机内存的限制，而且不会增加发布的 SWF 文件的文件大小并可以隐藏、锁定或重新排列的是_____。

    A. 图片　　　　　　　B. 层　　　　　　　C. 帧　　　　　　　D. 时间轴

9. Flash 不能导入采样比特率为_____的 8 位及 16 位的声音。

    A. 11kHz、　　　　　B. 22kHz　　　　　C. 44kHz　　　　　D. 88kHz

10. 下列软件不是动画设计软件的是_____。

    A. GIF Animator　　　B. Flash　　　　　C. 3DS MAX　　　　D. GoldWave

二、填空题

1. 动画是利用了人眼的"_____"效应。

2. 动画如果按照创作方式分类，可以分为_____和_____两大类；如果按动画的表现形式分类，可分为_____、_____和_____三大类。

3. 矢量动画是经过_____而生成的动画，其画面有_____帧，主要表现变换的图形、线条、文字和图案。

4. _____又叫"平面动画"，是帧动画的一种，它沿用传统动画的概念，具有灵活的表现手段、强烈的表现力和良好的视觉效果。

5. _____又叫"空间动画"，可以是帧动画，也可以制作成矢量动画。主要表现三维物体和空间运动。

6. 二维与三维动画的区别主要在于_____。

7. 画面的大小与_____和_____有直接的关系，一般情况下，画面越大，图像质量越_____，但数据量也越_____。

8. 在不计压缩的情况下，数据量是指_____与_____的乘积。

9. 动画文件有许多不同的存储格式，不同的动画软件可以产生不同的文件格式，目前应用最广泛的动画文件格式有以下几种：_____、_____、_____、_____。

10. GIF 动画文件是指 GIF 文件的"89a"格式。传统的该文件格式最多只能处理_____种色彩，不能用于存储_____的图像文件，但能够存储成_____的形式，所以广泛应用在网页设计中。

11. Flash 中图形的绘制是通过_____、_____、_____等基本操作点来完成的。

12. Flash 提供的物体_____和_____技术使得创建动画效果更加容易，并为网页动画设计者的丰富想象提供了实现的手段。

13. 在 Flash 中，可以创建两种动画，分别为_____和_____。

14. Flash 可以创建两种类型的补间动画：_____和_____。

三、问答题

1. 列举几种广泛应用的动画文件格式，并给出其特点和应用范围。

2. 试述 Ulead GIF Animator 的主要特点。

3. 简述与其他动画相比 FLASH 动画具有哪些特点。

4. 画出利用 3DS MAX 制作三维动画的流程图。

第6章

多媒体程序设计

本章介绍简单的多媒体程序设计,内容包括基于 HTML 和 XML 的网页设计,以及 Visual Basic(简称 VB)中简单的多媒体程序设计。HTML、XML 和 VB 语言的"面向对象"和"所见即所得"技术使其在网络多媒体程序设计方面具有界面设计简洁、程序控制灵活等特点。本章讨论 HTML 和 XML 的语法、如何利用 VB 的多媒体功能以及调用 API 函数设计多媒体应用程序。通过本章的学习,用户不仅可以掌握网站设计技术,还能够掌握使用图像、动画、音频以及视频文件进行多媒体程序设计的方法和过程。

6.1 超文本标记语言(HTML)

6.1.1 HTML 概述

超文本标记语言(Hyper Text Mark-up Language,HTML)是一种文本类、解释执行、用来制作超文本文件的简单标记语言。HTML 是 Web 开发的基本技术,是 JSP、Web Form 页面的组成部分。

一个 HTML 文档通常由文档头、文档名称、表格、段落和列表等文档元素构成,并且使用 HTML 规定的标记来标记这些元素。HTML 是纯文本类型的语言,使用 HTML 编写的网页文件也是纯文本文件。可以用任何文本编辑器(如记事本)打开,查看其中的 HTML 源代码,也可在用浏览器打开网页时,通过"查看"→"源文件"菜单命令查看相应的 HTML 源代码。当用浏览器打开网页时,浏览器读取网页中的 HTML 代码,分析其语法结构,根据解释的结果显示网页内容,因此,网页显示的速度同源代码的质量有很大的关系。

HTML 是目前互联网中用来显示数据的主要文件格式,只要文件格式为 HTML,几乎所有的 Web 浏览器都可以正常打开显示。HTML 的专长是将文件数据显示在浏览器中,它提供了很多与显示内容有关的标记,这些标记都是系统定义的,用户无法自定义所要的标记。虽然如此,就一般应用,HTML 所提供的标记还是够用的,而且目前市面上很多网页制作软件,都支持 HTML 的文件格式,甚至提供图像化的"所见即所得"方式轻松完成网页的制作,最后将这些文件存储成相应的 HTML 文件。

HTML 的发展史：

1978—1986 年间，ANSI 等组织制定了 SGML（Standard Generalized Markup Language）语言标准。

1990 年，出现了 Tim Berners-Lee HTML。

1996 年，著名的 Netscape 浏览器在其 2.0 版中增加了对 JavaApplets 和 JavaScript 的支持，并成功地引入了对 QuickTime 插件的支持；Microsoft 为 IE 3.0 设计了另一种脚本语言——VBScript 语言，并正式支持在 HTML 页面中插入 ActiveX 控件的功能。

1996 年，W3C 在 SGML 语言的基础上，提出了 XML（Extensible Markup Language）语言草案。

1997 年的 Netscape 4.0 不但支持 CSS，而且增加了许多 Netscape 公司自定义的动态 HTML 标记。Microsoft 发布了 IE 4.0，并将动态 HTML 标记、CSS 和动态对象模型（DHTML Object Model）发展成了一套完整、实用、高效的客户端开发技术体系，Microsoft 称其为 DHTML。

1998 年，W3C 正式发布了 XML 1.0 标准。

1999 年，W3C 制定出了 XSLT 标准。同一年，IE 5.0 增加了对 XML 和 XSLT 的支持。

2000 年 1 月 26 日 XHTML 1.0 成为 W3C 的推荐标准之一。

2001 年 W3C 发布的 SVG（Scalable Vector Graphics）1.0 标准就是一种用 XML 语言表达的、全新的二维矢量图形格式。

6.1.2　HTML 文档结构

HTML 标签是大小写无关的，W3C 在他们的 HTML 4 建议中提倡使用小写标签，XHTML（下一代 HTML）要求标签用小写。每个 HTML 文档都是以标记<html>开始，以标记</html>结束的。整个 HTML 文件由两个部分组成：文档头（Head）和正文（Body）。头部描述浏览器所需要的一些信息，如文件编码、标题等。主体则包含了文件的主体内容，HTML 文件必须有 htm 或者 html 扩展名。HTML 文件可以用一个简单的文本编辑器创建。其基本结构如下：

```
<html>
    <head>
        <title>……</title>
    </head>
    <body>
        正文内容
    </body>
</html>
```

下面对其进行简要介绍。

<html>…</html>：标记 HTML 文件开始和结束，其中包括<head>和<body>标记。HTML 文档中所有的内容都应该在这两个标记之间。

<head>…</head>：HTML 文件的头部标记，主要包括页面的一些基本描述的语句。

　　<title>…</title>：文档名称标记，包含具体的 HTML 文档名称，在浏览器的标题栏中显示相应的内容，字符数通常不超过 64。

　　<body>…</body>：HTML 文件的主体标记，绝大多数 HTML 内容都放置在这个区域中。通常它在</head>标记之后，而在</html>标记之前。

6.1.3　HTML 标签

　　HTML 标签两端有两个角括号字符："<"和">"。

　　HTML 标签通常成对出现，比如和。一对标签的前面一个是开始标签，后面一个是结束标签，在开始和结束标签之间的文本是元素内容。

　　单独使用的标签不需要与之配对的结束标签，又称为空标签，例如
。W3C 在他们的 HTML 4 建议中提倡在空标签后面加上反斜杠以明确表明这是空标签，例如
。

1. 标签属性

- 标签可以拥有属性。
- 属性进一步说明了该元素的显示或使用特性。
- 属性通常由属性名和值成对出现，属性值部分可以用英文的双引号或单引号引起来，也可以不使用任何引号。例如<body text＝red>。
- 有的属性只有两种含义，存在表示使用，不存在表示不使用。例如，复选框的 checked 属性，<input type＝'checkbox' checked>。
- 属性值本身包含引号时，使用另一种引号做定界符。例如：<input type＝"button" value＝'click this，you will get "apple"!'>。
- 一个标签元素需要同时设置几个属性时，属性之间用空格分开，不区分先后顺序。
- HTML 属性名和值大小写不敏感。

2. 段落

段落是用<p>标签定义的。

```
<html>
<body>
<p>This is a paragraph.</p>
<p>This is a paragraph.</p>
<p>This is a paragraph.</p>
<p>Paragraph elements are defined by the p tag.</p>
</body>
</html>
```

3. 标题元素

标题（Heading）是通过<h1>到<h6>等标签进行定义的。

<h1>定义最大的标题。<h6>定义最小的标题。

实例：

```
<h1>This is a heading</h1>
<h2>This is a heading</h2>
<h3>This is a heading</h3>
```

注释：浏览器会自动地在标题的前后添加空行。

注释：默认情况下，HTML 会自动地在块级元素前后添加一个额外的空行，比如在段落、标题元素前后。

4. 换行

标签，能够强制换行。

标签是一个空标签，它没有结束标记。

HTML 将截掉文本中的多余空格。不管有多少个空格，处理起来只当做一个。在HTML 里面，一个空行也只被当做一个空格来处理。使用空段落<p>中，使用
标签来插入空白行的代码如下。

```
<p>This<br>is a para<br>graph with line breaks</p>
```

5. 水平线

<hr>标签用来分隔内容代码如下。

```
<html>
<body>
<p>The hr tag defines a horizontal rule: </p>
<hr>
<p>This is a paragraph</p>
<hr>
<p>This is a paragraph</p>
<hr>
<p>This is a paragraph</p>
</body>
</html>
```

6. HTML 中的注释

- 注释会被浏览器忽略。
- 可以使用注释来解释代码。

```
<!--This is a comment-->
```
注意：需要在左括号"<"后面跟一个感叹号，右括号不用。

7. 颜色显示

<body>标签的 bgcolor 属性将背景设置为颜色，它的值可以是一个十六进制数、RGB 值或者一种颜色名称。

- <body bgcolor="#000000">
- <body bgcolor="rgb(0,0,0)">
- <body bgcolor="black">

<body>标签的 bgcolor、background 和 text 属性在最新的 HTML 标准（HTML 4 和 XHTML）中已被废弃。W3C 在他们的推荐中已删除这些属性。在 HTML 的未来版本中，层叠样式表（CSS）将被用来定义 HTML 元素的布局和显示属性。

6.1.4 链接标记

链接是指将文档中的文本或者图像与另一个文档、文档的一部分或者另一幅图像等内容链接在一起。在网页页面中，链接是最重要的元素之一。一个网站是由多个页面组成的，页面之间依据链接确定相互的导航关系。

在 HTML 中，链接的基本格式是：

```
<a href="URL 地址">…</a>
```

其中<a>是超链接标记，在<a>与</a>之间的内容在浏览器中会以特定的方式显示出来，鼠标在上面单击时，浏览器会按 URL 地址打开新的文档。属性 href 是不可缺少的，其值可以是 URL 形式或 mailto 形式。

URL 即统一资源地址，是识别 Internet 上任何一个文件地址或资源地址的标准表示方法，通过<a href="URL">…</a>即可创建一个链接到文本或图像的超链接。

【例 6-1】 创建一个简单的链接到大连海事大学主页的超链接。

```
<html>
<body>
<p>
<a href="http://www.dlmu.edu.cn">
大连海事大学</a>
</p>
</body>
</html>
```

超链接可分为以下三种类型。

（1）内部链接：指向文档内部的链接，通常在浏览很长的文档时使用以便于导航。

（2）本地链接：指向本地服务器或计算机中文档的链接。可以用绝对路径表示，也可以用相对路径表示。

（3）外部链接：指向非本地服务器上的文档的链接。总是用绝对路径。

当 href 的值是 mailto 时，在 mailto 后紧跟想要发送电子邮件的地址，就可以创建一个自动发送电子邮件的链接。例如：

```
<a href="mailto: fxp@dl.cn">联系作者</a>
```

6.1.5　多媒体标记

超文本标记语言之所以在很短的时间内如此广泛地受到人们的青睐，很重要的一个原因是它能支持多媒体的特性，可以在网页中嵌入图像、声音、视频和动画等多媒体元素。

1. 插入图像

超文本支持的图像格式一般有 PNG、GIF、JPEG 三种，因此对图片处理后要保存为这三种格式中的一种，才可以在浏览器中看到。其中比较常用的是 JPEG 和 GIF。

1）内联图像

内联图像是指与 Web 网页中的文本一起下载和显示的图像，表现为文本和图像显示在同一网页上，在 HTML 文档中插入图像文件的格式如下：

```
<img src="URL 地址" align=" " border=" " width=" " height=" " alt=" ">…</img>
```

其中：src 属性指定路径，其值是图像文件的 URL 地址；align 属性指定图像在页面中的位置，其值可以是 left、middle、right、bottom、top 等；border 为图像指定边框；width 和 height 分别指定图像显示在页面中的宽和高；alt 的值是在浏览器尚未完全读入图像时，在图像位置显示的文字。

【例 6-2】 内联图像

```
<html>
    <head>
        <title>插入内联图像</title>
    </head>
    <body>
        <h1>内联图像</h1>
        <img src="7-1.jpg" align=left border=5 width=250 height=200>
    </body>
</html>
```

其中<h1>是标题字标记中的一级标题标记。标题字标记共有 6 种，用以强调段落要表现的内容，每种标题在字号上有明显的区别，从一到六级，每级标题的字体大小依次递减。插入图片后页面显示的效果如图 6-1 所示。

2）外联图像

在 HTML 文档中，如果内联图像太大，在浏览网页时就需要花很长的时间来下载图片。解决这个问题的办法是在编写 HTML 文档时，用文字或小的内联图像来代表大图像，而把大图像当作一个单独的文档，再把文字或者小图像与大图像链接在一起，当单击这个链接后，大图像显示在另一个窗口中，这种图像就称为外联图像。链接外联图像可以使用下面的语句：

图 6-1　内联图像

```
<a href="URL 地址">…</a>
```

通过 href 指定外联图像，其值为外联图像的 URL 地址。

【例 6-3】 外联图像

```
<html>
    <head>
        <title>外联图像</title>
    </head>
    <body>
        <h1>外联图像</h1>
        <a href=" Bigfile.jpg"><img src="Smallfile.jpg"></a>
        <br>
        <br>
        <a href=" Bigfile.jpg">用文字代表大图像</a>
    </body>
</html>
```

3）图像作为网页的背景

使用图像作为网页背景可使用下面的语句：

```
<body background="URL 地址">
```

background 属性指定图像文件，其值为背景图像的 URL 地址。浏览器将其平铺，布满整个网页。

2. 插入声音或视频

1）在文档中链接声音或视频文件

在 HTML 文档中，使用与外联图像类似的语句把声音文件或视频文件链接到文档中,差别只是文件扩展名不同。

【例 6-4】 插入声音或视频文件

```html
<html>
    <head>
        <title>插入声音和视频</title>
    </head>
    <body>
        <a href=" sound.mp3">声音文件</a>
        <br>
        <br>
        <a href=" video.avi">视频文件</a>
    </body>
</html>
```

图 6-2　在文档中插入声音和视频文件

在浏览器中显示如图 6-2 所示的界面,单击相应的链接即可播放声音文件和视频文件。

2) 在文档中嵌入声音或视频文件

把声音或视频文件嵌入到 HTML 文档中,可以使用下面的代码:

```html
<object classid="clsid: 22D6F312-B0F6-11D0-94AB-0080C74C7E95"
    id="MediaPlayer1" height=60 width=320>
    <param name="Filename" value="MTV 视频文件的 URL 地址">
    <param name="PlayCount" value="0">
    <param name="AutoStart" value="1">
    <param name="EnableFullScreen Controls" value="1">
    <param name="ShowAudio Controls" value="1">
    <param name="EnableContext Menu" value="1">
    <param name="ShowDisplay" value="0">
</object>
```

上面的代码在页面中插入一个 Media Player(视频)播放器来播放音、视频,参数值默认 0 为否,－1 或 1 为真。其中 classid 确定类的值;id 确定播放器为 MediaPlayer 1;height、width 确定播放器的高度和宽度;参数 Filename 确定播放的文件的地址;参数 PlayCount 确定播放的次数,参数值为 0 时始终重复;AutoStart 确定是否自动播放;EnableFullScreen Controls 确定是否全屏播放;ShowAudio Controls 确定是否有声音控制;EnableContext Menu 确定是否有弹出菜单;ShowDisplay 显示节目信息,比如版权等。

【例 6-5】 嵌入视频文件

```html
<html>
    <head>
        <title>嵌入视频</title>
    </head>
```

```
<body>
    <object classid="clsid: 22D6F312-B0F6-11D0-94AB-0080C74C7E95"
        id="MediaPlayer1" height=260 width=320>
      <param name="Filename" value="video.mpg">
        <param name="PlayCount" value="0">
        <param name="AutoStart" value="0">
        <param name="EnableFullScreen Controls" value="1">
        <param name="ShowAudio Controls" value="1">
        <param name="EnableContext Menu" value="1">
        <param name="ShowDisplay" value="0">
    </object>
    <br>
    <br>
    视频文件
</body>
</html>
```

其效果如图 6-3 所示。

3）在文档中嵌入背景声音

在页面中还可以嵌入背景音乐,这种音乐多以 MIDI 文件为主。嵌入背景音乐的基本语法如下:

```
<bgsound src="URL 地址"    loop=" "
volume=" ">
```

其中:src 指定背景音乐的 URL 地址,loop 表示循环的次数,volume 表示音量大小,音乐在打开 HTML 文档时开始播放。

图 6-3　嵌入视频文件

3. 嵌入 Flash 动画

Flash 软件产生的 SWF 动画,具有丰富的动画效果,现在任何一个版本的浏览器只要安装好插件,就可以观看 Flash 动画了。在 HTML 文档中,可以使用下面的语句嵌入 Flash 动画。

```
<embed src=" URL 地址" align=" " autostart=" " loop=" " height=" " width=" ">
…</embed>
```

上面的语句中,autostart 确定是否自动播放,其值为 true 或 false。其余参数与前面介绍的意义相同,在此不再重复。

【例 6-6】　嵌入 Flash 动画

```
<html>
    <head>
        <title>嵌入 Flash 动画</title>
```

```
    </head>
    <body>
        <embed src="flash.swf" width=300 height=200></embed>
    </body>
</html>
```

在浏览器中显示的样式如图 6-4 所示。

图 6-4　嵌入 Flash 动画

6.1.6　表格标记

如果说链接是网站的灵魂,那么表格就是网页排版的灵魂。现在很多网页都使用多重表格,主要是因为表格不但可以固定文本或图像的输出,而且还可以进行背景和前景颜色的设置。

在 HTML 语法中,表格主要通过 3 个标记来构成:表格标记、行标记、单元格标记。

- <table></table>标志对用来创建一个表格,属性 border 用于设置表格边框。
- <caption></caption>标志对用来设置表格的标题。
- <tr></tr>标志对用来创建表格中的每一行,其属性 align 用于设置该行内容相对于表格的位置。
- <th></th>标志对用来设置表格头,通常是黑体居中文字。
- <td></td>标志对用来创建表格中一行中的每一个格子,属性 align 用于设置该格内容相对于表格的位置。

下面通过一个例子来学习表格标记。

【例 6-7】　一个简单的表格

```
<html>
    <head>
        <title>一个简单的表格</title>
    </head>
    <body>
        <table border=1>      <!1)美化表格背景颜色、图像添加
        <caption>学生情况表</caption>
        <tr>
            <th>姓名</th><th>性别</th><th>年龄</th>
        </tr>
        <tr>
            <td align=left>a</td><td align=center>男</td>
            <td align=right>20</td>
        </tr>
        <tr align=right>
```

```
        <td>b</td><td>女</td><td>19</td>
      </tr>
    </table>
  </body>
<html>
```

其效果如图 6-5 所示。

美化表格方法如下。

• bgcolor：背景色。

把注释为"＜!1)美化表格背景颜色、图像添加"所在行改为：

```
<table border=1 bgcolor="red">
```

其效果如图 6-6 所示。

• background：背景图像。

把注释为"＜!1)美化表格背景颜色、图像添加"所在行改为：

```
<table border=1 background="C:\luffy.jpg"><!此处图片添加本地图片即可
```

其效果如图 6-7 所示。

图 6-5　一个简单的表格

图 6-6　为表格加背景颜色

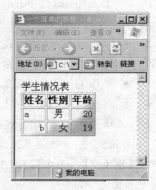

图 6-7　为表格加背景图案

6.1.7　表单标记

　　表单在 Web 网页中用于访问者填写信息，访问者填写完信息后做提交（Submit）操作，表单的内容就从客户端的浏览器传送到服务器上，经过服务器上的处理程序处理后，再将用户所需信息传送回客户端的浏览器上，这样网页就具有了交互性。表单是实现动态网页的一种主要的外在形式。

　　• 表单是用＜form＞元素定义的。

　　• ＜input＞标签，输入框，其类型用 type 属性指定文本框。

　　• type＝"text"。

　　• 在多数浏览器中，文本框的宽度默认是 20 个字符。

```
<input type="text" name="firstname">
```

注意：表单本身并不可见。另外，在多数浏览器中，文本框的宽度默认是 20 个字符。
表单的基本语法结构如下：

```
<form action="URL" method= * >
...
<input type=submit>
<input type=reset>
</form>
```

其中，URL 指明客户端向服务器请求的文件，一般为 ASP 文件。Method＝ * 中的
"*"表示 GET 或 POST，GET 用于浏览器与服务器之间传输少量的数据，POST 则用于
传送大量的数据。表单中提供给用户的输入形式为＜input type＝ * name＝ * * ＞。其
中，"*"＝text，password，checkbox，radio，image，submit，reset 等输入元素类型，" * * "
代表表单元素的名称，供服务器的表单处理程序识别、处理。

单选按钮

```
<input type="radio" name="sex" value="male" checked>Male
<input type="radio" name="sex" value="female">Female
<br>
```

复选框

```
<input type="checkbox" name="bike">
I have a bike
<br>
<input type="checkbox" name="car">
I have a car
```

6.1.8　交互功能的实现

交互功能通过表单实现，在记事本中输入如下代码，保存为 first.htm。
【例 6-8】　first.htm 文件的内容

```
<html>
    <head>
        <title>表单</title>
    </head>
    <body>
        <h2 align=center style="color: blue">请输入您的姓名和性别</h2>
        <hr>
        <form method=post action="demo.asp">
            <table border="0" align="center">
                <tr>
```

```
                <td align="right">姓名：</td>
                <td><input type="text" size="8" name="Name"></td>
            </tr>
            <tr>
                <td align="right">性别：</td>
                <td>
                <input type="radio" name="sex" value="femal">女
                <input type="radio" name="sex" value="male">男
                </td>
            </tr>
            <tr>
                <td align="right">
                    <input type="submit" value="确定">
                </td>
                <td align="right">
                    <input type="reset" value="重置">
                </td>
            </tr>
        </table>
    </form>
</body>
</html>
```

其中 Name、sex 分别是"姓名"和"性别"表单域的名称，它们的作用是供服务器的表单处理程序识别输入的内容。其运行结果如图 6-8 所示。

图 6-8 表单的运行结果

若将运行后的 demo.asp 文件存放在服务器中。当用户单击"确定"按钮后，通过表单处理程序从表单中收集信息，将数据提交给服务器，服务器启动表单控制器进行数据处理，并将结果生成新的网页，显示在用户屏幕上，这样就实现了客户端与服务器端的交互功能，交互功能的实现步骤如下。

（1）ASP 的运行需要安装 IIS，如果还没有安装 IIS，可在 Windows 中，选择"开始"→"设置"→"控制面板"→"添加/删除程序"命令，在出现的"添加/删除程序"对话框中，单击"添加/删除 Windows 组件"按钮，在出现的"选择组件"对话框中，选中 IIS 组件，按照系统默认设置完成 IIS 的安装后，该计算机就可以作为服务器来使用了。

在安装 IIS 时，系统提供了一个默认的 Web 站点，其 WWW 服务器的默认目录是 C:\Interpub\wwwroot 目录。IIS 安装完成后，只要将编写的 HTML 文件或 ASP 文件保存到该目录下,通过在浏览器中输入 http://127.0.0.1/first.htm 或其他文件名即可进行调试。其效果与在网络连通环境下,在其他计算机的浏览器中输入服务器的 IP 地址的实际情况完全一致。

(2) 针对 first.htm 文件中的表单,用任意一种文本编辑器编写相应的 demo.asp 文件,将用户在表单中输入的信息显示出来。demo.asp 文件的内容如下:

```
<html>
    <head>
    </head>
    <body>
        您的姓名为:<%=request.form("Name")%>。<br>
        您的性别为:<%=request.form("sex")%>。
    </body>
</html>
```

在 ASP 文件中,所有的脚本命令都包含在<%和%>之间。为了获得用户端的信息,实现与用户的交互,程序中使用了 ASP 的内置对象 Request 的 Form 方法。

(3) 将"first.htm"和"demo.asp"两个程序文件保存在 C:\Interpub\wwwroot 目录中。

打开浏览器,在地址栏中输入 http://127.0.0.1/first.htm,在表单中输入姓名,选择性别后单击"确定"按钮。客户端向服务器端发送 HTTP 请求 action="demo.asp",服务器收到请求后,使用脚本语言解释器解释原始程序,通过 demo.asp 文件中的 request.form("Name")、request.form("sex")命令取得输入的信息,经处理后生成标准 HTML 格式的网页内容,传送到客户端程序中显示,结果如图 6-9 所示。

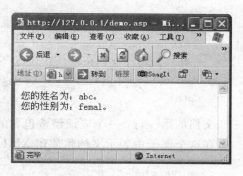

图 6-9 交互功能的实现

6.2 可扩展标记语言(XML)

XML(Extensible Markup Language)和 HTML 一样,是 SGML 的一个子集。

SGML、HTML 是 XML 的先驱。SGML(Standard Generalized Markup Language)是一种通用的文档结构描述标记语言,规定了在文档中嵌入描述标记的标准格式,SGML 为语法标记提供了强大的工具,具有极好的扩展性。SGML 的缺点是复杂度太高,而且 SGML 软件价格非常昂贵,不适合网络的日常应用。HTML 的优点是简单易学、灵活通用,发布、检索、交流信息非常简单,比较适合 Web 页面的开发。它的缺点是标记相对少,可扩展性差,缺少 SGML 的柔性和适应性。XML 和 HTML 的主要区别是:XML 是被设计用来描述数据的,重点在于什么是数据,如何存放数据;HTML 是被设计用来显示数据的,重点在于显示数据以及如何更好地显示数据。

　　XML 结合了 SGML 和 HTML 的优点并消除其缺点。XML 仍然被认为是一种
SGML 语言。它比 SGML 简单的同时又保留了 SGML 的可扩展性等大部分的功能。因
此 XML 从根本上有别于 HTML。XML 的出现不是要完全取代 HTML,相反的,XML
和 HTML 两者有互补的作用,用户可以利用 XML 来描述数据和存储数据,而用 HTML
来显示数据。

6.2.1　XML 文档基本结构

　　XML 文档就是用 XML 标记写的 XML 源代码文件,可以使用记事本创建和修改文
档。XML 文档的后缀名为 xml,用 IE 5.0 以上版本的浏览器可以直接打开 XML 文件,
但所看到的只是 XML 文件的源代码,而不会显示页面内容。

　　【例 6-9】　一个简单的 XML 文档

```
<?xml version="1.0" encoding="ISO-8859-1"?>
<note>
    <to>Lin</to>
    <from>Ordm</from>
    <heading>Reminder</heading>
    <body>Don't forget me this weekend!</body>
</note>
```

　　文档的第一行:一个应该经常包含的 XML 申明,它定义了 XML 文档的版本号。
在这个例子中表示文档将使用 XML 1.0 的规范。

```
<?xml version="1.0"?>
```

　　下一行定义了文档里面的第一个元素(Element),也叫第一个元素为根元素:

```
<note>
```

　　再下面定义了根元素的 4 个子元素(分别是 to、from、heading 和 body):

```
<to>Lin</to>
<from>Ordm</from>
<heading>Reminder</heading>
<body>Don't forget me this weekend!</body>
```

　　最后一行定义了根元素的结束标志:</note>。所有的 XML 元素都必须要有一个
结束标志。

　　XML 元素的名称必须遵循下面的命名规则:
- 英文字母大小写视为不同的字符。
- 名称可以包含字母、数字以及其他字符。
- 名称不能以数字或"_"(下划线)开头。

- 名称不能以 xml(或 XML 或 Xml)开头。
- 名称不能包含空格。

在 HTML 里,有许多固定的标记,我们必须记住然后使用它们,不能使用 HTML 规范里没有的标记。而在 XML 中,能建立任何需要的标记。可以充分发挥想象力,给文档起一些好记的标记名称。比如,文档里包含一些游戏的攻略,可以建立一个名为<game>的标记,然后在<game>下再根据游戏类别建立<RPG>、<SLG>等标记。只要清晰、易于理解,你可以建立任何数量的标记。

【例 6-10】

(1) greeting. xml

```
<?xml version="1.0" standalone="yes"?>
<GREETING>
Hello XML!
</GREETING>
```

(2) paragraph. xml

```
<?xml version="1.0" standalone="yes"?>
<P>
Hello XML!
</P>
```

(3) document. xml

```
<?xml version="1.0" standalone="yes"?>
<DOCUMENT>
Hello XML!
</DOCUMENT>
```

例 6-10 这三个文档用的标记名各不相同,但都是等价的,因为具有相同的结构和内容,没有解析的文档在浏览器中的效果均如图 6-10 所示。

单独用 XML 不能正确显示页面,我们使用格式化技术,比如 CSS 或者 XSL,才能正确显示 XML 标记创建的文档。

图 6-10 简单 XML 文档的显示

6.2.2 XML 语法

创建 XML 文档必须遵守下列重要规则。

(1) 必须有 XML 声明语句。声明是 XML 文档的第一句,其格式如下:

```
<? xml version="1.0" encoding="GB2312" ?>
```

声明的作用是告诉浏览器或者其他处理程序,这个文档是 XML 文档。声明语句中的 version 表示文档遵守的 XML 规范的版本;encoding 表示文档所用的语言编码,默认是 UTF-8,GB 2312 表示在文档中支持中文。

（2）XML 标记都是大小写敏感的。

与 HTML 不一样,XML 标记是大小写敏感的。在 XML 中,标记＜Letter＞与标记＜letter＞是两个不同的标记。因此,在 XML 文档中开始标记和结束标记的大小写必须保持一致。最好养成一种习惯,或者全部大写,或者全部小写,或者大写第一个字母。这样可以减少因为大小写不匹配产生的文档错误。

（3）属性值必须使用引号。

如同 HTML 一样,XML 元素同样也可以拥有属性。在 HTML 代码里面,属性值可以加引号,也可以不加引号。而在 XML 中元素的属性以名字/值成对的出现。XML 语法规范要求 XML 元素属性值必须用引号,否则将被视为错误。

（4）所有的标记必须有相应的结束标记。

在 HTML 文档中,一些元素可以是没有结束标记的,比如＜p＞This is a paragraph。而在 XML 中规定,所有的标记必须成对出现,有一个开始标记,就必须有一个结束标记,否则将被视为错误。

（5）所有的空标记必须被关闭。

空标记就是在标记对之间没有内容的标记。比如＜br＞、＜img＞等标记。在 XML 中,规定所有的标记必须有结束标记,针对空标记,在 XML 中处理的方法是在原标记最后加"/"。例如＜br＞应写为＜br/＞,＜img src＝"cool. gif"＞应写为＜img src＝"cool. gif"/＞。

（6）所有的 XML 元素必须合理包含。

在 HTML 中,允许有一些不正确的包含,例如下面的代码可以被浏览器解析:＜b＞＜i＞This text is bold and italic＜/b＞＜/i＞,在 XML 中所有元素必须正确地嵌套包含,上面的代码应该写成:＜b＞＜i＞This text is bold and italic＜/i＞＜/b＞。

（7）XML 中空白将被保留。

在 XML 文档中,空白部分不会被解析器自动删除。这一点与 HTML 是不同的。在 HTML 中,这样的一句话:"Hello my name is Michael"将会被显示成:"Hello my name is Michael",因为 HTML 解析器会自动把句子中的空白部分去掉。

（8）XML 中的注释。

在 XML 中注释的语法基本上和 HTML 中的一样。例如:＜!–这是一个注释--＞。

在 XML 文档中任何的错误,都会导致同一个结果:网页不能被显示。各浏览器开发商已经达成协议,对 XML 实行严格而挑剔的解析,任何细小的错误都会被报告。

6.2.3 XML 三要素

XML 包含三个要素:DTD、XSL、Xlink。

1. DTD

DTD(Document Type Definition)文件类型定义,用来对文件的格式进行定义。由于 XML 中允许用户自行定义所要的标记,因此针对同一文件内容,不同的人会写出不同的

XML 文件，而使用文件类型定义，可以设计出统一格式的 XML 文件。

文件类型定义用一连串彼此相关的元素、属性、注释或实体声明，来定义出文件的结构。这些声明包括元素的名称、属性、出现的顺序、数据类型等。在 XML 文件中可以直接内含 DTD，也可以调用外部 DTD。一旦打开含有 DTD 的 XML 文件，XML 解析器就会根据 DTD 中的定义来验证该 XML 文件是否正确、合法。

DTD 将文件的结构和文件的内容完全分开，使用 DTD 的好处如下。

（1）使 XML 文件标准化变为可行，同一组织可以通过 DTD 定义所需文件的标准格式，依循 DTD 的结构，就可以编写出合乎标准的 XML 文件。

（2）DTD 使不同的应用程序或用户可以读取彼此的文件，因为 DTD 中严谨地定义了元素出现的顺序、次数或属性，不同的软件或用户可以由此正确地解读文件内容。

（3）外部 DTD 可以被不同的文件或网站分享，不同的文件可以通过调用相同的 DTD 文件形成相同的文件结构。

（4）DTD 中只包含结构，设计者可以针对 DTD 做多种格式的美化，而不用担心会改变 XML 中的源数据。

（5）用不同的 DTD，可以将 XML 文件转换成不同的文件格式。

（6）DTD 中的实体参照有很多用途，设计者利用它可以轻松地将外部的数据或是图像文件加入到 XML 文件中，使 XML 文件内容更丰富、更结构化。

下面是一个和例 6-9 一样的，只不过增加了引用外部 DTD 的文档。

```
<?xml version="1.0"?>
<!DOCTYPE note SYSTEM "note.dtd">
<note>
    <to>Lin</to>
    <from>Ordm</from>
    <heading>Reminder</heading>
    <body>Don't forget me this weekend!</body>
</note>
```

以下是文件 note.dtd 包含定义的 DTD：

```
<!ELEMENT note(to,from,heading,body)>
<!ELEMENT to(#PCDATA)>
<!ELEMENT from(#PCDATA)>
<!ELEMENT heading(#PCDATA)>
<!ELEMENT body(#PCDATA)>
```

!DOCTYPE note 第二行的节点是 XML 文档中的"note"类型.

!ELEMENT note 第三行定义的元素"note"有 4 个元素"to,from,heading,body".

!ELEMENT to 第四行定义了"to"元素的类型为"#PCDATA".

!ELEMENT from 第五行定义了"from"元素的类型为"#PCDATA".

2. XSL

XSL(Extensible Stylesheet Language)即可扩展样式语言,是用于将 XML 数据翻译为 HTML 或其他格式的语言。XSL 本身也是基于 XML 的,可以解释数量不限的标记,使 Web 的版面更丰富多彩,是设计 XML 文档显示样式的主要文件类型。

XSL 实际上包括两个部分,一部分是 XSLT(XSL Transformation),它能将 XML 文件转换成另一种格式,转换后的文件会被另存为一个新文件,不会更改原有的 XML 文件。另一部分是 XSLFO(XSL Formatting Objects),它提供大量的格式指令,可以精确设置屏幕显示格式或打印格式。在下文中,XSL 均指 XSLT。

在整个 XSL 的发展过程中,XSLT 已经被完全独立出来了,它是目前国际万维网联盟 W3C(The World Wide Web Consortium)推荐使用的标准。XSLT 可以将 XML 文件转换成其他格式的文件,最常见的转换有以下几种。

- XML→HTML:大部分 Web 浏览器都支持 HTML,但是并不是所有的浏览器都支持 XML,如果想要让所建立的 XML 文件能被更多的人查阅,可以将 XML 转换成 HTML,这样就不必再以 HTML 格式重新建立原来的数据了。

- XML→XML:将 XML 文件转换成其他的 XML 文件,这是很有商业价值的。XML 允许用户自行定义标记,因此不同公司在表示数据时,可能使用不同的标记,这时可以通过 XSLT 将一个公司的 XML 文件,转换成另一个公司能解读的 XML 文件。

- XSL→XSL:由于 XSL 本身就是一个良好的 XML 文件,所以 XSL 转换成 XSL,可以视为 XML 转换成 XML 的特例。就用途而言,可以将一个现有的 XSL 样式表转换成另一种格式的样式表,这样就可以使 XML 文件以不同的面貌显示。

XSLT 主要的用途就是将 XML 文档转换成 HTML 格式的文档,然后再交付给浏览器,由浏览器显示转换的结果,要对 XML 文件做转换需要 XSL 处理器,整个 XSLT 工作流程如图 6-11 所示。

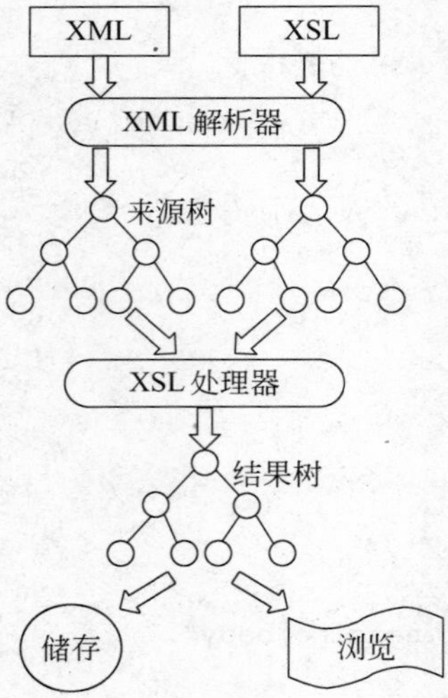

(1) 读取 XML 文件和对应的 XSL 样式表。

(2) 经过 XML 解析器解析后产生树状结构的来源树。

(3) XSL 处理器读取所有的样板规则。

(4) XSL 处理器依据 XSL 样式表的各个指令,一一走访来源树的各个结点,将符合条件的结点,依照 XSL 样式表的设置产生新的结果树。

(5) 结果树可以在浏览器中显示,或是存储成新的文件。

除了上述的转换外,XSLT 也有将原有的 XML 数据重新排序,或是将现有的数据重新以表格显示等功能。

【例 6-11】 假设你现在想把下面的 XML 文档转换成 HTML,可以使用如下代码。

图 6-11　XSLT 工作流程

文件为 portfolio. xml

```
<?xml version="1.0"?>
<portfolio>
<stock exchange="nyse">
<name>zacx corp</name>
<symbol>ZCXM</symbol>
<price>28.875</price>
</stock>
<stock exchange="nasdaq">
<name>zaffymat inc</name>
<symbol>ZFFX</symbol>
<price>92.250</price>
</stock>
</portfolio>
```

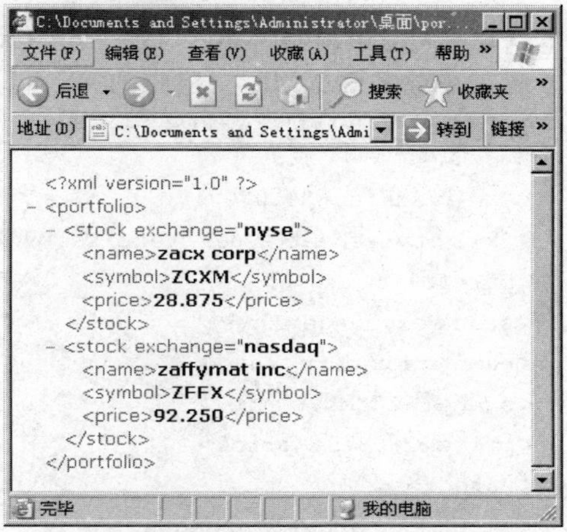

此时在浏览器中的显示效果如图 6-12
所示,此时不能显示页面。

图 6-12　XML 文档显示效果

那么你可以试试使用下面的 XSL 文档,
它是一个把你的 XML 中的数据转换成大家都能够读的 HTML 文档的模板。

文件为 portfolio. xsl

```
<?xml version='1.0'?>
<xsl: stylesheet xmlns: xsl="http://www.w3.org/TR/WD-xsl">
<xsl: template match="/">
<html>
<body>
<table border="2" bgcolor="yellow">
<tr>
<th>Symbol</th>
<th>Name</th>
<th>Price</th>
</tr>
<xsl: for-each select="portfolio/stock">
<tr>
<td><xsl: value-of select="symbol"/></td>
<td><xsl: value-of select="name"/></td>
<td><xsl: value-of select="price"/></td>
</tr>
</xsl: for-each>
</table>
</body>
</html>
</xsl: template>
</xsl: stylesheet>
```

在上面这个文件中，<xsl：for-each>元素定位 XML 文档中的元素并且重复套用模板中的每一个元素。由于 XSL 本身也是一个 XML 文件，所以这个文件的开始也使用了一个 XML 的申明，<xsl：stylesheet>元素定义了这个文档是一个样式表，你必须要外套一个模板<xsl：template match="/">，它是对应于 XML 源文档中的根节点的。

现在在源文件 XML 文档中的第二行加入引用这个 XSL 文件，这时你的 XML 文件就会被转换成 HTML 了，文件为 portfolio. xml。

```
<?xml version="1.0"?>
<?xml-stylesheet type="text/xsl" href="portfolio.xsl"?>
<portfolio>
<stock exchange="nyse">
<name>zacx corp</name>
<symbol>ZCXM</symbol>
<price>28.875</price>
</stock>
<stock exchange="nasdaq">
<name>zaffymat inc</name>
<symbol>ZFFX</symbol>
<price>92.250</price>
</stock>
</portfolio>
```

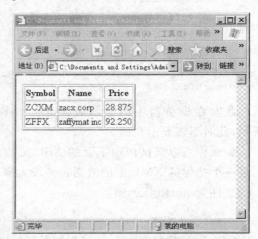

此时浏览器中的显示效果如图 6-13 所示。

图 6-13　转换为 HTML 后的显示效果

使用 XSL 把 XML 文档转换成 HTML 是一个跨浏览器平台的解决方案，可以让各种不同的浏览器都能够浏览文档中的数据。它实现了在服务器上把数据从一种格式转换成另外一种格式，并且把可读的数据返回给所有的浏览器的功能。

3. XLink

XLL(Extensible Linking Language)即可扩展的链接语言，它的设计最主要是提供给 XML 文件使用，以便在文件之间提供更强的链接功能，XLink 就是 XLL 中的一个成员。

XLink 允许用户描述 Web 资源之间的链接关系，可以是 XML 文件之间的关联，也可以是同一个 XML 文件中的不同元素，或是不同 XML 文件之间的元素的关联。XLink 也允许用户描述非 XML 文件之间的链接关系，比如链接到特定的图像、Internet 网站，或其他格式的文件。

XLink 提供两种类型的链接，分别是简单链接和延伸链接。简单链接与 HTML 的超链接类似，只能单向地链接，链接的来源和目的可以在两个不同的文件中，也可以在同一个文件中。延伸链接则提供更强的链接功能。延伸链接可以同时链接多个资源，这些参与链接的资源可以是本机或是远程的，链接元素可以保存在另一个文件中，不一定要存于源文件中。

6.2.4 在 XML 中显示图像

XSL 的＜xsl：attribute＞元素可以在输出的结果中加入新的元素和属性,通过它生成＜img＞标记的 src 属性,指定相应的图像文件可以在 XML 中显示图像。相关步骤如下。

第一步：建立 XML 文件。

在记事本中输入如下代码,保存为 ex.xml。

```
<?xml version="1.0" encoding="gb2312" ?>
<?xml-stylesheet type="text/xsl" href="ex.xsl"?>
<information>
  <student>
    <姓名>刘美</姓名>
    <性别>女</性别>
    <年龄>19</年龄>
    <专业>舞蹈</专业>
    <班级>三班</班级>
    <照片>a.jpg</照片>
  </student>
  <student>
    <姓名>符杨</姓名>
    <性别>男</性别>
    <年龄>18</年龄>
    <专业>日语</专业>
    <班级>二班</班级>
    <照片>b.jpg</照片>
  </student>
  <student>
    <姓名>周云</姓名>
    <性别>女</性别>
    <年龄>18</年龄>
    <专业>电子商务</专业>
    <班级>四班</班级>
    <照片>c.jpg</照片>
  </student>
  <student>
    <姓名>陈星</姓名>
    <性别>男</性别>
    <年龄>19</年龄>
    <专业>计算机</专业>
    <班级>一班</班级>
    <照片>d.jpg</照片>
```

```
    </student>
</information>
```

程序中通过<照片>…</照片>指定每个学生的图像文件,图像文件在 XML 文件相同目录下。

第二步:建立 XSL 文件。

建立 ex. xsl 文件,输入如下代码:

```
<?xml version="1.0" encoding="gb2312" ?>
<xsl: stylesheet version="1.0" xmlns: xsl="http://www.w3.org/1999/XSL/Transform">
<xsl: template match="/">
<html>
<body>
  <table border="1">
    <tr>
      <th>姓名</th>
      <th>性别</th>
      <th>年龄</th>
      <th>专业</th>
      <th>班级</th>
      <th>照片</th>
    </tr>
    <xsl: for-each select="information/student">
    <tr>
      <td><xsl: value-of select="姓名"/></td>
      <td><xsl: value-of select="性别"/></td>
      <td><xsl: value-of select="年龄"/></td>
      <td><xsl: value-of select="专业"/></td>
      <td><xsl: value-of select="班级"/></td>
      <td>
      <img width="30" height="40">
        <xsl: attribute name="src">
        <xsl: value-of select="照片"/>
        </xsl: attribute>
      </img>
      </td>
    </tr>
    </xsl: for-each>
  </table>
</body>
</html>
</xsl: template>
</xsl: stylesheet>
```

其中,<img>标记的 src 属性由<xsl:attribute name="src">语句生成,其值通过

$<$xsl：value-of select＝"image"/$>$语句指定，对应 XML 文件中每个同学的 image 元素，实现图像的显示。运行 ex.xml 的效果如图 6-14 所示。

姓名	性别	年龄	专业	班级	照片
刘美	女	19	舞蹈	三班	
符杨	男	18	日语	二班	
周云	女	18	电子商务	四班	
陈星	男	19	计算机	一班	

图 6-14　在 XML 中显示图像

6.2.5　XML 的应用

尽管大量的用户只以 XML 建立文档的方式来利用它，但是 XML 还有许多其他的用法能扩展用户在 Web 上的体验或提高系统之间的互操作性。

1. 描述数学公式的标记语言：MathML

MathML(Mathematical Markup Language)即数学标记语言，是 W3C 的数学工作小组制定的一套基于 XML、用于计算机之间交换数学信息的基本标准。MathML 继承了 XML 的大部分优点，具有强大的数学公式表达能力，是 XML 最成功的应用。计算机利用 MathML 可以读懂数学公式的含义，甚至念出公式，MathML 的提出为系统解决数学公式在计算机上的输入、存储和处理提供了方案。

MathML 由两种基本独立的标记组成：一种是呈现型标记，用来描述数学公式的层次结构；另一种是内容型标记，用来描述数学公式的逻辑内容。目前应用广泛的是呈现型标记，MathML 的呈现型标记元素主要是为了实现以显示的方式来编写数学内容，用呈现型标记可以精确地控制一个表达式的外观，比如在浏览器中的显示，或在打印纸上的打印样式。

【例 6-12】　以下文档是 MathML 中的麦克斯韦(Maxwell)方程。

```
<?xml version="1.0"?>
<html xmlns=httlp://www.w3.org/TR/REC-html140
xmlns: m="http://www.w3.org/T/EC-MathML/">
<head>
    <title>Fiat Lux</title>
    <meta name="GENERATOR" content="amaya V1.3b"/>
    </head>
    <body>
    <P>
    And God said,
    </P>
    <math>
    <m:mrow>
    <m:msub>
    <m:mi>&delta;</m:mi>
    <m:mi>&alpha;</m:mi>
    </m:msub>
    <m:msup>
```

```
          <m:mi>F</m:mi>
          <m:mi>&alpha;&beta;</m:mi>
        </m:msup>
        <m:mi></m:mi>
        <m:mo>=</m:mo>
        <m:mi></m:mi>
        <m:mfrac>
          <m:mrow>
            <m:m>4</m:m>
            <m:mi>&pi;</m:mi>
          </m:mrow>
          <m:mi>c</m:mi>
        </m:mfrac>
        <m:mi></m:mi>
        <m:msup>
          <m:mi>J</m:mi>
          <m:mrow>
            <m:mi>&beta;</m:mi>
            <m:mo></m:mo>
          </m:mrow>
        </m:msup>
      </m:mrow>
    </m:msup>
  </m:mrow>
</math>
<P>
and there was light
</P>
</body>
</html>
```

图 6-15　麦克斯韦方程

以上是混合使用 HTML/XML 的页面的例子。其中文本("Fiat Lux"、"Maxwell's Equations"、"And God said"、"and there was light")的标题和段落是用经典的 HTML 编写的。实际的方程是用 MathML 编写的,这是一个 XML 应用。其效果如图 6-15 所示。

2. 同步多媒体集成语言:SMIL

SMIL(Synchronized Multimedia Integration Language)是由 W3C 组织发布的基于 XML 技术的一种关联性的标记语言。SMIL 可以把位于网络中不同位置的媒体文件通过这些文件的 URL 关联起来,形成多媒体文件。当播放这些文件时,从文件所在的位置直接调用,即 SMIL 通过时间顺序对视频、音频、文字、图片等进行同步控制,使 Web 上的多媒体应用保持同步。与 Authorware 及 PowerPoint 不同,Authorware 和 PowerPoint 软件需要把多个文件集成为一个体积庞大的大文件而 SMIL 并不改变这些文件,所有文件仍然相互独立存在;与 HTML 也不同,HTML 无法在时间上控制多个媒体文件。因此,SMIL

可以有效地发挥流媒体的作用,设置多个媒体文件在播放器窗口的显示区域、播放顺序,并进行精确的时间控制。

3. 资源描述框架:RDF

为了使计算机能以一种更聪明的方式组织数据目录并处理数据,工程师们一直在试验描述或标记文件和数据对象的方法。向着这个目标,W3C 建立了 RDF(Resource Description Framework)。RDF 可提供一种处理元数据的环境。元数据是关于数据的数据或者描述数据的数据,这些描述包含需要计算机理解的数据,使用标准方法处理这种元数据,人们便能以对描述语言预期的理解来设计应用程序、句法和涉及的传输,使得应用程序能够交换信息而不必担心互操作性问题。

4. 个人私隐安全平台:P3P

个人私隐安全平台(Privacy Preference Project,P3P)是 W3C 公布的一项隐私保护推荐标准,旨在为网上冲浪的 Internet 用户提供隐私保护。现在越来越多的网站在消费者访问时,都会收集一些用户信息。制定 P3P 标准的出发点就是为了减轻消费者因网站收集个人信息所引发的对于隐私权可能受到侵犯的忧虑。P3P 标准的构想是:Web 站点的隐私策略应该告诉访问者该站点所收集的信息类型、信息将提供给哪些人、信息将被保留多长时间及其使用信息的方式。访问支持 P3P 网站的用户有权查看站点隐私报告,然后决定是否接受 cookie 或是否使用该网站。

XML 还有很多用处,如 CML(Chemical Markup Language)是用于描述化学的标记语言,还有用于电子商务的 SOAP(Simple Object Access Protocol)、用于无线通信应用的 WML(Wireless Markup Language)、应用于网络图像方面的 SVG(Scalable Vector Graphics)等。

5. 化学标记语言:CML

Peter Murray-Rust 的化学标记语言(Chemical Markup Language,CML)可能是第一个 XML 应用。CML 原来是要发展成 SGML 应用的,但随着 XML 标准的发展,逐步演化成了 XML。在 CML 的最简单的形式下,CML 是"HTML 加分子",但是它的用处却超出了 Web 的范围。

分子文档常常包括成千上万个不同的详细的对象。例如,单个中等大小的有机分子可能含有几百个原子,每个原子有几个化学键。CML 寻求以一种直接方式组织这种复杂的化学对象,以便能够让计算机理解,并显示和加以检索。CML 可以用于排列分子结构和序列、光谱分析、结晶学、出版、化学数据库和其他方面。它的词汇表包括分子、原子、化学键、晶体、分子式、序列、对称、反应和其他化学术语。例如,清单 6-1 是描述水(H_2O)的基本 CML 文档。

清单 6-1:水分子 H_2O

```
<?xml version="1.0"?>
<CML>
```

```
<MOL TITLE="Water">
<ATOMS>
<ARRAY BUILTIN="ELSYM">H O H</ARRAY>
</ATOMS>
<BONDS>
<ARRAY BUILTIN="ATID1">1 2</ARRAY>
<ARRAY BUILTIN="ATID2">2 3</ARRAY>
<ARRAY BUILTIN="O DE ">1 1</ARRAY>
</BONDS>
</MOL>
</CML>
```

　　CML 提供的对传统的管理化学数据的方法的最大改善在于数据的检索。CML 还使得复杂的分子数据可在 Web 上发送。由于 XML 的底层是与平台无关的,所以可以避免由于使用不同的平台而引起的二进制格式不兼容的问题,这种问题在使用传统的化学软件和文档[如 Protein Data Bank(PDB)格式或者 MDL Molfiles]时常常会遇到。

　　Murray-Rust 还创建了第一个通用目的的 XML 浏览器 Jumbo。Jumbo 将每个 XML 元素赋给能够显示这些元素的 Java 类。为了使 Jumbo 支持新的元素,只要编写用于该元素的 Java 类即可。Jumbo 是与显示基本的一套 CML 元素(其中包括分子、原子和化学键)的类一起发布的。

6.3　VB 程序设计

6.3.1　VB. NET 简介

　　Visual Basic 2010 是目前 Visual Basic 的最新版本。提高开发人员的工作效率是这一版 Microsoft Visual Studio 发布的目标。不管用户使用何种应用程序或者选择何种语言、集成开发环境(IDE)、类库和语言套件,都可使构建和部署应用程序变得尽可能简单。

　　在 Visual Basic 2010 中,用户可以很明显地看到,Microsoft 已经考察了编码的各个方面(包括代码编写本身、调试和部署),而且实际分析了如何才能使这些工作更有效率。这些增强功能影响深远,其中包括 Microsoft Visual Basic. NET 语言本身的改变、IDE 的改进、数据访问和显示的简化,还有一些改变提高了开发人员构造专业用户界面的工作效率,向框架中添加的众多新类也减少了需要用户编写的代码的数量,同时提高了部署的功能并扩大了部署的简单性。

　　在 Visual Basic. NET 出现之前,Microsoft Visual Basic 6 一直是最流行和最易于使用的编程语言之一。它成功的一个原因是:与使用其他编程语言和开发工具相比,使用 Microsoft Visual Basic 6 进行开发的工作效率更高。当然,Visual Basic 6 开发人员享受到的高效率是以有限的语言支持为代价的。当 Visual Basic. NET 出现时,它引入了新的编程体系结构和功能(如对平台的完全访问),以构建最先进的应用程序。因而 Visual

Basic.NET 被公认为是最优秀的编程语言之一。

Microsoft Visual Studio 2010 包含了许多对开发环境新的加强、创新和提高,其目的在于使 Visual Basic.NET 开发人员的工作比以往更加高效。

6.3.2 VB.NET 的功能特点

1. 数据访问

Visual Basic 2010 包括多个用于辅助开发访问数据的应用程序的新增功能。

(1)"数据源配置向导"简化了将应用程序连接到数据库、Web 服务和用户创建的对象的数据的过程;

(2)新的"数据源窗口"提供了一个用于查看项目可用数据及关联数据的中心位置,并且允许用户通过将数据项从窗口拖到窗体上来创建数据绑定控件,从而降低了数据绑定的复杂性;

(3)新的 TableAdapter 对象可以完成数据集的填充、查询和存储过程的执行;

(4)使用新的本地数据功能可以在应用程序中直接包含 Microsoft Access 数据库文件和 Microsoft SQL Server Express 数据库文件。

2. 使用 My 进行 Visual Basic 开发

Visual Basic 2010 提供了用于快速应用程序开发的新功能,旨在提供强大功能的同时提高效率,并简化使用难度。其中一种称为 My 的功能提供了对由 Visual Basic.NET Framework 所提供的常用功能的访问,还提供了对与应用程序及其运行时环境相关联的信息和默认对象实例的访问。这些信息按 IntelliSense 能够识别的格式进行组织,并根据用途按逻辑进行描述。My 的顶级成员作为对象公开。每个对象的行为都与具有 Shared 成员的命名空间或类相似,并可公开一组相关成员。图 6-16 显示了顶级 My 对象及其相互之间的关系。

3. IntelliSense 代码段

IntelliSense 代码段库由 380 个预编写的代码片段组成。可以向代码添加这些可重用的例程并使用代码包含的指针编辑它们。在"代码编辑器"中右击,然后单击"插入代码段"选项,可以插入代码段;也可通过键盘快捷键使用 IntelliSense 代码段。

6.3.3 VB.NET 界面介绍

1. 启动界面

当用户第一次打开 Visual Basic 时,将会看到集成开发环境的大部分都由"起始页"窗口填满了。"起始页"包含了一个可单击的最近使用过的项目的列表、带有指向重要"帮助"主题链接的"入门"区域和一个指向联机文章及其他资源链接的列表。如果用户连接到了 Internet,该列表将定期更新。程序启动后如图 6-17 所示。

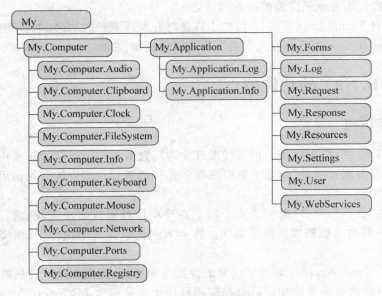

图 6-16 My 命名空间

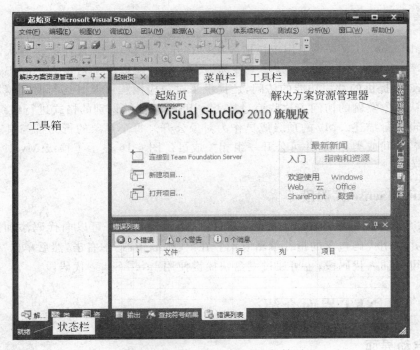

图 6-17 Visual Studio. NET 起始页

在集成开发环境的右侧,用户可以看到"解决方案资源管理器"窗口。虽然该窗口最初是空的,但是有关项目或项目组(称作"解决方案")的信息将在这里显示;在开发环境的左侧,用户可以看到一个垂直的、标记为"工具箱"的选项卡。虽然该选项卡最初也是空的,但是当用户工作时,其中就会填满可用于用户当前正在执行的任务的项;在开发环境顶部显示的是菜单栏和工具栏。可用的菜单和工具栏按钮会根据用户当前的任务而改变,也可以根据个人的喜好自定义菜单栏和工具栏。开发环境最底部显示的是一个状态栏,这里显示"就绪"。当在开发环境中工作时,该状态栏会发生变化,它将显示与用户当前任务相关的消息。例如,显示有关用户正在生成的项目的进度信息。

2. 设计模式

当打开或创建一个项目时,开发环境外观将变成"设计模式",如图 6-18 所示。这是 Visual Basic 的可见部分,用户可以在该处设计应用程序的外观。

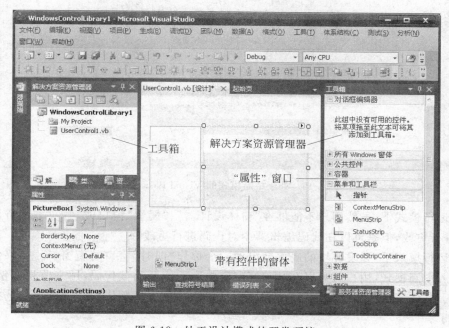

图 6-18　处于设计模式的开发环境

在设计模式下,"起始页"会被另一个称作"窗体设计器"的窗口覆盖,该窗口本质上是一个表示应用程序用户界面的空白画布。注意,通过单击"窗体设计器"上方的"起始页"选项卡仍可使用"起始页"。当"窗体设计器"可见时,"工具箱"包含了许多控件(按钮、文本字段、网格等),这些控件可以放置在窗体上并随意排列。

一个新的窗口(即"属性"窗口)出现在"解决方案资源管理器"窗口的下面,可以在该窗口中设置用来定义窗体及其控件的外观和行为的各种属性。如果双击一个窗体或控件,将打开一个称作"代码编辑器"的新窗口。用户可以在此窗口中编写应用程序的实际代码。代码编辑器不仅仅是一个文本编辑器,它还可以使用 IntelliSense 技术,根据用户所输入的内容提供相关信息来帮助用户编写代码。注意,对某些项目类型而言(例如,没有用户界面的"类库"项目),将显示代码编辑器而不显示"窗体设计器"。

3. 运行模式

当运行或调试应用程序时,开发环境会变成"运行模式",如图 6-19 所示。应用程序自身将启动,且会出现一个与调试相关的附加窗口。

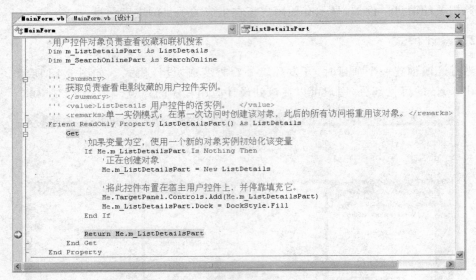

图 6-19　处于中断模式的 Visual Basic 窗体

在运行模式下,虽然用户不能够在"窗体设计器"、"属性"窗口或"解决方案资源管理器"中进行更改,但是可以在代码编辑器中对代码进行更改。

在运行模式下,开发环境的底部会出现一个称作"即时"窗口的新窗口。如果使应用程序进入中断模式,用户就可以在"即时"窗口中查询值并测试代码,用来监视变量值、查看输出。其他调试任务的附加窗口都能够在运行时查看,只要从"调试"菜单上选择它们就可以了。

6.3.4　VB.NET 开发应用程序的基本方法

使用 Visual Basic 开发应用程序的过程很简单,在多数情况下,这一过程由下面的步骤组成。

1. 创建一个项目

项目中包含了应用程序所需的全部文件并存储了有关应用程序的信息。有时一个应用程序可以包含多个项目,例如,一个"Windows 应用程序"项目和一个或多个"类库"项目。这样的一组项目称作"解决方案"。

2. 设计用户界面

用户可以通过将各种控件(如按钮和文本框)拖放到称作"窗体"的设计图面上来设计

界面。然后用户可以通过设置属性,定义窗体及其控件的外观和行为。注意,对于没有用户界面的应用程序而言(如类库或控制台应用程序),则不需要这个步骤。

3．编写代码

接下来,用户需要编写 Visual Basic 代码,定义应用程序的运行方式以及它与用户进行交互的方式。Visual Basic 具有 IntelliSense、自动完成和代码段功能,可让代码编写工作变得更容易。

4．测试代码

用户总是想测试应用程序以确保它按其所期望的方式运行——这个过程称为“调试”。Visual Basic 带有调试工具,可让用户更容易地通过交互方式查找和修复代码中的错误。

5．分发应用程序

一旦应用程序完成,用户就可以在计算机上安装最终的程序,或者分发该程序并与其他用户共享。Visual Basic 使用了一种称为“ClickOnce 发布”的新技术,该技术可让用户通过向导很轻松地部署应用程序,并且可以自动提供已更新的应用程序版本。

6.4　VB 图形图像处理

开始使用 Visual Basic 中的图形方法在窗体上绘图之前,需要了解以下几点。

(1) 计算机屏幕由数千个微小的点组成,这些点称为像素,程序通过定义每个像素的颜色来控制屏幕显示的内容。当然,大部分工作已经由定义窗体和控件的代码完成了。

(2) 将窗体看成是一块可以在上面绘制(或绘画)的画布——与真正的画布一样,窗体也有尺寸。真正的画布用英寸或厘米来度量,而窗体用像素来度量。“坐标”系统决定了每个像素的位置,其中“X 轴坐标”度量从左到右的尺寸,“Y 轴坐标”度量从上到下的尺寸。

(3) 坐标从窗体的左上角开始计算,因此,如果要绘制一个距离左边 10 个像素且距离顶部 10 个像素的单点,则应将 X 轴和 Y 轴坐标表示为(10,10)。

(4) 像素也可用来表示图形的宽度和高度。若要定义一个长和宽均为 100 个像素的正方形,并且此正方形的左上角离左边和顶部的距离均为 10 个像素,则应将坐标表示为(10,10,100,100)。

(5) 这种在屏幕上进行绘制的操作称为“绘画”。窗体和控件都有一个 Paint 事件,每当需要重新绘制窗体和控件(例如首次显示窗体或窗体由另一个窗口覆盖)时就会发生该事件。用户所编写的用于显示图形的所有代码通常都包含在 Paint 事件处理程序中。

6.4.1 VB 的图形控件

.NET 框架中的 GDI＋技术用于输出文本和图形,处理位图和其他类型的图像。GDI＋是一种构成 Microsoft Windows XP 操作系统的子系统的应用程序编程接口(API)。GDI＋负责在屏幕和打印机上显示信息。顾名思义,GDI＋是 GDI(即 Windows 早期版本中附带的 Graphics Device Interface)的后继者。一般而言,可将 GDI＋分为三个部分。

1. 二维矢量图形

GDI＋的这个子集中的对象用于绘制线条、多边形、椭圆和弧,还可对这些图形进行颜色填充。在此领域中,GDI＋支持众多复杂的功能,如渐变画刷、复杂的基数样条曲线和贝济埃曲线、缩放区域、永久路径等。大多数处理二维矢量图形的对象属于 System. Drawing 和 System. Drawing. Drawing2D 命名空间。

2. 图像

某些种类的图片很难或者根本无法用矢量图形技术来显示。例如,工具栏按钮上的图片和显示为图标的图片就难以指定为直线和曲线的集合。拥挤的棒球运动场的高分辨率数字照片会更难以使用矢量技术来制作。这种类型的图像存储为位图,位图是由表示屏幕上各个点的颜色的数值构成的数组。GDI＋提供了用于显示、操作和保存位图的 Bitmap 类。Visual Basic. NET 处理光栅图像的能力十分强大,可进行图像拉伸、完成大部分常见图形格式的转换、支持通过 Alpha 混合实现的半透明区域。处理图像的对象属于 System. Drawing. Imaging 命名空间。

3. 版式

此子集中的对象用于以各种格式、颜色和样式显示文本。通过这些对象,可以完全控制文本的形状,甚至还可使用消除锯齿化和其他特殊技术在液晶显示器上(如 PDA 屏幕上)获得更好的文本显示效果。处理版式的对象属于 System. Drawing 命名空间。

6.4.2 图像处理

GDI＋的一部分可用于显示和处理光栅图像和图元文件。处理图像的最重要的两个对象是 Image 类(提供将图像存入磁盘和从磁盘加载图像的方法)和 Bitmap 类(此类派生于 Image 类,通过它访问图像中的每个像素和图像的其他属性)。这两个类均属于 System. Drawing 命名空间,但图像子系统也使用了 System. Drawing. Imaging 命名空间中的一些对象,如 Metafile 和 ColorPalette。

1. 加载和保存图像

Image 类和 Bitmap 类的 LoadFromFile、LoadFromStream 方法可从文件或打开的 Stream 对象(不必是文件流)中加载图像。以下代码段首先使用 OpenFileDialog 控件让用户输入图像文件名,然后使用 DrawImage 方法在与 Graphics 对象相关的绘图面上显示出图像。

```
With OpenFileDialog1
    .Filter="Image files|*;*.jpg;*.gif;*.png;*.tif"
    If .ShowDialog=Windows.Forms.DialogResult.OK Then
        '将文件装入 Bitmap 对象
        Dim bmp As Bitmap=Bitmap.FromFile(.FileName)
        '创建 Graphics 对象,在其上绘制图像
        Dim gr As Graphics=Me.CreateGraphics
        gr.DrawImage(bmp,0,0)
        '释放 Bitmap 和 Graphics 对象
        bmp.Dispose()
        gr.Dispose()
    End If
End With
```

将图像载入 Bitmap 对象的更简单的方法是利用其构造函数:

```
'(此语句可代替以上代码中的 FromFile 调用,但是图像文件需要放在 bin\Debug 目录中)
Dim bmp As New Bitmap(.FileName)
```

GDI+可加载以下各式的文件:BMP、GIF、JPEG、PNG 和 TIFF。

可用 Save 方法保存 Image 或 Bitmap 对象中的图像。此方法带有两个参数:文件名和目标文件的格式。以下代码通过 SaveFileDialog 控件让用户以几种不同的格式来保存 Bitmap 对象中的图像。

```
'以下代码假定已有一个存储了图像的名为 bmp 的 Bitmap 类型变量
With SaveFileDialog1
    .Title="Select target image and format"
    .Filter="Bitmap|*.bmp|GIF|*.gif|TIFF|*.tif"
    .OverwritePrompt=True
    If .ShowDialog=Windows.Forms.DialogResult.OK Then
        Select Case System.IO.Path.GetExtension(.FileName).ToUpper
            Case ".BMP"
                bmp.Save(.FileName,ImageFormat.Bmp)
            Case ".GIF"
                bmp.Save(.FileName,ImageFormat.Gif)
            Case ".TIF"
                bmp.Save(.FileName,ImageFormat.Tiff)
            Case Else
```

```
            MessageBox.Show("Unrecognized extension","Error",MessageBoxButtons.
            OK,MessageBoxIcon.Error)
        End Select
    End If
End With
```

2. 显示图像

如加载和保存图像小节中所示,用 DrawImage 方法可在 Graphics 对象上显示图像。此方法在它最简单的语法形式中,带有两个参数:要显示的图像文件名和目标区域的左上角坐标。

```
'在坐标(100,200)处显示图像
gr.DrawImage(bmp,20,10)
```

DrawImage 方法支持 30 种重载形式,其中一种可指定只绘制图像中的一个矩形区域。

```
'仅绘制图像左半部分到点(20,60)
gr.DrawImage (bmp, 20, 20, _ New RectangleF (0, 0, bmp. Width/2, bmp. Height),
GraphicsUnit.Pixel)
```

另一种重载形式将整个图像复制到指定的目标矩形中。通过改变目标矩形的大小,就可以在复制过程中缩放或还原图像。

```
'创建一个是原图像 3 倍宽,2 倍高的目标矩形
Dim rect As New RectangleF(20,110,bmp.Width * 3,bmp.Height * 2)
'绘制放大后的位图
gr.DrawImage(bmp,rect)
```

也可同时指定目标矩形和源矩形来实现两种效果:

```
Dim destrect As New RectangleF(20,180,bmp.Width * 1.5,bmp.Height)
'创建对应于图像左上角的矩形
Dim sourceRect As New RectangleF(0,0,bmp.Width/2,bmp.Height/2)
'在目标矩形中绘制位图的一部分
gr.DrawImage(bmp,destrect,sourceRect,GraphicsUnit.Pixel)
```

图 6-20 显示了以上 4 段代码的执行结果,正如在坐标变形部分提到的,DrawImage 方法受全局变形的影响,但不受页面变形的影响。

使用 Bitmap 类的 LockBits 方法可对位图进行更复杂的处理,此方法返回一个 BitmapData 对象。此对象提供的众多信息之一是像素在内存中的地址。不过,Visual Basic 不支持指针,因此在 Visual Basic 中无法访问位图所在的内存,必须要使用 C♯或调用非托管代码。此方法锁定的位图应该用 UnlockBits 方法来解锁。

3. 翻转、旋转和扭曲图像

DrawImage 方法可接收有三个 Point 元素的数组作为参数,这些点在目标 Graphics

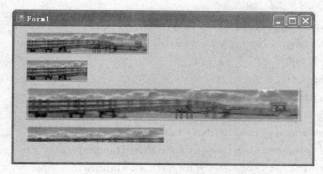

图 6-20　复制全部图像或部分

对象上定义了一个平行四边形作为绘制图像目标区域。更确切地说,这三个点定义了目标图像左上角、右上角和左下角在目标面上的位置。要获得预期的效果,对点的指定需要一定的考虑。例如,要获得旋转效果就必须进行必要的三角计算。以下三个例程实现了如下功能:将图像沿一个或两个轴翻转、将图像旋转指定的角度(以度为单位)以及将图像沿一个或两个轴扭曲指定的度数。

```
Sub DrawFlipImage(ByVal gr As Graphics,ByVal bmp As Bitmap,_
    ByVal x As Single,ByVal y As Single,ByVal flipX As Boolean,ByVal flipY As Boolean)
    '以平行四边形的顶点值为初始值,此时假定不仅进行任何翻转
    Dim x0 As Single=x
    Dim y0 As Single=y
    Dim x1 As Single=x+bmp.Width
    Dim y1 As Single=y
    Dim x2 As Single=x
    Dim y2 As Single=y+bmp.Height
    '进行水平翻转
    If flipX Then
        x0=x+bmp.Width
        x1=x
        x2=x0
    End If
    '进行垂直翻转
    If flipY Then
        y0=y+bmp.Height
        y1=y0
        y2=y
    End If
    '创建 Ponits 数组
    Dim points() As Point={New Point(x0,y0),New Point(x1,y1),New Point(x2,y2)}
    '绘制翻转后的图像
    gr.DrawImage(bmp,points)
End Sub
```

```
Sub DrawRotateImage(ByVal gr As Graphics,ByVal bmp As Bitmap,_
    ByVal x As Single,ByVal y As Single,ByVal angle As Single)
    '将弧度转化为度
    angle=angle/(180/Math.PI)
    '确定(x1,y1)和(x2,y2)的位置
    Dim x1 As Single=x+bmp.Width * Math.Cos(angle)
    Dim y1 As Single=y+bmp.Width * Math.Sin(angle)
    Dim x2 As Single=x-bmp.Height * Math.Sin(angle)
    Dim y2 As Single=y+bmp.Height * Math.Cos(angle)
    '创建 Point 组数
    Dim points() As Point={New Point(x,y),New Point(x1,y1),New Point(x2,y2)}
    '绘制翻转后的图像
    gr.DrawImage(bmp,points)
End Sub

Sub DrawSkewImage(ByVal gr As Graphics,ByVal bmp As Bitmap,_
    ByVal x As Single,ByVal y As Single,ByVal dx As Single,ByVal dy As Single)
    '确定(x1,y1)和(x2,y2)的位置
    Dim x1 As Single=x+bmp.Width
    Dim y1 As Single=y+dy
    Dim x2 As Single=x+dx
    Dim y2 As Single=y+bmp.Height
    '创建 Point 数组
    Dim points() As Point={New Point(x,y),New Point(x1,y1),New Point(x2,y2)}
    '绘制扭曲后的图像
    gr.DrawImage(bmp,points)
End Sub
```

通过以上 3 个例程对图像进行翻转、旋转或扭曲十分容易。例如,以下代码将产生如图 6-21 所示的效果。

```
DrawFlipImage(gr,bmp,20,20,False,False)
DrawFlipImage(gr,bmp,400,20,True,False)
DrawFlipImage(gr,bmp,20,60,False,True)
DrawFlipImage(gr,bmp,400,60,True,True)

DrawRotateImage(gr,bmp,30,120,45)
DrawRotateImage(gr,bmp,300,120,90)
DrawRotateImage(gr,bmp,550,120,135)

DrawSkewImage(gr,bmp,50,300,-50,0)
DrawSkewImage(gr,bmp,220,300,0,50)
DrawSkewImage(gr,bmp,400,300,-50,50)
```

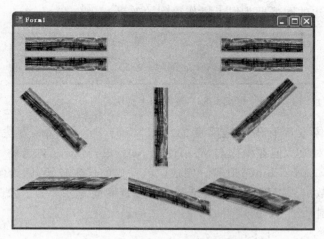

图 6-21　图像翻转、旋转和扭曲

对图像进行拉伸或收缩时,某些情况下原图像中的一个点将映射为目标图像中的多个点或是相反的情形,因此 GDI＋必须通过取多个像素的颜色的内插值来决定目标像素的颜色。Graphics.InterpolationMode 属性可以控制如何进行插值,此属性可取的插值模式有:Low、High、Bilinear、Bicubic、NearestNeighbor、HighQuanlityBilinear 和 HighQualityBicubic。

如不需进行任何变形,可明确指定目标矩形与源图像大小相同来提高 DrawImage 方法的性能。通过这种指定,能避免由于目标 Graphics 对象的每英寸点数与绘制图像的设备的不同而导致的任何变形。以下语句能确保图像以最快的速度被复制。

```
gr.DrawImage(bmp,20,50,bmp.Width,bmp.Height)
```

也可使用 DrawImageUnscaled 方法,此方法在目标 Point 或 X、Y 坐标指定的位置上,以与源图像相同的大小绘制出图像。

```
gr.DrawImageUnscaled(bmp,20,50)
```

还可指定一个 Rectangle 对象作为图像的剪辑区域。

```
gr.DrawImageUnscaled(bmp,New Rectangle(20,50,200,100))
```

4. 透明和半透明位图

GDI＋提供了 3 种方式来创建透明或半透明位图。可以将位图中的一种颜色透明化;可以为整个位图设置一个透明度(与通过 Opacity 属性设置窗体的透明度很相似),或是为位图中的每个像素设置不同的透明度。

创建有透明色的位图是 3 种方式中最简单的一种:只需调用 MakeTransparent 方法,此方法接收透明色作为参数。

```
Dim bmp As New Bitmap("logo.bmp")
bmp.MakeTransparent(Color.FromArgb(140,195,247))
gr.DrawImage(bmp,20,20)
```

图 6-22 最左边的图像即为以上操作得到的效果。

图 6-22　透明和半透明位图

要创建所有像素都有固定透明度的位图，应向 DrawImage 方法传递一个适当的 ImageAttributes 对象。但在操作前，必须使用 SetColorMatrix 方法将一个 5×5 像素的颜色矩阵赋给 ImageAttributes 对象。完成赋值操作的代码较长，因为颜色矩阵实际上是一个 Single 二维数组。以下示例代码绘制出一幅透明度为 0.8 的图像（图 6-22 中间的图像即为此代码绘制）。

```
Dim bmp As New Bitmap("logo.bmp")
'定义位图中所有像素的透明度
Dim transparency As Single=0.8
'创建一个 5 * 5 矩阵,(4,4)处数值为透明度
Dim values()() As Single={New Single() {1,0,0,0,0},_
    New Single() {0,1,0,0,0},_
    New Single() {0,0,1,0,0},_
    New Single() {0,0,0,transparency,0},_
    New Single() {0,0,0,0,1}}
'用以上矩阵初始化一个新的 ColorMatrix 对象
Dim colmatrix As New Imaging.ColorMatrix(values)
'创建 ImageAttributes 对象,将颜色矩阵赋给它
Dim imageattr As New ImageAttributes
imageattr.SetColorMatrix(colmatrix,ColorMatrixFlag.Default,ColorAdjustType.
Bitmap)
'使用指定的 ImageAttributes 对象绘制位图
gr.DrawImage(bmp,New Rectangle(200,20,bmp.Width,bmp.Height),_
    0,0,bmp.Width,bmp.Height,GraphicsUnit.Pixel,imageattr)
```

最后一种创建半透明位图的方法是 3 种方法中最灵活的，因为用户可以控制图像中每个像素的 Alpha 部分（即透明度）。GetPixel 方法可访问图像中每个像素的颜色，SetPixel 方法可修改像素的颜色（可能是像素的 Alpha 混合部分）。可以看出，这种方法是 3 种方法中最慢的方法，但另一方面，如图 6-22 最右边图像所示，这一方法能产生极佳的效果。以下代码创建了该图像。

```
Dim bmp As New Bitmap("logo.bmp")
Dim x,y As Single
'此循环访问位图中的所有像素
For x=0 To bmp.Width-1
    For y=0 To bmp.Height-1
        '获取当前颜色
```

```
        Dim oldcolor=bmp.GetPixel(x,y)
        '设置从(图像左边界)到(图像右边界)的透明度值
        Dim newcolor As Color=Color.FromArgb(x/bmp.Width * 256,oldcolor)
        bmp.SetPixel(x,y,newcolor)
    Next
Next
gr.DrawImage(bmp,400,20)
```

6.5　VB 声音及视频处理

利用 Visual Basic 的最新版本 Visual Basic 2010,用户既能够快速、有效地开发基于
Windows 窗体的多媒体应用程序,还可以为嵌入了 Microsoft Windows Media Player
ActiveX 控件的应用程序添加新鲜、有趣而又非常实用的功能。

6.5.1　Windows Media Player 控件介绍

Windows Media Player 9 Series ActiveX 控件是一个标准的 ActiveX 控件,提供了大
量的功能。Player 控件提供的功能如下。
（1）数字媒体文件和流媒体的高级播放功能。
（2）使用播放列表的功能。
（3）播放 DVD 和 CD 的功能。
（4）访问 Windows Media Player 中的 Media Library(媒体库)。
（5）处理元数据的功能。
（6）支持字幕。
（7）支持多种语言的音频。
（8）控制网络连通性和访问相关统计信息的功能。

有两种方法可用于创建使用 Windows Media Player ActiveX 控件的应用程序。一
种是在 Web 应用程序中使用该控件,另一种是在基于 Windows 的应用程序中使用它。

要在 Web 应用程序中使用 Windows Media Player,应在页面的超文本标记语言
(HTML)中包含一个 OBJECT 元素。并在 OBJECT 元素中包含嵌套的 PARAM 元素,
以指定 Windows Media Player ActiveX 控件是否可见、包含哪些操作按钮以及该控件的
其他属性。通过包含多个 OBJECT 元素,可在一个 Web 页面中包含多个控件。要完全
控制嵌入的 Player,可以在页面的 HTML 中编写脚本代码。

要在基于 Windows 的应用程序中使用 Windows Media Player,可以包含一个对服务
于该控件的动态链接库(DLL)的引用。例如,在 Microsoft Visual Basic 中,使用
Components(组件)对话框设置一个对 Windows Media Player(这是 wmp. dll 文件中库的
助记名称)的引用。

如何设置控件属性取决于所用的编程环境。例如,在 Visual Basic 中,使用自定义

Properties(属性)对话框在设计时设置属性;也可以通过编写代码设置或读取属性以及在运行时调用。

用户可在任何安装了 Windows Media Player 的使用 Windows 操作系统的计算机上运行该应用程序。

6.5.2 播放声音和视频文件

下面介绍一个基于 Windows 窗体,并嵌入 Windows Media Player ActiveX 控件的基本应用程序。该应用程序具有如下特点:

(1) 创建 Windows Media Player ActiveX 控件的一个实例。

(2) 利用 Windows Media Player 交互操作程序集提供组件对象模型(COM)的互操作性。

(3) 允许用户打开并播放 Windows Media 文件,尤其是文件扩展名为 wma 或 wmv 的文件。

(4) 创建供用户播放、暂停和停止数字媒体内容的传输控制按钮。

(5) 显示当前数字媒体文件的标题。

(6) 演示如何使用 Player 对象模型,包括使用属性、方法和事件的示例。

图 6-23 显示了将要创建的应用程序,其中正在播放名为 Melow 的数字音频文件,同时呈现了可视化效果。

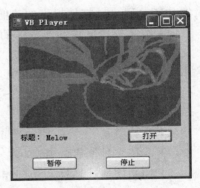

图 6-23 正在播放音频文件的 Player 示例应用程序

1. 创建项目

按以下步骤创建一个空的项目:

(1) 启动 Visual Studio . NET 2010,然后单击 New Project(新建项目)按钮。

(2) 在 Visual Basic Projects(Visual Basic 项目)文件夹中单击 Windows Application(Windows 应用程序),输入新项目的名称(最好为 VB Player),然后单击 OK 按钮。Visual Basic 使用默认的 Windows 窗体 Form1 创建一个新的项目。

(3) 这个名称并没有特别的意义或用处,所以请在 Properties(属性)窗口中将窗体名称更改为 frmVB Player,将窗体文本更改为 VB Player。

2. 添加控件

创建完项目之后,可以向窗体中添加所需的其他元素,并编写完成实际操作的代码。

1) 在项目中添加 Player 控件

按照以下步骤在项目中添加一个对 Windows Media Player 控件的引用:

（1）打开 Visual Studio 工具箱，然后单击 Components（组件）按钮显示该面板。

（2）右击面板，然后单击"选择项"菜单项，显示"选择工具箱"对话框。

（3）在 COM Components（COM 组件）选项卡上，选中 Windows Media Player 复选框。（如果 Windows Media Player 由于某种原因未列出，则单击 Browse（浏览）按钮并查找名为 wmp.dll 的文件。）

（4）单击 OK 按钮关闭对话框。Visual Studio 将 Windows Media Player 控件添加到工具箱中，并将其标记为 OCX。

2）创建 Player 控件的实例

在项目中添加 Player 控件后，就能很容易地使用此控件了，只需要执行以下步骤即可：

（1）单击工具箱中的 Windows Media Player 图标将其选中，然后在 Windows 窗体中的任意位置单击。Visual Studio 将在窗体中创建该控件的一个实例，并将它命名为 AxWindowsMediaPlayer1。

（2）在 Properties（属性）窗口中，将名称更改为便于在代码中输入的 Player，并将 TabStop 属性更改为 False。

（3）将控件移到窗体的左上角并调整其大小，使其宽度基本与窗体相同，高度为窗体高度的一半。这个大小应该足以创建一个合适的视频和可视化区域，同时还可以容纳所有默认的传输控件。但并不需要使用这些传输控件，因为你将创建自己的控制按钮，所以请将 Player 的 uiMode 属性从 full 改为 none。

（4）右击控件，然后单击 Properties（属性）菜单项，显示对话框。

（5）在 Select a mode（选择模式）列表中单击 none（无）选项。

（6）单击 OK 按钮关闭对话框。控件的用户界面将改变为仅显示视频和可视化区域。

3）添加 Windows 窗体控件

（1）在 View（视图）菜单中，单击 Designer（设计器），或者单击 Solution Explorer（解决方案资源管理器）中的 View Designer（视图设计器）按钮，切换到窗体设计器。

（2）在工具箱的 Windows Forms（Windows 窗体）面板中，为窗体添加一个标签控件。

（3）在 Properties（属性）窗口中，将标签的名称更改为 lblTitle，将默认文本更改为"标题："。这是显示当前歌曲标题的控件。

接下来，在窗体中添加三个按钮控件。

（4）添加一个供用户打开 Windows Media 文件的按钮控件，将该按钮的名称更改为 btnOpen，将默认的按钮文字更改为"打开"。

（5）添加一个作为播放/暂停传输控制按钮的按钮控件，将该按钮的名称更改为 btnPlayPause，将默认的 Enabled 值更改为 False，将默认的按钮文字更改为"播放"。

（6）添加一个作为停止传输控制按钮的按钮控件，将该按钮的名称更改为 btnStop，将默认的 Enabled 值更改为 False，将默认的按钮文字更改为"停止"。

图 6-24 设计器视图中的 Player
示例应用程序

（7）调整控件在窗体中的排列方式，使之符合您的需要而且方便用户使用。图 6-24 为在 Visual Studio Designer（设计器）中完成后的窗体布局。

3. 编写代码

在编写代码之前，需要在代码模块开始处加入下列语句：

```
Imports WMPLib
```

下面编写在 Player 中打开 Windows Media 文件的代码。要自动切换到 Code（代码）视图，并编辑按钮控件的 Click 事件处理程序（btnOpen_Click）的代码，请双击窗体上的"打开"按钮。将以下代码添加到事件处理程序中：

```
Dim openFileDialog1 As New OpenFileDialog()
'向用户显示一个文件打开对话框。
openFileDialog1.Filter="Windows Media 音频（*.wma）|*.wma|Windows Media 视频
（*.wmv）|*.wmv"
openFileDialog1.RestoreDirectory=True
If openFileDialog1.ShowDialog()=DialogResult.OK Then
      '在播放器中打开选定的文件。
      Player.URL=openFileDialog1.FileName
End If
```

单击"打开"按钮时，这段代码将显示一个对话框，供用户在计算机上浏览并选择要播放的.wma 或.wmv 文件。用户选择文件（并单击"确定"按钮）时，代码将 Player 的 URL 属性设置为用户选择的文件。由于 Player 的 autoStart 属性在默认情况下设置为 True，所以 Player 立即打开并播放用户选择的数字媒体文件。

接下来，添加"播放/暂停"按钮的代码。在代码窗口中，在类名称列表中单击 btnPlayPause，然后，在方法名称列表中单击 Click。将以下代码添加到 Visual Basic 为用户创建的 btnPlayPause_Click 事件处理程序中：

```
Select Case Player.playState
    Case WMPPlayState.wmppsPlaying
        Player.Ctlcontrols.stop()
    Case WMPPlayState.wmppsPaused
        Player.Ctlcontrols.play()
    Case WMPPlayState.wmppsStopped
        Player.Ctlcontrols.play()
End Select
```

这段代码非常简单。当用户单击"播放/暂停"按钮时，代码将检查 Player 的 playState 属性。如果 Player 正在播放数字媒体文件，代码就会暂停文件的播放；如果

Player 已经暂停或停止，代码就再次启动 Player 播放文件。

"停止"按钮的代码也非常简单。在类名称列表中，单击 btnStop 选项，然后在方法名称列表中单击 Click 选项。将以下代码行添加到 Visual Basic 为您创建的 btnStop_Click 事件处理程序中：

```
Player.Ctlcontrols.stop()
```

这时的代码还不是十分完整，因为还有三项重要操作尚未完成。首先，代码没有处理"播放/暂停"按钮和"停止"按钮的启用状态；其次，代码没有改变"播放/暂停"按钮的文字，用户还不能了解该按钮在给定的时刻执行的是哪一个具体功能；再者，它没有更新标题标签中的文字，以显示当前数字媒体标题。所有这些功能都可以通过处理 Player 的 PlayStateChange 事件来创建。

要在代码中添加 Player.PlayStateChange 的事件处理程序，请在类名称列表中单击 Player，然后在方法名称列表中单击 PlayStateChange。将以下代码添加到 Visual Basic 为用户创建的 Player_PlayStateChange 事件处理程序中：

```
Select Case e.newState
    Case WMPPlayState.wmppsPlaying             '播放器正在播放。
        '启用按钮。
        btnPlayPause.Enabled=True
        btnStop.Enabled=True
        '使 btnPlayPause 成为暂停按钮。
        btnPlayPause.Text="暂停"
        '显示标题:
        lblTitle.Text="标题: " & Player.currentMedia.getItemInfoByType("Title","",0)
    Case WMPPlayState.wmppsPaused              '播放器被暂停。
        '使 btnPlayPause 成为播放按钮。
        btnPlayPause.Text="播放"
    Case WMPPlayState.wmppsStopped             '播放器被停止。
        '禁用停止按钮。
        btnStop.Enabled=False

        '使 btnPlayPause 成为播放按钮。
        btnPlayPause.Text="播放"
End Select
```

只要播放状态改变，上述代码就会运行。如果 Player 正在播放（用户打开文件时就处于播放状态，因为 autoStart 设置为 True），代码将启用"播放/暂停"按钮和"停止"按钮，以便用户执行操作。之后，代码将"播放/暂停"按钮的文字更改为"暂停"，这样用户就可以使用该按钮暂停播放过程。最后，代码检索当前数字媒体文件的标题，并更新标题标签的文字以显示标题。

如果 Player 被暂停（用户单击了"播放/暂停"按钮），代码会将"播放/暂停"按钮的文字更改为"播放"，以提示用户使用该按钮可以恢复播放。

如果 Player 被停止(用户单击了"停止"按钮),代码将禁用"停止"按钮(因 Player 已经停止工作)并将"播放/暂停"按钮的文字恢复为默认值"播放"。

4. 生成解决方案

在 Build(生成)菜单中单击 Build Solution(生成解决方案)。Visual Studio 开始编译并生成项目。如果输入内容全部正确,生成过程将会顺利完成,不会出现任何错误。如果生成过程报告错误,则需要检查代码并纠正错误。

要在调试器中运行项目,请按键盘上的 F5 键。如果出现"查看生成的代码"主题中介绍的未处理的异常,则应该停止调试,删除或注释掉生成代码中的相应行,然后再按 F5 键运行。

可以单击"打开"按钮查找.wma 或.wmv 文件(究竟选择何种文件,取决于在"打开"对话框中选择的文件类型)。选择某个文件并单击"确定"按钮之后,"打开"对话框关闭,开始播放数字媒体文件,传输控制按钮的状态也随之改变。这时就可以利用传输控制按钮来暂停、重新开始或完全停止播放。

6.6　网站制作实例

在 Internet 迅速发展的今天,网页的制作与网站的架设越来越受到人们的重视和喜爱。要建立一个网站,有众多开发技术方案可供选择,其中,Microsoft 推出的 ASP. NET 凭借其良好的声誉和强大的技术实力赢得了无数网络开发者的青睐。ASP. NET 是一个用于 Web 开发的全新框架,它采用编译方式执行程序,提高了程序的执行效率,实现了用户界面和业务逻辑的分离,同时支持多种开发语言、程序框架代码自动生成、输入动态提示、实时代码错误监测、联机帮助文档支持等,具有其他工具不可比拟的优势。

6.6.1　使用 VS. NET 创建多媒体网站的步骤

下面介绍使用 Visual Studio 2010 创建多媒体网站的步骤。

1. 创建本地 IIS 网站需要以下条件

(1) 计算机上必须安装并运行 IIS 5.0 版或更高版本。

(2) 必须作为有管理特权的用户登录。此条件必须满足,因为使用 IIS 数据库(其中存储着 IIS 应用程序的信息)要求具有管理特权。

(3) IIS 上必须启用 ASP. NET 2.0。

2. 打开现有的本地 IIS 网站

若要打开现有的本地 IIS 网站,必须满足上述条件以及以下要求:

(1) 要打开的站点必须是配置为 IIS 的应用程序。

（2）必须将站点配置为使用 ASP．NET 2.0。如果不是，打开站点时，Visual Web Developer 即会提示重新配置站点以使用 ASP．NET 2.0。

3．在 IIS 根目录下创建网站的具体步骤

（1）在 IIS 根目录下创建新的本地 IIS 网站。

（2）打开 Visual Web Developer。

（3）在"文件"菜单中单击"新建网站"菜单项，出现如图 6-25 所示"新建网站"对话框。

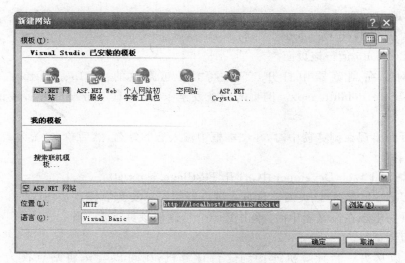

图 6-25 "新建网站"对话框

（4）在 Visual Studio 下单击"ASP．NET 网站"。在"位置"列表中，选择 HTTP。在新网站的框中，输入 http://localhost/LocalIISWebSite。在"语言"列表中，单击用户想使用的编程语言。选择的编程语言将成为网站的默认语言。但可以以不同的编程语言创建页面和组件，便于在同一 Web 应用程序中使用多种语言。然后单击"确定"按钮。

（5）添加控件并对控件进行编程。

① 在 Visual Web Developer 中，打开或切换到 Default．aspx 页，然后切换到"设计"视图。

② 按 Shift＋Enter 几次以空出一些空间。

③ 从工具箱的"标准"组中，将以下三个控件拖到页上：TextBox、Button 和 Label。

④ 将插入点指针置于文本框的前面，然后输入"输入您的姓名："。

⑤ 单击 Button 控件，然后在"属性"中，将 Text 设置为"显示姓名"。

⑥ 单击 Label 控件，然后在"属性"中，清除 Text。

⑦ 双击 Button 控件，该控件现在的标签是"显示姓名"。

⑧ Visual Web Developer 在编辑器中的单独窗口中打开页的代码文件。该文件包含 Button 控件的主干——Click 处理程序。

⑨ 通过添加下面的代码（Visual Basic），完成 Click 处理程序，在单击 Button 控件后，该代码将显示文本字符串。

```
Protected Sub Button1_Click(ByVal sender As Object,ByVal e As System.EventArgs)
Handles Button1.Click
Label1.Text=Textbox1.Text & ",welcome to Visual Web Developer!"
End Sub
```

⑩ 保存文件。

（6）测试 IIS Web 应用程序。

测试本地 IIS 网站：

① 在 Visual Web Developer 中，打开 Default. aspx 页。

② 按 Ctrl＋F5 运行该页面。

③ 该网页在浏览器中打开。请注意，浏览器中的 URL 是 http://localhost/LocalIISWebSite/default. aspx。网页的请求发至 localhost（不带端口号），该请求由 IIS 处理。

④ 当页面出现在浏览器中时，在文本框中输入您的姓名，然后单击“显示姓名”，确保该页正常工作。

⑤ 在 Visual Web Developer 中，打开 TestPage. aspx 页。

⑥ 按 Ctrl＋F5 运行该页面。该页在浏览器的同一实例中打开。

⑦ 当页面出现在浏览器中时，单击 Button1，确保该页正常工作。

⑧ 关闭浏览器。

如果可以从另一台计算机连接到这台计算机，则可以尝试将站点视为公共站点对其进行访问。如果无法从另一台计算机连接到这台计算机，则可以跳过下面的过程。

将站点作为公共站点进行测试：

从另一台计算机上输入 URL，包括 Web 服务器的计算机名、网站名和作为网页的 Default. aspx，如“http://服务器 IP 地址/LocalIISWebSite/Default. aspx”。

6.6.2 多媒体网站实例

下面我们将介绍一个用 VB 做好的多媒体网站，本网站程序源代码在随书光盘中。

1. 网站文件列表

本例演示的是一个简单的新闻发布与管理系统，首先在 Microsoft Visual Studio 2005 或更高版本中打开该网站，将会看到解决方案资源管理器中窗口内容如图 6-26 所示。

图 6-26　网站的文件列表

解决方案资源管理器中列出了该网站的全部文件,文件类型如下:

- ascx 文件夹中存放的是后缀名为.ascx 的文件,此类文件是用户控件文件,相当于模板,必须嵌入到.aspx 中才能使用。
- DB 文件夹用来存放数据库,这个网站采用的数据库是 Access。
- pic 文件夹存放的是背景图片。
- upload 文件夹中存放的是本网站发布的新闻中所上传的图片。
- .aspx 是页面文件,其实.ascx 可以理解为 HTML 里的一部分代码,只是嵌到.aspx 里而已,因为.aspx 内容多的时候实在不太好管理,此时可以把公共的 HTML 部分写成.ascx,就可以在很多.aspx 里公用。
- Web.Config 文件是一个 XML 文本文件,它用来存储 ASP.NET Web 应用程序的配置信息,它可以出现在应用程序的每一个目录中。当用户通过 VB.NET 新建一个 Web 应用程序后,默认情况下会在根目录自动创建一个默认的 Web.Config 文件,包括默认的配置设置,所有的子目录都继承它的配置设置。如果用户想修改子目录的配置设置,可以在该子目录下新建一个 Web.Config 文件。
- CSS(Cascading Style Sheet,"层叠样式表"或"级联样式表")是一组格式设置规则,用于控制 Web 页面的外观。通过使用 CSS 样式设置页面的格式,可将页面的内容与表现形式分离。本例中将样式写在一个以.css 为后缀的 style.css 文件里,然后在每个需要用到这些样式的网页里引用这个 CSS 文件。

在详细介绍这个示例网站之前,我们先介绍两个有关网站的概念:网站前台和网站后台。

2. 网站前台和网站后台

网站前台和网站后台通常是相对于动态网站而言的,即网站建设是基于数据库开发的。基于数据库开发的网站,一般分为网站前台和网站后台。

网站前台是面向网站访问用户的,通俗地说也就是给访问网站的人看的内容和页面。网站前台访问可以浏览公开发布的内容,如产品信息、新闻信息、企业介绍、企业联系方式,进行提交留言等操作。管理员可以通过密码进到后台的网页,来进行发布新闻、查看留言等操作。

网站后台,有时也称为网站管理后台,是指用于管理网站前台的一系列操作,如:产品、企业信息的增加、更新、删除等。通过网站管理后台,可以有效地管理网站供浏览者查阅的信息。进入网站的后台通常需要账号及密码等信息的登录验证,登录信息正确且通过验证而后进入网站后台的管理界面进行相关的一系列操作。

当然,前台和后台都是程序人员开发的网站页面,通常开发的带网站管理后台功能的网站空间必须支持程序语言和数据开发功能,本例采用的脚本语言就是 VB。

打开 index.aspx 文件(本站主页代码),在 Microsoft Visual Studio 中查看其代码如下:

```
<%@ Page Language="VB" Debug="true"%>
<%@ Import Namespace="System.Data"%>
```

```
<%@ Import Namespace="System.Data.OleDb"%>
<%@ Register TagPrefix="mynews" TagName="top" src="ascx/top.ascx"%>
<%@ Register TagPrefix="mynews" TagName="footer" src="ascx/footer.ascx"%>
<%@ Register TagPrefix="mynews" TagName="search" src="ascx/search.ascx"%>
<%@ Register Src="ascx/newslist.ascx" TagName="newslist" TagPrefix="mynews"%>
<html>
<head>
<title>新闻发布与管理系统</title>
<meta http-equiv="Content-Type" content="text/html;charset=gb2312"/>
<link href="style.css" type="text/css" rel="Stylesheet"  />
</head>
<body>
<mynews: top runat="server" ID="top1"/>
<table width="778px" border="0" align="center" cellpadding="0" cellspacing="6px">
    <tr>
        <td width="578px">
<mynews: newslist ID="newslist1" runat="server"/>
        </td>
        <td width="200px" valign="top">
<mynews: search ID="Search1" runat="server"/>
        </td>
    </tr>
</table>
<mynews: footer ID="End1" runat="server"/>
</body>
</html>
```

在 Microsoft Visual Studio 查看其效果如图 6-27 所示。

图 6-27 网络的开发界面

其他部分代码及页面显示我们将在光盘中给出。

在本例中，网站前台访问可以浏览公开发布的内容，即新闻信息、留言信息；而进入网站后台就需要账号及密码信息(本例中默认的账号和密码都是 admin)的登录验证，登录信息正确且通过验证而后进入网站后台的管理界面进行相关的一系列操作，如添加新闻、修改新闻等。

6.7 习 题

一、选择题

1. HTML 文档中所有的内容都应该在_____标记之间。

   A. \<title>…\</title>　　　　　　　B. \<body>…\</body>

   C. \<html>…\</html>　　　　　　　D. \<head>…\</head>

2. 下列选项中不属于超链接的是_____。

   A. 本地链接　　　　B. 外部链接　　　　C. 内部链接　　　　D. 双向链接

3. 使用图像作为网页背景可使用的语句是_____。

   A. \<a href="URL 地址">…\</a>　　　B. \<img src=" ">…\</img>

   C. \<embed src=" ">…\<.embed>　　D. \<body background=" ">

4. 在页面中还可以嵌入背景音乐,这种音乐文件以_____为主。

   A. MP3　　　　B. MIDI　　　　C. WMA　　　　D. MPG

5. 表格标记中标志表格中一行中的每一个格子的是_____。

   A. \<td>\</td>　　　　　　　　　　B. \<th>\</th>

   C. \<tr>\</tr>　　　　　　　　　　D. \<caption>\</caption>

6. 表单中提供给用户的输入形式为:\<input type= * name= * *>。其中" * "不能代表下列选项中的_____。

   A. checkbox　　B. submit　　　C. main　　　　D. password

7. 在安装 IIS 时,系统提供了一个默认的 Web 站点,其 WWW 服务器的默认目录是_____。

   A. C:\Interpub\wwwroot　　　　　B. C:\Interpub\Scripts

   C. C:\Interpub　iissamples　　　　D. C:\Interpub\mailroot

8. 下列选项中不属于 SGML 的特点的是_____。

   A. 复杂度高　　　　B. 价格非常昂贵　　C. 极好的扩展性　　D. 标记相对少

9. 下列选项中不符合 XML 命名规则的是_____。

   A. 名称可以包含字母、数字以及其他字符　　B. 名称不能包含空格

   C. 英文字母大小写视为相同的字符　　　　　D. 名称不能以 XML 开头

10. 下列选项中不符合 XML 语法的是_____。

    A. 所有的空标记必须被关闭

    B. XML 中空白将被保留

    C. 所有的 XML 元素必须合理包含

    D. 属性值可以加引号,也可以不加引号

11. 下列选项中哪一项代表文件类型定义?_____

    A. XSL　　　　　B. DTD　　　　　C. XSLT　　　　　D. XLink

12. _____是基于 XML、用于计算机之间交换数学信息的基本标准。

A. P3P   B. RDF   C. MathML   D. SMIL

13. _____可以把位于网络中不同位置的媒体文件通过这些文件的 URL 关联起来,形成多媒体文件。

     A. P3P   B. RDF   C. MathML   D. SMIL

14. 资源描述框架是_____。

     A. P3P   B. RDF   C. MathML   D. SMIL

15. _____是 W3C 公布的一项隐私保护推荐标准,旨在为网上冲浪的 Internet 用户提供隐私保护。

     A. P3P   B. RDF   C. MathML   D. SMIL

16. 在 Visual Basic 2005 中,当运行或调试应用程序时,开发环境会变成"运行模式"。在运行模式下,用户可以更改_____部分。

     A. 窗体设计器   B. 属性窗口

     C. 解决方案资源管理器   D. 代码编辑器中的代码

17. 在 Visual Basic 2005 中,当运行或调试应用程序时,开发环境会变成"运行模式"。在运行模式下,在开发环境的底部会出现一个新窗口,该窗口是_____。

     A. 窗体设计器   B. 属性窗口

     C. 解决方案资源管理器   D. "即时"窗口

18. 在 Visual Basic 2005 中,如果使应用程序进入"中断模式",用户就可以在_____中测试变量值。

     A. 窗体设计器   B. 属性窗口

     C. 解决方案资源管理器   D. "即时"窗口

19. Visual Basic 2005 代码编辑器不仅仅是一个文本编辑器,它还可以使用_____技术,通过用户所输入的内容提供相关信息来帮助用户编写代码。

     A. IntelliSense   B. GDI+   C. GDI   D. ClickOnce

20. 使用 Visual Basic 中的图形方法在窗体上绘图时,"坐标"系统决定了每个像素的位置,坐标原点在窗体的_____。

     A. 左上角   B. 左下角   C. 右上角   D. 右下角

21. 在 Visual Basic 2005 中,用户所编写的用于显示图形的任何代码通常都包含在_____事件处理程序中。

     A. Resize   B. Paint   C. Load   D. Click

22. Visual Basic.NET 框架中的_____技术用于输出文本和图形,处理位图和其他类型的图像。

     A. IntelliSense   B. GDI+   C. GDI   D. ClickOnce

23. 以下不属于 GDI+ 三大组成部分的是_____。

     A. 二维矢量图形   B. 图像   C. 版式   D. 文本

24. GDI+ 中的_____对象用于绘制线条、多边形、椭圆和弧,以及对这些图形进行颜色填充。

     A. 二维矢量图形   B. 图像   C. 版式   D. 文本

25. 在 Visual Basic 2005 中,处理图像的对象属于_____命名空间。

    A. System. Drawing   B. System. Drawing. Drawing2D

    C. System. Drawing. Imaging   D. System. Drawing. Text

26. 在 Visual Basic 2005 中,Graphics 对象公开了一些方法可用于绘制线条、矩形和椭圆等图形基元,传递给这些方法的第一个参数应是_____。

    A. 一个 Pen 对象   B. 一组坐标

    C. 一个外接矩形   D. 一个 Brush 对象

27. 假定有如下事件过程:

```
Private Sub Form1_Paint(ByVal sender As Object,_
    ByVal e As System.Windows.Forms.PaintEventArgs) Handles Me.Paint
        Dim gr As Graphics=Me.CreateGraphics
        Dim r2 As Integer=100
        gr.DrawArc(Pens.Blue,200-r2,150-r2,r2 * 2,r2 * 2,0,90)
        gr.Dispose()
End Sub
```

程序运行后,输出结果是_____。

A.   B.   C.   D.

28. 假定有如下事件过程:

```
Private Sub Form1_Paint(ByVal sender As Object,_
    ByVal e As System.Windows.Forms.PaintEventArgs) Handles Me.Paint
    Dim gr As Graphics=Me.CreateGraphics
    Dim p1 As New Pen(Color.Black,3)
    p1.DashStyle=Drawing2D.DashStyle.Dot
    gr.DrawLine(p1,10,210,200,210)
    gr.Dispose()
End Sub
```

程序运行后,输出结果是_____。

    A. ▬▬▬▬▬▬▬▬▬▬▬▬▬▬▬▬▬   B. ▬·▬·▬·▬·▬·▬·▬·▬·▬·

    C. ▬·▬·▬·▬·▬·▬·▬·▬·▬·   D. ···

二、填空题

1. 在 HTML 中,链接的基本格式是: <a href=" URL 地址">…</a>,其中<a>是_____,URL 是_____。

2. _____是指与 Web 网页中的文本一起下载和显示的图像,表现为文本和图像显示在同一网页上。

3. 在 HTML 中,交互功能通过_____实现。

4. XML 包含三个要素：_____、_____、_____。

5. XSLT 可以将 XML 文件转换成其他格式的文件,最常见的转换有_____、_____以及_____。

6. MathML 由两种基本独立的标记组成：一种是_____,另一种是_____。

7. VB 的_____和_____技术使其在多媒体程序设计方面具有界面设计简洁、程序控制灵活等特点。

8. 在 Visual Basic 2005 中,不管用户使用何种应用程序类型或者选择何种语言、_____、类库和语言套件,可使构建和部署应用程序变得尽可能简单。

9. Visual Basic 2005 包括多个用于辅助开发访问数据的应用程序的新增功能。其中,_____简化了将应用程序连接到数据库、Web 服务和用户创建的对象的数据的过程;_____提供了一个用于查看项目可用数据及关联数据的中心位置,并且允许用户通过将数据项从窗口拖到窗体上来创建数据绑定控件,从而降低了数据绑定的复杂性;_____对象可以完成数据集的填充、查询和存储过程的执行;使用本地数据功能可以在应用程序中直接包含_____数据库文件和_____数据库文件。

10. Visual Basic 2005 提供了用于快速应用程序开发的新功能,旨在提供强大功能的同时提高效率并简化使用。其中一种称为_____的功能提供了对由 VB. NET Framework 所提供的常用功能的访问,还提供了对与应用程序及其运行时环境关联的信息和默认对象实例的访问。

11. 在 Visual Basic 2005 中,_____库由 380 个预编写的代码片段组成。可以向代码添加这些可重用的例程并使用代码包含的指针编辑它们。

12. 当用户第一次打开 Visual Basic 2005 时,将会看到集成开发环境的大部分都由"起始页"窗口填满了。"起始页"包含了_____、_____和_____。

13. 计算机屏幕由数千个微小的点组成,这些点称为_____,程序通过定义每个_____的颜色来控制屏幕显示的内容。当然,大部分工作已经由定义窗体和控件的代码完成了。

14. 下面的程序段绘制了一个与窗体同样大小的红色椭圆,填写缺少的程序语句。

```
Private Sub Form1_Paint(ByVal sender As Object,_
    ByVal e As System.Windows.Forms.PaintEventArgs) Handles Me.Paint
    _____
    _____
End Sub
```

15. 下面的程序段绘制了一个与窗体同样大小的红色椭圆,填写缺少的程序语句。

```
Private Sub Form1_Resize(ByVal sender As Object,_
    ByVal e As System.EventArgs) Handles Me.Resize
    _____
    _____
    _____
End Sub
```

16. 根据程序段中的注释，填写所需的程序语句。

```
Private Sub Form1_Paint(ByVal sender As Object,_
    ByVal e As System.Windows.Forms.PaintEventArgs) Handles Me.Paint
        Dim gr As Graphics=Me.CreateGraphics
        '绘制一条从点(100,30)到点(500,300)的红色直线

        _____

        '绘制一个左上角坐标为(130,50)，边长为300个像素的白色正方形

        _____

        '绘制一个圆心为(350,250)，半径为200的绿色圆

        _____

        gr.Dispose()
End Sub
```

三、问答题

1. 简述表单实现交互功能的过程。
2. XML 和 HTML 的主要区别是什么？
3. 使用 DTD 的好处是什么？
4. 简述使用 Visual Basic 2005 开发应用程序的简单步骤。
5. 简述 GDI＋绘制图形的基本步骤（既可以用语言描述也可以用程序说明，要求说明画直线、画矩形和椭圆、画填充的矩形和椭圆、输出文字的方法）。

四、编程题

1. 使用图形方法，在 Form 上画一个椭圆，并用纹理刷填充。
2. 怎样绘制带有箭头的 x 轴？
3. 怎样在图形中绘制文字？
4. 编写一个将图像沿一个或两个轴翻转的代码。

```
Sub DrawFlipImage(ByVal gr As Graphics,ByVal bmp As Bitmap,_
    ByVal x As Single,ByVal y As Single,_
    ByVal flipX As Boolean,ByVal flipY As Boolean)


End Sub
```

第 7 章

网络多媒体技术

计算机网络是信息时代人们获取信息的主要途径,而多媒体技术促使计算机网络得到了快速的发展。运行于 Internet 的多媒体业务具有极为庞大的用户群,目前网络已经成为人类信息社会的基本工具。本章介绍了网络多媒体技术的一些基础知识,包括网络模型和协议、IP 组播、QoS 及流媒体技术等内容。

7.1 网络多媒体技术基础

7.1.1 多媒体计算机网络

多媒体计算机网络是在网络协议的控制下,通过网络通信设备和线路将分布在不同的地理位置,且具有独立功能的多个多媒体计算机系统进行连接,并通过多媒体网络操作系统等网络软件实现资源共享的多机系统。计算机网络本身就是相当复杂的系统,相互通信的两个计算机系统只有高度协调时才能正常工作。为此,人们提出了将网络分层的方法,将庞大而复杂的问题转化为若干较小的局部问题进行处理,从而使问题简单化。

1. OSI 参考模型

国际标准化组织于 1981 年提出了一个网络体系结构的开放系统互连参考模型(OSI)。OSI 是一个定义异种计算机连接标准的框架,为连接分布式应用处理的“开放”系统提供了基础。所谓“开放”是指任何两个系统只要遵守参考模型和有关标准,都能够进行互连。OSI 采用了层次结构化的构造技术。

OSI 参考模型共有 7 层,如图 7-1 所示,由低层至高层分别为:物理层、数据链路层、网络层、传输层、会话层、表示层、应用层。其中 1～3 层主要负责通信功能,称为通信子网层。5～7 层

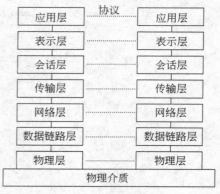

图 7-1 OSI 参考模型

属于资源子网的功能范畴,称为资源子网层。传输层起着衔接上下 3 层的作用。

1)物理层

物理层是 OSI 的最底层,主要功能是利用物理传输介质为数据链路层提供连接,以透明地传输比特流;提供有关在传输介质上传输非结构的位流及物理链路故障的检测指示。在这一层,数据还没有被组织,仅作为原始的位流或电气电压处理,单位是比特。

2)数据链路层

负责在两个相邻结点间的线路上,无差错地传送以帧为单位的数据,并进行流量控制,每一帧包括一定数量的数据和一些必要的控制信息。和物理层相似,数据链路层要负责建立、维持和释放数据链路的连接。传送数据时,如果接收点检测到所传数据中有差错,就会通知发送方重发这一帧。

3)网络层

网络层的功能是进行路由选择、阻塞控制与网络互联等,为传输层实体提供端到端的交换网络数据的传送功能,使得传输层摆脱路由选择、交换方式、拥塞控制等网络传输细节;可以为传输层实体建立、维持和拆除一条或多条通信路径;对网络传输中发生的不可恢复的差错予以报告。

4)传输层

传输层的功能是向用户提供可靠的端到端服务,透明地传送报文,是关键的一层。为会话层实体提供透明、可靠的数据传输服务,保证端到端的数据完整性;选择网络层能提供的最适宜的服务;根据通信子网的特性,最佳地利用网络资源,为两个端系统的会话之间,提供建立、维护和取消传输连接的功能,并以可靠和经济的方式传输数据。

5)会话层

会话层的功能是组织两个会话进程间的通信,并管理数据的交换。为表示层实体提供建立、维护和结束会话连接的功能;完成通信进程的逻辑名字与物理名字间的对应;提供会话管理服务。会话层不参与具体的传输,它提供包括访问验证和会话管理在内的建立和维护应用之间的通信机制。服务器验证用户登录便是由会话层完成的。

6)表示层

表示层主要用于处理两个通信系统中交换信息的表示方式,它包括数据格式变换、数据加密、数据压缩与恢复等功能。为应用层进程提供能解释所交换信息含义的一组服务,即将交换数据从适合于某一用户的抽象语法,转换为适合于 OSI 系统内部使用的传送语法,提供格式化的表示和转换数据服务。

7)应用层

应用层是 OSI 参考模型中的最高层,确定进程之间通信的性质,以满足用户需要以及提供网络与用户应用软件之间的接口服务。如事务处理程序、电子邮件和网络管理程序等。

2. TCP/IP 的主要特性

协议是对数据在计算机或设备之间传输时的表示方法进行定义和描述的标准。协议包括了进行传输、检测错误以及传送确认信息等内容。

TCP/IP 作为 Internet 的核心协议,被广泛应用于局域网和广域网中。作为一个最早的、迄今为止发展最为成熟的互联网络协议系统,TCP/IP 包含许多重要的基本特性,主要表现在以下 4 个方面。

1) 逻辑编址

在 Internet 中,为每台连入网络的计算机分配一个逻辑地址,这个逻辑地址被称为 IP 地址。IP 地址与人们日常使用的通信地址相似,具有全球唯一性,这样,通过 IP 地址,就可以很快找到相应的计算机。

2) 路由选择

在 TCP/IP 中包含了专门用于定义路由器如何选择网络路径的协议,即 IP 数据包的路由选择。

3) 域名解析

TCP/IP 采用的是 32 位的 IP 地址,为了方便用户记忆,设计了一种方便的字母式地址结构,称为域名或 DNS(域名服务器)名字。将域名映射为 IP 地址的操作,称为域名解析。域名具有较稳定的特点,而 IP 地址则较易发生变化。

4) 错误检测与流量控制

TCP/IP 具有使用分组交换确保数据信息在网络上可靠传递的特性,包括检测数据信息的传输错误(保证到达目的地的数据信息没有发生变化),确认已传递的数据信息已被成功地接收,监测网络系统中的信息流量,防止出现网络拥塞。

3. IP 地址

IP 地址是用来标识网络中的通信实体的,如主机或路由器的某一个端口。在基于 IP 协议的网络中传输的数据包,必须使用 IP 地址来进行标识。每个被传输的数据包包括一个源 IP 地址和一个目的 IP 地址,该数据包在网络中进行传输时,要保持这两个地址不变,以确保网络设备总是能根据确定的 IP 地址,将数据包从源通信实体送往指定的目的通信实体。

每个 IP 地址由 4 个小于 256 的数字组成,中间用“.”分开。Internet 的 IP 地址共有 32 位,4 个字节。它有二进制和十进制两种格式。二进制格式是计算机所识别的格式,十进制格式是由二进制格式转化而来的,主要是为了便于使用和掌握。

一个 IP 地址主要由两部分组成:一部分是用于标识该地址所从属的网络号,另一部分用于指明该网络上某个特定主机的主机号。为了保证网络地址的全球唯一性,网络号由因特网权力机构分配。主机地址则由各个网络的管理员统一分配。网络地址的唯一性与网络内主机地址的唯一性确保了 IP 地址的全球唯一性。

为了给不同规模的网络提供必要的灵活性,IP 地址的设计者将 IP 地址空间划分为 5 个不同的地址类别,如表 7-1 所示,其中 A、B、C 三类最为常用。

为了提高 IP 地址的使用效率,可将一个网络划分为多个子网:采用借位的方式,从主机位最高位开始借位变为新的子网位,所剩余的部分则仍为主机位。这使得 IP 地址的结构分为三部分:网络位、子网位和主机位。

表 7-1　IP 地址空间划分

IP 地址类型	第一字节 十进制范围	二进制 固定最高位	二进制 网络位	二进制 主机位
A 类	0～127	0	8 位	24 位
B 类	128～191	10	16 位	16 位
C 类	192～223	110	24 位	8 位
D 类	224～239	1110	组播地址	
E 类	240～255	1111	保留试验使用	

引入子网概念后,网络位加上子网位才能全局唯一地标识一个网络。把所有的网络位用 1 来标识,主机位用 0 来标识,就得到了子网掩码。子网编址使得 IP 地址具有一定的内部层次结构,这种层次结构便于 IP 地址的分配和管理。它的使用关键在于选择合适的层次结构(即从何处分隔子网号和主机号),使其在适应各种现实的物理网络规模的同时又能充分地利用 IP 地址空间。

子网掩码是对特定的 IP 地址而言的,脱离了 IP 就毫无意义。它的出现一般是跟着一个特定的 IP 地址,用来指明哪些是网络号部分,哪些是主机号部分。

例如,一个主机的 IP 地址是 202.112.14.137,掩码是 255.255.255.224,如何计算这个主机所在网络的网络地址和广播地址? 常规办法是把这个主机地址和子网掩码都换算成二进制数,两者进行逻辑与运算后即可得到网络地址。其实仔细想想,可以得到另一个方法:255.255.255.224 的掩码所容纳的 IP 地址有 256－224＝32 个(包括网络地址和广播地址),那么具有这种掩码的网络地址一定是 32 的倍数。而网络地址是子网 IP 地址的开始,广播地址是子网 IP 地址的结束,可使用的主机地址在这个范围内,因此略小于137 而又是 32 的倍数只有 128,所以得出网络地址是 202.112.14.128。而广播地址就是下一个网络的网络地址减 1。而下一个 32 的倍数是 160,因此可以得到广播地址为202.112.14.159。

目前使用的 IP 协议为互联网协议第 4 版(IPv4),IPv4 的设计思想成功地造就了目前的国际互联网,其核心价值体现在:简单、灵活和开放性。但随着互联网的膨胀,IPv4 不论从地址空间上,还是协议的可用性上都无法满足互联网的新要求,这样出现了一个新的 IP 协议 IPv6,IPv6 的技术特点如下。

(1) 地址空间巨大:IPv6 地址空间由 IPv4 的 32 位扩大到 128 位,2 的 128 次方形成了一个巨大的地址空间。采用 IPv6 地址后,未来的移动电话、冰箱等信息家电都可以拥有自己的 IP 地址,IPv6 的一句宣传口号是"让每一粒沙子都有 IP 地址"。

(2) 地址层次丰富,分配合理:IPv6 分了 3 个层次,用 TLA、NLA 和 SLA 表示,分别称为顶级聚集体、次级聚集体和底级聚集体。IPv6 的管理机构将某一确定的 TLA 分配给某些骨干网的 ISP,然后骨干网 ISP 再灵活地为各个中小 ISP 分配 NLA,而用户从中小 ISP 获得 IP 地址。这样一来,资源可以合理配置,根据地址判断每个资源的归属。

(3) 实现 IP 层网络安全:IPv6 要求强制实施因特网安全协议 IPSec,并已将其标准化。IPSec 支持验证头协议、封装安全性载荷协议和密钥交换 IKE 协议,这 3 种协议将是未来 Internet 的安全标准。

（4）无状态自动配置：IPv6 通过邻居发现机制能为主机自动配置接口地址和默认路由器信息，使得从互联网到最终用户之间的连接不经过用户干预就能够快速地建立起来。

但现在 IPv6 并不完善和成熟，需要长期的试验来验证，因此，IPv4 到 IPv6 的完全过渡将是一个比较长的过程，在过渡期间我们仍然需要使用 IPv4 实现网络间的互联。

4. TCP 协议

传输控制协议（TCP），是整个 TCP/IP 协议族中最重要的协议之一。为应用程序提供了一个可靠的、面向连接的、全双工的传输服务。

TCP 协议能够实现可靠性，主要是因为采用了重发技术。在 TCP 传输过程中，发送方启动一个定时器，然后将数据包发出，接收方收到该信息后给发送方一个确认信息。如果发送方在定时器到点之前没收到这个确认信息，就重新发送该数据包。

利用 TCP 协议在源主机和目的主机之间建立和关闭连接操作时，均要通过 3 次握手来确认建立和关闭是否成功。3 次握手方式如图 7-2 所示。TCP 建立连接的 3 次握手过程如下所述。

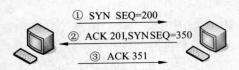

① SYN SEQ=200
② ACK 201,SYN SEQ=350
③ ACK 351

图 7-2   TCP 建立连接的 3 次握手过程

（1）源主机发送一个 SYN（同步）标志位为 1 的 TCP 数据包，表示想与目标主机进行通信，并发送一个同步序号（如 SEQ＝200）进行同步。

（2）目标主机愿意进行通信，则响应一个确认（将命令正确应答标志 ACK 位设置为 1），并以下一个序列号为参考进行确认（如 SEQ＝201）。

（3）源主机以确认来响应目标主机的 TCP 包，这个确认包括想要接收的下一个序列号，至此连接建立完成。

5. UDP 协议

用户数据报协议（UDP）是一种不可靠的、无连接的协议，可以用于应用程序进程间的通信。其建立连接的过程如图 7-3 所示。与同样处在传输层的面向连接的 TCP 相比较，它的错误检测功能要弱得多。可以说，TCP 有助于提供可靠性，而 UDP 则有助于提高传输的高速率性。

UDP 协议的主要作用就是将 UDP 消息展示给应用层，它并不负责重新发送丢失或出错的数据消息，不对接收到的无序 IP 数据报进行重新排序，不消除重复的 IP 数据报，不对已收到数据报进行确认，也不负责建立或终止连接。这些问题由使用 UDP 进行通信的应用程序进行处理。

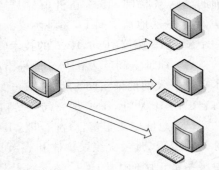

图 7-3   UDP 建立连接的过程

TCP 协议虽然提供了一个可靠的数据传输服务，但是它是以牺牲通信量来实现的，也就是说，为完成同样一个任务，TCP 会需要更多的时间和通信量。网络不可靠时，TCP 通过牺牲时间来达到网络的可靠性，在网络十分可靠的情况下,它又通过浪费带宽来保证可靠性,这时 UDP 则以十分小的通信量浪费占据优势。

6. 网络多媒体的应用

目前,运用于 Internet 上的典型多媒体应用主要包括如下几种。

1) 视频会议

视频会议是通过网络通信技术来实现的虚拟会议,使地理上分散的用户可以共聚一处,通过图形、声音、视频等多种方式交流信息,从而使人们能远距离进行实时信息的交流与共享,开展协同工作。视频会议要求传送的声音、图像信号连续平滑,其他辅助功能使用简捷。因此,系统在声音/图像压缩、通信线路条件、数据/应用程序共享等方面都对技术提出了很高的要求。

2) 视频点播

视频点播是综合了计算机技术、通信技术、电视技术而迅速新兴的一门综合技术,它利用了网络的优势,将多媒体信息集成起来,为用户提供具有实时性、交互性、自主性功能的多媒体点播服务系统。在实际应用过程中,把用户选择的节目,通过通信网络的传输,分发到用户终端设备上。

由于视频点播对网络系统、节目系统和技术实现上的要求都相当高,因此,数字电视业务普遍采取准视频点播的方式来实现数字电视的部分点播功能。

3) IP 电话

IP 电话是指在网络上通过 TCP/IP 协议实时传送语音信息的应用。IP 电话是一种数字型电话,与传统的模拟电话不同,语音信号在传送之前先进行数字量化处理,并压缩、打包转换成 8kbps 或更小速率的数据流,然后再送到网络上进行传送。而传统的模拟电话是以纯粹的音频信号在线路上进行传送。由于 IP 电话是以数字形式作为传输媒体的,因此它占用的资源少,成本很低,价格便宜。目前,第 4 代 IP 电话已经有成熟的产品出现,它和普通电话一样方便,而费用只有普通电话的几分之一到几十分之一。第 4 代 IP电话是基于 IP 网关的真正意义上的 IP 电话,也是目前发展最快而且最有商用化前途的电话。

4) 远程教育

所谓远程教育就是指教育机构借助多媒体技术和各种教育资源而实现的超越传统校园时空限制的教育活动形式。远程教育是适应社会发展的需要,并且伴随现代媒体技术的发展而迅速成长壮大的教育活动形式。称它为教育活动形式是因为它具有特定的教育信息传输和交流手段、能适应远程教育方式的信息资源、特定的教育管理制度和方法、特定的教育管理机构等。与传统教育相比,远程教育是一种全新的教育模式,它可以突破时间和空间的限制,帮助人们随时随地都能学习,让更多的学习者共享优秀教育资源;远程教育具有开放性、交互性、协作性、自主性等特点,可以使更多的人尤其是无法到校园内学习的人们接受高等教育,它将成为终身教育的首选形式。

5) 远程医疗

远程医疗是随着计算机技术和远程通信技术的飞速发展并与传统医学相结合而产生

的一门新兴的综合学科,它已渗透到医学的各个领域,包括远程诊断、远程会诊及护理、远程医学信息服务、远程影像学等医疗活动。利用远程医学这种方式可以最大范围地共享全国乃至全世界的医疗卫生资源,它具有广阔的发展前景。

网络多媒体的应用还有协同工作系统、公共信息检索查询系统等。

7.1.2 IP 组播

1. IP 组播的概念

目前,在 Internet 上,多媒体业务诸如网上直播、视频会议和视频点播等,正在成为信息传送的重要组成部分。这些业务的媒体发布方式主要有以下三种。

1) 单播(Unicast)

单播是一种点到点的数据传输模式。这种模式需要客户端与服务器端建立主动连接,并在客户端与服务器端之间建立一个单独的数据通道。当存在多个客户端时,服务器必须与每个客户建立独立的连接。因此,单播需要消耗较多的服务器资源。

2) 广播(Broadcast)

广播是一种点到所有点的数据传输模式。服务器发送数据包,连接在网络上的所有主要客户都会被动地接收。数据发送的效率较高,但由于发送目标的盲目性,需要消耗较多的网络资源。

3) 组播(Multicast)

组播技术吸收了上述两种数据发布方式的优点,克服了它们的不足。组播采用的是一对多的传输模式。媒体服务器通过路由器一次将数据包复制到多个通道上,再将数据流发送给某一特定群体的客户端,因此网络传输效率大大提高,并最大限度地减少了对服务器资源的占用。

传统网络最初是为保证数据的可靠传输而设计的,所用的多为点到点协议的单播和点到多点协议的广播。其固有的特点将增加网络发送负载,带来网络延时,导致带宽的急剧消耗和网络拥挤问题。为了缓解网络压力,人们提出了各种方案,如采用 IP 组播技术,增加互联带宽,改变网络流量结构,应用服务质量机制等。其中,IP 组播技术有其独特的优越性——在组播网络中,即使用户数量成倍增长,主干带宽也不需要随之增加。

IP 组播将 IP 数据包从一个源发送到多个目的地,将信息发送到由一组地址组成的组播组。接收方通过 IGMP(Internet 组管理协议)选择加入不同的组播组,发送方只需向相应的组播地址(D 类 IP 地址)发送 IP 包,该组播组中的所有主机都可以收到。作为一种网络层的点对多点传输方式,IP 组播利用路由器进行 IP 包的复制和分发,IP 包沿一条"组播转发树"从一个发送端传送给多个接收端。组播转发树有两种类型:有源树和共享树。主要区别是:有源树的根就是发送组播信息流的源主机;共享树用放在网络的某些可选择点作为单独的公用根(通常称为汇合点)。

2. IP 组播的优势

同单播和广播相比,组播效率非常高。单播在发送者和每一个接收者之间需要单独的数据信道。如果一台主机同时给很少量的接收者传输数据,则不会出现问题。但如果有大量主机希望获得数据包的同一份副本时将导致发送者负担沉重、延迟长、网络拥塞;此时为了保证一定的服务质量就需要增加硬件和带宽。广播是指在 IP 子网内广播数据包,所有在子网内部的主机都将收到这些数据包。广播意味着网络向所有的子网主机都投递一份数据包,不论这些主机是否乐于接收该数据包。广播的使用范围非常小,只在本地子网内有效,因为路由器会封锁广播通信。并且广播传输增加非接收者的开销。而在组播中任何给定的链路至多只传输一次数据,因此 IP 组播能够有效地节省网络带宽和资源,管理网络的增容和控制开销,大大减轻发送服务器的负荷,从而能高性能地发送信息。另外,组播传送的信息能同时到达用户端,时延小,且网络中的服务器不需要知道每个客户机的地址。所有的接收者使用一个网络组播地址,可实现匿名服务,并且 IP 组播具有可升级性,与新的 IP 和业务能相兼容。

IP 组播技术的特性决定了 IP 组播在多点视频数据传输方面具有很大的优势,当某个 IP 站点向网络中的多个 IP 站点发送同一视频数据时,IP 组播技术可以减少不必要的重叠发送,与多次点对点的单播相比,减轻了系统和网络的负担,提高了 CPU 资源和网络带宽的利用率,极大地改善了视频数据传输的实时性,如图 7-4 所示。参与通信的各主机无论是源站点还是目的站点均使用同一程序,无客户机和服务器之分,从而具有对等性。

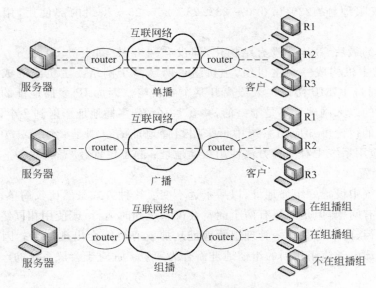

图 7-4 单播、广播和组播情况的比较

3. 实现 IP 组播的条件

要实现 IP 组播传输,组播源和接收者以及两者之间的下层网络都必须支持组播。这包括以下几方面:
- 主机的 TCP/IP 协议支持发送和接收 IP 组播;

- 主机的网络接口支持组播；
- 有一套用于加入、离开、查询的组管理协议，即 IGMP(v1,v2)；
- 有一套 IP 地址分配策略，并能将第三层 IP 组播地址映射到第二层 MAC 地址；
- 支持 IP 组播的应用软件；
- 所有介于组播源和接收者之间的路由器、集线器、交换机、TCP/IP 栈、防火墙均必须支持组播。

4．IP 组播的地址分配

在组播通信中，需要两个地址：一个 IP 组播地址和一个以太网地址。其中 IP 组播地址标识一个组播组。由于所有 IP 数据包都封装在以太网数据帧中，所以还需要一个组播以太网地址。为使组播正常工作，主机应能同时接收单播和组播数据，这意味着主机需要多个 IP 和以太网地址。IP 地址方案专门为组播划出了一个地址范围，在 IPv4 中为 D 类地址，范围是 224.0.0.0～239.255.255.255，并将 D 类地址划分为局部链接组播地址、预留组播地址、管理权限组播地址。

- 局部链接组播地址：224.0.0.0～224.0.0.255，用于局域网，路由器不转发属于此范围的 IP 包；
- 预留组播地址：224.0.1.0～238.255.255.255，用于全球范围或网络协议；
- 管理权限地址：239.0.0.0～239.255.255.255，组织内部使用，用于限制组播范围。

D 类地址的最后 28 比特没有结构化，即没有网络 ID 和主机 ID 之分。响应某一个 IP 多播地址的主机构成一个主机组，主机组可跨越多个网络。主机组的成员数是动态的，主机可以通过 IGMP 协议加入或离开某个主机组。因为 IP 多播地址的高 5 位未影射，因此，影射的以太网地址不是唯一的，共有 32 个 IP 多播地址影射到一个以太网地址。

根据上面的讨论可知应用系统中可采用组播地址的范围是 224.0.1.0～238.255.255.255。在应用系统中有两种方法使用组播地址：静态设置、动态获取。

1）静态设置

在会议系统中设置好组播地址，以后永远不变。这种方式虽然比较简单，在会议系统使用不多时没有问题，但是如果有两个此类会议系统同时运行，或使用相同组播地址的不同系统同时运行（由于没有统一管理组播地址），那就有可能会出现冲突。因为本应属于两个不同的组却由于使用相同的组播地址而合为一组。这对于会议系统的广泛应用是不可行的。

2）动态获取

会议系统用到的组播地址不是固定的，只在运行时临时确定。动态获取组播地址的方法大概有三种：第一种是以通告方式获取，当会议系统建立时，先侦听 10～20 分钟左右，以确定当前已使用的组播地址，防止冲突；第二种是算法推导，根据本地的特殊条件，通过一定的算法，求出当前使用的组播地址；第三种是采用 Internet 组播地址动态分配体系结构（RFC2908）。采用上述三种方式获取组播地址可有效地防止地址冲突问题。虽然比较复杂，也较耗费资源，但有利于多媒体应用的扩展。

5. Internet 组管理协议——IGMP

在 IP 组播中,IGMP 协议有着很重要的作用,主要完成组播中用户组的管理。该协议运行于主机和与主机直接相连的组播路由器之间,主机使用 IGMP 消息通告本地的组播路由器它想接收组播流量的主机组地址。组播路由器通过 IGMP 协议为其每个端口都维护一张主机组成员表,并定期地探询表中的主机组的成员,以确定该主机组是否处于活动状态。

IGMP 消息被置于 IP 报文中传送。IGMP 中定义了两种消息类型:主机成员询问和主机成员报告。当某主机想要介绍某个组播流量时,它向本地的组播路由器发送主机成员报告消息,告知欲接收的组播地址。组播路由器收到主机成员报告消息后把该主机加入指定的主机组,并在设定的周期内向所有支持组播的主机发送主机成员询问消息。主机如果还想继续接收组播流量,必须发送主机成员报告消息。

IGMP 有如下三个版本。

- IGMPv1。主机可以加入组播组。没有离开信息。路由器使用基于超时的机制去发现其成员不关注的组。
- IGMPv2。包含了离开信息,允许迅速向路由协议报告组成员终止的情况,这对高带宽组播组或易变形组播组成员而言是非常重要的。
- IGMPv3。与以上两种协议相比,该协议的主要改动为,允许主机指定它要接收通信流量的主机对象。来自网络中其他主机的流量是被隔离的,IGMPv3 也支持主机阻止那些来自于非要求的主机发送的网络数据包。

7.2 多媒体网络的服务质量

服务质量 QoS(Quality of Service)是用户对某种服务的满意程度,用户对多媒体网络都会有一定的服务质量要求。通信网络的吞吐量、传输延迟时间、延时抖动和数据传输误码率等技术指标都会直接影响多媒体网络的服务质量,因此服务质量是多媒体网络的一个重要概念。服务质量分为静态资源管理和动态资源管理;静态资源管理是指按照通信建立时约定的 QoS 参数对网络资源进行的管理,动态资源管理则是指在业务流传送过程中对资源进行的管理。

7.2.1 多媒体网络性能的要求

1. 吞吐量

吞吐量是指通信网络单位时间内传输的二进制位数,也称比特率或带宽。吞吐量描述了通信网络在传输数据时的快慢。不同的多媒体应用对网络的吞吐量有不同的要求,这是因为不同的多媒体应用具有不同的自然信息率。自然信息率是在不考虑通信网络影响的条件下,信息源产生信息的速率。如果自然信息率是恒定的,称为恒比特率;如果自然信息率是变化的,则称为变比特率。衡量自然信息率变化的量称为突发度:突发度等于 PBR/MBR。其中 MBR 是整个会话期间的平均比特率,PBR 是在预先定义的某个短暂时间间隔内的峰值比特率。突发度越大,网络资源的利用率就越低,为了满足多媒体应用的需求,通常要求网络的吞吐量应大于或等于平均比特率。持续的、大数量的传输是多媒体信息传输的一个特点。从单个媒体而言,实时传输的活动图像是对网络吞吐量要求最高的媒体。具体来说,按照图像的质量我们可以将活动图像分为 5 个级别。

(1) 高清晰度电视(HDTV)。分辨率为 1920×1080,帧率为 60 帧/秒,当每个像素以 24 比特量化时,自然信息率为 2Gbps。如果采用 MPEG-2 压缩,其自然信息率大约在 20～40Mbps。

(2) 演播室质量的普通电视。分辨率采用 CCIR601 格式,对于 PAL 制,分辨率为 720×576,帧率为每秒 25 帧(隔行扫描),每个像素以 16 比特量化,则自然信息率为 166Mbps。经过 MPEG-2 压缩之后,自然信息率可达 6～8Mbps。

(3) 广播质量的电视。相当于模拟电视接收机所显示出的图像质量。从原理上讲,它应该与演播室质量的电视没有什么区别,但是由于种种原因它在接收机上显示的图像质量要稍差一些。经 MPEG-2 压缩,自然信息率为 3～6Mbps。

(4) 录像质量的电视。分辨率是广播质量电视的 1/2,经 MPEG-1 压缩之后,自然信息率约为 1.4Mbps(其中伴音为 200kbps 左右)。

(5) 会议质量的电视。会议电视可以采用不同的分辨率。采用 GIF 格式,即 352×288 的分辨率,帧率为 10 帧/秒以上,经 H.261 标准的压缩后,数据率为 128kbps(其中包括声音)。

声音是另一种对吞吐量要求较高的媒体,可以分为如下 4 个级别。

(1) 普通话音。其带宽限制在 3.4kHz 之内,8kHz 取样、8 比特量化后,有 64kbps 的自然信息率。经压缩后,自然信息率可降至 32kbps、16kbps,甚至 4kbps。

(2) 高质量话音。相当于调频广播的质量,带宽限制在 50Hz～7kHz,经压缩后,数据率为 48～64kbps。

(3) CD 质量的音乐,双声道的立体声,带宽限制为 20kHz,经 44.1kHz 取样、16 比特量化后,每个声道的自然信息率为 705.6kbps。经 MPEG-1 压缩后,两个声道的自然信息率可降低到 192kbps 或 128kbps。音乐质量仍可接近于 CD,而要得到演播室质量的声音时,自然信息率则为 CD 质量声音的 2 倍。

(4) 5.1 声道立体环绕声。带宽为 3～20kHz,48kHz 采样,22 比特量化,采用 AC-3 压缩后,自然信息率为 320kbps。

包含活动图像的文件的数据量往往是很大的。在有些多媒体应用(如多媒体邮件)中,活动图像和声音可能以文件的方式传送。在这种情况下,对信道吞吐量的要求不像实时传输时那样苛刻,但与一般的文件传输也略有不同。

2. 传输延时

网络的传输延时定义是信源发送出第 1 个比特到信宿接收到第 1 个比特之间的时间

差,它包括信号在物理介质中的传播延时和数据在网络中的处理延时。从信源终端已准备好发送数据时开始计时,到信宿终端接收到这组数据的时刻之间的时间差称为端到端的延时。端到端的延时包括在信源终端准备好发送而等待网络接收数据的时间、传送这组数据的时间和网络的传输延时三个部分。在考虑到人的视觉、听觉主观效果时,端到端的延时还往往包括数据在收、发两个终端设备中的处理时间。

对于实时的会话应用,当网络的单程传输延时大于 24ms 时,应采取措施消除可听见的回声干扰,在有回声抑制设备的情况下,网络的单程传输延时应在 100～500ms 之间,一般为 250ms;在交互式多媒体应用中,系统对用户指令的响应时间不应超过 1～2s;而常规的存储设备或记录设备,对网络的传输延时则没有特别的要求。

3. 延时抖动

网络传输延时的变化称为网络的延时抖动。延时抖动通常采用在一段时间内最长和最短的传输延时之差来表示。延时抖动会严重破坏多媒体的同步,如果在网络中传输连续数字化声音采样值或连续图像的各帧所用的时间差别较大,即网络的延时抖动过大,听到的声音就有断续或变调的感觉,看到的图像同样也会停顿或跳跃。产生延时抖动可能有如下一些原因。

- 传输系统引起的延时抖动,例如,符号间的相互干扰,振荡器的相位噪声,金属导体中传播延时随温度的变化等。引起的抖动称为物理抖动,其幅度一般只在微秒量级,甚至更小。
- 对于共享传输介质的局域网(如以太网、令牌环或 FDDI)来说,延时抖动主要来源于介质访问时间的变化。终端准备好欲发送的信息之后,必须等到共享的传输介质空闲时,才能真正进行信息的发送,这段等待时间就称为介质访问时间。
- 对于广域的分组网络,延时抖动的主要来源是流量控制的等待时间和存储转发机制中由于节点拥塞而产生的排队延时变化。在有些情况中,后者可长达秒的数量级。

人耳对声音抖动比较敏感,人眼对视频抖动则不是很敏感。因此,声音的实时传输对延时抖动的要求比较苛刻。尽管可以用一定的方法在终端对网络的延时抖动给予补偿,但补偿需要使用大量的缓存器,会增加端到端的延时时间。考虑到实际应用对缓存器大小和延时时间所能承受的限制下,下述定量指标(补偿前的数值)可以作为参考:CD 质量声音,网络延时抖动一般应小于 100ms;电话质量语音,抖动应小于 400ms;对于对传输延时有严格要求的应用如虚拟现实,抖动应不超过 20～30ms。HDTV,网络延时抖动应不超过 50ms;广播质量的电视,不超过 100ms;会议电视,不超过 400ms。对于文字、图形、图像等静态媒体的传输,网络的延时抖动不产生什么影响。

4. 错误率

在传输系统中产生的错误由以下几种方式度量。

- 误码率 BER,从一点到另一点的传输过程中所残留的错误比特的频数。BER 主要衡量的是传输介质的质量。

- 包错误率 PER，指同一个数据包两次接收、包丢失或包的次序颠倒等而引起的错误。包丢失的原因可能是由于包头信息错误而未被接收，但更主要的原因往往是由于网络拥塞，造成包的传输延时过长、超过了应该到达的时限而被接收端舍弃，或网络节点来不及处理而被丢弃。
- 包丢失率 PLR，指包丢失而引起的包错误。与 PER 类似，但只关心包的丢失情况。

下面是获得好质量服务应该达到的错误参考指标：未压缩的 CD 质量的音乐，BER 应低于 10^{-3}；压缩的 CD 音乐，BER 应低于 10^{-4}。已压缩的会议电视，BER 应低于 10^{-8}；已压缩的广播质量的电视，BER 应低于 10^{-9}；已压缩的 HDTV，BER 应低于 10^{-10}。

7.2.2　服务质量管理概述

在传统的通信网络中一般没有涉及服务质量 QoS 的概念，这是因为传统的通信网络都是针对专项业务的要求设计的，服务质量自然能够得到保障。但在宽带综合业务数字网 B-ISDN 被提出来以后，要求在同一个通信网上支持多种业务，不同业务对网络的性能指标有不同的要求。为了保证服务质量，在数据传输之前就应当将某项业务对网络性能的特定要求通知给网络，对网络性能的要求实际上描述了这项业务对网络资源的需求情况，网络就可以将用户提交的 QoS 要求作为对网络内部共享资源的管理依据。如果当前网络资源不能满足用户的 QoS 要求，网络将不接纳这个呼叫请求，如果接纳这个新的呼叫请求就会剥夺正在服务的网络资源，不得不降低当前业务的服务质量。网络要是接纳用户的呼叫请求，就应当在整个会话期间内保障用户提出的 QoS 要求。为了保障用户提出的 QoS 要求，网络必须为业务预留资源，并在通信期间不断监控和调整资源的分配。当资源不能满足用户的 QoS 要求时，就应当通知相关用户并终止通信过程。通过对可利用的网络资源进行分配来实现服务质量的保障机制就是服务质量管理。

ITU-T 将 QoS 定义为决定用户对服务满意程度的一组性能参数，通信网络的吞吐量、传输延迟时间、延时抖动和数据传输误码率就是常用的 QoS 参数，QoS 参数可以用多种方式来描述，确定型和统计型是最常用的两种描述方法。

与 QoS 参数描述方法类似，通信网络对 QoS 保障也有确定型 QoS 承诺和统计型 QoS 承诺两种。确定型承诺能够确保通信双方协商好的 QoS 参数不发生变化。统计型承诺容许通信各方协商好的 QoS 参数值有一定的违约范围。

目前只有少数通信网络能够实现或部分实现服务质量管理，多数网络只容许用户说明对 QoS 的要求，但不承诺一定满足用户的 QoS 要求。有些网络虽然提供了 QoS 保障，但 QoS 保障都是静态的，双方在通信以前一旦协商好 QoS 参数，在通信过程中就不能对 QoS 参数进行修改，除非拆除当前链接后重新设定 QoS 参数。此外，多数网络在会话期间一旦不能继续保障协商好的 QoS 参数时，服务提供方不通知用户就单方面撤销通信链接，用户就不能获得低一级的 QoS 保障。目前多数网络的 QoS 管理机制还不能满足多媒体网络的需求，QoS 管理机制目前尚处于研究阶段。

1. 服务质量管理规范

服务质量管理规范主要用来说明多媒体应用所要求的服务质量等级，主要包括 QoS 参数和 QoS 管理策略。

1）服务质量参数描述

服务质量除了使用确定型和统计型两种定量描述方法之外，还可以使用服务等级定性描述方法。在 QoS 体系结构中，每个层次都有自己的 QoS 参数和 QoS 管理机制，正如开放系统互连 OSI 的 7 层次参考模型一样，上一层对下一层提出 QoS 要求，而下一层 QoS 管理对上一层提供服务。不同层次的 QoS 管理统一协调工作，才能满足用户在应用层对 QoS 的要求。直到目前为止，国际上还没有一个支持端到端的完整 QoS 体系结构标准，对 QoS 体系结构定义、层次划分和各层次 QoS 参数的定义仍在研究之中。

图 7-5 给出了一个简单的 QoS 体系结构分层模型，其中网络层包括传输网络和多媒体输入输出设备，系统层包括通信服务和操作系统，应用层不向其他各层提供服务，只满足用户的多媒体应用需求。用户只关心应用层上的 QoS 参数，例如，图像分辨率和同步质量等，用户通过交互界面对多媒体应用系统提出 QoS 参数要求。系统层的 QoS 参数是为了满足应用层服务质量而对通信服务系统提出的 QoS 要求。只有系统层提出了视频与音频内部相互之间的同步 QoS 保障，用户才能看到一部高质量的影片。网络层的 QoS 参数是对传输网络和多媒体设备提出的质量要求。

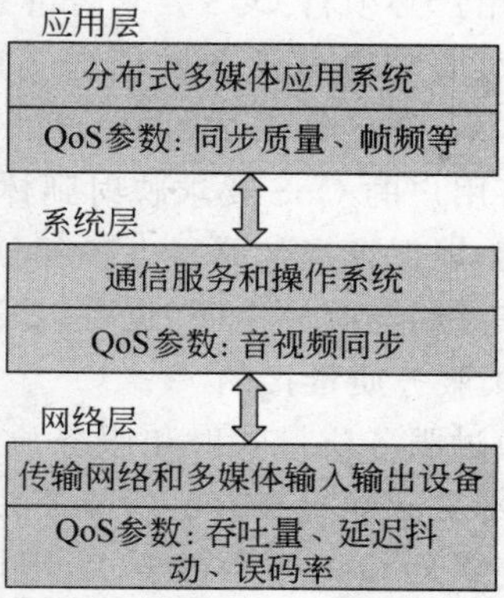

2）服务质量管理策略

当通信双方约定的服务质量不能保证时，管理策略可以对 QoS 进行自适应调整。在通信过程中，由于各种原因有可能使通信各方所约定的服务质量得不到保障。例如，网络流量突然增大使网络不能按原来的约定向用户提供足够的带宽，在用户可以容忍的前提下，适当降低原来约定的服务质量以适应当前可利用的带宽资源也许比撤销服务更好一些。例如，通过降低图像分辨率适应当前带宽并不会过多地影响图像质量，用户看到的画面只是比约定的小一些而已。把这种在通信过程中动态调整 QoS 参数的方法称为 QoS 缩放。服务质量管理策略规定了在约定的 QoS 质量被破坏时，QoS 质量下降可以容忍的限度和应当采取的 QoS 缩放措施。

图 7-5　简单 QoS 体系结构分层模型

2. 服务质量静态资源管理

静态媒体和连续媒体是网络多媒体应用中的两大媒体。连续媒体具有很强的实时性，在传送连续媒体数据时，不仅要保持同一媒体内部的连续性，还要保持不同媒体间的同步，因此连续媒体的管理是网络多媒体应用系统 QoS 管理的最基本任务。

不同的多媒体应用对 QoS 参数值的具体要求也不同，实时交互式多媒体应用对端对端的延迟时间要求十分严格。例如，实时视频会议要求网络的传输延迟不能大于 250ms，而多媒体信息检索与查询系统只要求传输延迟时间小于 1~2s。因此,网络多媒体应用系统的 QoS 管理应当容许用户灵活配置,用户可以建立与特定应用相匹配的 QoS 等级。QoS 管理不仅仅限于多媒体信息对网络的要求,从端到端处理流程中的每一个环节都应当具有 QoS 保障,任何一个环节违背 QoS 要求都会影响总体服务的质量,静态资源管理主要包括服务质量映射、服务质量协商、服务质量资源预留。

1) 服务质量映射

QoS 体系结构中应用层的 QoS 参数是用户通过交互界面输入的,服务质量映射的任务就是将应用层的 QoS 参数转换并传递到下面的各层,QoS 体系结构中的各部分或各层有了 QoS 参数才能对相应的资源进行配置和管理。服务质量映射是双向的,既可以从应用层向下映射,也可以由网络层向上映射。

2) 服务质量协商

用户都希望网络多媒体应用系统能够对服务提供一定程度的保障。在使用应用系统之前,用户必须将 QoS 要求告诉系统,同时还要与系统就参数值进行必要的服务质量协商,将协商好的 QoS 参数值作为用户和系统共同遵守的规则。要获得一个完整的 QoS 保障体系,QoS 体系结构中的每一层都必须具有足够的资源来满足用户的 QoS 要求。除了要将用户的 QoS 要求映射到体系结构中和每一层之外,每一层也需要对 QoS 参数进行协商,以保证通信路径上各部分的资源都能接纳统一的 QoS 要求。服务质量协商可以发生在呼叫与呼叫之间,也可以发生在用户与服务提供者之间。

3) 服务质量接纳

通过服务质量映射和服务质量协商,QoS 体系结构中的各层都有了各自的 QoS 参数,各部分必须检查自己所能使用的资源是否能满足 QoS 参数的要求。如果可利用的资源不能满足 QoS 参数的要求,则拒绝接纳此次通信链接。如果能满足 QoS 参数的要求,则接纳此次通信链接,并为链接预留资源。

4) 服务质量资源预留

服务质量映射、服务质量协商和服务质量接纳仅是服务质量资源预留或分配的前提,用户的服务质量是否能够得到保障最终还取决于服务质量资源的预留。沿通信路径的服务质量资源预留是伴随着服务质量协商和服务质量接纳同时进行的,服务质量资源预留的路径可以是单播路径、广播通信路径或组播通信路径。服务质量资源预留的路径走向可以是发送端驱动的,也可以是接收端驱动的。

3. 服务质量动态资源管理

动态资源管理分为 QoS 监控和 QoS 管理两部分。QoS 监控是指在业务流传送过程中进行的实时控制。根据在较长一段时间内监测业务流传送的情况来确定对资源进行调整,就是 QoS 管理。

1) 服务质量监控

服务质量监控就是在业务流传送过程中的实时控制机制,当用户和系统协商好 QoS 参数后,QoS 管理机制通过对用户和系统的行为进行必要的监控来维护共同协商好的 QoS 等级。服务质量监控主要包括流调度、流成形、流监管和流控制。

2) 服务质量维护与缩放

QoS 监控一般都是实时的,而 QoS 管理则是在一段较长时间内进行的。QoS 管理主要由服务质量维护和服务质量缩放组成。

- 服务质量维护:服务质量维护的任务就是将监测到的服务质量维护参数与用户要求的 QoS 参数进行比较,然后根据比较结果对相应的资源进行调整来满足用户的 QoS 要求。
- 服务质量缩放:如果在通信过程中,由于网络拥塞或负载过重等原因导致不能维持协商好的 QoS 参数值,QoS 维护机制将调整资源来设法保持 QoS 水平。当 QoS 维护机制调整资源后仍不能满足所要求的 QoS 水平时,有两种方式可供用户选择:一是与系统重新协商,使 QoS 参数值降低到较低的水平上;二是让系统自适应地转向当前可以提供的水平上继续通信。在通信过程中动态修改 QoS 参数值而使系统能够继续运行的机制,称为服务质量缩放。

7.3 流媒体技术

7.3.1 流媒体简介

1. 流媒体的出现

当今社会,流媒体(Streaming Media)的应用在网站中几乎无处不在。例如,因特网上的视频播放、电台广播、远程教育、实时监控、网上直播,以及一些在线的各种网站都用到了流媒体技术。这些流媒体技术为我们营造了丰富多彩的网上生活。

自从第一个图形化浏览器 Mosaic 来到世界,因特网的用户数量成倍增加。随着用户数量的激增,网上的信息的组合方式也发生了巨大的变化,过去那种以单一方式将资源整合到一起的做法,正在被新的方式取代。在新的方式中,可以采用媒体的方式来整合资源。人们可以把图像、声音、视频以及其他任何内容放到因特网上,这些文件的数据量比那些压缩后的文本文件要大得多。海量的数据量的文件传输,再加上每天大量新增用户的加入,大大加重了因特网的数据传输压力。这样就迫使人们下载和上传文件时,不得不花费更长的时间,极大地破坏了人们访问因特网的热情。

以音频为例,由于音频文件的数据量都比较大,对于那些想在网上听音乐的人们来说,等待时间之长,甚至使他们不堪忍受。在过去,因为缓慢的传输速率,再加上优质音频文件巨大的数据量,使得用户就算下载一分钟的劣质音频文件,就要需要 5 分钟的时间。同样是下载一分钟的优质音频文件(按照 CD 音质标准来算),用户要花去数小时甚至更长的时间,这是用户无法接受的。

造成这种等待问题的主要原因是,用户必须在整个音频文件下载完毕之后,才能播放,而不能边下载边收听。这种下载方式,本来是 HTTP 协议的一个组成部分,但是大部分原来的浏览器并不具备音频的播放功能,所以这项工作要有专门的应用程序来完成。

与此同时,因特网的其他多媒体业务也受到了下载播放的阻碍,实时播放更是停滞不前,因特网需要一种强有力的技术来支撑用户的需求。直到 1995 年的时候,流媒体技术出现了,这是因特网发展史上的里程碑。随着流媒体技术的出现,相应的相关问题都迎刃而解了。

可以这样说,流媒体技术起源于窄带互联网时期。由于经济发展的需要,人们迫切渴求发明一种网络技术,以便进行远程信息沟通。从 1994 年一家叫做 Progressive Networks 的美国公司成立之初,流媒体开始正式在互联网上登场。1995 年,他们推出了 C/S 架构的音频接受系统 RealAudio,并在随后的几年内引领了网络流式技术的潮流。1997 年 9 月,该公司更名为 RealNetworks,相继发布了多款应用非常广泛的流媒体播放器 RealPlayer 系列,在其鼎盛时期,曾一度占据该领域超过 85％的市场份额。

随后,Microsoft 和 Apple 等大公司都看到了流媒体的大好前景,其强大竞争攻势一方面令 RealNetworks 感到危机的存在,另一方面也无形中促进了流媒体的迅速发展,使得流媒体以惊人的发展速度深入人心。

早期的流媒体主要是在窄带互联网上应用,受带宽条件的制约,到 1999 年,人们在网上也才仅仅可以看到一个很小的视频播放窗口。2000 年下半年,随着全球范围内的互联网升温,宽带 IP 网开始实施,作为流媒体技术倡导者和发起者的美国 RealNetworks、Microsoft、Apple 等公司几乎同时向世界宣布了它们最新的流媒体技术的宽带解决方案。在短短的时间里,流媒体技术有了飞跃性发展。今天,流媒体的发展我们已有目共睹,我们完全可以在网络上进行全方位的视听体验。

2. 流媒体的基本概念

"流"概念的提出,彻底改变了因特网上媒体的处理方式。与以往必须要求完全下载文件以后,才能播放的方式不同,流媒体可以在文件下载(缓冲)的同时进行播放。因特网上传输的相应文件播放完毕以后,文件即被丢弃。用户可以在播放流媒体文件时,对它进行控制,这些都需要网络另一端的服务器的支持。

"流"是指流媒体数据网络的传输方式与播放方式。当特定的流媒体服务在发送数据时,不管是声音、视频还是其他的流媒体格式文件。总会把一个文件分成较小的文件部分,依次发送到客户端,在客户端完成播放。

流媒体是一种音频、视频、动画等多媒体在网络上以流式传输方式进行播放的技术。客户端先在本地创建一个缓冲区,经过几秒或几十秒的启动延时下载媒体文件开始的一段数据,随后即可在客户端利用相应的播放器播放,而多媒体文件剩余部分将在后台继续下载。这种边下载边播放的流式传输技术可以使用户不必等待庞大的文件完全下载到本地便可欣赏。而通过采用不同的码率传输,即可适应不同的网络环境,让用户连续不断地欣赏到高品质的音频、视频。因此流媒体技术具有十分广泛的应用领域,如在线直播、网络广告、视频点播、视频会议、远程教育等。

3. 流媒体的技术原理

Internet 以包传输为基础进行断续的异步传输,在传输中一个实时视音频源要被分解为许多包,各个包选择的路由可能不同,故到达客户端的时间延迟也就可能不相等,甚至先发的数据包有可能后到。为此,流式传输的实现需要缓存系统来弥补延迟和抖动的影响,并保证数据包的顺序正确,从而使多媒体数据能连续输出,而不会因为网络暂时拥塞使播放出现停顿。数据到达媒体播放器后,先进入缓存,缓存中达到一定数据量后(预置),就开始播放。后续数据继续进入缓存。通过丢弃已经播放的内容,就可以重新利用空出的高速缓存空间来缓存后续尚未播放的内容,如图 7-6 所示。

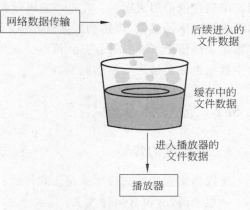

图 7-6　流媒体缓冲原理图

因为流媒体在播放前要经过缓冲处理,当网络堵塞造成数据流中断时,播放机利用缓冲区中的信息弥补这些间隔,所以一般的流媒体播放器都具有设置调整“缓冲时间”的功能,通过适当调整缓冲时间,来改变整个缓冲区的大小。

4. 流媒体的特点

与单纯的下载方式相比,这种边下载边播放的传输有以下优点。

1)启动延时大幅度缩短

用户不用等待所有内容下载到硬盘上才开始浏览,通过带宽为 512KB 以上的网络实施媒体点播时,能达到很快的速度。一般来说,一部影片片段,很快就能显示在客户端上,而且在播放过程中能达到很好的效果,另外,随机播放的加载速度也几乎没有影响。

2)对系统缓存容量的需求降低

由于因特网是以包传输为基础进行断续的异步传输,数据被分解为许多包进行传输,动态变化的网络使各个包可能选择不同的路由,故到达用户计算机的时间延迟也就不同。所以,在客户端需要用缓存系统来弥补延迟和抖动的影响和保证数据包传输顺序的正确,使媒体数据能连续输出,不会因为因特网的暂时拥堵而使播放出现停顿。虽然流式传输需要缓存,但由于不需要把所有的动画、音视频内容都下载到缓存中,因此,对缓存的要求降低。

3)流式传输的特定的传输协议

采用 RTSP 等实时传输协议,更加适合图片、音视频在网上的流式的实时传播。传输协议将在 7.3.2 节详细介绍。

但是,也存在制约流媒体发展的一些因素,例如管理问题、商业运营的业务模式问题以及技术问题。其中,在技术方面,流媒体系统中影响其播放质量的三个关键因素是:压缩编码的性能与效率、媒体服务器的性能、媒体流传输的质量控制。也就是说,提高流媒体的播放质量可以从以上三个方面入手。

通过压缩编码可以创建、捕捉和编辑多媒体数据,形成流媒体格式。而影响音频、视频流编码性能的因素很多:首先是编码效率,要求在保证一定音视频质量的前提下,流媒体的码流速率尽量低,以达到压缩流媒体的目的;其次是编码的冗余性和可靠性,与普通多媒体文件压缩/编码不同的是,流媒体文件需要在网络上实时传输,因此必须考虑到传输中数据丢失对解码质量的影响。

7.3.2　流媒体基础

1. 流媒体的传输

流媒体实现的关键技术就是流式传输。

一般来说,流包含两种含义:广义上的流是使音频和视频形成稳定和连续的传输流和回放流的一系列技术、方法和协议的总称,习惯上称之为流媒体系统;而狭义上的流是相对于传统的下载-回放(Download-Playback)方式而言的一种媒体格式,能从 Internet 上获取音频和视频等连续的多媒体流,用户可以边接收边播放,使时延大大减少。

目前网络上传输音视频等多媒体信息的方案主要有下载和流式传输两种。下载方式是将整个多媒体文件通过网络传输,完全存储到客户端。由于多媒体文件一般都比较大,所以需要的存储容量也比较大;同时由于网络带宽的限制,下载常常要花数分钟甚至数小时,所以这种处理方法延迟也很大。流式传输是由音视频服务器向用户计算机连续、实时地传送多媒体文件,用户不必等到整个文件全部下载完毕,而只需经过几秒或十数秒的启动延时即可进行观看。当多媒体文件在客户机上播放时,文件的剩余部分将在后台从服务器内继续下载。流式传输不仅使启动延时成十倍、成百倍地缩短,而且不需要太大的缓存容量。流式传输避免了用户必须等待整个文件从 Internet 上下载完毕后才能观看的缺点。

实现流式传输方法有顺序流式传输(Progressive Streaming)和实时流式传输(Realtime Streaming)。一般来说,若使用 HTTP 服务器,文件通过顺序流发送;若视频为实时广播,或使用流式传输媒体服务器,或应用如 RTSP 的实时协议,为实时流式传输。采用哪种传输方法依赖于具体需求。

1) 顺序流式传输

顺序流式传输是顺序下载,在下载文件的同时用户可以在线观看媒体,在给定时刻,用户只能观看已下载的那部分,而不能跳到还未下载的部分。顺序流式传输不像实时流式传输,在传输期间内根据用户连接的速度做调整,由于标准的 HTTP 服务器可发送这种形式的文件,也不需要其他特殊协议,经常被称作 HTTP 流式传输。

顺序流式传输比较适合高质量的短片段,如片头、片尾和广告,由于该文件在播放前观看的部分是无损下载的,这种方法保证了电影播放的最终质量。这意味着用户在观看前,必须经历延迟,对较慢的连接尤其如此。对通过调制解调器发布短片段,顺序流式传输显得很实用,它允许用比调制解调器更高的数据速率创建视频片段。尽管有延迟,毕竟可以发布较高质量的视频片段,顺序流式文件放在标准的 HTTP 或 FTP 服务器上,易于管理,基本上与防火墙无关。

顺序流式传输不适合长片段和有随机访问要求的视频,如讲座、演说与演示,它也不支持现场广播,严格来说,它是一种点播技术。

2) 实时流式传输

实时流式传输能保证媒体信号带宽与网络连接匹配,使媒体可被实时观看到。实时流式传输与 HTTP 流式传输不同,需要专用的流媒体服务器(比如 Windows Media Server)与传输协议(比如 MMS 协议、MSBD 协议等)。实时流式传输总是实时传送的,特别适合现场事件,也支持随机访问,后来的用户可快进或后退以观看前面或后面的内容。

实时流式传输需要特定服务器,如:Window Media Server、RealServer 与 QuickTime Streaming Server。这些服务器允许用户对媒体发送进行更多级别的控制,因而系统设置、管理比标准 HTTP 服务器更复杂。实时流式传输还需要特殊网络协议,如:RTSP (Real Time Streaming Protocol)或 MMS(Microsoft Media Server)。这些协议在有防火墙时有时会出现问题,导致用户不能看到一些地点的实时内容。

一般来说,若使用 HTTP 服务器,文件通过顺序流发送;若视频为实时广播,或使用流式传输媒体服务器,或应用如 RTSP 的实时协议,为实时流式传输。采用哪种传输方法视具体需求而定。当然,流式文件也支持在播放前完全下载到硬盘,然后在本地播放。

流媒体系统由 Web 服务器、流媒体服务器、网络和流媒体播放器构成。目前在网络上传输音视频等多媒体信息的步骤如图 7-7 所示。

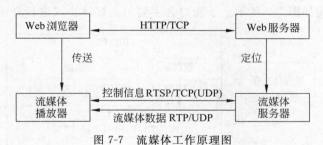

图 7-7　流媒体工作原理图

(1) 用户浏览 Web 页时点击了一个由流媒体服务器提供的流媒体内容的链接;

(2) 流媒体服务器生成一个小的播放文件(播放文件中含有链接中流媒体内容的地址),并送到用户的 Web 浏览器上;

(3) 浏览器下载这个播放文件,把它传送到用户的流媒体播放器;

(4) 流媒体播放器读取播放文件中的链接,直接向流媒体服务器请求下载内容;

(5) 流媒体服务器以流式传输的方式把内容传送给播放器,播放器开始播放。

因此,流媒体技术的研究内容主要为:流媒体数据的编码、传输、如何实现各种媒体间的同步、媒体数据的存储和检索等。

2. 流式传输的协议支持

一般的数据传输采用的协议有 HTTP 或 FTP,这两种基于 TCP 可靠性传输的协议可以完成普通数据在网络上的传输。对于实时音视频数据的传输业务,HTTP 或 FTP 虽然也能支持,但是却具有较大的局限性。首先,数据的实时性需求无法在传输中得到保证,更不能提供像现场直播这样的高实时性的业务。其次,无法支持快进、快退等功能。最后,无法实现实时加密,对数据版权的保护有限。

对于连续媒体的传输,我们必须保证它的实时播放要求。同时,实时流式传输需要 Internet 实时多媒体协议的支持。在 Internet 上进行视频组播,RTP/RTCP 为其提供了一个从接收者得到反馈信息的框架。为了控制实时数据的发送,RTSP 提供了一个可扩展的框架,使实时数据的受控、点播成为可能。同时,我们可以使用 RSVP 预留一部分网络资源,能在一定程度上为流媒体的传输提供服务质量 QoS。为了对会话和媒体进行描述,并且让用户能够加入到这样的会话,还需要提供 SDP、SIP 和 SAP。

流式传输协议是为了在客户机和视频服务器之间进行通信而设计和标准化的。目前,互联网上用于多媒体数据流的协议有实时传输协议 RTP、实时传输控制协议 RTCP、实时流协议 RTSP、资源预留协议 RSVP 等。根据它们的功能,网络上与流媒体相关的协议分为三类。

(1) 网络层协议:网络层协议提供了基本的网络服务支持。IP 协议就是网络上流媒体使用的网络协议。

(2) 传输协议:传输协议为流服务提供端对端的网络传输功能。TCP、UDP、RTP 和 RTCP 就是网络上流媒体使用的传输协议。

(3) 程序控制协议:程序控制协议定义消息和程序。RTSP 就是一种程序控制协议。

流媒体协议栈如图 7-8 所示。下面对各主要的流媒体协议进行介绍。

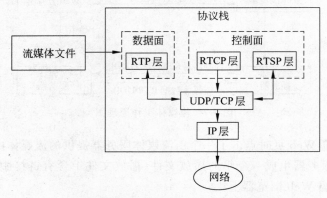

图 7-8　流媒体协议栈

(1) 实时传输协议 RTP(Real-time Transport Protocol),它是 Internet 上针对多媒体数据流的一种传输协议,主要处理一对一、一对多的多媒体数据流传输任务,可以按照 UDP、TCP 及 ATM 等协议传输数据,负责提供时间信息和控制流同步。

RTP 被定义为在单播或组播的情况下工作,提供负载标示、数据序列号、时间戳等,其目的是提供时间信息和实现流同步。RTP 通常使用 UDP 来传送数据,但 RTP 也可以在 TCP 或 ATM 等其他协议之上工作。当应用程序开始一个 RTP 会话时将使用两个端口：一个给 RTP,一个给 RTCP。RTP 本身并不能为按顺序传送数据包提供可靠的传送机制,也不能提供流量控制或拥塞控制,它依靠 RTCP 提供这些服务。RTP 协议通常为一个具体的应用提供服务,通过一个具体的应用进程实现,而不作为 OSI 体系结构中单独的一层来实现,RTP 只提供协议框架,开发者可以根据应用的具体要求对协议进行充分的扩展。

RTP 协议由两个紧密相关的部分组成：RTP 数据协议和 RTP 控制协议 RTCP。

(2) 实时传输控制协议 RTCP(Real-time Transport Control Protocol)的作用在于和 RTP 一起提供流量控制和拥塞控制服务,RTP 和 RTCP 配合使用,能以有效的反馈和最小的开销使传输效率最佳化,是在线实时数据传送的主要方式。在 RTP 会话期间,各参与者周期性地传送 RTCP 包。RTCP 包中含有已发送的数据包的数量、丢失的数据包的数量等统计资料,因此服务器可以利用这些信息动态地改变传输速率,甚至改变有效载荷类型。RTP 和 RTCP 配合使用,它们能以有效的反馈和最小的开销使传输效率最佳化,因而特别适合传送网上的实时数据。

RTP 会话被定义为一对特别的传输地址(RTP/RTCP 的网络地址和端口)。在有多个媒体流的应用中,每种媒体流使用单独的 RTP 会话传递数据和其自己的 RTCP 包,然后在接收者处利用 SSRC 进行同步。来自同一个源的 RTP 包的包头中都有一个 SSRC,从而使得该媒体流的源可以不依赖于网络地址标识。所有从同一个源产生的包拥有同一个计时空间和顺序号。RTCP 执行下列 4 大功能：

① RTCP 负责提供数据发布的质量反馈。RTCP 作为 RTP 传输协议的一部分,与其他传输协议的流和阻塞控制有关。反馈对自适应编码控制直接起作用,但 IP 组播的经验表明,发送者收到反馈对诊断发送错误是至关重要的。给所有参加者发送接收反馈报告允许问题观察者估计哪些问题是局部的,哪些是全局的。诸如 IP 组播等发布机制使网络服务提供商可接收反馈信息,充当第三方监控者来诊断网络问题。反馈功能由 RTCP 发送者和接收者报告执行。

② RTCP 带有称作规范名字(CNAME)的 RTP 源持久传输层标识。如发现冲突,或程序重新启动,同步源 SSRC 标识可改变,接收者需要 CNAME 跟踪参加者。接收者也需要 CNAME 与相关 RTP 连接中给定的几个数据流联系。

③ 会话参与者通过周期性发送 RTCP 包来进行反馈,并且通过监测和分析来自其他会话参与者的 RTCP 包来对自己发送 RTCP 包的速率进行调整,使得 RTP 协议具有良好的可扩展性,可以适应用户数量的变化。在 RTP 文档中规定了 RTCP 控制信息占用的带宽不超过总带宽的 5%,这就解决了反馈爆炸的问题。

④ RTCP 传送最小连接控制信息,如参加者辨识,可进行组管理的松散控制。

(3) 实时流协议 RTSP(Real-Time Streaming Protocol)是由 RealNetworks 和 Netscape 共同提出来的,是应用级协议,控制实时数据的发送。RTSP 提供了一个可扩展框架,使实时数据,如音频与视频的受控点播成为可能。数据源包括现场数据与存储在剪辑中的数据。该协议的目的在于控制数据的发送连接、协商和选择数据传输的方法,如 UDP、TCP、单播和组播,或者 RTP。HTTP 与 RTSP 相比,HTTP 传送 HTML,而 RTSP 传送多媒体数据。HTTP 请求由客户机发出,服务器做出响应;使用 RTSP 时,客户机和服务器都可以发出请求,即 RTSP 可以是双向的。

RTSP 建立并控制一个或几个时间同步的连续流媒体。尽管连续媒体流与控制流交叉是可能的,通常 RTSP 本身并不发送连续媒体流。换言之,RTSP 充当多媒体服务器的网络远程控制。因为 RTSP 连接没有绑定到传输层,如 TCP,也可使用无连接传输协议,如 UDP,RTSP 流控制的流也可以用到 RTP,但 RTSP 操作并不依赖用于携带连续媒体的传输机制。实时流协议在语法和操作上与 HTTP 1.1 类似,因此 HTTP 的扩展机制大都可加入 RTSP。

RTSP 协议的主要特点如下。①可扩展性:新方法和参数很容易加入 RTSP。②易解析:RTSP 可由标准 HTTP 或 MIME 解析器解析。③安全:RTSP 使用网页安全机制。④独立于传输:RTSP 可使用不可靠数据报协议(UDP)、可靠数据报协议(RDP)和 TCP 协议。⑤多服务器支持:每个流可放在不同服务器上,用户端自动与不同服务器建立几个并发的控制连接,媒体同步在传输层执行。⑥代理与防火墙友好:协议可由应用层和传输层防火墙处理。防火墙需要理解 SETUP 方法,为 UDP 媒体流打开一个"缺口"。⑦传输协调:实际处理连续媒体流前,用户可协调传输方法。

RTSP 控制通过单独协议发送的流,与控制通道无关。例如,RTSP 控制可通过 TCP 连接,而数据流通过 UDP 连接。因此,即使媒体服务器没有收到请求,数据也会继续发送。在连接生命期,单个媒体流可通过不同 TCP 连接顺序发出请求来控制。所以,服务器需要维持能联系流与 RTSP 请求的连接状态。RTSP 中很多方法与状态无关,但下列方法在定义服务器流资源的分配与应用上起着重要的作用:SETUP 方法是让服务器给流分配资源,启动 RTSP 连接;PLAY 与 RECORD 方法的功能是启动数据传输;PAUSE 方法是临时停止流,而不释放服务器资源;TEARDOWN 方法是释放流的资源,RTSP 连接停止。

RTSP 在功能上与 HTTP 有重叠,与 HTTP 的相互作用体现在与流内容的初始接触是通过网页的。目前的协议规范目的在于允许在网页服务器与实现 RTSP 媒体服务器之间存在不同的传递点。例如,会话描述可通过 HTTP 和 RTSP 检索,这降低了浏览器的往返传递,也允许独立 RTSP 服务器直接与用户交互,不依靠 HTTP。但是,RTSP 与 HTTP 的本质差别在于数据发送以不同协议进行。HTTP 是不对称协议,用户发出请求,服务器做出响应。RTSP 中,媒体用户和服务器都可发出请求,且其请求都是无状态的,因此,在请求确认后很长时间内,仍可设置参数,控制媒体流。重用 HTTP 功能至少在两个方面有好处,即安全和代理,在缓存、代理和授权上采用 HTTP 是有价值的。

(4) 资源预留协议 RSVP(Resource Reserve Protocol)是一种正在开发的 Internet 上的资源预订协议,由于多媒体数据的流式传输对网络延时非常敏感,所以需要预先为流媒体的传输预留一部分网络带宽,这项功能可以通过资源预订协议 RSVP 获得实现。

RSVP 运行在传输层。与 ICMP 和 IGMP 相比,它是一个控制协议。RSVP 的组成元素有发送者、接收者和主机或路由器。发送者负责让接收者知道数据将要发送,以及需要什么样的 QoS;接收者负责发送一个通知到主机或路由器,这样他们就可以准备接收即将到来的数据;主机或路由器负责留出所有合适的资源。

RSVP 协议的两个重要概念是流与预定。流是从发送者到一个或多个接收者的连接特征,通过 IP 包中流标记来认证。发送一个流前,发送者传输一个路径信息到目的接收方,这个信息包括源 IP 地址、目的 IP 地址和一个流规格。这个流规格是由流的速率和延迟组成的,这是流的 QoS 所需要的。接收者实现预留后,基于接收者的模式能够实现一种分布式解决方案。

RTP、RTCP、RTSP 和 RSVP 这些协议协同工作,共同完成了网络多媒体流式传输。其中 RTP 协议负责数据传输,RTCP 协议负责提供数据传输质量反馈,RSVP 协议用于资源预留以保证网络服务质量,RTSP 协议则提供数据传输的远端控制。

3. 流式传输的文件格式

流媒体文件是流媒体系统处理的主要内容,任何要发布的内容都是以文件的形式存储和传送的,即使是直播方式也要经过压缩,按照一定的格式传送给用户。用户检索媒体文件往往并不是直接获取文件,而是经过一个中间文件(媒体发布文件)。根据这些媒体发布文件的不同用途,将它们分为压缩媒体文件格式、流式文件格式、媒体发布格式。

下面对这些文件格式分别加以介绍。

1) 压缩媒体文件格式

由于实时流媒体的原始数据量都非常大,如果将他们直接传输出去给用户,不但占用大量存储空间,而且需要的传输带宽很高,故而压缩就变得势在必行。媒体文件压缩格式尽量保留了或者完全保留了原始媒体的信息,通过去掉大量的冗余信息,使得生成的压缩文件比原始的文件减小了很多,这样方便存储和传输。

压缩编码基于一定的压缩算法,如 RealVideo 是基于小波变换压缩算法,Windows Media 则是基于 MPEG-4 的压缩算法,这些算法的详细介绍已经在本教材的第 4 章介绍过了。压缩媒体格式有时被称为压缩格式,它包含了描述一段声音和图像的信息。压缩过程改变了数据位的编排,使文件尺寸被处理得很小。压缩媒体文件在使用前需进行解压缩处理。表 7-2 是常见的视频音频文件格式。

表 7-2　常见的视频音频文件格式

文件格式扩展名（Video/Audio）	媒体类型与名称	压缩情况
MOV	Quicktime Video V2.0	可以
MPG	MPEG 1 Video	有
MP3	MPEG Layer 3 Audio	有
WAV	Wave Audio	没有
AIF	Audio Interchange Format	没有
SND	Sound Audio File Format	没有
AU	Audio File Format(Sun OS)	没有
AVI	Audio Video Interleaved v1.0(Microsoft WIn)	可以

2）流式文件格式

通过文件共享的方式播放标准的媒体压缩文件也可以实现网上的共享,但是这只适合局域网的环境,对于因特网往往还是用文件传输的方式。为减小用户的播放延迟和存储空间,实现边下载边播放,并保证一定的播放质量,就需要对压缩文件进行特殊的处理,添加一些附属信息,如计时、压缩和版权信息,这就是流式文件格式。

RealNetworks 的 RealMedia 是目前 Internet 上流行的跨平台的客户端/服务器结构多媒体应用规范,它采用音频、视频和同步回放的技术实现网上全带宽的多媒体回放,其采用的流媒体格式有 RV/RA、RF 等。ASF 文件是微软开发的一种可以在网上观看视频节目的文件格式。MOV 是 Apple 公司 QuickTime 的流式文件格式。表 7-3 中列举了常见的一些媒体流式格式。

表 7-3　常见流式文件的类型

文件格式扩展名（Video/Audio）	媒体类型与名称
ASF	Advanced Streaming Format(Microsoft)
RM	Real Video/Audio 文件(Progressive Networks)
RA	Real Audio 文件(Progressive Networks)
RP	Real Pix 文件(Progressive Networks)
RT	Real Text 文件(Progressive Networks)
SWF	Shock Wave Flash(Macromedia)
VIV	Vivo Movie 文件(Vivo Software)

3）媒体发布格式

媒体发布格式不是压缩格式,也不是传输协议,其本身并不描述视听数据,也不提供编码方法。媒体发布格式是视听数据安排的唯一途径,物理数据无关紧要,用户仅需要知道数据类型和安排方式即可。以特定方式安排数据有助于流式多媒体的发展,因为用户希望有一个开放媒体发布格式为所有商业流式产品应用,为应用不同压缩标准和媒体文件格式的媒体发布提供一个事实上的标准方法。我们也可从以相同格式同步不同类型流中获益。

总有一天,单个媒体发布格式能包含不同类型媒体的所有信息,如计时、多个流同步、版权和所有人信息。实际视听数据可位于多个文件中,由媒体发布文件包含的信息控制流的播放。

Real 和 Microsoft 各自定义了自己的播放列表的格式。媒体发布格式并不包括流媒体的物理数据。它仅仅说明数据类型和安排方式,大多数的这种文件都可以用文件编辑器随意地打开和编辑。这样就为应用不同的压缩标准和媒体文件格式的流媒体发布提供了一个事实上的标准方法。表 7-4 是常见的流媒体发布格式。

4. 流媒体技术的应用

随着互联网的普及和发展,流媒体技术在互动游戏、视频会议、视频点播、新闻发布、网上直播、远程教育等方面得到了广泛的应用。

表 7-4　常用媒体发布格式

媒体发布格式扩展名	媒体类型和名称
ASF	Advanced Streaming Format
SMIL	Synchronized Multimedia Integration Language
RAM	RAM File
RPM	Embedded RAM File
ASX	ASF Streaming Redirector
XML	Extensible Markup Language

1) 视频点播

视频点播(Video on Demand,VOD)是用户根据自己的需求从网上点播视频文件进行观赏的技术。在 VOD 技术应用的初期,由于音视频文件的庞大体积阻碍了 VOD 技术的进一步发展。由于服务器端不仅需要大容量的存储系统,同时还要承担大量数据的传输,因而服务器根本无法支持大规模的点播。同时,由于局域网中的视频点播覆盖范围小,用户也无法通过 Internet 等网络媒介收听或观看网络上的节目。

由于以下的原因使得基于流媒体技术的 VOD 完全可以从局域网转向 Internet:

(1) 流媒体经过了特殊的压缩编码后很适合在 Internet 上传输;

(2) 客户端采用浏览器方式进行点播,基本无须维护;

(3) 采用先进的机群技术可以对大规模的并发点播请求进行分布式处理,使其能适应大规模的点播环境。

随着宽带网和信息家电的发展,流媒体技术会越来越广泛地应用于视频点播系统。目前,很多大型的新闻娱乐媒体,如中央电视台、北京电视台等,都在 Internet 上提供基于流媒体技术的节目。

2) 远程教育

远程教育是对传统教育模式的一次革命,它集教学和管理于一体,突破了传统面授的局限,为学习者在空间和时间上都提供了便利。除了实时教学外,使用流媒体的 VOD 技术还可以进行交互式教学,达到因材施教的目的。学生可以通过网络共享学习经验。大型企业可以利用基于流媒体技术的远程教育对员工进行培训。在远程教学过程中,最基本的要求就是将信息从教师端传到远程的学生端,需要传送的信息可能是多元的,如视频、音频、文本、图片等。将这些信息从一端传送到另一端是实现远程教学需要解决的问题,在当前网络带宽的限制下,流式传输将是最佳选择。目前,能够在 Internet 上进行多媒体交互教学的技术多为流媒体技术。例如:RealSystem、Flash、Shockwave 等技术就经常被应用到网络教学中。学生通过一台计算机、一条电话线、一个调制解调器就可以在家中参加远程教学。教师也无需另外做准备,授课的方法基本与传统授课方法相同,只不过面对的是摄像头和计算机而已。

3) 视频会议

视频会议是流媒体技术的一个商业用途,通过流媒体可以进行点对点的通信,最常见的就是可视电话。只要两端都有一台接入 Internet 的计算机和一个摄像头,在世界任何地点都可以进行音视频通信。此外,大型企业可以利用基于流媒体的视频会议系统来组织跨地区的会议和讨论。

4）视频监控

通过安装在不同地点而且与网络连接的摄像头。这些接入网络的摄像头可以通过视频服务器或者视频录像机接入网络，也可以通过带有网卡的网络摄像头直接接入网络。远程监视系统可以实现远程的监控。与传统的基于电视系统的监控不同，视频监控信息可以通过网络以流媒体的形式传输，因此，更方便、灵活。视频监控也可以应用在个人领域，例如，可以远程地监控家中的情况。

5）Internet 直播

随着 Internet 技术的发展和普及，在 Internet 上直接收看体育赛事、重大庆典、商贸展览成为很多网民的愿望，而很多厂商希望借助网上直播的形式将自己的产品和活动传遍全世界。这些需求促成了 Internet 直播的形成，但是网络的带宽问题一直制约着 Internet 直播的发展。不过随着宽带网的不断普及和流媒体技术的不断改进，Internet 直播已经从实验阶段走向实用阶段，并能够提供比较满意的音视频效果。流媒体技术在 Internet 直播中充当着重要的角色，主要表现在以下方面：

（1）流媒体技术实现了在低带宽环境下提供高质量的音视频信息；

（2）智能流媒体技术可以保证不同连接速率下的用户能够得到不同质量的音视频效果；

（3）流媒体的组播技术不仅可以大大减少服务器端的负荷，同时最大限度地节省带宽。

7.3.3 流媒体系统

流媒体系统是通过硬件支持，并由各种不同的软件构成的。这些软件在不同的层面上相互通信、相互协作。有很多的流媒体平台，它们的构成基本相同。基本的流媒体系统包含以下三个组件。

- 播放器（Player）：用户观看或者收听流媒体的软件。
- 服务器（Server）：用来向观众发送流媒体的软件。
- 编码器（Encoder）：用来将原始音频视频转换为流格式的软件。

这些组件之间通过特定的协议相互通信，按照特定格式减小文件数据量。流媒体文件中包含了编码的数据，编码软件通过特定的压缩算法压缩文件的数据量。图 7-9 显示了基本流媒体平台的系统图。

从广义的范围上看，流媒体系统还可以大致分为媒体内容制作、媒体内容管理、用户管理、流媒体服务器和客户端播放器系统。流媒体内容制作包括流媒体采集和编码。流媒体内容管理主要包括流媒体的存储、检索以及节目的管理、构建和发布。用户管理涉及用户的登记、授权、计费和认证等。流媒体服务器管理流的播放，为客户端呈现文件流。客户端播放器主要负责在用户的 PC 上呈现视频流，把画面显示出来。

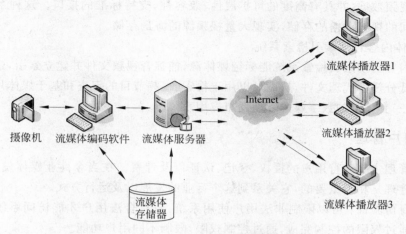

图 7-9　流媒体系统的结构图

1. 媒体内容制作

这一部分可以进行媒体流的制作和生成。这其中包括从单一的视频、音频、文字、图片的组合到制作丰富的流媒体的一系列工具，这些工具产生的流媒体文件可以被存储为固定的格式，供给服务器发布。流媒体的制作过程也可以利用视频采集设备，通过编码，实时的向流媒体服务器提供各种视频流，提供实时的多媒体流的发布。

编码软件：此类型的软件将单一的音频、视频、文本等文件通过压缩转换为流式文件。它们是基本的制作软件，实际上它们也是编码器，对单一文件重新编码。目前业界常见的编码软件为 RealNetworks 公司的 Producer、Microsoft 公司的 Windows Media Encoder 以及 Apple 公司的 QuickTime 编码软件。

合成软件：合成软件的目的是将各类单一文件，例如图片、声音、文字、视频、网页甚至幻灯片，合并成一个流媒体文件。RealSlidShow、RealPresneter 和 Windows Media Author 都是当今主流的合成软件。

2. 媒体内容管理

流媒体内容的管理包括流媒体文件的存储、检索以及节目的创建、管理和发布。节目的管理中，根据节目量大小的不同，可以采取不同的存储方式。当节目量小时，可以采用文件系统；当节目量大时，就要使用到数据库系统结合管理。

1) 视频业务管理媒体发布系统

视频业务管理媒体发布系统包括广播和点播的管理，节目管理，创建、发布以及计费认证等服务。提供定时按需录制、直播、传送节目的解决方案，管理用户访问以及多服务系统负载均衡调度的服务，从而完成视频业务的管理发布等各项任务。

2) 媒体存储系统

媒体本身一般都具有很大的数据量，因此要存储这些大容量的影视资料，媒体存储系统必须配备大容量的磁盘阵列，具有高性能的数据读写能力。在访问共享数据时，传输外界请求的视频数据,并具有高度的可扩展性、兼容性,支持标准的接口。这种系统配置能满足长时间的视频数据的存储,实现大量视频源的海量存储。

3)媒体内容自动索引检索系统

媒体内容自动索引检索系统能标记媒体源,捕捉音视频文件并建立索引,建立高分辨率媒体的低分辨率代理文件,从而可以用于检索、视频节目的审查和基于媒体片段的自动发布,形成一套完整的数字媒体管理发布应用系统。

3. 用户管理

用户管理主要进行用户的授权、登记、认证以及计费。在当今商业媒体发达的今天,媒体用户管理是相当重要的,它关系到这个行业的发展以及运行方式。

用户身份验证:可以限制非法用户使用系统,只有合法用户才能访问系统。这部分往往可以通过权限的控制完成,通过控制权限,限制不同用户功能。

计费系统:根据用户的访问类型、访问时间、接收数据量等方面统计计费。计费系统至关重要,一套完整、合理的计费系统能够有效地促进媒体系统的发展;反之,视频系统中的不合理的计费系统,必将成为制约视频系统发展的绊脚石。

媒体的数字加密系统:这是在互联网上以一种安全方式进行媒体内容加密的端到端的解决方案,它允许内容提供商在其发布的媒体或节目中对指定的时间段、观看次数及内容进行加密和保护。

4. 视频服务器

视频服务器是网络视频的核心,直接确定流媒体系统的总体性能。为了能同时响应多个用户的服务要求,视频服务器一般采用时间片段调度算法。视频服务器为了能提供实时、连续稳定的视频流,必须拥有存储量大、数据率高的特点,并应具有接纳控制、请求处理、数据检索、按流传送等多功能,以确保用户请求在系统资源下得到有效合理的服务。

衡量流媒体服务器性能的主要指标是看其在高并发、高带宽数据请求下的处理能力,而这种能力依赖于服务器的 CPU 性能、内存容量、总线带宽、存储 I/O 能力、网络吞吐率、操作系统和流媒体服务软件等多方面因素。整体上看,流媒体服务器的关键技术分为两方面:一方面是服务器自身包含的硬件技术;另一方面是运行流媒体服务的软件技术。

影响流媒体服务器性能的硬件因素包括 CPU、内存、I/O 总线、存储系统和网卡这 5 部分,其中存储系统是关键因素。就目前主流服务器应用的技术来看,CPU、内存、I/O 总线和网卡都能达到很高的性能,能够满足流媒体服务的要求,而存储系统则相对薄弱,成为限制整个系统性能的瓶颈。

5. 客户端播放器

流媒体客户端播放器支持实时音频、视频的直播和点播。可以作为单独的播放器,也可以通过控件把播放器嵌入到流行的浏览器中,可以播放多种流行的媒体格式,支持流媒体中的多种媒体形式,如文本、图片、Web 页面、音频和视频等集成表现形式。在带宽够用时,流式媒体播放器可以自动监视视频服务器的连接状态,选用更合适的视频,以获得更佳的效果。目前有流行的三大流媒体播放器分别为 Microsoft 公司的 Media Player、RealNetwork 公司的 RealPlayer 和 Apple 公司的 QuickTime。

目前最典型的流媒体应用系统有：

- Microsoft 公司的 Windows Media；
- RealNetworks 公司的 RealSystem；
- Apple 公司的 QuickTime。

这三种流媒体应用系统的工作方式基本相同，但是具体实现上有很多不同之处，各有各的技术特点和使用范围，接下来的两部分内容将结合具体的应用，做详细的介绍。

7.3.4　基于 Windows Media 的流媒体处理系统

Microsoft 的 Windows Media 技术包括了一套完整的流媒体处理技术的组件和特性，其主要目的是在 Internet 和 Intranet 上实现基于流技术的数字媒体的传输，并且 Windows Media 涉及数字媒体的许多新领域，如数字权限管理等。

Windows Media 技术的一大特点是其制作、发布和播放软件与 Windows 操作系统集成在一起，一般不需要额外购买，并且其编码器和播放器的音频、视频质量都比较高，易于使用。

ASF 是 Windows Media 流媒体系统的核心成分，ASF 是一种数据格式，音频、视频、图像以及控制命令脚本等多媒体信息都是通过这种格式，以网络数据包的形式传输的，以实现流式多媒体内容的发布。故而，通常又将基于 Windows Media 技术在网络上传输的内容转换为 ASF 流（ASF Stream），ASF 支持任意的压缩/解压缩方式，并可以使用任何一种底层协议传输数据，灵活性很大。

Windows Media 技术不是以某个软件产品为中心的，它以一系列模块组件为中心。根据实际需求适当地安排这些组件，就能够创建出多种实用方案。以传统的无线广播为例，传统的解决方案由三部分组成：用于创建内容的生产设备、用于发送内容的发送器和用于接收音频的终端收音机。如果用 Windows Media 创建一个无线广播类型的方案，则可用类似的方法安排三个组件来实现：用于创建内容的 Windows Media 的编码工具、在网上发送内容的 Windows Media 服务器软件和用于接收内容的 Windows Media 播放器终端软件，如图 7-10 所示。

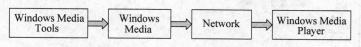

图 7-10　Windows Media 组件的解决方案

对于大部分普通用户来说，他们并不需要完全理解 Windows Media 技术的各个层面，也不必要安装所有的 Windows Media 组件，他们作为普通的使用者，只需要安装终端播放器 Windows Media Player，就像传统的无线广播一样，用户只需要有一台收音机即可。一个流媒体生产者不需要了解安装和使用服务器，而一个服务提供者，可能就不需要了解媒体的制作过程。同样，一个收听网络广播的终端用户，只要拥有一台播放器就足够了。

接下来，将详细介绍 Windows Media 流媒体系统的安装和配置。利用 Windows

Media Encoder 转换流媒体文件，把原始文件转化为媒体流，再利用 Windows Media Services 转发，最后用 Windows Media Player 解码播放，实现强大的发布点功能。

1. 安装 IIS 和 Windows Media Services

首先将 Windows 2000 Server 安装盘放入光驱中，然后打开"开始"→"控制面板"→"管理工具"→"管理您的服务器"或"开始"→"控制面板"→"添加或删除程序"→"添加/删除 Windows 组件"，在其中勾取"Internet 信息服务"，也就是 2000 Server 中的 IIS 服务器和"Windows Media 服务"，如图 7-11 所示，单击"下一步"按钮，系统会从安装盘中自动安装。

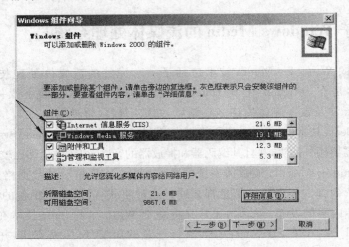

图 7-11　安装 IIS 和 Windows Media Services

2. 应用 Windows Media 编码器和配置 Windows Media Server

打开 Windows Media 编码器，弹出如图 7-12 所示的"新建会话"对话框，选择广播实

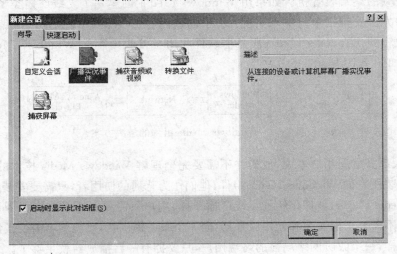

图 7-12　新建会话

况事件,按照新建会话向导即可完成新建会话。需注意的是其中有一步是广播连接(见图 7-13),用于连接的 URL 地址将在后面用到。完成新建会话后,单击工具栏中的"开始编码",Windows Media 编码器就会通过视频设备进行视频录像。

图 7-13　广播连接

在 Windows 桌面中,选择"开始"→"控制面板"→"管理工具"→"Windows Media"命令,如图 7-14 所示,打开 Windows Media 管理器,打开后的界面如图 7-15 所示。

图 7-14　Windows Media 管理器

Windows Media 管理器是一个基于网页的管理器。下面配置一个最简单的点播 WMV 文件的单播发布点,配置步骤如下。

在左面菜单的上方选择"添加服务器",就会出现一个服务器名称输入窗口,在文本框中填入将要进行管理的服务器名称,如图 7-16 所示,单击"确定"按钮。在本书中使用 CAITEST 作为服务器。

在左边选择服务器的下拉框中选择服务器,单击操作菜单中的"单播发布点",如图 7-17 所示,会出现当前所有单播发布点的信息。

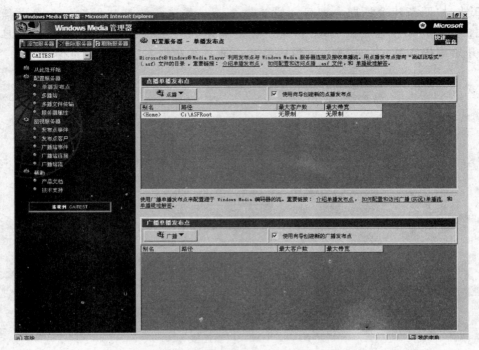

图 7-15　Windows Media 管理器界面

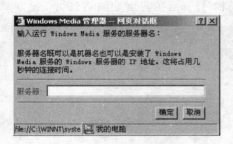

图 7-16　添加服务器

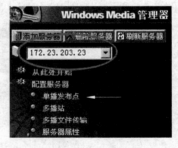

图 7-17　选择服务器和单播发布点

　　单击图 7-15 中的"点播"按钮出现下拉菜单,选择"新建"出现快速启动向导,如图 7-18 所示,根据向导新建一个单播发布点。

　　完成后,可右击新建好的发布点,选择"属性",可以查看或修改新建好的发布点的信息。

　　单击图 7-15 中的"广播"按钮出现下拉菜单,选择"新建"出现快速启动向导,如图 7-19 所示,根据向导即可创建一个广播发布点。

　　单击"下一步"按钮,出现如图 7-20 所示的界面。

　　这里选择 Windows Media 编码器,单击"下一步"按钮,出现如图 7-21 所示的界面。

　　其中路径和端口号是在图中确定的,单击"下一步"按钮,后面的步骤按照向导操作即可。

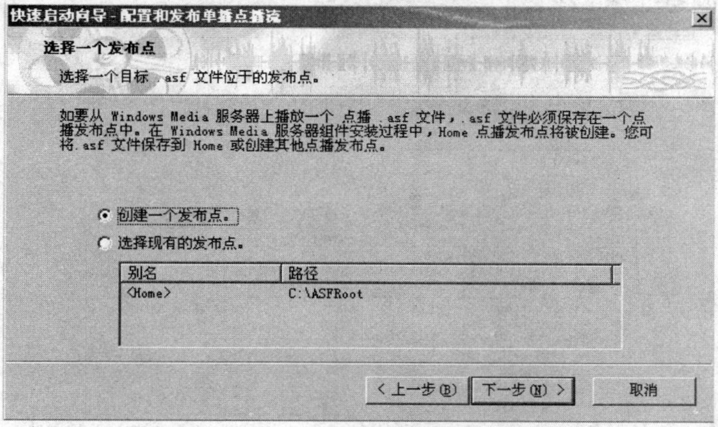

图 7-18　新建发布点向导

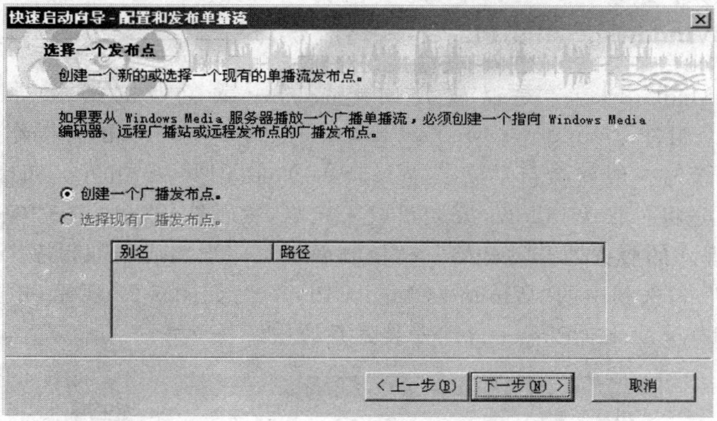

图 7-19　创建广播发布点

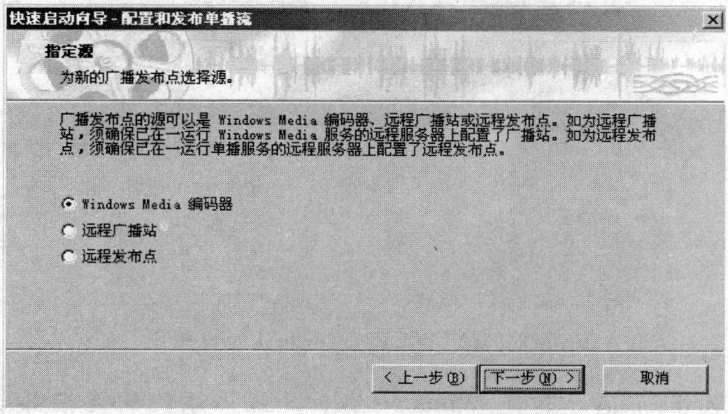

图 7-20　指定发布信息源

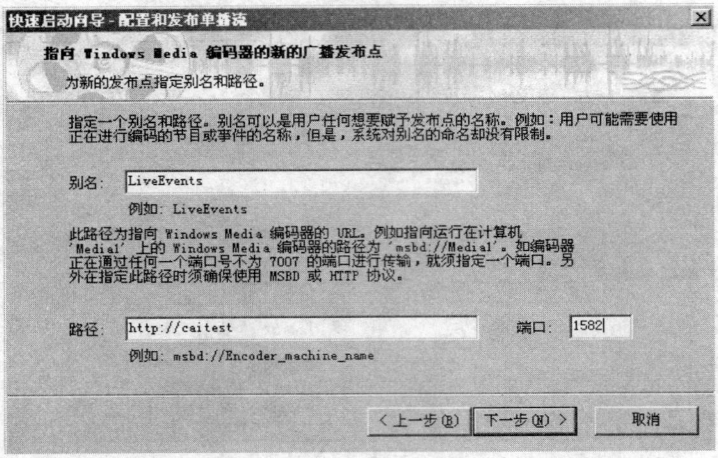

图 7-21 指向 Windows Media 编码器的新的广播发布点

3. 应用 Windows Media Player 解码流媒体

Windows Media Player 是微软公司出品的一款免费的播放器，是 Microsoft Windows 的一个组件。Windows Media Player 一般与 Windows 的各操作系统捆绑在一起，安装操作系统时一般就会自动安装 Windows Media Player 组件。如果没有安装，同上面操作，可以先将一张 Windows 安装盘放入光驱，然后打开"开始"→"控制面板"→"管理工具"→"管理您的服务器"或"开始"→"控制面板"→"添加或删除程序"→"添加/删除 Windows 组件"，勾选其中的"Windows Media Player"，如图 7-22 所示，单击"下一步"按钮就会把 Windows Media Player 自动安装到系统中。

图 7-22 安装 Windows Media Player 组件

Windows Media Player 也是 Windows Media 媒体系统的终端部分，通过它，把 Windows Media Server 传来的媒体流，呈现给请求的用户，是最终的用户与系统的交互点。

完成上述配置后，打开 Windows Media Player，在菜单选项"文件"中单击"打开 URL"（图 7-23），在弹出的对话框中输入 http://caitest：1582，Windows Media Player 就会链接到服务器并播放视频设备正在捕获的视频。

图 7-23　播放器媒体流 URL 输入

7.3.5　基于 RealSystem 系统的网上直播系统

网上直播系统，是利用计算机网络将现场的景象在网上实时发布的系统。随着互联网的发展，网上直播系统逐渐得到了广泛的应用，电视节目、各种文艺演出和会议都可以在网上直播。下面对典型的网上直播系统进行介绍。

1. 视频直播的基本要求和特点

网上直播是伴随着视频、音频处理及计算机网络技术的发展而迅速兴起的一门综合性技术。网络结构中的多媒体数据以实时数据流的形式传输，与传统的文件数据不同，多媒体数据流一旦开始传输，就必须以稳定的速率传送到桌面计算机上，以保证其平滑地回放，视频、音频数据流都不能有停滞和间断。因此，网上视频直播必须满足如下要求：

（1）音频、视频数据流平滑，无停顿和抖动；

（2）具有快速的响应速度，延迟小；

（3）根据用户接入带宽可调整音视频质量传输以满足不同数据传输的连续性；

（4）系统具备稳定性、扩展性、安全性、支持大并发流等特性。

目前，比较先进的网上直播系统应该具有如下特点：

（1）可以实现综合管理和制作，系统整体的安全性和稳定性较高。

（2）充分利用网络带宽资源，实现高并发流的传输。

（3）响应速度快，即点即播，快速缓冲，无停顿，采用流式解压技术。读取播放画面流畅、清晰。

（4）具有完善的负载均衡策略。

2．网上直播系统的结构

网上直播系统一般是由节目源、编码机、流媒体服务器和播放终端组成的，如图 7-24 所示。根据实际情况配置硬件及网络结构，可以实现在复杂的网络环境、不同的接入方式、不同的用户需求等各种情况下收看节目的需求，系统结构也具备灵活的扩展性。

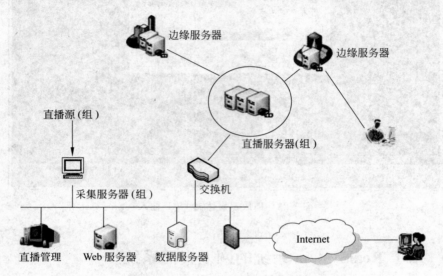

图 7-24　网上直播系统结构

（1）直播源，又称节目源：直播的视频内容来源，可以是电视机接收的节目、摄像机正在拍摄的现场活动，也可以是 DVD 机播放的电影等内容。

（2）编码机：安装了流媒体采集卡和流媒体编码软件的计算机。流媒体采集卡一般选择 Osprey 等专业视频采集卡；流媒体软件系统选择 RealSystem、Windows Media 或 Apple 等。

（3）流媒体服务器：安装了流媒体软件系统的服务器端的硬件服务器。

（4）播放终端：安装了流媒体软件系统的播放器部分的已经联网的计算机。播放器为 Real System 的 RealPlayer 或者 Windows Media Player 等。

3．RealSystem 流媒体系统介绍

RealNetwork 公司在 20 世纪 90 年代中期推出了流媒体技术，伴随着 Internet 的急速发展而壮大，在市场占据了主导地位，拥有较多的用户数量。RealNetwork 公司是世界领先的网上流式音频、视频解决方案的提供者，提供从制作端、服务端到客户端的所有产品和解决方案的设计。RealSystem 也被认为是各种网络环境下最优秀的流媒体传输系

统,其允许的带宽范围从拨号上网到千兆局域网。

RealSystem 系统由制作端产品 RealProducer、服务器产品 RealServer(Helix Server)以及客户端产品 RealPlayer 共同组成。它们之间相互联系、组织配合构成了 RealSystem 流媒体系统的强大功能。RealSystem 组件工作系统组合图如图 7-25 所示。

图 7-25　RealSystem 各组件工作系统图

RealProducer 主要用于制作多媒体文件。RealProducer 可以实时压制从硬件采集的现场视频,并通过推或者拉的方式传给 RealServer 进行现场直播;也可以把其他的音频、视频、动画和文字等多媒体格式转化为 RealServer 支持并进行流媒体广播的 Real 格式。

Helix Server 是整个 RealSystem 流媒体系统的核心部分,它负责把 RealProducer 已经制作好的流媒体文件以实时媒体流形式发布出去,为客户端提供流媒体源。Helix Serve 也是目前国际上最强有力的网络流转播引擎,利用该服务器用户可以在客户端无须等待数据下载完毕即可收看直播节目。另外,Real 公司还对外开放了自己服务器的内部结构,提供了二次开发的 SDK,允许第三方对 RealServer 做进一步的开发以增加特定的功能。

4. 基于 RealSystem 的网上直播系统的实现

目前,许多高校都建立了校园网,为网内用户提供视频服务已成为网络的一项基本应用。视频服务软件一般选择基于流媒体技术的服务器软件,下面以 RealNetworks 系列产品为例进行使用说明,其流媒体文件包括 RealAudio、RealVideo、RealPresentation 和 RealFlash 4 类文件,分别用于传送不同的文件。RealSystem 采用 SureStream 技术,可以自动并持续地调整数据流的流量以适应实际应用中的各种不同网络带宽的需求,轻松实现音视频和三维动画的回放。Real 流媒体文件采用 RealProducer 软件进行制作,RealProducer 可以把现场信号通过视频采集卡即时制作成流媒体文件,再通过服务器端的 RealServer 直播到局域网内的每一台计算机中。现场信号包括电视机、影碟机、录像机的信号,摄像机、摄像头的信号,从卫星接收的信号等。下面介绍如何设置 Helix Producer Plus V9.01(即 Real Producer 9.0)的参数以实现网络的现场直播。

进行网上直播的软硬件配置如下。

编码机:一台 PC 服务器,安装一块视频采集卡,进行音视频信号的编码。在该编码机上安装 Helix Producer Plus 软件。

客户端:安装 RealPlayer 播放器。

流媒体服务器:一台安装 RealServer 的流媒体服务器。这里使用 Helix Server。

安装和配置的过程如下。

1)硬件连接

硬件连接比较简单,只要把采集卡与输入源(如影碟机)的视频、音频信号对应连接即可。具体连接为：输入源的视频输出端与采集卡的视频输入端相连，输入源的音频输出端与计算机声卡的线路输入端相连。

2）Helix Server 的安装与配置

运行安装程序，按照安装向导安装即可，值得注意的是在安装过程中有一步需要输入管理账号和密码（见图 7-26），由于该账户和密码在后面的操作中会用到，因此应记住所填内容。

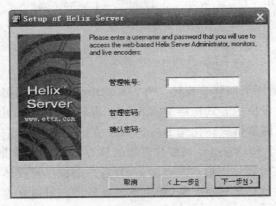

图 7-26　Helix Server 安装界面

安装完成后，启动 Helix Server。打开 Helix Server Administrator 进行服务器配置，单击广播分发下的传送服务器，单击"＋"可添加传送服务器 Transmitter1，配置如图 7-27所示，配置完成后单击下方的"应用"按钮。

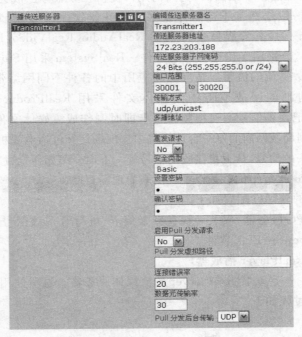

图 7-27　传送服务器配置

单击接收服务器,单击"+"可添加接收服务器 Receiver1,配置如图 7-28 所示。配置完成后单击下方的"应用"按钮,然后单击右上方的"重启服务器"按钮即可完成服务器的配置。

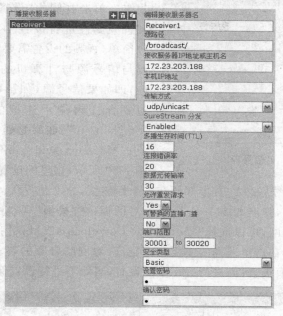

图 7-28 接收服务器配置

3) Helix Producer Plus V9.01 的安装

运行安装程序,一直单击"下一步"按钮即可。详细安装步骤这里不再赘述。

4) Helix Producer Plus V9.01 的配置

(1) 运行 Helix Producer。软件界面可分为左右两部分,左面为输入预览及设置,右面为输出预览及设置(见图 7-29)。

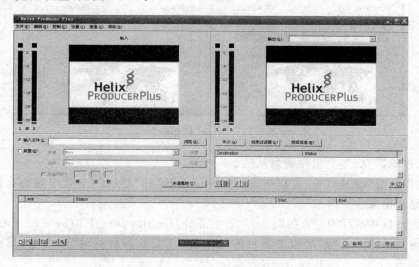

图 7-29 Helix Producer 界面

（2）输入设置：在主界面左面的输入设置里选择"装置"，在"音频"下拉列表中选择所使用的声卡，在"视频"下拉列表中选择采集卡。单击右侧的"设置"按钮，可以对音频和视频属性进行设置。其中，音频的设置比较简单，视频的设置需要注意的是：输入设置要与信号源与计算机的物理连接类型相对应，即如果信号源（如影碟机）与计算机是通过复合视频端子连接的，就应选择"video composite in"；如果是通过 s 端子连接的，就应选择"video svideo in"。视频属性设置如图 7-30 所示，这里的设置采用默认值即可。

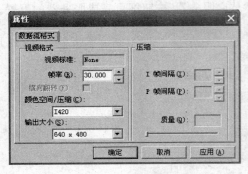

图 7-30 置信号源

（3）输出设置：图 7-29 的右半部分有三个标签页，分别是听众、视频过滤器和剪辑信息。单击"听众"标签，弹出如图 7-31 所示的对话框；在"模板"列表中，选择一个模板，如果是百兆以上的局域网，可以选择"450K VBR Download 450kbps"；然后单击中间的"添加到听众列表"按钮，在这里选择的模板速率越高，对网络带宽的要求也就越高。添加完成后，双击新添加的模板，可以进行进一步的设置，当然不进行设置保留默认值也可以。

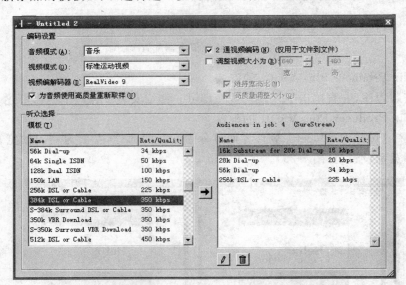

图 7-31 "听众"标签设置

"视频过滤器"标签页里保留默认值。

在"剪辑信息"标签页里，可以指定"标题"、"作者"和"版权"，这些信息会在接收端的播放器里显示出来。

（4）添加服务器目的地：在图 7-29 下半部分"Destination"下面的空白区域右击，在弹出的快捷菜单中单击"添加服务器目的地"，打开"服务器目的地"对话框（见图 7-32）。具体设置如下。

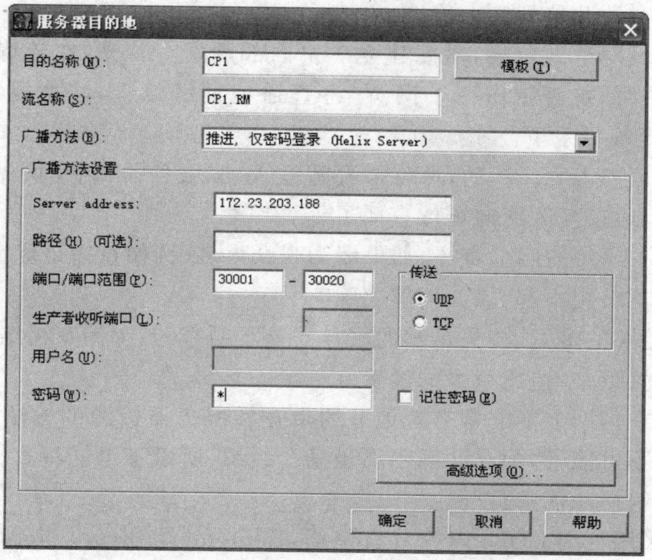

图 7-32　服务器目的地设置

- 目的名称：任意起一个名字，如 CP1；
- 流名称：接收端接收用的名称，以后要用到，需记住，如"CP1.RM"；
- 广播方法：选择"推进，仅密码登录（Helix Server）"；
- Server address：这里填 Real Server 服务器的 IP 地址；
- 路径：栏为空；
- 端口/端口范围：30001～30020；
- 传送：选择"UDP"协议；
- 密码：为 RealServer 服务器登录 RealServer 管理页面的密码。

以上设置完成后，单击"确定"按钮。

至此，Helix Producer 的直播设置已经完成，可以选择"文件"→"保存工作"菜单，将以上设置保存为模板，当下次使用时，再选择"文件"→"打开工作"菜单，选择前面保存的模板即可。

（5）编码，开始广播：单击图 7-29 界面中的"编码"按钮，便开始在局域网内广播。

（6）接收广播，在局域网内的任一台计算机上，打开 RealPlayer 播放器，在地址栏里输入："Rtsp://172.23.203.188/broadcast/cp1.rm"。其中，"Rtsp"为协议名称，"172.23.203.188"为服务器的 IP 地址，改为用户的服务器 IP 地址即可，"broadcast"为 Helix Server 服务器的默认直播加载点，"cp1.rm"为图 7-32 里设置的流名称。

注：本例所采用的 RealServer 版本为 Helix Universal Internet Server 9.0.2。

5. 网上发布

如果是在互联网上做直播，那么就要考虑出口带宽是否有保证，因为流媒体比普通网页需要更大的带宽。一个流媒体文件的访问所需要的网络带宽，大约是一个对网页访问所需要的网络带宽的几倍到几十倍。

如果是在局域网里做直播，需要建立一个内部网站。首先，在流媒体服务器上添加IIS，然后建立虚拟目录。制作一个网页，将直播地址链接上，将此网页保存为"index.htm"，并保存在虚拟目录下。

如果直播是面向 Internet 的，那就需要建立 Web 服务器，制作网站。在网页上建立好链接后，就可以通过互联网向全球直播了。

对于面向 Internet 的网上直播，如果因为观众太多（例如直播足球世界杯比赛），导致网络带宽和服务器负担不起，该如何解决呢？

显然，租用足够的带宽、购买足够的服务器是不明智的，因为直播结束后，这些资源中的大部分就会闲置下来，造成很大的浪费。

组播是一个在内网上能非常有效地节约带宽和服务器资源的方法。但是，在互联网上实施组播几乎不可能，因为互联网不属于某个组织，所以不可能将直播覆盖的地区的所有的网络设备的组播功能都打开。

现在，可以采用租用 CDN（内容分发网络，Contents Delivery Network 的缩写）服务的方式解决这个问题。CDN 服务就像租用虚拟主机服务一样，因为是和大家共享服务器和出口带宽，所以成本很低。举个例子说明 CDN 服务：如果在北京做网上直播，当租用了在上海提供的 CDN 服务后，那么北京的流媒体服务器只要发一个视频流到上海的CDN 设备，就可以覆盖所有上海的观众，上海的观众只要访问上海本地的 CDN 设备，就可以收看网上直播了，这些观众的访问请求不必都经过骨干网涌向服务器，从而节约了骨干网带宽和服务器资源，相应地降低了直播成本。

7.4 习　　题

一、选择题

1. 下列选项不属于资源子网的是＿＿＿＿＿＿。
   A. 会话层　　　　　　B. 表示层　　　　　　C. 应用层　　　　　　D. 传输层
2. 在物理层中，数据的单位是＿＿＿＿＿＿。
   A. 帧　　　　　　　　B. 比特　　　　　　　C. 字节　　　　　　　D. 兆
3. 在数据链路层中，数据的单位是＿＿＿＿＿＿。
   A. 兆　　　　　　　　B. 比特　　　　　　　C. 帧　　　　　　　　D. 字节
4. 下列选项中不属于网络层功能的是＿＿＿＿＿＿。
   A. 路由选择　　　　　B. 阻塞控制　　　　　C. 网络互联　　　　　D. 传送报文
5. 下列选项中不属于传输层功能的是＿＿＿＿＿＿。
   A. 向用户提供可靠的端到端服务　　　　　B. 网络互联
   C. 透明地传送报文　　　　　　　　　　　D. 选择网络层能提供最适宜的服务
6. C 类地址的二进制固定最高位是＿＿＿＿＿＿。
   A. 110　　　　　　　　B. 1110　　　　　　　C. 10　　　　　　　　D. 0

7. 下列选项中不属于 TCP 协议的服务特点是_____。

    A. 全双工的　　　　　B. 可靠的　　　　　C. 面向连接的　　　　　D. 透明的

8. TCP/UDP 工作在 OSI 参考模型的哪一层？_____

    A. 物理层　　　　　B. 传输层　　　　　C. 应用层　　　　　D. 数据链路层

9. UDP 协议的特点是_____。

    A. 可靠的、面向连接的　　　　　　　　B. 可靠的、无连接的

    C. 不可靠的、无连接　　　　　　　　　D. 不可靠的、面向连接的

10. IP 地址：172.23.199.92 属于哪一类 IP 地址？_____

    A. A 类　　　　　B. B 类　　　　　C. C 类　　　　　D. D 类

11. IP 组播的地址分配不包括_____。

    A. 局部链接组播地址　　　　　　　　　B. 静态组播地址

    C. 预留组播地址　　　　　　　　　　　D. 管理权限地址

12. _____是指通信网络单位时间内传输的二进制位数，也称比特率或带宽。

    A. 吞吐量　　　　　B. 传输延时　　　　　C. 延时抖动　　　　　D. 错误率

13. 在传输系统中产生的错误不能由以下哪种方式度量？_____

    A. 包错误率　　　　　B. 突发度　　　　　C. 误码率　　　　　D. 包丢失率

14. 下列选项中与顺序流式传输不相关的是_____。

    A. 下载文件的同时用户可观看在线媒体　B. 需要专用的流媒体服务器

    C. 用户只能观看已下载的那部分　　　　D. 不需要其他特殊协议

15. 下列选项中与实时流式传输不相关的是_____。

    A. 保证媒体信号带宽与网络连接匹配　　B. 支持随机访问

    C. 被称作 HTTP 流式传输　　　　　　　D. 实时传送

16. _____作用在于和 RTP 一起提供流量控制和拥塞控制服务，能以有效的反馈和最小的开销使传输效率最佳化。

    A. RTSP　　　　　B. RTP　　　　　C. RSVP　　　　　D. RTCP

17. _____是一种正在开发的 Internet 上的资源预订协议。

    A. RTSP　　　　　B. RTP　　　　　C. RSVP　　　　　D. RTCP

18. 负责提供时间信息和控制流同步的协议是_____。

    A. RTSP　　　　　B. RTP　　　　　C. RSVP　　　　　D. RTCP

19. _____是用于 Internet 上针对多媒体数据流的一种传输协议，主要处理一对一、一对多的多媒体数据流传输任务。

    A. RTSP　　　　　B. RTP　　　　　C. RSVP　　　　　D. RTCP

20. _____定义了一对多应用程序有效地通过 IP 网络传送多媒体数据的方式，使用 TCP 或 RTP 完成数据传输。

    A. RTSP　　　　　B. RTP　　　　　C. RSVP　　　　　D. RTCP

21. 下列不属于网络上与流媒体相关的协议是_____。

    A. 会话协议　　　　　B. 程序控制协议　　　　C. 网络层协议　　　　D. 传输协议

二、填空题

1. OSI 参考模型由低到高分别是 _____、_____、_____、_____、_____、_____、_____。

2. TCP/IP 的主要特征是_____、_____、_____、_____、_____。

3. 协议是对数据在计算机或设备之间传输时的表示方法进行_____和_____的标准。

4. 一个 IP 地址主要由_____和_____两部分组成。

5. 为了提高 IP 地址的使用效率,_____可将一个网络划分为多个子网,它是对特定的 IP 地址而言的,脱离了 IP 就毫无意义。

6. 子网掩码的表示方式是把所有的网络位用_____来标识,主机位用_____来标识。

7. 为了提高 IP 地址的使用效率,可将一个网络划分为多个子网,这使得 IP 地址的结构分为_____、_____、_____三部分。

8. TCP 协议能够实现可靠性,主要是因为采用了_____。

9. TCP 有助于提供可靠性,而 UDP 则有助于提高传输的_____。

10. 目前,运用于 Internet 上的典型多媒体应用主要包括_____、_____、_____、_____、_____等。

11. 在应用系统中使用组播地址两种方法是_____和_____。

12. IGMP 代表的意义是_____。

13. 会直接影响多媒体网络的服务质量的技术指标主要包括_____、_____、_____、_____。

14. 吞吐量是指通信网络单位时间内传输的_____。

15. 从单个媒体而言_____是对网络吞吐量要求最高的媒体。

16. 网络的传输延时包括_____和_____。

17. _____ 称为网络的延时抖动。延时抖动通常采用在一段时间内_____来表示。

18. ITU-T 将 QoS 定义为_____的一组性能参数,通信网络的_____、_____、_____和_____就是常用的 QoS 参数。

19. QoS 参数可以用多种方式来描述,_____和_____是最常用的两种描述方法。

20. _____和_____是网络多媒体应用中的两大媒体。_____具有很强的实时性,在传送时,不仅要保持同一媒体内部的连续性,还要保持不同媒体间的同步,因此,_____是网络多媒体应用系统 QoS 管理的最基本任务。

21. 在 QoS 管理中,静态资源管理主要包括_____、_____和_____。

22. 流媒体实现的关键技术是_____。

23. 衡量流媒体服务器性能的主要指标是看其在_____、_____请求下的处理能力,而这种能力依赖于服务器的_____、_____、_____、_____、

_____等多方面因素。

24. 实现流式传输方法有_____和_____。

25. 流媒体系统由_____、_____、_____和_____构成。

26. 网络上与流媒体相关的协议分为_____、_____、_____三类。

27. RealSystem 流媒体系统有_____、_____和_____三个组件组成。

28. 流式传输协议是为了在客户机和视频服务器之间进行_____而设计和标准化的。

29. 流媒体文件根据发布文件的不同用途,分为_____、_____和_____三类。

30. 网上直播系统一般是由_____、_____、_____和_____组成的。

三、问答题

1. 简述 IPv6 的技术特点。

2. 简述三次握手的过程。

3. 简述单播、广播、组播的概念及各自的优缺点。

4. 什么是服务质量缩放?

5. 网络吞吐量、传输延迟、延时抖动、传输误码率分别对多媒体信息传输有何影响?

6. 普通的流媒体系统一般有哪几部分组成,它们之间是怎么相互工作的?

7. 流媒体的技术原理是什么?

8. 简述 RTP 与 RTCP 之间有什么样的联系。

9. 简述网络上传输音视频等多媒体信息的步骤。

第8章

典型的多媒体应用系统

8.1 视频会议系统

视频会议系统,也称为会议电视系统,是指两个或两个以上不同地方的个人或群体,通过传输线路及多媒体设备,将声音、影像及文件资料互传,进行即时且互动的沟通,以完成会议目的的系统设备。在召开视频会议时,处于不同地点的与会代表,既可听到对方的声音,又能看到对方及会议中展示的实物、图片、表格、文件等,与真实的会议无异,能使每个与会者都有身临其境之感。

8.1.1 发展概况

国外对视频会议的研究开发远远早于中国,第一代视频会议产品的可视电话是由美国贝尔实验室 1964 年研制出来的,我国第一台拥有自主知识产权的 ISDN 可视电话 2001 年 7 月才研制成功。会议电视大致经历了以下几个发展阶段。

第一阶段是 20 世纪 60 年代至 80 年代的模拟会议电视阶段。该阶段的视频会议系统,由于专用芯片等器件价格昂贵,同时又要占用很大的通信频带带宽,所以它的推广受到了很大的限制。

第二阶段是 20 世纪 80 年代初至 1995 年的 ISDN 上的数字会议电视。这一阶段前期是基于 SDH、DDN 网,后期则主要是基于 ISDN 网的会议电视。1980 年以后,新的数字压缩技术允许在低于 768kbps 的数据速率下取得较好的视频图像质量,1986 年底又进一步降到了 224kbps(如 Picture Tel 的 C-2000,基于软件 CODEC)。1988 年 Picture Tel 的视频压缩技术有了新的突破,它在 112kbps 数据速率下,取得了很好的图像质量。同时 CCITT 为视频会议系统制定了 $p \times 64$kbps 标准,解决了不同厂商产品的兼容性问题,为它的普及打下了良好的基础。

第三阶段是 1995 年以后 IP 网上的数字会议电视。基于 IP 网的视频会议系统最初是"点对点"的会议,后来发展出"点对多点"及"多点对多点"的会议。后两种形式都需要网络管理设备即多点控制单元 MCU(Multipoint Control Unit)。"点对点"视频会议系统一般被称为视频(可视)电话。

8.1.2　视频会议系统的分类

根据业务需求分类,大致可以分为教学型的双向视频会议系统、会议型双向视频会议系统、商务型视频会议系统(即桌面型视频会议系统);按使用频度分类,又分为连续型视频会议系统、一般性会议系统;按设备结构分类,可分为硬件视频会议系统和软件视频会议系统。

教学型视频会议能满足教师的教学要求,让老师在摄像头前如同在讲台上讲课一样,方便自如地进行教学活动。在教学过程中,教师可以方便地利用计算机进行PowerPoint、Flash等多媒体课件的教学演示,而无须进行视频会议终端的启动,同时减少了各种不必要的操作过程,所以操作简捷、时间上具有连续性、设备的高可靠性是教学型视频会议系统的主要特点。

会议型双向视频会议系统主要针对政府和行业的行政会议,特点是场面较大、会议内容比较单一。单纯的视频会议终端的摄像机镜头无法满足会议的需要,应尽可能选用广播级或专业级摄像机。根据会场的大小,一般的摄像机机位有三个以上,同时有一套完善的视频切换设备、调音设备,传声系统要求也比较严格。要考虑会场的灯光效果、会场的吸声、扩声效果,使会场的各种参数要求尽量达到演播室的技术指标要求。该类视频会议系统的需求较高,对视频会议的图像质量要求较高,与会者在每一个位置都能看到视频会议图像,都能听到清晰的会场声音。另外还具有会场的轮巡、会场的预监、分屏显示、会议预约、会议群呼、主席控制等功能。动态的双流视频可以增加会议的气氛,这是由于行政会议这种特殊性所必需的,可以采用双路视频配合计算机播放PPT文档,对会议的气氛进行渲染,以达到会议的目的。

商务型视频会议系统要求较为简单,主要是服务于一些商务活动,这类视频会议系统要求性价比较高,一般电视会议终端都能满足业务需求,对MCU的要求一般要支持T.120协议,有利于商务文档的修改,可以进行电子白板、文件传输、应用共享等相关操作。要求视频会议终端体积小、操作简便、使用灵活方便,同时能提供视频会议的加密措施,为商业活动的保密性提供服务。

8.1.3　硬件视频会议系统

硬件视频会议系统的结构如图8-1所示,它主要由视频会议终端、MCU(多点控制器)、网络平台通信系统、控制管理软件等组成。

视频会议终端产品是经过专门设计的、功能完善的、提供给用户的会议室使用的产品。会议终端主要包括音频和视频的编解码器及其附属设备,主要功能是完成视频信号的采集、编辑处理及显示输出,音频信号的采集、编辑处理及输出,视频音频数字信号的压缩编码和解码,最后将符合国际标准的压缩码流经线路接口送到信道,或从信道上将标准压缩码流经线路接口送到会议终端中。此外,终端还要形成通信的各种控制信息:同步控制和指示信号、远端摄像机的控制协议、定义帧结构、呼叫规程及多个终端的呼叫规程、

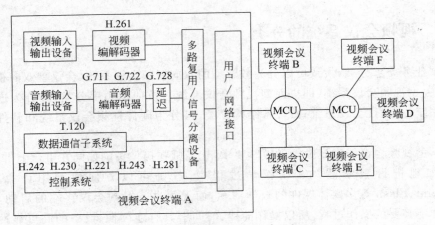

图 8-1　视频会议系统结构

加密标准、传送密钥的管理标准等。一般会议室设备都具有专用摄像头,可以接受遥控键盘的指令进行全方位旋转,从而使其覆盖到会议室的每一个角落,显示功能可以通过电视机或者大屏幕显示器来完成。

多点控制单元(Multipoint Control Unit,MCU)是整个会议系统的关键设备,它为用户提供群组会议、多组会议的连接服务。MCU 是一个数字处理单元,也具有交换的功能,它的端口一般可以为 8 个、12 个,即可以接 8 个或 12 个会场的终端设备(2Mbps)。MCU 在数字域中实现音频、视频、数据、信令等数字信号的混合与切换,并确定将某一会场终端的视频、音频信号分配到其他会场。对于语音信号,若同时有几个发言,可以对它们进行混合处理,选出最高的音频信号,切换到其他会场。MCU 的主要组成部分是:网络接口单元、呼叫控制单元、多路复用和解复用单元、音频处理器、视频处理器、数据处理器、控制处理器、密钥处理分发器及呼叫控制处理器。它符合 ITU-T H.231 规范。H.231 建议多点会议电视系统组网采用星状结构。

因为 MCU 的价格较高,客户在购买设备时,如果会议点比较少,如只有 4 个左右,可以考虑采用与终端一体的设备;如果会议点超过 4 个,则必须购买专用 MCU 设备以保证会议质量。

用户/网络接口是用户端的终端设备与网络信道的连接点,该连接点称为"接口",且为数字电路接口,对于接口的物理与电气特性应满足 ITU-T G.703 建议,进入 PCM 信道的视频会议信号的时隙(TS)的配置就符合 ITU-T G.704 建议的信道帧结构的要求。

多路复用/信号分离接口能把视频、音频、数据等数字信号按照 H.221 建议(视听电信业务中 64～1920kbps 信道中的帧结构)规格组合成 64～1920kbps 的数字码流,成为与用户/网络接口兼容的信号格式。

数据通信子系统是指有关静态图像的传输设备。这涉及的某些信息通信设备应符合 ITU-T T.120 系列标准的有关静态图像传输规程、多点二值文件传输规程。此外,还包括传真机、书写电话等信息通信设备。

系统控制部分包括端到端的通信规程。两个终端要互通,双方要有一个约定、协商,大家按照统一的"步骤"或规程进行,一达到握手协议的要求,便建立起正常的通信。因此通信协议应符合 H.242 建议的要求;在多点通信时,有 MCU 时的通信规程应符合 H.243 建议的要求。

ITU 从 1990 年起制定了一系列多媒体技术标准,发布了 H 系列、G 系列、T 系列等规范,形成了多媒体视频会议系统的标准体系,规范了图像、声音、数据的通信方式,解决了不同系统的互通问题。

8.1.4 软件视频会议系统

传统的视频会议是基于固定会议室的"电视会议系统",所有与会人员都必须到专用的会议室才能进行电视会议。由于这种传统的视频会议模式无法满足要求快速响应的商业竞争,视频会议已经开始由硬件解决方案转向了应用灵活、成本低廉的软件视频会议。客观上讲,随着越来越廉价的宽带接入的普及,视频会议由"硬"到"软"是必然的转变历程。

一直以来,有三个主要因素影响软件视频会议的发展。第一是计算机 CPU 的处理能力。由于音视频的编解码需要很强的运算处理能力,在 Intel 奔腾处理器推出之前的 PC 无法满足音视频编解码的运算要求,这也是为什么硬件视频会议长期存在的原因。第二是通信网络的带宽和价格。高质量的视频信号的传输需要一定的带宽,过去宽带网络的不普及以及高使用成本大大限制了视频会议的应用。第三是人们的使用习惯。与传统的硬件视频会议相比,软件系统需要用户对计算机进行简单的操作。随着科技的飞速进步及计算机与互联网的广泛应用,影响软件视频会议发展的几个因素均已突破,软件视频会议快速发展所需的技术基础都已成熟。

传统的视频会议系统,不论是硬件的 H.323 体系架构还是软件架构,一般仅支持 CIF(352×288)的分辨率,很难满足某些对视频要求高的用户的要求。原因在于目前传统的视频会议系统多采用 H.263 或者 H.263+ 的编码技术,压缩并传输更大分辨率的视频时,如 640×480,将受限于终端的处理能力、显示能力、网络的传输能力和 MCU 的转发能力。

在目前的技术条件下,软件视频会议在音视频质量上已非常接近硬件系统的效果。软件版专业高清视频会议不但可以满足传统的视频会议系统的要求,还可以把网络的各种功能融入到视频会议系统中。采用 H.264 编码的软件版视频会议系统,在占用 1Mbps 带宽的情况下,清晰度可以达到 640×480,帧频可以达到 25 帧/秒。

另外,软件视频会议具备许多优势,包括丰富的数据协作、会议管理和控制功能;非常方便的系统安装部署、扩容和产品升级;使用灵活,可以随时随地地召开网络会议;还有满足客户个性化的定制等。此外一个非常重要的优势是它的价格,仅有硬件系统的几分之一甚至更低。

软件视频会议系统主要是基于 IP 网络的多点视频会议系统,根据 H.323 标准又可以分为集中式和分布式两种模式。集中式多点视频会议系统与硬件视频会议系统相似,只是采用软件 MCU(多点控制单元)来分发媒体流(视频、音频和数据)。发送终端将媒体流传给 MCU，MCU 再将媒体流发送给接收终端。分布式多点视频会议中，每个终端将自己的媒体流直接发给其他同类型的终端，不需要 MCU，而是依靠 IP 网络组播基干为支撑平台，实现分布式会议的功能，如图 8-2 所示。

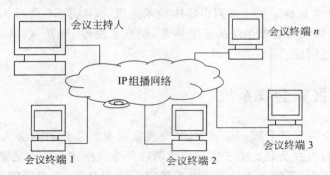

图 8-2　基于 IP 组播视频会议系统结构图

分布式多点视频会议系统采用分布式多点对多点的会议模式，基于网络组播，与会终端之间以组播方式传送视、音频数据流。系统各模块的结构关系模型如图 8-3 所示，主要由以下几个模块组成。

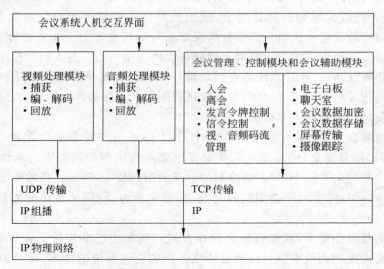

图 8-3　基于 IP 组播视频会议系统结构关系模型

（1）人机交互界面：系统提供给用户的操作界面。

（2）视频处理模块：负责视频信号的捕获、编解码和回放等。

（3）音频处理模块：负责音频信号的捕获、编解码和回放等。

（4）会议管理模块：负责整个会议进程的管理以及信令控制和视、音频码流管理，借助多线程技术管理同时并行的不同系统事务。

（5）会议控制信息传输模块：负责控制信息和管理信息的网络传输。主要是 TCP Socket 编程接口的信令管理，提供了具有安全保障的控制信息传输功能。

（6）会议数据传输模块：负责视、音频数据的网络传输。该模块基于 IP 组播技术，保证了多媒体数据流的实时传输。

（7）会议辅助模块：包括硬件测试、电子白板、聊天室、会议内容加密、会议内容存储、屏幕传输和摄像跟踪等。

分布式多点视频会议系统终端通信模块如图 8-4 所示。

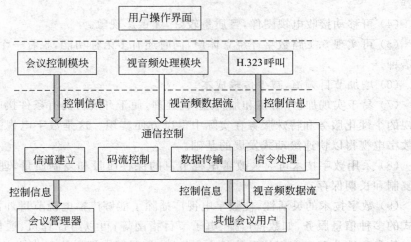

图 8-4　分布式多点视频会议终端通信模块

8.2　数字电视技术

数字电视是指一个从节目摄制、编辑、存储、发射、传输，到信号接收、处理、显示等全过程完全数字化的电视系统。数字电视的最大特点是电视信号以数字形式进行广播，其制式与模拟电视广播制式有着本质的不同。数字电视广播系统将成为一个数字信号传输平台，使整个广播电视节目制作的传输质量得到显著改善、信道资源利用率大大提高，并且提供其他增值业务，如网页浏览、视频点播、电子商务、软件下载等，使广播电视媒体发生革命性的变革。

从清晰度的角度来说，数字电视可分为高清晰度电视（HDTV）、标准清晰度电视（SDTV）和低清晰度电视（LDTV）。三者的区别主要在于图像质量和信号传输时所占信道带宽的不同。其中，HDTV 为最高级，其图像清晰度可达 35mm 胶片电影水平，显示图像分辨率达 1920×1080，幅型比为 16∶9。ITU-R 给高清晰度电视业务的定义是："高清晰度电视应是一个透明系统，一个正常视力的观众在距该系统显示屏高度的三倍距离上所看到的图像质量应具有观看原始景物或表演时所得到的印象"。其水平和垂直清晰度是常规电视的两倍左右，扩大了彩色重显范围，色彩更加逼真、配有多声道环绕立体声。SDTV 的图像质量相当于演播室水平，具备数字电视的各种优点，成本较低，是一种普及型数字电视。LDTV 对应现有 VCD 的分辨率。

与传统的模拟电视相比,数字电视有下列显著优点。

(1) 采用数字传输技术,提高了信号的传输质量,不会产生噪声累积,信号抗干扰能力增强,收视质量好。

(2) 彩色逼真,无串色,不会产生信号的非线性和相位失真的累积。

(3) 可实现不同分辨率等级(标准清晰度、高清晰度)的接收,适合大屏幕及各种显示器。

(4) 可移动接收电视图像,且质量较好,无重影现象。

(5) 可实现 5.1 路数字环绕立体声,同时还有多语种功能,收看一个节目可以选择不同语种。

(6) 增加节目频道,减少传输成本。

(7) 易于实现加密/解密和加扰/解扰处理,便于开展各类有条件接收的收费业务,使电视的个性化服务和特殊服务在实际中得以方便实现。这是数字电视的重要增值点,也是数字电视得以快速滚动式发展的基础。

(8) 采用数字技术可大大改善电视节目的保存质量和复制质量,理论上可进行无数次复制和长期保存。

(9) 数字技术的灵活性,使数字电视广播除了能够广播电视节目外,还可以提供其他形式的多种信息服务,如数据广播、电子节目指南等;可以与计算机、通信技术融合,开辟走向信息高速公路和多媒体通信的未来之路,拓展了电视媒体产业的市场广度和深度。

8.2.1 数字电视系统的关键技术

1. 数字电视的信源编解码

信源编解码技术包括视频图像编解码技术及音频信号编解码技术。视频编码技术的主要功能是完成图像的压缩,音频编码技术的主要功能是完成声音信息的压缩。无论是高清晰度电视,还是标准清晰度电视,未压缩的数字电视信号都具有很高的数据率。为了能在有限的频带内传送电视节目,必须对电视信号进行压缩处理。

在数字电视的视频图像编解码标准方面,国际上统一采用了 MPEG-2 标准。在音频编码方面,欧洲、日本采用了 MPEG-2 标准;美国采纳了杜比公司的 AC-3 方案,MPEG-2 为备用方案。

2. 数字电视的传送复用

数字电视的传送复用从发送端信息的流向来看可分为如下步骤,复用器把音频、视频、辅助数据的码流通过一个打包器打包(数据分组),然后再复合成单路串行的传输比特流,送给信道编码及调制;接收端与此过程相反。电视节目数据的打包将使其具备可扩展性、分级性、交互性的基础。在数字电视的传送复用标准方面,国际上统一采用 MPEG-2 标准。

3. 数字电视的信道编解码及调制解调

经过信源编码和系统复接后生成的节目传送码流,通常需要通过某种传输媒介才能到达用户接收机。传输媒介可以是广播电视系统、电信网络系统或存储媒介,这些传输媒介统称为传输信道。通常情况下,编码码流不能或不适合直接通过传输信道进行传输,必须经过某种处理,使之变成适合在规定信道中传输的形式。在通信原理中,这种处理称为信道编码与调制。

任何信号经过媒介传输都会产生失真,导致数字信号在传输过程中的误码。为了克服传输过程中的误码,应当针对不同的传输媒介,设计不同的信道编码方案和调制方案。数字电视信道编解码及调制解调的目的是通过纠错编码、网格编码、均衡等技术提高信号的抗干扰能力,通过调制把传输信号放在载波上,为发射做好准备。目前各国数字电视的制式标准不能统一,主要是因为纠错、均衡等技术的不同,带宽的不同,尤其是调制方式的不同。

4. 软件平台——中间件

机顶盒是电视机的一个附加部件,其目的是提高电视机的性能或增加功能。数字电视机顶盒的硬件功能主要是对接收的射频信号进行信道解码、解调、MPEG-2 码流解码及模拟音视频信号的输出。而电视内容的显示、EPG 节目信息和操作界面等都依赖软件技术来实现,缺少软件系统便无法在数字电视平台上开展诸如交互电视等其他增强型电视业务。因此,在数字电视系统中,软件技术有非常重要的作用。

中间件是一种将应用程序与底层的实时操作系统、硬件实现的技术细节隔离开来的软件环境,支持跨硬件平台和跨操作系统的软件运行,使应用不依赖于特定的硬件平台和实时操作系统。它通常由各种虚拟机构成,如个人 Java 虚拟机、HTML 虚拟机等。中间件的作用是使机顶盒的功能以应用程序接口 API 的形式提供给机顶盒生产厂家,以实现数字电视交互功能的标准化,同时使业务项目以应用程序的形式通过传输信道下载到用户机顶盒的数据减小到最低限度。

5. 条件接收

条件接收是一种技术手段,是数字电视广播收费所必需的技术保障。条件接收系统通过对播出的数字电视节目内容进行数字加扰,建立有效的收费体系,使已付费的用户能正常接收所订购的电视节目和增值业务,而未付费的用户则不能观看收费节目。条件接收系统是一个综合性的系统,集成了数据加扰、加密和解密、智能卡等技术。同时也涉及用户管理、节目管理、收费管理等信息应用管理技术,能实现各项数字电视广播业务的授权管理和接收控制。

6. 大屏幕显示

显示器是最终体现数字电视效果或魅力的产品。高清晰度电视对显示技术提出了很高的要求,目前已有多种技术能够满足高清晰度电视显示的需要。其中包括阴极射线管显示器、液晶显示器、等离子体显示器、投影显示器等。关键的问题是如何降低产品的成本,使产品以可接受的价格进入家庭。

8.2.2 数字电视标准

数字电视标准是指数字电视采用的音视频采样、压缩格式、传输方式和服务信息格式等的规定。目前投入使用的有三种:美国的 ATSC、欧洲的 DVB 和日本的 ISDB。其中前两种标准用得比较广泛,特别是 DVB 已逐渐成为世界数字电视的主流标准。

1. 美国 ATSC 标准

ATSC 标准由 4 个层级组成,最高为图像层,确定图像的形式,包括像素阵列、幅型比和帧频。第二层是图像压缩层,采用 MPEG-2 图像压缩标准。第三层是运输层,特定的数据被纳入不同的压缩包中。最后是传输层,确定数据传输的调制和信道编码方案。下面两层共同承担普通数据的传输。上面两层确定 ATSC 标准支持的具体图像格式及在普通数据传输基础上运行的特定配置,如 HDTV 或 SDTV,具体画面格式如表 8-1 所示。ATSC 采纳了 AC-3 的音频压缩算法。

表 8-1　ATSC 标准定义的画面格式

格式	画面分辨率	画面幅型比	图像帧频率	扫描方式
HDTV	1920×1080	16:9	60Hz	隔行
			30Hz	逐行
			24Hz	
	1280×720		60Hz	
			30Hz	
			24Hz	
SDTV	704×480	16:9 或 4:3	60Hz	隔行
			30Hz	逐行
			24Hz	
	640×480	4:3	60Hz	隔行
			30Hz	逐行
			24Hz	

2. 欧洲 DVB 标准

欧洲数字电视标准为 DVB(数字视频广播)。从 1995 年起,欧洲陆续发布了数字电视地面广播(DVB-T)、数字电视卫星广播(DVB-S)、数字电视有线广播(DVB-C)的标准。DVB 采纳了 MPEG-2 的音频压缩算法。

DVB-T 为数字地面电视广播系统标准,是最复杂的 DVB 传输系统。采用编码正交频分复用(COFDM)调制方式,在 8MHz 带宽内能传送 4 套标准清晰度的电视节目,传输质量高,但其接收费用高。

DVB-S 为数字卫星广播系统标准。卫星传输具有覆盖面广、节目容量大等特点。数据流的调制采用四相相移键控调制(QPSK)方式,工作频率为 11/12GHz。使用 MPEG-2 格式,用户端达到 CCIR601 演播室质量的码率为 9Mbps;达到 PAL 质量的码率为 5Mbps。一个 54MHz 的转发器传送速率可达 68Mbps,可供多套节目复用。几乎所有的卫星广播数字电视系统均采用该标准。我国也采用了 DVB-S 标准。

DVB-C 为数字有线电视广播系统标准。它具有 16、32、64QAM(正交调幅)三种调制方式,工作频率在 10GHz 以下。采用 64QAM 时,一个 PAL 通道的传送码率为 41.34Mbps,可用于多套节目的复用。

3. 日本 ISDB 标准

日本数字电视首先考虑的是卫星信道,采用 QPSK 调制。并在 1999 年发布了数字电视的标准——ISDB。ISDB 是日本的 DIBEG(数字广播专家组)制定的数字广播系统标准,它利用一种已经标准化的复用方案在一个普通的传输信道上发送各种不同种类的信号,同时已经复用的信号也可以通过各种不同的传输信道发送出去。ISDB 具有柔软性、扩展性、共通性等特点,可以灵活地集成和发送多节目的电视和其他数据业务。

8.2.3 中国数字电视的现状与发展

中国数字电视产业仍处于起步阶段,中国的国情决定了中国电视系统的数字化不可能一步到位,只能是有选择、分阶段进行。从数字电视的发展趋势来看,中国数字电视发展将经历三个阶段:机顶盒、标准清晰度数字电视和高清晰度数字电视,这三者将在一个很长的时期内并存。

1. 中国数字电视规划

国家广电总局制定的《我国有线电视向数字化过渡时间表》如下。

2008 年用数字电视转播奥运会,东部地区县以上城市、中部地区地(市)级城市和大部分县级城市、西部地区部分地(市)级以上城市和少数县级城市的有线电视基本完成向数字化过渡。

2010 年全面实现数字广播电视,中部地区县级城市、西部地区大部分县以上城市的有线电视基本完成向数字化过渡。

2015 年停播模拟信号,西部地区县级城市的有线电视基本完成向数字化过渡。

2. 中国的数字电视标准

2006 年下半年,信息产业部发布了包括液晶、等离子、液晶背投、液晶前投、背投阴极射线管、阴极射线管 6 种数字电视显示器在内的高清标准。同时公布的还有术语及试验方法、接口、机顶盒、机卡分离方面的共 25 项与数字电视相关的行业推荐性标准。

信息产业部有关负责人称，考虑到相关产业状况，为使标准能更好执行，对系列标准中涉及显示器清晰度指标的《数字电视液晶背投影显示器通用规范》等 6 项标准给予过渡期，于 2007 年 1 月 1 日起实施，其余标准自 2007 年 3 月 31 日起实施。

我国主要的数字电视标准有如下几种。

(1) 标准清晰度数字电视编解码器技术要求和测量方法(GY/T 212-2005)。

该标准规定了视频编解码采用 GB/T 17975 主型主级、音频编解码采用 GB/T 17191 层 II 的数字电视编解码器的主要技术要求和测量方法。对于能够确保同样测量不确定度的任何等效测量方法也可采用。有争议时应以本标准为准。

该标准适用于广播电视专业用标准清晰度数字电视编码器、解码器的开发、生产、应用、测试和运行维护。

(2) 30～3000MHz 地面数字音频广播系统(GY/T 214-2006)。

该标准规定了 30～3000MHz 地面数字音频广播系统的音频编码算法、音频节目以及数据业务的复用、信道编码和调制方式；同时定义了与节目业务相关的辅助业务，以及在总系统容量范围内传送与节目相关或非相关的附加数据业务。本标准还规定了有关系统配置的信息，其中包括有关总成信号、业务、业务分量及它们之间联系的信息。本标准还描述了地面数字音频广播发射信号应具有的标称特性。

该标准适用于在 30～3000MHz 频段内，向移动、便携和固定接收机传送高质量数字音频节目和数据业务。

(3) 数字电视用户管理系统功能要求和接口规范(GY/T 216-2006)。

该标准规定了数字电视广播系统中用户管理系统的基本功能、扩展功能和接口规范。适用于数字电视广播系统中用户管理系统的设计、应用和评测。

(4) 有线电视系统用射频同轴连接器的技术要求和测量方法(GY/T 217-2006)。

该标准规定了有线电视系统用射频同轴连接器(5～1000MHz)的技术要求和测量方法。对于能够确保同样测量不确定度的任何等效方法也可以采用。有争议时应以本标准为准。

该标准适用于有线电视系统用射频同轴连接器(5～1000MHz)的研发、生产、验收和应用。

(5) SDH 传输网网络管理接口规范、NMS-EMS Q3 接口管理信息模型(GY/T 218-2006)。

该标准规定了广电 SDH 传输网中网络管理系统(NMS)与网元管理系统(EMS)之间的 Q3 接口的管理功能和采用 GDMO/ASN.1 定义的信息模型。

该标准适用于广电 SDH 传输网中网络管理系统(NMS)与网元管理系统(EMS)之间的 Q3 接口的设计与实现。

(6) 广播报时信号嵌入时间码规范(GY/T 219-2006)。

该标准规定了广播整点报时信号时间码。适用于广播电台报时系统。

(7) 移动多媒体广播第 1 部分：广播信道帧结构、信道编码和调制(GY/T 220.1-2006)。

该标准规定了在 30～3000MHz 的频率范围内，移动多媒体广播系统广播信道传输信号的帧结构、信道编码和调制。

该标准适用于在 30～3000MHz 的频率范围内,通过卫星或地面站无线发射电视、广播、数据信息等多媒体信号的广播系统。

(8) 移动多媒体广播第 2 部分:复用(GY/T 220.2-2006)。

该标准规定了移动多媒体广播系统中视频、音频、数据与控制信息的复用帧结构。

该标准适用于通过卫星或地面站无线发射视频、音频、数据信息等多媒体信号的广播系统。

(9) 有线数字电视系统技术要求和测量方法(GY/T 221-2006)。

该标准规定了有线数字电视系统的技术要求和相应的测量方法。对于能够确保同样测量不确定度的任何等效测量方法也可以采用。有争议时应以本标准为准。

该标准适用于有线数字电视系统的设计、建设、验收和运行维护。

(10) 数字电视转播车技术要求和测量方法(GY/T 222-2006)。

该标准规定了数字电视转播车的技术要求和测量方法。对于能够确保同样测量不确定度的任何等效测量方法也可以采用。有争议时应以本标准为准。

该标准适用于数字电视转播车的设计、生产和运行维护。音频部分适用于与视频系统在同一个车体内的音频系统。

3. 数字电视的前景

从宏观大局着眼,数字电视是中国信息产业的一次巨大发展机遇,开辟了新的市场空间,更重要的是为 21 世纪中国经济持续增长提供了一个多产业复合增长点。数字电视与 3G 移动通信、新一代因特网共称为 21 世纪的三大信息基础设施。这使得数字电视产业升级进程具有了支柱型产业的战略前景。

8.2.4　三网融合

随着近几年网络技术的进步,Internet 可以实现网络电视和 IP 电话,而有线电视网可以实现视频点播和信息服务,电话线可以作为接入 Internet 的手段。2010 年我国也在美国、英国和法国等国之后开始实施三网融合的方案。所谓三网融合,就是在同一个网络上实现语音、数据和图像的传输。对用户而言,就是指只用一条线路可以实现打电话、看电视、上网等多种功能。三网融合是一种广义的、社会化的说法,它并不意味着电信网、互联网和广电网三大网络的物理合一,而主要是指高层业务应用的融合。其表现为技术上趋向一致,网络层上可以实现互联互通,形成无缝覆盖,业务层上互相渗透和交叉,应用层上趋向使用统一的 IP 协议,在经营上互相竞争、互相合作,朝着为人们提供多样化、多媒体化、个性化服务的同一目标逐渐交汇在一起,行业管制和政策方面也逐渐趋向统一。

1. 三网融合的好处

一是方便。三项服务可以一次申请和办理,用户不需分别向三家公司申请。

二是价格便宜。一般情况下,三网融合的"捆绑服务"费用每月要比单独申请服务的费用便宜 20 美元至 30 美元。

三是技术的进步提供了更多的便利。目前有的公司已经将电话与电视结合起来，看电视时如有电话进来，电视机屏幕上将会显示出电话号码；此外，电视与计算机的结合，使用户可以通过电视机上网，也可在计算机上看电视节目。

2. 三网融合的技术基础

（1）成熟的数字化技术，即语音、数据、图像等信息都可以通过编码成 0 和 1 的比特流进行传输和交换，这是三网融合的基本条件。

（2）采用 TCP/IP 协议。只有基于独立的 IP 地址，才能实现点对点、点对多点的互动，才能使得各种以 IP 为基础的业务能在不同的网络上实现互通。

（3）通信技术。光通信技术能够提供足够的信息传输速度，保证传输质量，光通信技术也使传输成本大幅下降。近年来，高速大容量的同步数字系列（SDH）、光纤通信系统以及波分复用密集技术的成熟，已能满足当前高速宽带通信的要求，而逐渐成熟的 ATM 交换技术又为宽带综合业务交换奠定了良好的基础。宽带接入网络在采用了光纤/同轴电缆混合（HFC）拓扑网络以后，技术上取得了很大的发展，它可以通过一个 HFC 接入网，同时向用户提供电话、数据和视频图像等综合业务。目前 HFC 接入网技术已逐步成熟，提供的业务除了电话、模拟广播电视业务外，还可提供窄带 ISDN 业务、高速数据通信业务、数字视频点播和其他各种高速信息服务业务，它以足够的带宽较好地解决了传输瓶颈的问题。即使到了数字电视时代，HFC 宽带多媒体接入网仍能凭借可以进一步降低每个光结点覆盖的用户数量，增加业务灵活性，适应性好，带宽资源丰富，开展高速数据业务和数字电视业务，价廉质优的特点而具很强的竞争力。

同时，HFC 不仅仅是用光纤取代了同轴电缆，而且引进了一种新的拓扑结构——节点结构，这种结构使网络很容易向各个小区提供交换服务。三网融合并不是原来网络的简单延伸，而是将开拓出一个以 IP 为基础的新一代电信网络，提供 IP 电话、视频点播、交互式游戏、远程教育、电子商务、远程医疗等应用。

电缆调制解调器又名线缆调制解调器，英文名称 Cable Modem，它是近几年随着网络应用的普及而发展起来的，主要用于有线电视网的数据传输。图 8-5 给出了一些电缆调制解调器。

图 8-5　电缆调制解调器

目前，电缆调制解调器接入技术在北美使用比较普遍，在中国，已有广东、深圳、南京等省市开通了电缆调制解调器接入。在我国,有线电视网的覆盖范围广,入网户数多,网络频谱范围宽,起点高,大多数新建的电缆调制解调器网都采用光纤同轴混合网络(HFC 网),550MHz 以上频宽的邻频电缆调制解调器系统,极适合提供宽带功能业务。电缆调制解调器(Cable Modem)技术就是基于 CATV(HFC)网的网络接入技术。

采用有线电视网的三网融合结构如图 8-6 所示。

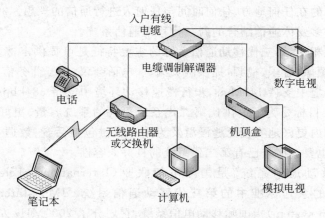

图 8-6 三网整合结构图

3. 三网融合的主要应用

目前三网融合的主要应用包括互联网电视(IPTV)和网络电话(VOIP)。

(1) IPTV 是指利用 IP 技术,通过宽带网络提供视频业务。IPTV 融合了电视业务和电信业务的特点。其优势在于"互动性"与"按需观看",彻底改变了传统电视单向播放的缺点。

(2) VOIP 又名宽带电话,是指基于宽带技术实现的计算机与计算机、计算机与电话、电话与电话之间的通话业务。因无需搭建专属网络,VOIP 运营成本低,通话资费大大低于传统电话。

8.3 3G 网络

3G 是英文 3rd Generation 的缩写,指第三代移动通信技术。它以全球通用、系统综合作为基本出发点,3G 服务能够同时传送声音和信息。

第一代移动通信是模拟话音通信,如 TACS、AMPS 等。第一代移动通信系统采用频分多址(FDMA)的模拟调制方式,这种系统的主要缺点是频谱利用率低、信令干扰话音业务、制式太多、互不兼容、安全性差、容量有限、不能提供数据业务。

第二代移动通信是数字话音通信,目前广泛使用的是 GSM 和 TDMA,主要采用时分多址(TDMA)的数字调制方式,提高了系统容量,并采用独立信道传送信令,使其频谱效率、安全性能得到了很大提高,系统性能大为改善,但 TDMA 的系统容量仍然有限,越区切换性能仍不完善,带宽限制了高速数据的应用,也不能实现移动多媒体业务;同时,由于各国标准不统一,因而无法进行全球漫游。

第三代移动通信试图建立一个全球通用的移动综合数字网,提供与固定电信网的业务兼容、质量相当的多种话音和非话音业务;力求综合蜂窝、无绳、寻呼、集群、移动数据、移动卫星、空中和海上等各种移动通信系统的功能,用袖珍个人终端实现全球漫游,从而实现人类梦寐以求的在任何地方、任何时间与任何人进行通信的理想。3G是能将无线通信与国际互联网等多媒体通信结合的新一代移动通信系统。

与前两代系统相比,第三代移动通信系统的主要特征是可提供丰富多彩的移动多媒体业务,能够处理图像、音乐、视频,提供网页浏览、电话会议、电子商务信息服务。其传输速率在高速移动环境中支持144kbps,步行慢速移动环境中支持384kbps,静止状态下支持2Mbps。其设计目标是为了提供比第二代系统更大的系统容量、更好的通信质量,而且要能在全球范围内更好地实现无缝漫游及为用户提供包括话音、数据及多媒体等在内的多种业务,同时也要考虑与已有第二代系统的良好兼容性。

"IMT-2000 移动通信系统"是国际电信联盟(International Telecommunications Union,ITU)制定的系列标准中的第三代移动通信系统。IMT(International Mobile Telecommunication system)指国际移动电信系统,它划分了2000MHz左右的频带,且用户比特率要求达到2000kbps,因此定名为IMT-2000。目前国际电信联盟认可的3G标准主要有以下三种:WCDMA、CDMA2000 与 TD-SCDMA。CDMA 是 Code Division Multiple Access(码分多址)的缩写,是第三代移动通信系统的技术基础。CDMA系统以其频率规划简单、系统容量大、频率复用系数高、抗多径能力强、通信质量好、软容量、软切换等特点显示出巨大的发展潜力。

国际电信联盟在2000年5月确定了 WCDMA、CDMA2000 和 TD-SCDMA 三大主流无线接口标准,写入3G技术指导性文件《2000年国际移动通讯计划》(简称 IMT-2000)。这三大主流标准介绍如下。

8.3.1 WCDMA

WCDMA 即 Wide band CDMA,也称为 CDMA Direct Spread,意为宽频分码多重存取,其支持者主要是以GSM系统为主的欧洲厂商,日本公司也或多或少地参与其中,包括欧美的爱立信、阿尔卡特、诺基亚、朗讯、北电,以及日本的NTT、富士通、夏普等厂商。这套系统是基于GSM网发展出来的3G技术规范,是欧洲提出的宽带CDMA技术,它与日本提出的宽带CDMA技术基本相同,目前正在进一步融合。该标准提出了GSM(2G)→GPRS→EDGE→WCDMA(3G)的演进策略。GPRS是 General Packet Radio Service(通用分组无线业务)的简称,EDGE是 Enhanced Data rate for GSM Evolution(增强数据速率的GSM演进)的简称,这两种技术被称为2.5代移动通信技术。目前中国移动正在采用这一方案向3G过渡,并已将原有的GSM网络升级为GPRS网络。WCDMA可支持384kbps到2Mbps不等的数据传输速率,在高速移动的状态,可提供384kbps的传输速率,在低速或是室内环境下,则可提供高达2Mbps的传输速率。而GSM系统目前只能支持 9.6kbps 的传输速率,固定线路 Modem 也只有 56kbps 的速率,由此可见 WCDMA 是无线的宽带通信。表 8-2 介绍了 WCDMA 技术的主要参数。

表 8-2　WCDMA 技术的主要参数

最小带宽需求	5MHz
采用技术类型	单载波宽带直接序列扩频 CDMA
双工方式	FDD/TDD
码片速率	3.84Mcps
帧长	10ms
基站间同步	异步(不需 GPS)
调制方式(前向/反向)	QPSK/BPSK
上/下行信道结构	I/Q 复用
检测	与导频信号相干
下行信道导频	公共与专用导频
功率控制速度	1500Hz
信道编码	卷积码与 Turbo 码

WCDMA 技术的主要特点如下。

- 扩频与调制技术:支持多种扩频因子,采用 QPSK 调制技术,码源产生方法容易,抗干扰性能好,且提供的码源充足。

- 采用编码效率高、纠错能力强的卷积编码和 Turbo 编码方法:语音和低速信令采用卷积码,数据采用 Turbo 码,其性能已逼近 Shannon 极限,Turbo 码是编码领域里具有里程碑意义的编码方法。

- Rake 接收技术:因 WCDMA 带宽更大,码片速率可达 3.84M,因此可以分离更多的多径,提高了解调性能。

- 由于 WCDMA 采用了更高的扩频码率,使系统的接收灵敏度高,使基站能覆盖更远的距离,有效减少网络建设成本。

- 由于采用了更高的射频带宽和扩频码率,WCDMA 在相同的信道容量条件下,减少了基站的射频部件数量,从而减少了信道综合成本。

- 功率控制技术:支持开环、内环、外环等多种功率控制技术,内环采用 1500Hz 的快速功率控制,抗衰落性能更好,功率控制步长分别支持 0.5dB、1dB、1.5dB、2dB 多种情况,提高了功率控制的准确度。

- 软切换/更软切换技术:在切换上优化了软切换门限方案,改进了软切换性能,实现了无缝切换。

- 发射分集技术:支持 TSTD、STTD、SSDT 等多种发射分集方式,能有效提高无线链路的性能。

- 压缩模式技术:在一个或连续几个无线帧中某些时隙不发送信息,主要用于频间测量、系统间的切换,可较好地实现 WCDMA 和 GSM 系统间的切换,提高运营商的服务质量。

- 异地方式工作:WCDMA 采用异地网络/同步网络可选,减少了通信网络对于

GPS 系统的依赖。

- 先进的无线资源管理方案：在软切换过程中提供准确的测量方法、软切换算法及切换功能；呼叫准入控制用一种合适的方法控制网络的接入实现软容量最大化；无线链路监控在不同信道条件下使用不同的发射模式获得最佳效果；码资源分配用小的算法复杂度支持尽可能多的用户。
- 基于网络性能的语音 AMR 可变速率控制技术：通过对 AMR 语音连接的信源编码速率和信道参数进行协调考虑，能够合理有效地利用系统负载；可以在系统负载轻时提供优质的语音质量。WCDMA 也支持 TFO/TrFO 技术，提供语音终端对终端的直接连接，减少语音编解码次数，提高语音质量。

WCDMA 的业务特点如下。

智能化：提供灵活的网络业务，终端的智能化。

多媒体化：实现语音、图像、数据等多种媒体信息在无线、有线网之间的无缝传输。

图 8-7　WCDMA 系统结构图

个性化：用户可以在终端、网络能力的范围内设计自己的业务。

人性化：满足人们的基本要求。

WCDMA 系统结构如下。

WCDMA 由核心网（CN）、无线接入网（UTRAN）和用户装置（UE）3 部分组成，如图 8-7 所示。CN 与 UTRAN 的接口为 Iu 接口，UTRAN 与 UE 的接口为 Uu 接口。

8.3.2　CDMA2000

CDMA2000 也称为 CDMA Multi-Carrier，由美国高通北美公司为主导提出，摩托罗拉、Lucent 和后来加入的韩国三星都有参与，韩国现在成为该标准的主导者。该标准提出了从 CDMA IS95（2G）→ CDMA20001x → CDMA20003x（3G）的演进策略。CDMA20001x 被称为 2.5 代移动通信技术。CDMA20003x 与 CDMA20001x 的主要区别在于应用了多路载波技术，通过采用多路载波使带宽提高。但目前使用 CDMA 的地区只有日、韩和北美，所以 CDMA2000 的支持者不如 WCDMA 多。不过 CDMA2000 的研发技术却是目前各标准中进度最快的，许多 3G 手机已经率先面世。目前中国联通正在采用这一方案向 3G 过渡，并已建成了 CDMA IS95 网络。CDMA2000 的无线接口基本参数如表 8-3 所示。

表 8-3　CDMA2000 的无线接口基本参数

参　数	参　数　值	参　数	参　数　值
多址方式	直接扩频或多载波扩频	扩频码周期（可变）	4～256
双工方式	FDD/TDD	帧长	20ms
扩频速率	3.6864M≤=3×1.2288M	时隙长度（功控组）	1.25ms
载波带宽	5MHz、10MHz、20MHz	调制方式	下行：QPSK　　上行：BPSK

CDMA2000 网络体系结构如图 8-8 所示。

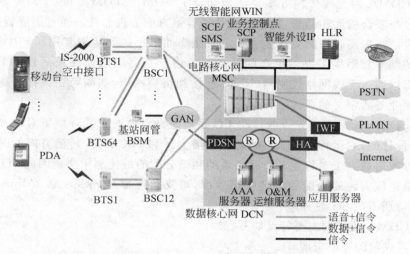

图 8-8 CDMA2000 网络体系结构

8.3.3 TD-SCDMA

TD-SCDMA——Time Division-Synchronous Code Division Multiple Access(时分同步的码分多址技术)是 ITU 正式发布的第三代移动通信空间接口技术规范之一,它得到了 CWTS 及 3GPP 的全面支持,是中国电信第一个完整的通信技术标准。该标准是由中国独自制定的 3G 标准,1999 年 6 月 29 日,由中国原邮电部电信科学技术研究院(大唐电信)向 ITU 提出。该标准将智能天线、同步 CDMA 和软件无线电等当今国际领先技术融于其中,具有在频谱利用率、对业务支持的灵活性、频率灵活性及成本等方面的独特优势。另外,由于中国庞大的市场,该标准受到了各大主要电信设备厂商的重视,全球一半以上的设备厂商都宣布可以支持 TD-SCDMA 标准。TD-SCDMA 标准是由中国第一次提出的并在无线传输技术(RTT)的基础上与国际合作完成的 3G 标准,已成为 CDMA TDD 标准的一员,这是中国移动通信界的一次创举,也是中国对第三代移动通信发展的贡献。

TD-SCDMA 集 CDMA、TDMA、FDMA 技术优势于一体,是具有系统容量大、频谱利用率高、抗干扰能力强等特点的移动通信技术。它采用了智能天线、联合检测、接力切换、同步 CDMA、软件无线电、低码片速率、多时隙、可变扩频系统、自适应功率调整等技术。该方案的主要技术集中在大唐电信公司手中,它的设计参照了 TDD(时分双工)在不成对的频带上的时域模式。

TDD 模式是基于在无线信道时域里周期地重复 TDMA 帧结构实现的。这个帧结构被再分为几个时隙。在 TDD 模式下,可以方便地实现上/下行链路间的灵活切换。这一模式的突出的优势是,在上/下行链路间的时隙分配可以被一个灵活的转换点改变,以满足不同的业务要求。这样一来,运用 TD-SCDMA 这一技术,通过灵活地改变上/下行链路的转换点就可以实现所有 3G 对称和非对称业务。合适的 TD-SCDMA 时域操作模式可自行解决所有对称和非对称业务以及任何混合业务的上/下行链路资源分配的问题。

TD-SCDMA 的无线传输方案灵活地综合了 FDMA、TDMA 和 CDMA 等基本传输方法。通过与联合检测相结合，使得它在传输容量方面表现非凡。通过引进智能天线，容量还可以进一步提高。智能天线凭借其定向性降低了小区间频率复用所产生的干扰，并通过更高的频率复用率来提供更高的话务量。由于其高度的业务灵活性，TD-SCDMA 无线网络可以通过无线网络控制器(RNC)连接到交换网络，如同第三代移动通信中对电路和包交换业务所定义的那样。

TD-SCDMA 所呈现的先进的移动无线系统是针对所有无线环境下对称和非对称的 3G 业务所设计的，它运行在不成对的射频频谱上。TD-SCDMA 传输方向的时域自适应资源分配可取得独立于对称业务负载关系的频谱分配的最佳利用率。因此，TD-SCDMA 通过最佳自适应资源的分配和最佳频谱效率，可支持速率从 8kbps 到 2Mbps 的语音数据、互联网等所有的 3G 业务。

TD-SCDMA 技术的主要特点如下。

- 无需成对的频率资源；
- 采用 DS-CDMA 技术；
- 码片速率为 1.28M；
- 时分双工方式；
- 上下行链路使用相同的无线频率；
- 适于不对称的上下行数据传输；
- 适合智能天线、软件无线电等新技术的应用；
- 设备成本较低。

WCDMA 和 CDMA2000 的技术比较如下。

WCDMA 技术规范充分考虑了与第二代 GSM 移动通信系统的互操作性和对 GSM 核心网的兼容性；CDMA2000 的开发策略是对以 IS-95 标准为蓝本的 CDMA One 的平滑升级。这两个标准的技术规范的主要差异可以归纳为以下几点。

1) 扩频码片速率和射频信道结构

WCDMA 根据 ITU 关于 5MHz 信道基本带宽的划分规则，将基本码片速率定为 3.84M，在一个完整的信道内，使用直接序列扩频(DS)。CDMA2000 为了兼容 CDMA One，以原 CDMA One 的基本码片速率的 3 倍，即 3.6864M 作为 CDMA2000 的基本速率进行直接序列扩频。同时，CDMA2000 还定义了以原 CDMA One 系统的 3 个基本信道(带宽为 1.25MHz)做频分复用的多载波扩频(MC)调制方式。

2) 支持不同的核心网标准

WCDMA 要求实现与 GSM 网络的全兼容，所以它把 GSMMAP 协议作为上层核心网络协议；CDMA2000 要求完全兼容 CDMA One，因此它把 ANSI-41 作为自己的核心网络协议。

3) 基站之间的同步问题

CDMA2000 沿袭了 CDMA One 各个基站依靠 GPS 测量实现前向信道同步的要求；而 WCDMA 没有基站同步的要求。CDMA2000 由于系统要求基于 GPS 的全网同步，因此对 GPS 系统有绝对的依赖性。

8.3.4　IMT-2000 简介

1. 主要内容

（1）系统结构与无线电接口。IMT-2000 的系统结构可分为陆地部分和卫星部分，每部分都由基站、交换机等各种网络基础设施和多种用户终端所组成。基站与终端之间有 4 种无线电接口，如表 8-4 所示。

表 8-4　基站与终端间的 4 种无线电接口

接口标识	网络基础设施侧	移动终端侧
R1	基站（BS）	移动台（MS）
R2	个人基站（CS）	个人台（PS）
R3	卫星	移动地球站（MES）
R4	报警用附加无线电接口（如寻呼）	

　　4 种无线电接口是实现 IMT-2000 移动端与网络端之间无线互联的手段。按照开放系统互连（OSI）模型制定的信令接口标准，应具有最大的通用性，允许使用同一个接口完成不同的应用，而且技术上和经济上都应是可行的。

　　（2）服务质量。在无线电信道的条件下应能提供与固定有线网（PSTN/ISDN）相当的服务质量。话音在数字话音编码、高质量的差错控制和低时延的基础上，同固定有线网中运用的 32kbps ADPCM 有等效性能，并尽量降低比特速率以提高频谱效率。支持分组交换数据和电路交换数据，能达到 ITU-T G.174 规定的数据性能要求。

　　（3）安全性。安全性包括保密性、完整性、鉴权、授权、私密等内容，应能提供与固定有线网相当的安全级别。对有安全性要求的系统需要从业务、接入、无线电接口、终端、用户、计费、网络运行与安全性管理等相关方面做全面考虑。对故意的、偶然的管理威胁，分别采取预防、检测、限制、抵抗等对策。

2. 关键技术

1）网络方面

　　（1）超大容量分布式数据库。由于 IMT-2000 要组成一个全国乃至全球性网络。因此数据库本质上是分布式的。由于各地的用户数都很庞大，必然要求数据库是有超大容量的。为了达到高吞吐率和高可靠性，应该采用分布式并行处理和冗余技术。

　　（2）软件工程与软件仿真。由于有庞大的用户和业务信息需频繁地存储、查询和修改，系统软件规模达到上千万行程序，因此，特大规模软件开发、仿真及检测技术是其关键。

　　（3）业务流量控制。由于业务量在地理上和时间上的突发性都极大，需要采取高度实时的控制和防拥塞措施；并应采用神经网络，借鉴 Internet 上的灵活控制方式。

2）无线电系统方面

　　IMT-2000 中最关键的是无线电传输技术（RTT）。1998 年所征集的 RTT 候选提案，除 6 个卫星接口技术方案外，地面无线接口技术有 10 个方案，被分为两大类：CDMA 与 TDMA，其中 CDMA 占主导地位。这几项技术涵盖了欧洲的 WCDMA、美国的

CDMA2000 和我国的 TD-SCDMA 等制式。

（1）UTRA。1998 年初欧洲对其第三代移动通信系统 UMTS 的地面无线电接入（UTRA）技术达成如下一致意见：在 UMTS 的成对频带采用频分双工（FDD）、宽带码分多址技术（WCDMA），用于广域高速移动通信；在非成对单频带将采用时分双工（TDD）、时分码分多址技术（TD-CDMA），用于室内低速移动通信；决定采用基于 WCDMA 和 TD-CDMA的统一空中接口，支持 2×5MHz 的频带宽度，提供 FDD/TDD 双模移动终端。WCDMA 由欧洲和日本的方案融合而成，技术特点是可适应多种速率、多种业务，上下行快速功率控制，反向相干解调，支持不同载频间切换，基站之间无需同步，电磁干扰影响小，是一种较有前途的技术方案。TD-CDMA 由欧洲提出，技术特点是采用 TDMA 帧结构，时隙内为 CDMA 技术，应用联合检测技术，可减少其他用户的噪声干扰，与 GSM 的兼容性好；缺点是电磁干扰影响大。

（2）CDMA2000。由美国提出，技术特点是反向信道连续导频、相干接收，前向发送分集，电磁干扰影响小；与 IS-95 CDMA 的兼容性好，综合经济技术性能较好。

（3）TDMA-SCDMA。由我国提出，技术特点是应用同步和智能天线技术，适用于低速接入环境，有利于 Internet 的非对称传输。

通过融合工作，1999 年已经制定了"IMT-2000 无线接口技术规范"（IMT RSPC），包括 CDMA DS（直接序列）、CDMA MC（多载波）、CDMA TDD、TDMA FDD 和 TDMA TDD。其中值得高度重视的关键技术有：

- 时空联合处理技术；
- 多用户检测及干扰抵消技术；
- 正交及发射天线分集技术；
- 高频谱效率多址码。

3. 主要参数

（1）最小频谱带宽。根据对不同的移动终端、移动环境、不同的业务及业务量所需频谱的研究结果表明，IMT-2000 所需最小频谱带宽约为 230MHz，如表 8-5 所示。

表 8-5　IMT-2000 所需最小频谱带宽

	移动台/R1	个人台/R2 室外	个人台/R2 室内	总计	比例/%
电话业务带宽/MHz	111	27	24	162	71
非话业务带宽/MHz	56	3	6	65	29
小计/MHz	167	30	30	227	100

1992 年世界无线电行政大会（WARC）根据上述所需频谱的估计，以及对各种因素的考虑，做出了 IMT-2000 第一阶段频带划分规定，如表 8-6 所示。

表 8-6　IMT-2000 第一阶段频带划分情况

	频带/MHz	带宽/MHz	频带/MHz	带宽/MHz	可用时间
地面	1885～2025	140	2110～2200	90	2000 年前
卫星	1980～2010	30	2170～2200	30	2000 年开始

卫星部分采用频分双工(FDD),其双工间隔为 190MHz,可用双工带宽为 30MHz。陆地部分如采用与卫星部分相同的频分双工,则 1920～2010MHz 和 2110～2200MHz 合在一起,可用双工带宽为 90MHz。余下的 1885～1920MHz(带宽 35MHz)和 2010～2025MHz(带宽 15MHz)则适合时分双工(TDD)使用。

(2) 蜂窝类型。为提高频谱效率,无线电覆盖采用蜂窝结构。为使移动台在各种速度时切换最少而采用不同大小的蜂窝,如表 8-7 所示。

表 8-7　几种蜂窝结构的参数

蜂窝类型	巨型	宏区	微区	微微区
蜂窝半径/km	100～500	≤35	≤1	≤0.05
终端速度/km/h	1500	≤500	≤100	≤10
安装地点	LEO/HEO/GEO	建筑物/塔的顶部	灯杆/建筑物墙上	建筑物内
运行环境	所有	乡村郊区	市区	市区室内
业务量密度	低	低到中	中到高	中到高
适用范围	卫星	蜂窝	蜂窝/无绳	无绳

(3) 用户比特率。第一阶段用户比特率室内环境至少 2Mbps,室内、外步行环境至少 384kbps,室外车辆环境至少 144kbps,卫星移动环境至少 9.6kbps。

8.3.5　3G 网络的应用

3G 是将无线通信与国际互联网等多媒体通信相结合的新一代移动通信系统。从它的应用层面来看,在 3G 的网络平台下能够处理图像、音乐、视频,提供网页浏览、电话会议、电子商务信息服务等。多媒体通信将是 3G 平台最重要一个的应用。

准确地说,3G 提供的仅仅是一个网络,一个多媒体传输的通道。3G 的出现无疑给移动多媒体通信提供了一个有利环境,可以形象地说 3G 是个"信息高速路",而多媒体就是在这个"高速路"上跑的车,这个要素直接制约着"信息高速路"的技术层面和应用层面。

3G 开创了无线通信与互联网、视频融合的新时代,由此产生的业务也必将成为未来移动通信新的市场增长点,真正使移动用户享受掌上无线的精彩;而这些业务当中,以视频流媒体、移动手机动画、移动手机电视最为突出。与 2G 相比,3G 的最大优势在于它能够提供至少 384kbps 的高速数据接入,这使其除可承载原有的话音业务和短信业务外,还能够开设许多新的业务,包括高速互联网访问、移动电子商务、定位业务、交互式游戏、远程教育、远程办公、医疗会诊、高速文件传送、多声道/多话音(可视)会议电话、视频点播等移动多媒体业务和宽带数据业务。目前,运用 3G 技术的广大用户可以享受到运营商所提供的如下服务。

1) 简单话音和消息类业务

简单话音是对一般通信需求的满足,在 3G 时代,沟通仍是电信消费者的首要需求,话音业务仍将占重要位置。简单消息与目前的短信业务类似,主要是文字的传送。在第二代网络中,短信业务增长势头强劲,特别是在年轻人中,使用量很大。预计在 3G 时代初期,简单消息仍将是一个重要的业务模式。当然,它与 2G 还是有所不同,定制信息服务将占相当大的比重,因为初期的 3G 业务用户多为高端商务用户,他们对定制信息的需求会大于一般短消息。

2) 多媒体短信息业务

多媒体信息服务(MMS)是对短信息服务(SMS)和图片信息传递的进一步发展,可即时实现端到端、终端到互联网或互联网到终端的传送。多媒体信息服务内容包括照片、录像剪辑图片、音频或语音剪辑、城市地图、信函、明信片、贺卡、演示文稿、图表、布局图、平面图、卡通及动画等。这种服务方式为使用多媒体信息服务来提供信息的个人和企业(如广告商)开辟了令他们感兴趣的空间。

对于企业用户而言,多媒体信息可使它们迅速获取、选择、发送或删除照片或录像剪辑图片,从而大大提高操作的有效性和反应次数。例如,通过多媒体信息,建筑师不用亲临现场就可以查看到建筑的情况,施工现场的工作人员可通过多媒体信息向该建筑师展示建筑的关键方面,同时获得建筑师的反馈意见;或者从救护车向医院传送病人的图片;或者监视停车场、建筑物的入侵者等。

对纯娱乐型用途而言,用户可在旅行途中向朋友发送多媒体信息。用户可使用数码相机(可以是独立相机或集成于移动终端的组件)拍照,然后,用户还可以在照片中附加一段问候文字。

3) 移动定位服务

移动定位服务是指根据移动用户所处的地理位置提供与位置相关的服务。3G 网络有更强的终端定位功能,这有助于终端持有者方便地了解到本人所在的周边环境,确定想要前往的场所。定位技术可广泛地应用于军事和民用行业,如导航、测量、急救、车辆调度、防盗防劫、城市规划、城市导游等各个方面。同时,在第三代移动通信系统中,业务传输速率有较大提高,小区管理更加复杂,因此移动定位业务将在第三代移动通信服务中占有重要位置。

4) 移动 Internet 接入业务

这是 3G 强于 2G 的优势所在,也是 3G 最具吸引力的一项业务。随着网络日臻完善,3G 用户使用 3G 终端可以像目前在人口聚居区和交通道路沿线能够通话一样,随时随地接入互联网,浏览信息或者处理公务。业务包括 Web 浏览、新闻、体育、天气查询、城市黄页等各种各样的信息服务;实现各类精彩的游戏业务,如 AOD、VOD、卡拉 OK、下载游戏软件等;帮助商业人士提供移动证券、移动银行、保险、网上购物等电子商务;提供各种生活信息,如旅游、饮食、娱乐的服务地点、费用、时间、方式等。面向集团用户可以提供虚拟专网功能(VPN)接入企业服务器、内部电子邮件、多媒体会议、信息发布等业务。这些数据业务的应用种类繁多,业务提供商利用 3G 网络平台开发各种各样的应用,以求最大限度地满足移动用户的需求。

5) 可视电话

在移动环境下,通过终端提供可视电话将成为 3G 中的一个重要业务。随着通信技术的不断发展,人们对通信的需求将不再局限于单纯的语音通信,不管语音通信的效果如何好,人们总会更倾向于面对面的交流。在带宽得以保证的 3G 中,可视电话将逐步流行起来。通过终端上安装的微型摄像头或者其他分离的摄像装置采集通话者的图像,然后在终端上进行压缩编码并通过无线信道传送出去,再对接收端进行解压。在 3G 中,由于编码学的长足发展和 IP 方式的引入,基于 IP 方式的可视电话将进一步降低运营商的成本,促进用户更多使用可视电话进行通话。

在可视电话发展的同时,运营商也可发展会议电视业务。由于 3G 终端受屏幕大小的限制,召开像现有固定网上开通的会议室型电视会议的可能性较小,而更多地会集中在小范围内的几个位于不同地理位置的人互相可见(通过各自的终端)地进行相关问题的商讨。

6) 移动电子商务

移动电子商务可能是最主要、最有潜力的应用。股票交易、移动办公室、银行业务、网上购物、机票及酒店的预订、旅游及行程和路线的安排、电子与交互式游戏、电子杂志分销、点播音频及视频业务订购可能是移动电子商务中最先发展的应用。

7) 移动游戏

移动游戏的发展,已经成为手机产业以及游戏产业未来发展的重要趋势,同时也是移动运营商数据增值业务中的一项重要增值业务。尽管移动游戏市场还处于起步阶段,但移动游戏产业表现出的强劲走势,以及对相关产业的带动作用已经让商家看到了希望,显示出强大的生命力。随着配置有彩屏和强大运算能力的智能手机的不断普及,移动游戏市场增长将逐渐加快,会成为游戏产业的重要组成部分以及 3G 业务的发展方向。

8.3.6 3G 下多媒体通信的关键技术

3G 强大的带宽和传输速率给多媒体通信提供了高速传输的可能性。从通信容量上看,3G 较 2G 有了大幅提升。另外 3G 有效地利用了频率选择性分集和空间的接收和发射分集,可以解决多径问题和衰落问题,使传输速率有了大幅提高,一般的传输速率也可以轻松地达到 384kbps～2Mbps。这对于当前的多媒体信息来说,是一个完全适合传输的网络环境。

而要让多媒体在 3G 网络上能够较好地传输,在研究中还有几个非常重要的技术,这些问题解决的过程就是将移动多媒体通信技术推向成熟的过程。

1. 视频解压缩技术

无论是使用移动终端进行可视通话,还是使用移动终端进行影片下载与播放,都会涉及一个视频的概念,视频在多媒体中拥有绝对重要的地位。视频的解压缩技术一直以来都是移动通信技术研究的重点,是直接影响多媒体通信的一个重要因素。

目前,国内由于存在多个 3G 运营商和多个 3G 手机制造商,因此统一的视频标准就成为了 3G 高速数据业务成功的关键。同时也为了适应自主知识产权制度的挑战,增加自有核心技术的成分和降低成本,加入 WTO 后,中国正全面实施国家标准战略。信息产业部已经成立了数字音视频编解码技术标准工作组(AVS 工作组),以制定中国自己的标准。

统一的视频和图像编码标准与实现技术的优劣,是 3G 多媒体信息服务业务成败的关键。目前图像标准基本确定,视频标准尚未确定,这给手机开发商、生产销售商和系统运营商都带了来一定的风险,无法完成各厂商 3G 手机视频的互通,也将影响到 3G 业务的推广。手机多媒体处理器芯片的开发,应采用国家视频系统标准,促进移动通信终端技术的国产化。手机多媒体处理的功能包括摄像头图像采集和压缩,图像和话音信号的综合处理等。目前国内还没有融合 AVS 编解码的移动多媒体处理器芯片。

标准的制定在整个产业链中处于龙头地位,可以带动整个产业链的发展,视频和图像标准的制定将会使中国的移动终端厂商获得很大的收益,可以使国内的手机生产厂商和国外的生产厂商站在同一个起跑线上。对移动用户而言,移动通信视频的应用能够实时播放音频和视频内容,也可对其进行点播,拥有交互性。这一特点与移动通信固有的移动性相结合,可使移动用户随时随地获得点播的实时视频信息,大大增强了移动视频业务的灵活性。

2. 调制与解调技术

多媒体通信除了传输的过程之外,调制与解调也是十分重要的环节。建立和完善调制与编码方式也是多媒体通信的关键。

为了适应移动网络的特性,一些专家学者提出了建立自适应调制与编码(AMC)系统。它的基本原理就是改变调制和编码的格式,并使它在系统限制范围内和信道条件相适应,而信道条件则可以通过发送反馈来估计。

在 AMC 系统中,一般用户在理想信道条件下用较高阶的调制方式和较高的编码速率;而在不太理想的信道条件下,则用较低阶的调制编码方式,这就在很大程度上解决了移动终端在不同环境、不同状态下多媒体通信不稳定的问题。

8.3.7　3G 业务的发展趋势

随着 3G 技术的逐渐成熟,3G 网络商用逐渐成熟,3G 业务已变得越来越丰富。3G 业务的发展也将出现以下几个趋势。

1. 内容、形式丰富多彩

3G 业务能够提供一种实时在线的数据环境,使用户能够在任何时间、任何地点连接到多媒体内容的服务。用户享受的 3G 业务形式不再局限于文字,可以实现图片、动画、声音、影像等各种媒体形式组合出现,移动用户使用的业务服务更加丰富、生动。最终,多媒体特性将会成为 3G 业务的普遍特性。

2. 服务更加贴近生活

未来的移动业务将不仅仅满足人们对通信的需求,还需要满足人们对信息、娱乐的需求,所以移动服务将会渗透人们生活的各个方面。例如,在目前 3G 业务发展比较成功的韩国,运营商针对不同用户提供各种相关的服务,用户不仅仅可以用 3G 手机打电话,还可以购物、预订餐馆、游戏、聊天等,已经远远超出了通信的原始功能。随着 3G 网络技术的发展，3G 业务将会更加丰富，开创出许多新的应用。

3．不同地域业务存在差异

3G 业务的发展在不同地域也会有所不同。社会、文化差异会直接影响 3G 业务的发展，不同的国家和生活水平有差异的用户对 3G 业务的需求也存在地域性差别。例如，大多数亚太地区的运营商发现当地用户更倾向于接收包括新闻、天气、交通路况等信息类服务和电子邮件这样的通信和社区类服务，同时对诸如电视、电影和餐馆信息和移动游戏等娱乐类服务需求也很大。而欧洲的运营商乐于提供更受欧洲用户喜欢的个人信息管理工具、股票交易和拍卖等业务，至于移动游戏方面，则比较关注大型的、最新出现的游戏。

8.4　数字水印技术

随着数字时代的到来，多媒体数字世界随之变得丰富多彩，数字产品几乎影响到每一个人的日常生活。保护这些数字产品的各种方法，如版权保护、信息安全、数据认证以及访问控制等，就被日益重视且变得迫切需要了。借鉴普通水印的含义和功能，人们采用类似的概念保护诸如数字图像、数字音乐这样的多媒体数据，因此就产生了"数字水印"的概念。所谓数字水印技术就是将数字、序列号、文字、图像标志等版权信息嵌入到多媒体数据中，以起到版权跟踪及版权保护的作用。比如，在数码相片中添加拍摄者的信息，在数字影碟中添加电影公司的信息等。与普通水印的特性类似，数字水印在多媒体数据中（如数码相片）也几乎是不可见的，也很难被破坏掉。日常生活中为了鉴别纸币的真伪，人们通常将纸币对着光源，会发现真的纸币中有清晰的图像信息显示出来，这就是"水印"。之所以采用水印技术是因为水印有其独特的性质：第一，水印是一种几乎不可见的印记，必须放置于特定环境下才能被看到，不影响物品的使用；第二，水印的制作和复制比较复杂，需要特殊的工艺和材料，而且印刷品上的水印很难被去掉。因此，水印常也被应用于诸如支票、证书、护照、发票等重要印刷品中，长期以来判定印刷品真伪的一个重要手段就是检验它是否包含水印。

8.4.1　数字水印的功能

数字水印最主要的功能就是进行多媒体数据的版权保护。随着计算机和互联网的发展，越来越多的艺术作品、发明或创意都开始以多媒体数据的形式表达，比如，用数码相机摄影，用数字影院看电影，用 MP3 播放器听音乐，用计算机画画等。这些活动所涉及的多媒体数据都蕴涵了大量价值不菲的信息。与作者创作这些多媒体数据所花费的艰辛相比，篡改、伪造、复制和非法发布原创作品在信息时代变成了一件轻而易举的事情。任何人都可以轻而易举地创建多媒体数据的副本，与原始数据相比较，复制的多媒体数据不会有任何质量上的损失，即可以完整地"克隆"多媒体数据。因此如何保护这些数据上附加的"知识产权"是一个亟待解决的问题。数字水印则正好是解决这类"版权问题"的有效手段。就像以前的画家用印章或签名标识作品的作者一样，现在他可以通过数字水印将自己的名字添加到作品中来完成著作权的标识。同样，音像公司也可以把公司的名字、标志等信息添加到出版的磁带、CD碟片中。这样就可以通过跟踪多媒体数据中的数字水印信息来保护多媒体数据的版权。

除了在版权保护方面的应用，数字水印技术在文档（印刷品、电子文档等）的真伪认证上面也有很大的用途，例如，对政府部门签发的红头文件进行认证。文件认证的传统方法是鉴别文件的纸张、印章或钢印是否符合规范和标准，缺点是无论纸张、印章或钢印都容易被伪造。特别是印章，虽然政府部门对印章的管理和制作有严格规定，但社会上还是有所谓的"一个萝卜刻一个章"的说法。这说明传统方法有着极不完善的地方。使用数字水印技术则可以有效地解决这个问题。以数字水印作为信息载体，将某些信息添加到红头文件中，使得文件不仅有印章或钢印，而且有难以察觉的数字水印信息，从而大大增加了文件被伪造的难度。将数字水印信息添加到文档中，也意味着某些信息可以在文档中被写入两次。例如，护照持有人的名字可以在护照中被明显印刷出来，也可以在头像中作为数字水印被隐藏起来，如果某人想通过更换头像来伪造一份护照，那么通过扫描护照就有可能检测出隐藏在头像中的水印信息与打印在护照上的姓名不符合，从而发现被伪造的护照。

此外，数字水印还可用于多媒体数据的访问控制和复制控制。比如，CD数据盘中秘密的数字水印信息可以有条件地控制什么样的人可以访问该CD盘中的内容。目前，DVD已经普及，有很多大公司开始研究如何应用数字水印系统改进DVD的访问与复制控制。比如，希望消费者手中的DVD播放器允许无限制地复制家庭录像或过期的电视节目，家庭录像中所添加的数字水印不含任何控制标识。而电视节目里的数字水印标识为"复制一次"、"复制多次"，而商业的视频节目的标识为"不允许复制"，相关的播放设备将对这些数字水印标识进行判别并起相应作用。这样就既保证了消费者私下复制、交换节目的自由，又有效控制了商业上的侵权行为。

数字水印技术还可以应用于信息的安全通信。由于人们很难觉察到数字水印信息在多媒体数据中的存在，某些重要信息在传输的过程中就可以隐藏在普通的多媒体数据中，从而避开第三方的窃听和监控。国外报纸报道恐怖分子头目本·拉登就利用公开发布的数字水印技术，将给基地组织的指令通过数字水印隐藏在普通数码相片中，然后发布到一些网站的BBS上，基地组织成员根据约定好的规则将数码相片中的数字水印信息提取出来。这种做法与普通的电话通信、电子邮件通信以及加密通信相比，隐蔽性高，不容易监控，而且很难被察觉。

8.4.2　数字水印的基本原理

数字水印（Digital Watermark）技术通过一定的算法将一些标志性信息直接嵌入到多媒体内容当中，但不影响原内容的价值和使用，并且不能被人的感观系统觉察或注意到，只有通过专用的检测器或阅读器才能提取。其中的水印信息可以是作者的序列号、公司标志、有特殊意义的文本等，可用来识别文件、图像或音乐制品的来源、版本、原作者、拥有者、发行人、合法使用人对数字产品的拥有权。与加密技术不同,数字水印技术并不能阻止盗版活动的发生,但它可以判别对象是否受到保护,监视被保护数据的传播、真伪鉴别和非法拷贝、解决版权纠纷并为法庭提供证据。

下面介绍在一个数字图像上加上数字水印的过程。如图8-9所示,假设有一幅数字摄影图像,为了标识作者对该作品创作的所有权,可以采用在原图上加入可见标记的方法,但这样可能会影响图像的完整性,因此,可以利用数字水印嵌入技术,将作者标识作为一种不可见数据(数字水印)隐藏于原始图像中,达到了既注明了所有权又不影响图像的主观质量和完整性的目的。含水印图像能保持原图的图像格式等信息,并不影响正常信息的复制和处理,从主观质量而言,两幅图像差别微乎其微,无法用肉眼察觉。只有通过特定的解码器才能从中提取隐藏信息。该技术是数字隐藏技术的一个重要应用分支。

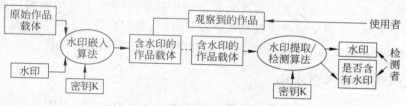

图 8-9 水印的嵌入、检测和提取过程

为了更好地实现对数字产品知识产权的保护,一个数字产品的内嵌数字水印应具有以下基本特性。

1. 不易察觉性

数字产品引入数字水印后,应不易被接收者察觉,同时又不能影响原作的质量。在早期的研究中,往往采用"不可感知性"来描述这一特性,但这仅是一个完美的设想。如果一个内嵌信号真的做到了不可感知,那么在理论上,基于感知特性的有损压缩算法将很容易消除水印,无法达到标识的目的,而现在在 Internet 上传递的大量图像信息均采用 JPEG 格式,这是一种典型的有损压缩编码方式。

2. 安全可靠性

数字水印应能对抗非法的探测和解码,面对非法攻击也能以极低的差错率识别作品的所有权。同时数字水印应很难被他人复制和伪造。

3. 隐藏信息的鲁棒性

数字水印必须对各种信号处理过程具有很强的鲁棒性。即能在多种无意或有意的信号处理过程后产生一定的失真的情况下,仍能保持水印的完整性和鉴别的准确性。如对图像进行的通常处理操作带来的信号失真,这包括数/模与模/数转换、取样、量化、低通滤波;图像和视频信号的几何失真,包括剪切、位移、尺度变化等;对图像进行有损压缩编码,如变换编码、矢量量化等;对音频信号的低频放大等。虽然从理论上来讲,水印是可以消除的,但必须具备相应的解除信息,成功的数字水印技术在解除信息不完备的情况下,任

何试图去除水印的方法均应直接导致原始数据的严重损失。对于数字水印而言,其隐藏信息的鲁棒性在实际应用中由两部分组成:

(1) 在整体数据出现失真后,其内嵌水印仍能存在。

(2) 在数据失真后,水印探测算法仍能精确地探测出水印的存在。例如,许多算法插入的水印在几何失真(如尺度变化)后仍能保存,但其相应的探测器只有在去除失真后才能准确探测水印,如果失真无法确定或无法消除,探测器就无法正常识别。

4. 抗攻击性

在水印能够承受合法的信号失真的同时,还应能抗击试图去除所含水印的破坏处理过程。除此之外,如果许多同样作品的复件存在不同的水印,当水印用于购买者的鉴定(数字指纹技术)时,就可能遭受许多购买者的合谋攻击。即多个使用者利用各自具有的含水印的合法副本,通过平均相同数据等手段,销毁所含水印或形成不同的合法水印诬陷第三方。水印技术必须考虑到这些攻击模式,以确保水印探测的准确性。

5. 水印调整和多重水印

在许多具体应用中,希望在插入水印后仍能调整它。例如,对于数字视盘,一个盘片被嵌入水印后仅允许一次复制。一旦复制完成,有必要调整原盘上的水印禁止再次复制。最优的技术是允许多个水印共存,便于跟踪作品从制作到发行到购买的整个过程,可以在发行的每个环节中插入特制的水印。

除了以上的基本特性,数字水印的设计还应考虑信息量的约束,编解码器的运算量(该点对于商业应用十分重要),以及水印算法的通用性,包括音频、图像和视频。

在数字水印技术中,水印的数据量和鲁棒性构成了一对基本矛盾。理想的水印算法应该既能隐藏大量数据,又可以抗各种信道噪声和信号变形。然而在实际应用中,这两个指标往往不能同时实现,因此实际应用一般只偏重其中的一个方面。如果是为了隐蔽通信,数据量显然是最重要的,由于通信方式极为隐蔽,遭遇敌方篡改攻击的可能性很小,因而对鲁棒性要求不高。但对保证数据安全来说,情况恰恰相反,各种保密的数据随时面临着被盗取和篡改的危险,所以鲁棒性是十分重要的,此时,隐藏数据量的要求居于次要地位。

加入水印的算法是数字水印技术的关键环节,更是没有一定成规,当然是越难破译、越坚固越好。目前已有的数字水印技术大都是利用空间域、频率域、时间域制作的,它们各有特点,抗攻击能力也各不相同。

早期的数字水印算法利用的是空间域。以图像为例,有几种不同的方法,可以把水印嵌入到一幅图像的亮度、色彩、轮廓或结构中。普通水印制作方法利用的是亮度,因为它包含了一幅彩色图像的最重要的信息。制作空间域水印还可以用色彩分离的办法,水印只存在于色谱的一个颜色中,这样水印看起来很淡,正常情况下很难发现。一种比较坚固的水印制作技术可以与在纸张上制作水印的方法类比,这种技术可以将水印符号叠加到图像上,然后调节图像上因叠加了水印而发生了变化的那些像素的亮度,根据亮度值的大小,水印可以做成可见的或不可见的。

图像空间域水印的一个缺点是经不住修剪(图像编辑中的一种普通处理方法),但如果将水印信息制作得很小,利用"草堆里找针"的方法,可以解决这个问题。一个数字产品好比是一个草堆,它里面不是只有一根针,而是很多针,每一根针都是水印的一个副本,这样就能经得住图像修剪处理,除非修剪到图像失去任何欣赏价值。盗贼如不想被抓住,就必须从草堆中把所有的针都找出来并除去,这样他们就将面临这样的选择:要么耗其余生寻找所有的针,要么干脆烧掉草堆以确保毁掉所有的针。

文本的水印通常也是在空间域制作的,常用的方法有:文本行编码、字间距编码及字符编码。

频率域制作水印的方法是比较坚固的方法,它利用一个信号可以掩盖另一个较弱的信号这一频率掩盖现象,在频域变换中嵌入水印,包括快速傅里叶变换(FFT)、离散余弦变换(DCT)、Hadamard 变换和小波变换。频域水印制作中一个比较重要的问题是频率的选择,任何一段频率应该都是可以利用的,但在各频段调制出的水印却有着不同的特性。高频会在有损压缩和尺寸调整中丢失,故调制在高频中的水印在低通滤波和几何处理方面显得不够坚固,但对于 γ 校正、对比度/亮度调节等则具有很好的坚固性。水印调制在低频不会提高噪声水平,所以水印适于调制在较低的频率中,低频水印所表现出来的特性与高频水印正好相反,它对低通滤波、有损压缩等具有很强的坚固性,而对 γ 校正、对比度/亮度调节等处理则比较敏感。如果将高、低频率水印的优点结合起来,就可以得到坚固性非常好的水印技术。因为频域中的水印在逆变换时会散布在整个图像空间中,故不像空间域水印技术那样易受到修剪处理的影响。最好是用原作品中含有重要信息的那些频率(即感觉最敏感的频率),这样水印就最不易被去除。

一般数字水印的通用模型包括嵌入和检测、提取两个阶段。数字水印的生成阶段,嵌入算法的目标是使数字水印在不可见性和鲁棒性之间找到一个较好的折中。检测阶段主要是设计一个相应于嵌入过程的检测算法。检测的结果或是原水印(如字符串或图标等),或是基于统计原理的检验结果以判断水印是否存在。检测方案的目标是使错判与漏判的概率尽量小。为了给攻击者增加去除水印的不可预测的难度,目前大多数水印制作方案都在加入、提取时采用了密钥,只有掌握密钥的人才能读出水印。

8.4.3　数字水印的分类

数字水印技术可以从不同的角度进行划分,分类出发点的不同导致了分类的不同,它们之间既有联系又有区别。最常见的分类方法有下列几种。

1. 按特性划分

按水印的特性可以将数字水印分为鲁棒数字水印和脆弱数字水印。鲁棒数字水印主要用于在数字作品中标识著作权信息,它要求嵌入的水印能够经受各种常用的编辑处理;脆弱数字水印主要用于完整性保护,脆弱水印必须对信号的改动很敏感,人们根据脆弱水印的状态就可以判断数据是否被篡改过。

2. 按水印所附载的媒体划分

按水印所附载的媒体,可以将数字水印划分为图像水印、音频水印、视频水印、文本水印以及用于三维网格模型的网格水印等。随着数字技术的发展,会有更多种类的数字媒体出现,同时也会产生相应的水印技术。

3. 按检测过程划分

按水印的检测过程将数字水印分为明文水印和盲水印。明文水印在检测过程中需要原始数据,而盲水印的检测只需要密钥,不需要原始数据。一般明文水印的鲁棒性比较强,但其应用受到存储成本的限制。目前数字水印大多数是盲水印。

4. 按内容划分

按数字水印的内容可以将水印划分为有意义水印和无意义水印。有意义水印是指水印本身也是某个数字图像(如商标)或数字音频片段的编码;无意义水印则只对应于一个序列号。有意义水印如果受到攻击或其他原因致使解码后的水印破损,人们仍然可以通过视觉观察确认是否有水印。但对于无意义水印来说,如果解码后的水印序列有若干码元错误,则只能通过统计决策来确定信号中是否含有水印。

5. 按用途划分

不同的应用需求造就了不同的水印技术。按水印的用途,可以将数字水印划分为票据防伪水印、版权保护水印、篡改提示水印和隐蔽标识水印。

票据防伪水印是一类比较特殊的水印,主要用于打印票据和电子票据的防伪。一般来说,伪币的制造者不可能对票据图像进行过多的修改,所以,诸如尺度变换等信号编辑操作是不用考虑的。但另一方面,人们必须考虑票据破损、图案模糊等情形,而且考虑到快速检测的要求,用于票据防伪的数字水印算法不能太复杂。

版权标识水印是目前研究最多的一类数字水印。数字作品既是商品又是知识作品,这种双重性决定了版权标识水印主要强调隐蔽性和鲁棒性,而对数据量的要求相对较小。

篡改提示水印是一种脆弱水印,其目的是标识宿主信号的完整性和真实性。

隐蔽标识水印的目的是将保密数据的重要标注隐藏起来,限制非法用户对保密数据的使用。

6. 按水印隐藏的位置划分

按数字水印的隐藏位置划分为时域数字水印、频域数字水印、时/频域数字水印和时间/尺度域数字水印。时域数字水印是直接在信号空间上叠加水印信息,而频域数字水印、时/频域数字水印和时间/尺度域数字水印则分别是在 DCT 变换域、时/频变换域和小波变换域上隐藏水印。随着数字水印技术的发展,各种水印算法层出不穷,水印的隐藏位置也不再局限于上述 4 种。实际上只要构成一种信号变换,就有可能在其变换空间上隐藏水印。

8.4.4　数字水印的应用领域

以下几个引起普遍关注的问题构成了数字水印的研究背景和应用领域。

1．数字作品的知识产权保护

版权标识水印是目前研究最多的一类数字水印。由于数字作品的复制、修改非常容易，而且可以做到与原作完全相同，所以原创者不得不采用一些严重损害作品质量的办法来加上版权标志，而这种明显可见的标志很容易被篡改。数字作品的所有者可用密钥产生一个水印，并将其嵌入原始数据，然后公开发布其水印版本作品。当该作品被盗版或出现版权纠纷时，所有者即可从盗版作品或水印版作品中获取水印信号作为依据，从而保护所有者的权益。

目前用于版权保护的数字水印技术已经进入了初步实用化阶段，IBM 公司在其"数字图书馆"软件中就提供了数字水印功能，Adobe 公司也在其著名的 Photoshop 软件中集成了 Digimarc 公司的数字水印插件。

2．商务交易中的票据防伪

随着高质量图像输入输出设备的发展，特别是高精度彩色喷墨、激光打印机和高精度彩色复印机的出现，使得货币、支票以及其他票据的伪造变得更加容易。

据报道，美国、日本以及荷兰都已开始研究用于票据防伪的数字水印技术。麻省理工学院媒体实验室受美国财政部委托，已经开始研究在彩色打印机、复印机输出的每幅图像中加入唯一的、不可见的数字水印，在需要时可以实时地通过扫描票据判断水印的有无，快速辨识真伪。

此外在电子商务中会出现大量过渡性的电子文件，如各种纸质票据的扫描图像等。即使在网络安全技术成熟以后，各种电子票据也还需要一些非密码的认证方式。数字水印技术可以为各种票据提供不可见的认证标志，从而大大增加了伪造的难度。

3．标题与注释

即将作品的标题、注释等内容（如照片的拍摄时间和地点等）以水印形式嵌入到作品中，这种隐式注释不需要额外的带宽，且不易丢失。

4．篡改提示

由于现有的信号拼接和镶嵌技术可以做到移花接木而不为人知，基于数字水印的篡改提示是解决这一问题的理想途径，通过隐藏水印的状态可以判断声像信号是否被篡改。为实现该目的，通常可将原始图像分成多个独立块，再将每个块加入不同的水印。

同时可通过检测每个数据块中的水印信号，来确定作品的完整性。与其他水印不同的是，这类水印必须是脆弱的，并且检测水印信号时，不需要原始数据。

5. 使用控制

这种应用的一个典型的例子是 DVD 防复制系统,即将水印信息加入 DVD 数据中,这样,DVD 播放机即可通过检测 DVD 数据中的水印信息而判断其合法性和可复制性。从而保护制造商的商业利益。

6. 隐蔽通信及其对抗

数字水印所依赖的信息隐藏技术不仅提供了非密码的安全途径,可以实现网络情报战的革命。网络情报战是信息战的重要组成部分,其核心内容是利用公用网络进行保密数据传送。由于经过加密的文件往往是混乱无序的,容易引起攻击者的注意。网络多媒体技术的广泛应用使得利用公用网络进行保密通信有了新的思路,利用数字化声像信号对于人的视觉、听觉的冗余,可以进行各种信息隐藏,从而实现隐蔽通信。

8.5 智能视频监控

视频监控通过获取监控目标的视频图像信息,对视频图像进行监视、记录、回溯,并根据视频图像信息人工或自动地做出相应的动作,以达到对监控目标的监视、控制、安全防范和智能管理,已被广泛应用于军事、海关、公安、消防、林业、堤坝、机场、铁路、港口、城市交通等众多公众场合。近几年,随着技术的进步和成本的降低,视频监控系统应用得到快速普及,在居民小区、楼宇、公共汽车、商场及停车场等公共场所经常可以看到摄像机。传统的监控是采用人眼观察图像的方法,但随着视频内容的增加,已经无法实现人眼的观察和监控,智能视频监控逐步被采用。监控技术经历了很多不同的阶段,图像监控技术是视频监控的核心内容。

8.5.1 视频监控系统的发展阶段

1. 模拟视频监控系统

早期的视频监控是以摄像机、监视器(电视机)组成的纯模拟的视频监控系统,称为闭路监视系统。其特点是一个摄像机对应一台监视器,只能监控范围很小的区域。随后出现了视频切换设备,改变了摄像机和监视器的1对1的方式。并且随着单片机技术的不断完善,闭路监视系统加入了多路视频切换、摄像机云台/镜头控制和报警联动等数字控制功能,实现了数字控制的模拟视频监控系统,这些统称为第一代视频监控系统,如图 8-10 所示。

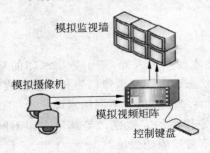

图 8-10 视频监控系统

2. 数字视频监控系统

20世纪90年代中期，随着计算机数据处理能力的提高和视频技术的发展，人们利用计算机的高速数据处理能力进行视频的采集和处理，从而大大提高了图像质量，增强了视频监控的功能。这种基于多媒体计算机的系统称为第二代视频监控系统，即模拟输入与数字压缩、显示和控制系统。因为核心设备是数字设备，因此可以称为数字视频监控系统，如图8-11所示。

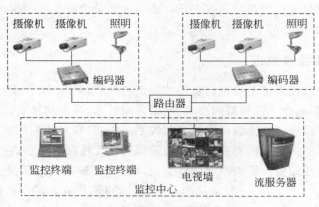

图 8-11　数字视频监控系统

3. 网络数字视频监控

到了20世纪90年代末特别是近几年，随着网络带宽、计算机处理能力和存储器容量的迅速提高，以及各种实用视频信息处理技术的出现，视频监控进入了全数字化的网络时代，称为第三代视频监控系统，即全数字视频监控系统或网络数字视频监控系统，如图8-12所示。第三代视频监控系统以网络为依托，以数字视频的压缩、传输、存储和播放为核心，以智能实用的图像分析为特色，引发了视频监控行业的技术革命。

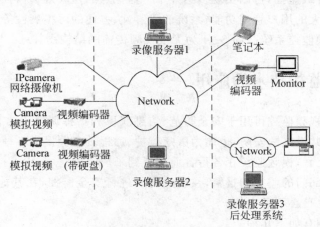

图 8-12　网络数字视频监控

21 世纪初,随着以 TI 公司的 TMS320C6000 系列、Philips 公司的 Trimedia、Equator 公司的 BSP-15 等为代表的高性能 DSP 的出现,使得由嵌入式处理器来实时完成高速、大数据量的视频/音频编解码处理成为可能,结合网络通信技术,使集可编程图像/声音编解码、本地存储、网络传输和自动化技术为一体的嵌入式数字视频监控系统应运而生。以 DSP 为核心的嵌入式数字视频监控系统,配合嵌入式实时操作系统,可以以应用为中心,根据应用对功能、可靠性、稳定性、成本、体积等的综合要求,对软/硬件进行裁剪,以满足视频监控发展的两大需要:数字化和网络化。

目前监控领域最流行的是嵌入式 DVR(数字视频录像机或数字硬盘录像机)系统,使用 TI 的 DM642 或 ADI 的 BF561 等 DSP 芯片。

4. 无线网络视频监控

无线网络视频监控系统是继模拟视频监控系统(CCTV)和数字视频监控系统(DVR)之后的最新形式,是融合了视频编码技术、网络传输技术、数据库技术、流媒体技术和嵌入式技术的综合应用系统。在无线网络视频监控系统中,音视频数据的采集、编码、解码、存储等环节都以数字形式实现。而视频流的传输则通过无线网络平台进行。整个系统的管理和配置等功能由视频监控管理平台软件实现。这种视频监控系统是一种全数字化、全网络化的系统,可以同现有的多媒体系统、控制系统和信息系统集成,方便地实现数据和信息的共享。同时,在系统中可以很方便地实现报警、远程控制等功能。

无线网络视频监控系统结合嵌入式视频编码器和网络摄像机,实现了基于网络的点对点、点对多点、多点对多点的远程实时现场监视,远程遥控摄像机以及录像、报警等功能。一个典型的 3G 无线视频服务器如图 8-13 所示。

图 8-13　3G 无线视频服务器

无线网络视频监控系统支持多人同时监控(或多监控中心)、跨区域分级监控,可以实现多达几千个监控点的超大规模监控系统,还拥有高质量的视频图像、强大的用户管理功能、系统的兼容性、方便的可扩展性等众多优点,代表了最先进的网络视频监控系统。图 8-14 为无线视频传输的结构图。

8.5.2　智能监控技术的应用

从功能上讲,视频监控可用于安全防范、信息获取和指挥调度等方面,可以提供生产流程控制、大型公共设施的安防,也能为医疗监护、远程教育等提供各种服务。

从应用领域上看,视频监控在各行各业都得到了广泛的应用,除了档案室、文件室、金库、博物馆等重要部门的监视和报警,在公共场所进行安全监控,在其他经济和生活领域进行管理和控制也是必不可少的。

具体应用实例有如下几种。

金融领域:营业大厅的监控、金库的监控、自动提款机及自助银行的监控等。

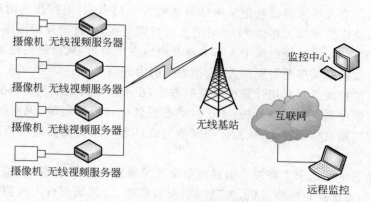

图 8-14　无线视频传输的结构图

电信/电力领域：交换机房、无线机房、动力机房等的远程监控，变电站、电厂等的远程无人值守监控。

商业市场：商场的保安监控、超级市场的出入口监控，码头、货柜、大型仓库的监控等。

军事领域：基地安防、公安侦破、监狱法庭管理等。我国有上万千米的海岸线和边境线，与多个国家毗邻。准确及时地掌握边海防区域的军事情况，对于有效保卫祖国的领海和领土，在未来战争中做出快速反应、掌握战争主动权有着极其重要的意义。建立边海防远程视频监控系统，对关键口岸、哨所和敏感地区实施监控，就能使我军情报部门直观、及时地监控边海防前线的实时情况，提高情报获取的实时性和综合处理能力，也能有效地防止偷渡、出逃、走私、贩毒等非法行为。

交通领域：高速公路收费管理，交通违章和流量监控，公共交通车辆牌照管理，公路桥梁、铁路、机场等场所的远程图像监控等。有效的交通管理是我国各大城市面临的难题。智能视频交通控制系统能及时提供各路段的车辆流量和路况信息，记录违章车辆，以便实现准确快速的交通指挥调度，充分利用现有的道路资源，提高突发交通事故的处理能力，从而为人们的出行提供快捷舒适的交通服务。

社区物业管理：住宅小区、办公室的安全防范，智能大厦、停车场的无人监控等。

家庭应用：只需在现有的家庭微机上增加 UBS 摄像头和相应的软件系统，就可实现功能强、价格低、性能可靠的数字化家庭监控系统。系统自动检测在家中采集到的图像，当发现异常时，通过 Internet 和短消息中心向用户指定的电话号码发送短消息，并将现场图像以 E-mail 方式发送给用户。用户收到短消息后通过检查 E-mail 就可对家中情况有清楚的了解。此外，用户出差在外时，也可以远程登录到家中计算机，观看家中安全情况或家人的生活健康状况。

8.5.3　智能监控技术

虽然目前监控摄像机在商业应用中已经普遍存在，但并没有充分发挥实时主动的监督作用，因为它们通常是将摄像机的输出结果记录下来，当异常情况（如停车场中的车辆被盗)发生后,保安人员才通过已记录的结果观察发生的事实,但往往为时已晚。而我们需要的监控系统应能够每天连续 24 小时的实时智能监视,并自动分析摄像机捕捉的图像数据,当异常发生时,系统能向保卫人员准确及时地发出警报,从而避免犯罪的发生,同时也减少雇佣大批监视人员所需要的人力、物力和财力的投入。

智能视觉监控就是要利用计算机视觉的方法,在不需要人为干预的情况下,通过对摄像机拍录的图像序列进行自动分析,实现对动态场景中目标的定位、识别和跟踪,并在此基础上分析和判断目标的行为,从而做到既能完成日常管理又能在异常情况发生的时候及时做出反应。

智能监控系统的需求主要来自那些对安全要求敏感的场合,如银行、商店、停车场等。另外,智能监控系统在自动售货机、ATM 机、交通管理、公共场所行人的拥挤状态分析及商店中消费者流量统计等方面也有着相应的应用。

1. 智能监控技术研究内容

视觉监控的主要目的是从一组包含人的图像序列中检测、识别、跟踪人体,并对其行为进行理解和描述。大体上这个过程可分为底层视觉模块(Low-Level Vision)、数据融合模块(Intermediate-Level Vision)和高层视觉模块(High-Level Vision)。

其中,底层视觉模块主要包括运动检测、目标跟踪等运动分析方法;数据融合模块主要解决多摄像机数据进行融合处理的问题;高层视觉模块主要包括目标的识别,以及有关于运动信息的语义理解与描述等。

如何使系统自适应于环境是场景建模以及更新的核心问题。有了场景模型,就可以进行运动检测,然后对检测到的运动区域进行目标分类与跟踪。接下来是多摄像机数据融合问题。最后一步是事件检测和事件理解与描述。通过对前面处理得到的人体运动信息进行分析及理解,最终给出我们需要的语义数据。下面对其基本处理过程做进一步的说明。

1) 环境建模

要进行场景的视觉监控,环境模型的动态创建和更新是必不可少的。在摄像机静止的条件下,环境建模的工作是从一个动态图像序列中获取并自动更新背景模型。其中最为关键的问题在于怎样消除场景中的各种干扰因素,如光照变化、阴影、摇动的窗帘、闪烁的屏幕、缓慢移动的人体以及新加入的或被移走的物体等的影响。

2) 运动检测

运动检测的目的是从序列图像中将变化区域从背景图像中提取出来。运动区域的有效分割对于目标分类、跟踪和行为理解等后期处理是非常重要的,因为以后的处理过程仅仅考虑图像中对应于运动区域的像素。然而,由于背景图像的动态变化,如天气、光照、影子及混乱干扰等的影响,使得运动检测成为一项相当困难的工作。

3) 目标分类

对于人体监控系统而言,在得到了运动区域的信息之后,下面一个重要的问题就是如何将人体目标从所有运动目标中划分出来。不同的运动区域可能对应于不同的运动目标,比如,一个室外监控摄像机所捕捉的序列图像中除了有人以外,还可能包含宠物、车辆飞鸟、摇动的植物等运动物体。为了便于进一步对行人进行跟踪和行为分析,运动目标的正确分类是完全必要的。但是,在已经知道场景中仅仅存在人的运动时(比如在室内环境下),这个步骤就不是必需的了。

4) 人体跟踪

人体的跟踪可以有两种含义,一种是在二维图像坐标系下的跟踪,一种是在三维空间坐标系下的跟踪。前者是指在二维图像中,建立运动区域和运动人体(或人体的某部分)的对应关系,并在一个连续的图像序列中维持这个对应关系。从运动检测得到的一般是人的投影,要进行跟踪首先要给需要跟踪的对象建立一个模型。对象模型可以是整个人体,这时形状、颜色、位置、速度、步态等都是可以利用的信息;也可以是人体的一部分如上臂、头部或手掌等,这时需要对这些部分单独进行建模。建模之后,将运动检测到的投影匹配到这个模型上去。一旦匹配工作完成,我们就得到了最终有用的人体信息,跟踪过程也就完成了。

5) 多摄像机数据融合

采用多个摄像机可以增加视频监控系统的视野和功能。由于不同类型摄像机的功能和适用场合不一样,常常需要把多种摄像机的数据融合在一起。在需要恢复三维信息和立体视觉信息的场合,也需要将多个摄像机的图像进行综合处理。此外,多个摄像机也有利于解决遮挡问题。

6) 行为理解和描述

事件检测、行为的理解和描述属于智能监控高层次的内容。它主要是对人的运动模式进行分析和识别,并用自然语言等加以描述。相比而言,以前大多数的研究都集中在运动检测和人的跟踪等底层视觉问题上,这方面的研究较少。近年来关于这方面的研究越来越多,逐渐成为热点之一。

2. 智能监控技术研究难点

尽管在智能监控领域已经取得了一定的进展,但是以下几个方面仍是今后研究的难点问题。

1) 运动分割

快速准确的运动分割是一个相当重要又是比较困难的问题。这是由于动态环境中捕捉的图像受到多方面的影响,比如天气的变化、光照条件的变化、背景的混乱干扰、运动目标的影子、物体之间或者物体与环境之间的遮挡以及摄像机的运动等。这些都给准确有效的运动分割带来了困难,以运动目标的影子为例,它可能与被检测目标相连,也可能与目标分离,在前者情况下,影子扭曲了目标的形状,从而使得以后基于形状和基于状态空间模型的方法定义每个静态姿势作为一个状态,这些状态之间的识别方法不再可靠;在后者情况下,影子有可能被误认为场景中一个完全错误的目标。尽管目前图像运动分割主要利用背景减除方法,但如何建立对于任何具有自适应性的复杂环境中动态变化的背景模型仍是相当困难的问题。一些研究者正利用时空统计的方法构建自适应的背景模型,这对于不受限环境中的运动分割而言是个更好的选择。

2) 遮挡处理

目前,大部分智能监控系统都不能很好地解决目标之间互遮挡和人体自遮挡的问题,尤其是在拥挤状态下，多人的检测和跟踪问题更是很难处理。遮挡时，人体只有部分是可见的，而且这个过程一般是随机的，简单依赖于背景减除进行运动分割的技术此时将不再可靠，为了减少遮挡或深度所带来的歧义性问题，必须开发更好的模型来处理遮挡时特征与身体各部分之间的准确对应问题。另外，一般系统也不能完成何时停止和重新开始身体部分的跟踪，即遮挡前后的跟踪初始化缺少自举方法。利用统计方法可获得图像信息中人体姿势、位置等的预测，对于解决遮挡问题最有实际意义的潜在方法应该是基于多摄像机的跟踪系统。

3) 三维建模与跟踪

二维方法在早期智能监控系统中被证明是很成功的，尤其对于那些不需要精确的姿势恢复或低图像分辨率的应用场合（如交通监控中的行人跟踪）。二维跟踪有着简单快速的优点，主要的缺点是受摄像机角度的限制。而三维方法在不受限的复杂的人的运动判断（如人的徘徊、握手与跳舞等）、更加准确的物理空间的表达、遮挡的准确预测和处理等方面的优点是由于采用了行为识别；同时，三维恢复对于虚拟现实中的应用也是必需的。目前基于视觉的三维跟踪研究仍相当有限，三维姿势恢复的实例亦很少，且大部分系统由于要求鲁棒性而引入了简化的约束条件。三维跟踪也导致了图像中人体模型的获取、遮挡处理、人体参数化建模、摄像机的标定等一系列难题。以建模为例，人体模型通常使用许多形状参数表达。然而，目前的模型很少利用关节的角度约束和人体部分的动态特性；而且过去的一些工作几乎都假设 3D 模型依据先验条件而提前被指定，实际上这些形状参数应当从图像中被估计出来。总之，3D 建模与跟踪在未来工作中应受到更多的关注。

4) 摄像机的使用

使用单一摄像机的三维人体跟踪研究还很缺乏，身体姿势和运动在单一视角下由于遮挡或深度影响而容易产生歧义现象。因此，使用多摄像机进行三维姿势跟踪和恢复的优点是很明显的。同时，多摄像机的使用不仅可以扩大监视的有效范围，而且可以提供多个不同的方向视角用于解决遮挡问题。很明显，未来的智能监控系统将极大受益于多摄像机的使用。对于多摄像机跟踪系统而言，我们需要确定在每个时刻使用哪一个摄像机或哪一幅图像。也就是说，多摄像机之间的选择和信息融合是一个比较重要的问题。

5) 性能评估

一般而言，鲁棒性、准确度、速度是智能监控系统的三个基本要求。例如，系统的鲁棒性对于监控应用特别重要，这是因为它们通常被要求自动、连续地工作，因此，这些系统对于如噪声、光照、天气等因素的影响不能太敏感；系统的准确度对于控制应用特别重要，例如基于行为或姿势识别的接口控制场合；而系统的处理速度对于那些需要实时高速的监控系统而言更是非常的关键。因此，如何选择有效的工作方案来提高系统性能、降低计算代价是个特别值得考虑的问题。同时，如何利用来自不同用户、不同环境、不同实验条件的大量数据测试系统的实时性、鲁棒性亦相当重要。

3. 基于 OpenCV 的智能视频监控

智能视频监控中的运动目标检测与跟踪技术是实现智能监控的关键技术。目前比较常用的运动目标检测方法是帧间差分法、背景差分法和光流法。而几种较受关注的目标跟踪算法有粒子滤波、基于边缘轮廓的跟踪和基于模板的目标建模等方法。

通过计算机开源视觉库(OpenCV)中的运动模板检测能对视频图像中运动目标有效地进行检测与跟踪。

OpenCV 是 Open Source Computer Vision Library 的简写,是 Intel 开源计算机视觉库。它由一系列 C 函数和少量的 C++ 类构成,是可实现图像处理和计算机视觉方面的很多通用算法。OpenCV 拥有包括 300 多个 C 函数的、跨平台的中高层 API,它不依赖于其他的外部库。OpenCV 对非商业应用和商业应用都是免费的;另外,OpenCV 为 Intel 的 IPP 也提供了透明接口。这意味着,如果有为特定处理器优化的 IPP 库,那么,OpenCV 将在运行时自动加载这些库,以使函数性能达到最好。OpenCV 的优点是开放源代码,具有基于 Intel 处理器指令集开发的优化代码,统一的结构和功能定义,强大的图像和矩阵运算能力,以及方便灵活的用户接口,同时支持 MS-Windows 和 Linux 平台。

最新的 OpenCV 库已经包含了大量的函数和例子,可用来处理计算机视觉领域中常见的问题,其中主要涉及以下几个方面的内容:

(1) Motion Analysis and Objection Tracking——运动分析和目标跟踪;

(2) Image Analysis——图像分析;

(3) Structural Analysis——结构分析;

(4) Object Recognition——目标识别;

(5) 3D Reconstruction——3D 重建。

运动模块检测算法的流程是:首先是获得当前帧与上一帧的差,接着对帧差图像进行二值化,更新缓存图像,然后计算缓存图像的梯度方向,并将整个运动分割为独立的运动部分,再用一个结构序列标记每一个运动分割,最后计算选择区域的全局运动方向,从而获得运动目标的质心位置与运动方向。

这个算法基于的条件是运动目标相邻两帧之间在图像上存在交集,此算法不用外推和相关分析以及轨迹后处理就可以清晰地显示出目标的轨迹、速度与方向。用该算法检测运动目标前景图像的具体过程可描述如下:

- 存储检测出来的目标前景图像,并使过去的帧灰度递减;
- 在当前帧中加上时间戳叠加存储到缓存中;
- 形成梯度渐变图像;
- 由分割得到的梯度渐变图像得到目标位置,并计算渐变梯度,以得到目标的速度和方向,并加上批号标记。

该算法简化了目标相关性的运算,可在初始状态对于目标运动趋势不了解的情况下实施对目标的稳定跟踪,同时具有良好的实时性能。

8.5.4 智能监控技术发展趋势

随着智能监控中对人的运动分析的研究和其他相关技术的发展,下述几个方面已经成为未来的发展趋势。

（1）音频与视觉相结合的多模态接口。

人的相互交流主要依据语言，过去的许多工作是语音理解，但语音识别受距离和环境噪声的限制，尤其在机场等高噪声环境，将会严重影响语音识别的性能。人的可视化描述与语音解释一样重要，研究者正逐渐将语音与视觉信息集成起来以产生更加自然的高级接口。当前一些接口系统在视觉方面仅仅做了如脸的表情、身体姿势等的大尺度分析，但还不能分析大多数人的正常姿势，这意味着人机之间的通信仅局限于几个特定的姿势，这个局限是人的姿势结构的不易理解造成的，而且跟踪多人的系统由于摄像机的分辨率、计算机处理能力和视角的影响而不能准确地估计身体姿势。为了完成优化尺度和广域的分析，可以寻求准确实时的多摄像机的信息融合方法，以便机器更好地理解人的通信行为。目前音频和视频的信号处理相对独立，如何更好地集成音频和视频信息用于多模态用户接口是一个严峻的挑战。

（2）人的运动分析与生物特征识别相结合。

在智能房间的门禁系统、军事安全基地的视觉监控系统、高级人机交互等应用中，人的运动分析与生物特征识别相结合的研究显得日益重要。在人机交互中不仅需要机器能知道人是否存在、人的位置和行为，而且还需要利用特征识别技术来识别与其交流的人是谁。目前的研究主要集中在人脸识别、步态识别或特定行为的识别。近距离时一般可以通过跟踪人脸来识别身份；如果是远距离的监控，脸的特征可能被隐藏，或者分辨率太低不易识别，然而进入监控领域的人的运动步态是可见的，这激活了把步态作为一个独特的生物行为特征应用于人的身份鉴别的可行性。由于人的步态具有易于感知、非侵犯性、难于伪装等优点，近来已引起了计算机视觉研究者浓厚的研究兴趣。

（3）人的运动分析向行为理解与描述高层处理的转变。

人的行为理解是需要引起高度注意并且是最具挑战的研究方向，因为观察人的最终目标就是分析和理解人的个人行为、人与人之间及人与其他目标的交互行为等。目前人的运动理解还是集中于人的跟踪、标准姿势识别、简单行为识别等问题，如人的一组最通常的行为（跑、蹲、站、跳、爬、指等）的定义和分类。近年来，利用机器学习工具构建人行为的统计模型的研究有了一定的进展，但行为识别仍旧处于初级阶段，连续特征的典型匹配过程中常引入人运动模型的简化约束条件来减少歧义性，而这些限制与一般的图像条件却是不吻合的，因此行为理解的难点仍是在于特征选择和机器学习。目前，用于行为识别的状态空间方法和模板匹配方法通常在计算代价和运动识别的准确度之间进行折中，故仍需要寻找和开发新的技术以利于在提高行为识别性能的同时，又能有效地降低计算的复杂度。另外，如何借助先进的视觉算法和人工智能等领域的成果，将现有的简单的行为识别与语义理解推广到更为复杂的场景下的自然语言描述，是将计算机视觉低、中层次的处理推向高层抽象思维的关键问题。

参 考 文 献

[1] 钟玉琢,沈洪,冼伟铨,田淑珍.多媒体技术基础及应用.北京:清华大学出版社,2006.

[2] Nian Li,Mark S. Drew.多媒体技术教程.北京:机械工业出版社,2004.

[3] 朱洁.多媒体技术教程.北京:机械工业出版社,2006.

[4] 余雪雨,陈俊杰.多媒体技术与应用.北京:科学出版社,2002.

[5] 薛为民,赵丽鲜,冯伟.多媒体技术及应用.北京:清华大学出版社,2006.

[6] 吕红,齐玉东,李瑛等.多媒体应用技术.北京:机械工业出版社,2005.

[7] 刘甘娜,朱文胜,付先平.多媒体应用基础.北京:高等教育出版社,2000.

[8] 尚展垒等.Visual Basic .NET 程序设计技术.北京:清华大学出版社,2006.

[9] (美)Francesco Balena.Visual Basic.NET 技术内幕.李珂,张文波,赵明等译.北京:清华大学出版社,2003.

[10] Adobe 公司北京代表处 DDC 传媒主编.Adobe Photoshop CS2 标准培训教材.北京:人民邮电出版社,2006.

[11] 马华东.多媒体技术原理及应用.北京:清华大学出版社,2002.

[12] 章毓晋.图像处理和分析基础.北京:高等教育出版社,2002.

[13] 周苏,陈祥华,胡兴桥.多媒体技术与应用.北京:科学出版社,2005.

[14] 曲建民,张爱华,赵培军,陈淑慧.多媒体技术与应用教程.北京:清华大学出版社,2005.

[15] 胡伏湘,龚中良等.多媒体技术教程:案例、训练与课程设计.北京:清华大学出版社,2006.

[16] 鲁宏伟,孔华锋,赵贻竹,裴晓黎.多媒体计算机原理与应用.北京:清华大学出版社,2006.

[17] 赵子江.多媒体技术应用教程.第 3 版.北京:机械工业出版社,2003.

[18] (美)Rafael C. Gonzalez,Richard E. Woods.数字图像处理.第 2 版.北京:电子工业出版社,2002.

[19] 沈兰荪,卓力,田栋,汪孔桥.视频编码与低速率传输.北京:电子工业出版社,2001.

[20] 黄贤武,王加俊,李家华.数字图像处理与压缩编码技术.成都:电子科技大学出版社,2000.

[21] 赵应丁,吴文利,李卫星.3DS MAX 7 基础教程.北京:中国水利水电出版社,2005.

[22] 徐帆.Flash MX 2004 网络动画简明教程.北京:清华大学出版社,2005.

[23] 杨帆,刘鹏等.中文版 Flash MX 2004 动画制作标准教程.北京:中国电力出版社,2005.

[24] 林锦雀.最新 XML 入门与应用.北京:中国铁道出版社,2001.

[25] 杨建华.数字电视原理及应用.北京:北京航空航天大学出版社,2006.

[26] 陈平,褚华.软件设计师教程.北京:清华大学出版社,2004.

[27] 孙启善,王玉梅.3DS MAX 室内设计师必备使用手册.北京:红旗出版社,2005.

[28] 雷勇.3D Studio MAX 综合使用.北京:人民邮电出版社,2002.

[29] 贺雪晨,高幼年,胡隽,王能.多媒体技术使用教程.北京:清华大学出版社,2005.

[30] 飞思科技产品研发中心编著.ASP.NET 应用开发指南.北京:电子工业出版社,2002.

[31] 焦高超,张原野,程伟华,李定.语音识别技术的发展与探究.网络财富,2010(15).